A FÍSICA DO FUTURO

MICHIO KAKU

A FÍSICA DO FUTURO

COMO A CIÊNCIA MOLDARÁ O DESTINO HUMANO E O NOSSO COTIDIANO EM 2100

TRADUÇÃO DE TALITA M. RODRIGUES

Rocco

Título original
PHYSICS OF THE FUTURE
How Science will Shape Human Destiny and
Our Daily Lives by the Year 2100

EDITORA ROCCO LTDA.
Av. Presidente Wilson, 231 – 8º andar
20030-021 – Rio de Janeiro – RJ
Tel.: (21) 3525-2000 – Fax: (21) 3525-2001
rocco@rocco.com.br
www.rocco.com.br

Printed in Brazil/Impresso no Brasil

preparação de originais
CARLOS NOUGUÉ

CIP-Brasil. Catalogação na fonte.
Sindicato Nacional dos Editores de Livros, RJ.

K19f Kaku, Michio
A física do futuro: como a ciência moldará o destino humano e o nosso cotidiano em 2100/Michio Kaku; tradução de Talita M. Rodrigues. – Rio de Janeiro: Rocco, 2012.
16x23cm

Tradução de: Physics of the future: how science will shape human destiny and our daily lives by the year 2100.
ISBN 978-85-325-2739-4

1. Ciência – Aspectos sociais – Previsão. 2. Ciência – História – Séc. XXI. I. Título

11-8630 CDD–303.483
CDU–316.422.44

À minha amada esposa, Shizue,
e às minhas filhas, Michelle e Alyson

CRÉDITO DAS ILUSTRAÇÕES

Páginas 58, 61, 213, 274, 283, 313, 320: Jeffrey L. Ward
Página 74: Daniel Mihailescu/AFP
Página 75: Miguel Alvarez /AFB
Página 100, no alto: cortesia do prof. Yann LeCun
Página 100, embaixo à esquerda: cortesia do prof. Ashutosh Saxena
Página 100, embaixo à direita: Jason Kempin/WireImage
Página 149: Bruno Vincent/Getty Images
Página 275: AFP/Getty Images

SUMÁRIO

AGRADECIMENTOS

Gostaria de agradecer àqueles indivíduos que trabalharam incansavelmente para fazer deste livro um sucesso. Primeiro, agradeço aos meus editores, Roger Scholl, que orientou tantos dos meus livros anteriores e teve a ideia de um livro desafiador como este, e também a Edward Kastenmeier, que pacientemente fez inúmeras sugestões e revisões, que reforçaram e aprimoraram muito a apresentação deste livro. Gostaria também de agradecer a Stuart Krichevsky, meu agente há tantos anos, que sempre me encorajou a aceitar desafios mais novos e mais excitantes.

E, é claro, agradeço aos mais de 300 cientistas que entrevistei ou com que tive discussões sobre ciência. Peço desculpas por arrastar uma equipe de câmeras de televisão da BBC-TV ou dos canais Discovery e Science para seus laboratórios e empurrar para seu rosto um microfone e uma câmera de TV. Isto por ter perturbado as suas pesquisas, mas espero que o produto final valha a pena.

Gostaria de agradecer a alguns destes pioneiros e desbravadores:

Eric Chivian, prêmio Nobel, Center for Health and the Global Environment, Harvard Medical School
Peter Doherty, prêmio Nobel, St. Jude Children's Research Hospital
Gerald Edelman, prêmio Nobel, Scripps Research Institute
Murray Gell-Mann, prêmio Nobel, Santa Fe Institute and Caltech

Walter Gilbert, prêmio Nobel, Harvard University
David Gross, prêmio Nobel, Kavli Institute for Theoretical Physics
O falecido Henry Kendall, prêmio Nobel, MIT
Leon Lederman, prêmio Nobel, Illinois Institute of Technology
Yoichiro Nambu, prêmio Nobel, University of Chicago
Henry Pollack, prêmio Nobel, University of Michigan
Joseph Rotblat, prêmio Nobel, St. Bartholomew's Hospital
Steven Weinberg, prêmio Nobel, University of Texas at Austin
Frank Wilczek, prêmio Nobel, MIT

Amir Aczel, autor de *Uranium Wars*
Buzz Aldrin, ex-astronauta da NASA, o segundo homem a caminhar na Lua
Geoff Andersen, pesquisador associado, United States Air Force Academy, autor de *The Telescope*
Jay Barbree, correspondente da NBC, coautor de *Moon Shot*
John Barrow, físico, University of Cambridge, autor de *Impossibility*
Marcia Bartusiak, autora de *Einstein's Unfinished Symphony*
Jim Bell, professor de astronomia, Cornell University
Jeffrey Bennet, autor de *Beyond UFOs*
Bob Berman, astrônomo, autor de *Secrets of the Night Sky*
Leslie Biesecker, chefe de Genetic Disease Research Branch, National Institutes of Health
Piers Bizony, autor de livros científicos, como *How to Build Your Own Spaceship*
Michael Blaese, ex-cientista dos National Institutes of Health
Alex Boese, fundador do Museum of Hoaxes
Nick Bostrom, transumanista, University of Oxford
Lt. Col. Robert Bowman, Institute for Space and Security Studies
Lawrence Brody, chefe do Genome Technology Branch, National Institutes of Health
Rodney Brooks, ex-diretor, MIT Artificial Intelligence Laboratory Lester Brown, fundador do Earth Policy Institute
Lester Brown, fundador do Earth Policy Institute
Michael Brown, professor de astronomia, Caltech
James Canton, fundador do Institute for Global Futures, autor de *The Extreme Future*
Arthur Caplan, diretor, Center for Bioethics, University of Pennsylvania
Fritjof Capra, autor de *The Science of Leonardo*
Sean Carroll, cosmólogo, Caltech
Andrew Chaikin, autor de *A Man on the Moon*

Leroy Chiao, ex-astronauta da NASA
George Church, diretor, Center for Computational Genetics, Harvard Medical School
Thomas Cochran, físico, Natural Resources Defense Council
Christopher Cokinos, escritor científico, autor de *The Fallen Sky*
Francis Collins, diretor dos National Institutes of Health
Vicki Colvin, diretor de Biological and Environmental Nanotechnology, Rice University
Neil Comins, autor de *The Hazards of Space Travel*
Steve Cook, diretor de Space Technologies, Dynetics, ex-porta-voz da NASA
Christine Cosgrove, autora de *Normal at Any Cost*
Steve Cousins, presidente e CEO, Willow Garage
Brian Cox, físico, University of Manchester, apresentador de ciências da BBC
Phillip Coyle, ex-secretário assistente de Defesa, U.S. Defense Department
Daniel Crevier, autor de *AI: The Tumultuous History of the Search for Artificial Intelligence*, CEO da Coreco
Ken Croswell, astrônomo, autor de *Magnificent Universe*
Steven Cummer, ciência computacional, Duke University
Mark Cutkosky, engenharia mecânica, Stanford University
Paul Davies, físico, autor de *Superforce*
Aubrey de Gray, Chief Science Officer, SENS Foundation
O falecido Michael Dertouzos, ex-diretor, Laboratory for Computer Science, MIT
Jared Diamond, vencedor do prêmio Pulitzer, professor de geografia, UCLA
Mariette DiChristina, editora-chefe, *Scientific American*
Peter Dilworth, ex-cientista do MIT AI Lab
John Donoghue, criador de BrainGate, Brown University
Ann Druyan, viúva de Carl Sagan, Cosmos Studios
Freeman Dyson, professor emérito de física, Institute for Advanced Study, Princeton
Jonathan Ellis, físico, CERN
Daniel Fairbanks, autor de *Relics of Eden*
Timothy Ferris, professor emérito da University of California, Berkeley, autor de *Coming of Age in the Milky Way*
Maria Finitzo, cineasta, vencedora do Peabody Award, *Mapping Stem Cell Research*
Robert Finkelstein, especialista em IA
Christopher Flavin, WorldWatch Institute
Louis Friedman, cofundador, Planetary Society

James Garvin, ex-cientista-chefe da NASA, NASA Goddard Space Flight Center
Evalyn Gates, autor de *Einstein's Telescope*
Jack Geiger, cofundador, Physicians for Social Responsibility
David Gelernter, professor de ciência da computação, Yale University
Neil Gershenfeld, diretor, Center of Bits and Atoms, MIT
Paul Gilster, autor de *Centauri Dreams*
Rebecca Goldburg, ex-cientista sênior do Environmental Defense Fund, diretor de Marine Science, Pew Charitable Trust
Don Goldsmith, astrônomo, autor de *The Runaway Universe*
Seth Goldstein, professor de ciência da computação, Carnegie Mellon University
David Goodstein, ex-reitor assistente da Caltech, professor de física
J. Richard Gott III, professor de ciências astrofísicas, Princeton University, autor de *Time Travel in Einstein's Universe*
O falecido Stephen Jay Gould, biólogo, Harvard Lightbridge Corp.
Embaixador Thomas Graham, especialista em satélites espiões
John Grant, autor de *Corrupted Science*
Eric Green, diretor do National Human Genome Research Institute, National Institutes of Health
Ronald Green, autor de *Babies by Design*
Brian Greene, professor de matemática e física, Columbia University, autor de *The Elegant Universe*
Alan Guth, professor de física, MIT, autor de *The Inflationary Universe*
William Hanson, autor de *The Edge of Medicine*
Leonard Hayflick, professor de anatomia, University of California at San Francisco Medical School
Donald Hillebrand, diretor do Center for Transportation Research, Argonne National Laboratory
Frank von Hippee, físico, Princeton University
Jeffrey Hoffman, ex-astronauta da NASA, professor de ciências aeronáuticas e astronáuticas, MIT
Douglas Hofstadter, vencedor do prêmio Pulitzer, autor de *Gödel, Escher, Bach*
John Horgan, Stevens Institute of Technology, autor de *The End of Science*
Jamie Hyneman, apresentador de *MythBusters*
Chris Impey, professor de astronomia, University of Arizona, autor de *The Living Cosmos*
Robert Irie, ex-cientista do AI Lab, MIT, Massachusetts General Hospital
P. J. Jacobowitz, *PC magazine*
Jay Jaroslav, ex-cientista do MIT AI Lab

Donald Johanson, paleoantropólogo, descobridor de Lucy
George Johnson, jornalista científico, *New York Times*
Tom Jones, ex-astronauta da NASA
Steve Kates, astrônomo e apresentador de rádio
Jack Kessler, professor de neurologia, diretor do Feinberg Neuroscience Institute, Northwestern University
Robert Kirshner, astrônomo, Harvard University
Kris Koenig, cineasta e astrônomo
Lawrence Krauss, Arizona State University, autor de *The Physics of Star Trek*
Robert Lawrence Kuhn, cineasta e filósofo, PBS TV series *Closer to Truth*
Ray Kurzweil, inventor, autor de *The Age of Spiritual Machines*
Robert *Lanza,* biotecnologia, Advanced Cell Technology
Roger Launius, coautor de *Robots in Space*
Stan Lee, criador de *Marvel Comics* e *Homem-Aranha*
Michael Lemonick, ex-editor sênior de ciências, revista *Time*, Climate Central
Arthur Lerner-Lam, geólogo, vulcanista, Columbia University
Simon LeVay, autor de *When Science Goes Wrong*
John Lewis, astrônomo, University of Arizona
Alan Lightman, MIT, autor de *Einstein's Dreams*
George Linehan, autor de *SpaceShipOne*
Seth Lloyd, MIT, autor de *Programming the Universe*
Joseph Lykken, físico, Fermi National Accelerator Laboratory
Pattie Maes, MIT Media Laboratory
Robert Mann, autor de *Forensic Detective*
Michael Paul Mason, autor de *Head Cases*
W. Patrick McCray, autor de *Keep Watching the Skies!*
Glenn McGee, autor de *The Perfect Baby*
James McLurkin, ex-cientista do MIT AI Laboratory, Rice University
Paul McMillan, diretor, Spacewatch, University of Arizona
Fulvio Melia, professor de física e astronomia, University of Arizona
William Meller, autor de *Evolution Rx*
Paul Meltzer, National Institutes of Health
Marvin Minsky, MIT, autor de *The Society of Mind*
Hans Moravec, professor de pesquisa da Carnegie Mellon University, autor de *Robot*
O falecido Phillip Morrison, físico, MIT
Richard Muller, astrofísico, University of California at Berkeley
David Nahamoo, antes com IBM Human Language Technology

Christina Neal, vulcanista, Alaska Volcano Observatory, U.S. Geological Survey
Michael Novacek, curador, Mamíferos Fósseis, American Museum of Natural History
Michael Oppenheimer, ambientalista, Princeton University
Dean Ornish, professor clínico de medicina, University of California, San Francisco
Peter Palese, professor de microbiologia, Mt. Sinai School of Medicine
Charles Pellerin, ex-oficial da NASA
Sidney Perkowitz, professor de física, Emory University, autor de *Hollywood Science*
John Pike, diretor, GlobalSecurity.org
Jena Pincott, autor de *Do Gentlemen Really Prefer Blondes?*
Tomaso Poggio, inteligência artificial, MIT
Correy Powell, editor-chefe, *Discover* magazine
John Powell, fundador, JP Aerospace
Richard Preston, autor de *The Hot Zone* e *The Demon in the Freezer*
Raman Prinja, professor de astrofísica, University College London
David Quammen, autor de livros científicos, autor de *The Reluctant Mr. Darwin*
Katherine Ramsland, cientista forense
Lisa Randall, professor de física teórica, Harvard University, autor de *Warped Passages*
Sir Martin Rees, professor de cosmologia e astrofísica, Cambridge University, autor de *Before the Beginning*
Jeremy Rifkin, fundador, Foundation on Economic Trends
David Riquier, diretor da Corporate Outreach, MIT Media Lab
Jane Rissler, Union of Concerned Scientists
Steven Rosenberg, National Cancer Institute, National Institutes of Health
Paul Saffo, futurista, inicialmente com o Institute for the Future, professor-consultor da Stanford University
O falecido Carl Sagan, Cornell University, autor de *Cosmos*
Nick Sagan, coautor de *You Call This the Future?*
Michael Salamon, programa Beyond Einstein da NASA
Adam Savage, apresentador de *MythBusters*
Peter Schwartz, futurista, cofundador da Global Business Network, autor de *The Long View*
Michael Shermer, fundador da Skeptics Society e da resvista *Skeptic*
Donna Shirley, ex-gerente, NASA Mars Exploration Program
Seth Shostak, SETI Institute

Neil Shubin, professor de biologia e anatomia dos organismos, University of Chicago, autor de *Your Inner Fish*
Paul Shuch, diretor-executivo emérito, SETI League
Peter Singer, autor de *Wired for War*, Brookings Institute
Simon Singh, autor de *Big Bang*
Gary Small, coautor de *iBrain*
Paul Spudis, Planetary Geology Program of the NASA Office of Space Science, Solar System Division
Steven Squyres, professor de astronomia, Cornell University
Paul Steinhardt, professor de física, Princeton University, coautor de *Endless Universe*
Gregory Stock, UCLA, autor de *Redesigning Humans*
Richard Stone, *The Last Great Impact on Earth*, Discover Magazine
Brian Sullivan, antes com o Hayden Planetarium
Leonard Susskind, professor de física, Stanford University
Daniel Tammet, savant autista, autor de *Born on a Blue Day*
Geoffrey Taylor, físico, University of Melbourne
O falecido Ted Taylor, desenhista de ogivas nucleares do Estados Unidos
Max Tegmark, físico, MIT
Alvin Toffler, autor de *The Third Wave*
Patrick Tucker, World Future Society
Admiral Stansfield M. Turner, ex-diretor da Central Intelligence
Chris Turney, University of Exeter, RU, autor de *Ice, Mud and Blood*
Neil deGrasse Tyson, diretor, Hayden Planetarium
Sesh Velamoor, Foundation for the Future
Robert Wallace, coautor de *Spycraft*, ex-diretor do CIA's Office of Technical Services
Kevin Warwick, ciborgues humanos, University of Reading, RU
Fred Watson, astrônomo, autor de *Stargazer*
O falecido Mark Weiser, Xerox PARC
Alan Weisman, autor de *The World Without Us*
Daniel Werthimer, SETI at Home, University of California at Berkeley
Mike Wessler, ex-cientista, MIT AI Lab
Arthur Wiggins, autor de *The Joy of Physics*
Anthony Wynshaw-Boris, National Institutes of Health
Carl Zimmer, escritor de ciências, autor de *Evolution*
Robert Zimmerman, autor de *Leaving Earth*
Robert Zubrin, fundador, Mars Society

Impérios do futuro serão impérios da mente.

– WINSTON CHURCHILL

INTRODUÇÃO *Prevendo os próximos 100 anos*

Quando eu era criança, duas experiências ajudaram a moldar a pessoa que sou hoje e geraram duas paixões que têm ajudado a definir toda a minha vida.

Primeiro, aos oito anos de idade, lembro-me de todos os professores alvoroçados com a recente notícia de que um grande cientista tinha acabado de falecer. Naquela noite, os jornais imprimiram uma foto do seu gabinete, com um manuscrito inacabado sobre a mesa. A legenda dizia que o maior cientista da nossa era não pudera terminar a sua maior obra-prima. O que, eu me perguntei, poderia ser tão difícil que um cientista tão notável não pôde terminar? O que poderia ser tão complicado e tão importante? Para mim, isto acabou se tornando mais fascinante do que qualquer mistério policial, mais intrigante do que qualquer história de aventuras. Eu tinha de saber o que havia naquele manuscrito inacabado.

Depois, descobri que o nome deste cientista era Albert Einstein e que o manuscrito inacabado era para ser a sua façanha culminante, a sua tentativa de criar uma "teoria de tudo", uma equação, talvez não mais do que dois centímetros e meio de extensão, que desvendaria os segredos do universo e, quem sabe, lhe permitiria "ler a mente de Deus".

Mas a outra experiência crucial da minha infância foi assistir aos programas de televisão nas manhãs de sábado, especialmente a série de *Flash Gordon*, com Buster Crabbe. Todas as semanas, grudava meu nariz na tela da televisão. Eu era transportado como por um passe de mágica para um mundo misterioso de alienígenas espaciais, naves estelares, batalhas com armas emissoras de raios, cidades submersas e monstros. Eu era viciado. Esta foi a minha primeira exposição ao mundo do futuro. Desde então, fico deslumbrado como uma criança quando penso no futuro.

Mas, depois de assistir a todos os episódios da série, comecei a perceber que, embora Flash ficasse com todos os méritos, era o cientista dr. Zarkov quem realmente fazia a série funcionar. Ele inventou o foguete, o escudo de invisibilidade, a fonte de energia para a cidade no céu etc. Sem o cientista, não existe futuro. O bonito e simpático pode conquistar a admiração da sociedade, mas todas as maravilhosas invenções do futuro são um subproduto dos anônimos, não celebrados, cientistas.

Depois, na escola secundária, decidi seguir as pegadas desses grandes cientistas e colocar em teste alguma coisa do que havia aprendido. Eu queria participar desta grande revolução que sabia que iria mudar o mundo. Decidi construir um desintegrador de átomos. Pedi permissão à minha mãe para construir um acelerador de partículas de 2,3 milhões de elétron-volts na garagem. Ela ficou meio surpresa, mas concordou. Então, fui até a Westinghouse e a Varian Associates, arrumei 181 quilos de aço de transformadores, 35 quilômetros e meio de fio de cobre e montei um acelerador betatron na garagem da minha mãe.

Antes, eu tinha construído uma câmara de Wilson com um poderoso campo magnético e fotografado rastros de antimatéria. Mas fotografar antimatéria não foi o bastante. Meu objetivo agora era produzir um feixe de antimatéria. As bobinas magnéticas do acelerador de partículas produziram com sucesso um imenso campo magnético de 10 mil gauss (cerca de 20 mil vezes o campo magnético da Terra, o que a princípio seria o suficiente para arrancar um martelo da sua mão). A máquina consumia 6 quilowatts de potência, esgotando toda a eletricidade que a minha casa podia fornecer. Quando eu ligava a máquina, frequentemente explodiam todos os fusíveis da casa. (Minha pobre mãe devia ficar pensando por que não pudera ter um filho que jogasse futebol, em vez disso.)

Portanto, duas paixões me intrigaram a vida inteira: o desejo de compreender todas as leis físicas do universo numa única teoria coerente e o desejo de ver o futuro. No final, percebi que estas duas paixões são na verdade complementares. A chave para compreender o futuro é entender as leis fundamentais da natureza e em seguida aplicá-las às invenções, máquinas e terapias que redefinirão a nossa civilização num futuro longínquo.

Já houve, eu descobri, inúmeras tentativas de prever o futuro, muitas úteis e perspicazes. Entretanto, foram escritas principalmente por historiadores, sociólogos, autores de ficção científica e "futuristas", isto é, gente de fora que está prevendo o mundo da ciência sem um conhecimento em primeira mão da própria ciência. Os cientistas, gente por dentro, que está realmente criando o futuro em seus laboratórios, estão ocupados demais fazendo descobertas para ter tempo de escrever livros sobre o futuro para o público em geral.

Por isso este livro é diferente. Espero que ele dê uma perspectiva de alguém da área sobre as milagrosas descobertas que nos aguardam e proporcione a visão mais autêntica, abalizada, do mundo em 2100.

Claro, é impossível prever o futuro com precisão total. O melhor que se pode fazer, eu acho, é sondar as mentes dos cientistas na linha de frente das pesquisas e que estão prestando o excelente serviço de inventar o futuro. São eles que estão criando os equipamentos, invenções e terapias que vão revolucionar a civilização. E este livro é a sua história. Eu tive a oportunidade de me sentar na primeira fila desta grande revolução, entrevistando mais de 300 dos principais cientistas, pensadores e sonhadores para a televisão e o rádio nacionais. Levei também equipes de TV até os seus laboratórios para filmarem os protótipos dos extraordinários equipamentos que mudarão o nosso futuro. Tem sido uma grande honra apresentar numerosos especiais de ciência para a BBC-TV, o Discovery Channel e o Science Channel, destacando as notáveis invenções e descobertas dos visionários que estão ousando criar o futuro. Livre para continuar com o meu trabalho sobre a teoria das cordas e bisbilhotar as pesquisas mais avançadas que revolucionarão este século, sinto que tenho um dos empregos mais desejáveis no ramo da ciência. É o meu sonho de criança realizando-se.

Mas este livro é diferente dos meus outros anteriores. Em livros como *Beyond Einstein, Hiperespaço* e *Mundos paralelos,* discuti os ventos frescos, revolucionários, que varrem a minha área, a física teórica, e que estão abrindo novos caminhos para a compreensão do universo. Em *Física do impossível,* discuti como as descobertas mais recentes da física podem acabar tornando possíveis até os projetos mais imaginativos da ficção científica.

Este se parece mais com o meu livro *Visions*, no qual discuti como a ciência evoluirá nas próximas décadas. Sinto-me gratificado pelo fato de muitas das previsões feitas neste livro estarem se realizando hoje dentro do prazo. A exatidão do meu livro, em grande parte, dependeu da sabedoria e da visão dos muitos cientistas que entrevistei para ele.

Mas este livro adota uma visão bem mais ampla do futuro, discutindo as tecnologias que talvez amadureçam em 100 anos, que em última análise determinarão o destino da humanidade. Como venceremos os desafios e oportunidades dos próximos 100 anos determinará a trajetória final da raça humana.

PREVENDO O PRÓXIMO SÉCULO

Prever os próximos anos, sem falar de daqui a um século, é uma tarefa assustadora. No entanto, ela nos desafia a sonhar com tecnologias que acreditamos um dia mudarão o destino da humanidade.

Em 1863, o grande romancista Júlio Verne empreendeu talvez o seu projeto mais ambicioso. Ele escreveu um romance profético, chamado *Paris no século XX*, no qual aplicou todo o poder do seu imenso talento para prever o próximo século. Infelizmente, o manuscrito se perdeu no tempo, até que o seu bisneto o encontrou, por acaso, num cofre onde ficara cuidadosamente trancado por quase 130 anos. Percebendo que havia encontrado um tesouro, ele conseguiu que fosse publicado em 1994, e o livro virou um bestseller.

Lá em 1863, reis e imperadores ainda governavam antigos impérios com camponeses pobres exaurindo-se na dura labuta nos campos. Os Estados Unidos estavam se consumindo numa desastrosa guerra civil que quase destruiu o país, e a energia a vapor começava a revolucionar o mundo. Mas Verne previu que Paris em 1960 teria arranha-céus de vidro, ar-condicionado, aparelhos de fax e até algo semelhante à internet. Com extraordinária precisão, Verne descreveu a vida na Paris moderna.

Isto não foi um feliz acaso, porque, poucos anos depois, ele fez outra espetacular previsão. Em 1865, escreveu *Viagem da Terra à Lua*, no qual previa os detalhes da missão que enviou nossos astronautas à Lua mais de 100 anos depois, em 1969. Ele previu corretamente o tamanho da cápsula espacial com uma pequena variação percentual, a localização da plataforma de lançamento na Flórida, não muito distante de Cabo Canaveral, o número de astronautas na missão, o tempo de duração da viagem, a ausência de peso que os astronautas experimentariam e a queda final no oceano. (O único grande erro foi ter usado pólvora, em vez de combustível para foguetes, para levar seus astronautas até a Lua. Mas foguetes acionados por combustíveis líquidos ainda levariam 70 anos para ser inventados.)

Como Júlio Verne pôde prever 100 anos no futuro com essa espantosa acuidade? Seus biógrafos observaram que, embora não fosse ele mesmo um cientista, Verne estava sempre atrás dos cientistas, crivando-os de perguntas sobre suas visões do futuro. Ele montou um vasto arquivo resumindo todas as grandes descobertas científicas da sua época. Verne, mais do que outros, percebeu que a ciência era o motor que abalava os alicerces da civilização, impulsionando-a para um novo século com inesperados milagres e maravilhas. A chave para a visão e os profundos *insights* de Verne estava na compreensão do poder da ciência para revolucionar a sociedade.

Outro grande profeta da tecnologia foi Leonardo da Vinci, pintor, pensador e visionário. No final do século XV, ele desenhava belos e precisos diagramas de máquinas de que um dia os céus estariam repletos: esboços de paraquedas, helicópteros, asas-deltas e até aeroplanos. Extraordinariamente, muitas das suas invenções teriam voado. (Suas máquinas voadoras, entretanto, precisavam de mais um ingrediente: pelo menos um motor com um cavalo de potência, algo que ia demorar mais 400 anos para estar disponível.)

O que é igualmente assombroso é que Leonardo desenhou a planta para uma máquina de calcular mecânica, que estava talvez 150 anos à frente do seu tempo. Em 1967, um manuscrito perdido foi reanalisado, revelando a sua ideia para uma máquina de somar com 13 rodas digitais. Girando-se uma manivela, as engrenagens no interior giravam em sequência, realizando cálculos aritméticos. (A máquina foi construída em 1968 e funcionou.)

Além disso, na década de 1950 outro manuscrito foi encontrado contendo o esboço para um guerreiro autômato, usando uma armadura ítalo-germânica, que podia se sentar, movimentar os braços, o pescoço e o queixo. Ele também foi em seguida construído e funcionou.

Como Júlio Verne, Leonardo conseguiu ter profundos *insights* do futuro consultando uns poucos indivíduos da sua época capazes de ver longe. Ele fazia parte de um pequeno círculo de pessoas que estavam na linha de frente das inovações. Além do mais, Leonardo estava sempre experimentando, construindo e desenhando modelos, um atributo importantíssimo para quem quer traduzir pensamento em realidade.

Visto os enormes e proféticos *insights* de Júlio Verne e Leonardo da Vinci, perguntamos: é possível prever o mundo de 2100? Na tradição de Verne e Leonardo, este livro vai examinar de perto o trabalho dos principais cientistas que estão construindo protótipos das tecnologias que mudarão o nosso futuro. Ele não é uma obra de ficção, um subproduto da inflamada imaginação de um roteirista de Hollywood, mas baseia-se, pelo contrário, nas sólidas experiências científicas que estão sendo conduzidas hoje nos mais importantes laboratórios do mundo inteiro.

Os protótipos de todas essas tecnologias já existem. Como William Gibson, autor de *Neuromancer*, que cunhou o termo *ciberespaço*, o espaço cibernético, disse certa vez: "O futuro já está aqui. Só está distribuído de forma desigual."

Prever o mundo de 2100 é uma tarefa assustadora, visto estarmos numa era de profunda convulsão científica, na qual o ritmo das descobertas está sempre se acelerando. Mais conhecimentos científicos se acumularam só nas últimas décadas do que em toda a história humana. E lá por volta de 2100 este conhecimento científico terá também duplicado muitas e muitas vezes.

Mas talvez a melhor maneira de entender a gravidade de prever como será daqui a 100 anos seja lembrar como era o mundo de 1900 e como nossos avós viviam.

O jornalista Mark Sullivan nos pede que imaginemos alguém lendo um jornal no ano de 1900:

> Nos seus jornais de 1º de janeiro de 1900, o americano não encontrava palavras como rádio, pois ainda seriam necessários 20 anos para ele aparecer, nem "cinema", porque isso também era coisa principalmente do futuro, nem "chofer", pois o automóvel estava começando a surgir e era chamado de "carruagem sem cavalos"... Não existia a palavra aviador... Os agricultores nunca tinham ouvido falar de tratores, nem os banqueiros sabiam o que era Banco Central. Comerciantes não tinham escutado falar de cadeias de lojas nem de "autosserviço"; nem marinheiros, de motores a óleo... Juntas de bois ainda eram vistas nas estradas rurais... Cavalos e mulas para transporte de bagagens eram praticamente univer-

sais... O ferrador trabalhando debaixo dos galhos esparramados de um castanheiro era uma realidade.

Para compreender a dificuldade de prever os próximos 100 anos, temos de avaliar como era difícil para as pessoas de 1900 imaginar como seria o mundo de 2000. Em 1893, como parte da Exposição Mundial Colombiana em Chicago, solicitou-se a 74 indivíduos bem conhecidos que previssem como seria a vida nos próximos 100 anos. O único problema era que eles invariavelmente subestimavam o ritmo do progresso da ciência. Por exemplo, muitos acertaram ao dizer que um dia teríamos aeronaves transatlânticas comerciais, mas eles pensavam que seriam balões. O senador John J. Ingalls disse: "Vai ser tão comum para o cidadão mandar buscar o seu balão dirigível como hoje é pedir que tragam a sua charrete ou as suas botas." Eles também coincidentemente não viram a chegada do automóvel. O diretor-geral dos Correios, general John Wanamaker, afirmou que o correio dos Estados Unidos seria entregue por diligência ou a cavalo, mesmo dali a 100 anos.

Essa subestimação da ciência e das inovações se estendia até ao registro de patentes. Em 1899, Charles H. Duell, comissário do Registro de Patentes dos Estados Unidos, disse: "Tudo o que pode ser inventado já o foi."

Às vezes, especialistas nas suas próprias áreas subestimavam o que estava acontecendo bem debaixo do seu nariz. Em 1927, Harry M. Warner, um dos fundadores da Warner Brothers, observou durante a era dos filmes mudos: "Quem quer ouvir os atores falar?"

E Thomas Watson, presidente da IBM, disse em 1943: "Penso que existe um mercado mundial para talvez cinco computadores."

Essa subestimação do poder da descoberta científica chegou até ao venerável *New York Times*. (Em 1903, o *Times* declarou que máquinas voadoras eram uma perda de tempo, apenas uma semana antes que os irmãos Wright colocassem com sucesso o seu aeroplano para voar em Kitty Hawk, Carolina do Norte. Em 1920, o *Times* criticou o cientista de foguetes Robert Goddard, declarando que o seu trabalho era um absurdo, porque foguetes não podem se mover no vácuo. Quarenta e nove anos depois, quando os astronautas da *Apolo 11* aterrissaram na Lua, o *Times*, para seu crédito, publicou a retratação: "Hoje se sabe com certeza que um foguete pode funcionar no vácuo. O *Times* lamenta o erro.")

A lição aqui é que é muito perigoso apostar contra o futuro.

Previsões para o futuro, com poucas exceções, sempre subestimaram o ritmo do progresso tecnológico. A história, dizem-nos repetidas vezes, é escrita pelos otimistas, não pelos pessimistas. Como disse certa vez o presidente Dwight Eisenhower: "O pessimismo jamais ganhou uma guerra."

Podemos até ver como os escritores de ficção científica subestimaram o ritmo da descoberta científica. Assistindo a reprises da antiga série de televisão da década de 1960 *Jornada nas estrelas*, percebe-se que boa parte dessa "tecnologia do século XXIII" já existe. Naquela época, as audiências de televisão se surpreendiam ao ver telefones móveis, computadores portáteis, máquinas que podiam falar e máquinas de escrever capazes de reproduzir textos ditados. No entanto, todas essas tecnologias existem hoje. Em breve, teremos também versões do tradutor universal, capaz de traduzir rapidamente línguas enquanto você fala, e também "Tricorders", que podem diagnosticar doenças a distância. (Excetuando-se motores de dobra espacial e transportadores, uma boa parte desta ciência do século XXIII já existe.)

Diante dos erros gritantes que as pessoas cometem ao subestimar o futuro, como podemos começar a dar uma base científica mais firme para as nossas previsões?

COMPREENDENDO AS LEIS DA NATUREZA

Hoje já não vivemos na era das trevas da ciência, quando se pensava que trovões e pragas eram obra dos deuses. Temos uma grande vantagem que Verne e Leonardo da Vinci não tiveram: uma sólida compreensão das leis da natureza.

Previsões serão sempre falhas, mas um jeito de fazê-las confiáveis ao máximo é compreender as quatro forças fundamentais da natureza que movem todo o universo. Sempre que uma delas foi compreendida e descrita, isso mudou a história humana.

A primeira força a ser explicada foi a da gravidade. Isaac Newton nos deu uma mecânica capaz de explicar que os objetos se moviam por meio de forças, não pela ação de espíritos místicos e metafísicos. Isto ajudou a calçar o caminho para a Revolução Industrial e a introdução da energia a vapor, especialmente a locomotiva.

A segunda a ser compreendida foi a força eletromagnética, que ilumina nossas cidades e aciona nossos aparelhos. Quando Thomas Edison, Michael

Faraday, James Clerk Maxwell e outros ajudaram a explicar a eletricidade e o magnetismo, isto desencadeou a revolução eletrônica e criou uma quantidade de maravilhas científicas. Vemos isto sempre que há uma queda de energia e tudo fica às escuras, quando a sociedade de repente é forçada a retroceder 100 anos ao passado.

As terceira e quarta forças compreendidas foram as duas forças nucleares: as forças fraca e forte. Quando Einstein anotou $E = mc^2$ e quando o átomo foi cindido na década de 1930, os cientistas pela primeira vez começaram a compreender as forças que iluminam os céus. O segredo das estrelas se revelava. Isto não só desencadeou o colossal poder das armas atômicas, mas também ofereceu a promessa de que poderíamos um dia utilizar esta energia na Terra.

Hoje, temos uma compreensão razoavelmente boa destas quatro forças. A primeira força, a gravidade, agora é descrita por meio da teoria da relatividade geral de Einstein. E as outras são descritas pela teoria quântica, que nos permite decodificar os segredos do mundo subatômico.

A teoria quântica, por sua vez, deu-nos o transistor, o laser e a revolução digital, que é a força motriz por trás da sociedade moderna. Similarmente, os cientistas foram capazes de usar a teoria quântica para desvendar o segredo da molécula de DNA. A velocidade ofuscante da revolução biotecnológica é um resultado direto da tecnologia de computador, visto que o sequenciamento do DNA é todo feito por máquinas, robôs e computadores.

Por conseguinte, podemos ver melhor a direção que a ciência e a tecnologia tomarão no próximo século. Haverá sempre novas surpresas, totalmente inesperadas, que nos deixam sem fala, mas os fundamentos da física, da química e da biologia modernas foram em grande parte assentados, e não esperamos nenhuma grande revisão deste conhecimento básico, pelo menos no futuro previsível. Por isso, as previsões que fazemos neste livro são produto não de desenfreada especulação, mas de estimativas racionais de quando as tecnologias dos protótipos de hoje finalmente alcançarão a maturidade.

Concluindo, existem várias razões para acreditar que podemos ver os contornos do mundo de 2100:

1. Este livro é baseado em entrevistas com mais de 300 dos mais importantes cientistas, aqueles na linha de frente das descobertas.

2. Todas as descobertas científicas mencionadas neste livro são coerentes com as leis da física conhecidas.

3. As quatro forças e as leis fundamentais da natureza são, de modo geral, conhecidas; não esperamos nenhuma grande mudança nestas leis.

4. Os protótipos de todas as tecnologias mencionadas neste livro já existem.

5. Quem escreve este livro é alguém de "dentro", que tem uma experiência direta com as tecnologias das pesquisas de ponta.

Por incontáveis éons fomos observadores passivos da dança da natureza. Só olhávamos espantados e temerosos para cometas, raios, erupções vulcânicas e pragas, assumindo que estivessem fora da nossa compreensão. Para os antigos, as forças da natureza eram um mistério eterno a ser temido e adorado; portanto, eles criaram os deuses da mitologia para entender o mundo ao seu redor. Os antigos esperavam que rezando a esses deuses eles mostrariam clemência e concederiam o que mais desejavam.

Hoje, nós nos tornamos coreógrafos da dança da natureza, capazes de alterar as leis da natureza aqui e ali. Mas, em 2100, faremos a transição para sermos mestres da natureza.

2100: VINDO A SER COMO OS DEUSES MITOLÓGICOS

Hoje, se fosse possível visitar nossos antigos ancestrais e mostrar a eles a abundância de ciências e tecnologias modernas, seríamos vistos como mágicos. Com a bruxaria científica, poderíamos lhes mostrar aviões a jato que se elevam até as nuvens, foguetes explorando a Lua e os planetas, aparelhos de ressonância magnética que podem espiar dentro do corpo vivo, e telefones celulares que nos colocam em contato com qualquer pessoa no planeta. Se lhes mostrássemos computadores laptops que enviam imagens em movimento e mensagens instantaneamente de um continente a outro, eles veriam isso como feitiçaria.

Mas isto é só o começo. Ciência não é uma coisa estática. Ela está explodindo exponencialmente à nossa volta. Se você contar a quantidade de artigos científicos que estão sendo publicados, verá que o volume dobra a cada década mais ou menos. Inovações e descobertas estão mudando toda a paisagem econômica, política e social, revirando todas as velhas e acalentadas crenças e preconceitos.

Agora ouse imaginar o mundo no ano 2100.

No ano 2100, nosso destino é nos tornarmos como os deuses um dia adorados e temidos. Mas nossas ferramentas não serão varinhas mágicas e poções, e sim a ciência de computadores, a nanotecnologia, a inteligência artificial, a biotecnologia e, acima de tudo, a teoria quântica, que é a base dessas tecnologias.

Por volta de 2100, como os deuses da mitologia, conseguiremos manipular objetos com o poder da mente. Computadores, lendo silenciosamente nossos pensamentos, serão capazes de realizar nossos desejos. Nós estaremos aptos a mover objetos só com o pensamento, um poder telecinético em geral reservado apenas aos deuses. Com o poder da biotecnologia, criaremos corpos perfeitos e estenderemos o nosso tempo de vida. Seremos capazes também de criar formas de vida que jamais pisaram a superfície da Terra. Com o poder da nanotecnologia, seremos capazes de pegar um objeto e transformá-lo em outra coisa, criar algo aparentemente quase do nada. Viajaremos não em carruagens de fogo, mas em veículos elegantes que se elevarão aos céus quase sem combustível, flutuando tranquilamente no ar. Com nossos motores, vamos utilizar a ilimitada energia das estrelas. Estaremos também prestes a enviar naves estelares para explorar as nossas vizinhas.

Embora este poder divino pareça inconcebivelmente avançado, as sementes de todas estas tecnologias estão sendo plantadas agora mesmo enquanto falamos. É a ciência moderna, não feitiços e cantorias, o que nos dará este poder.

Eu sou físico quântico. Todos os dias me vejo às voltas com as equações que governam as partículas subatômicas a partir das quais o universo é criado. O mundo em que vivo é o universo do hiperespaço de 11 dimensões, buracos negros e portais para o multiverso. Mas as equações da teoria quântica, usadas para descrever estrelas explodindo e o *big bang*, também podem ser aproveitadas para decifrar os contornos do nosso futuro.

Mas para onde toda esta mudança tecnológica está levando? Qual é o destino final nesta longa viagem para a ciência e a tecnologia?

A culminação de todas estas convulsões é a formação de uma civilização planetária, que os físicos chamam de civilização Tipo I. Esta transição talvez seja a maior da história, marcando um nítido afastamento de todas as civilizações do passado. Cada manchete que domina os noticiários reflete, de algum modo, as dores de parto desta civilização planetária. Comércio, negócios, cultura, linguagem, entretenimento, atividades de lazer e até guerra, tudo está sendo revolucionado pela emergência desta civilização planetária. Calculando a produção de energia do planeta, podemos estimar que alcançaremos o estatuto de Tipo I em 100 anos. Se não sucumbirmos às forças do caos e do desatino, a transição para uma civilização planetária é inevitável, o produto final das enormes e inexoráveis forças da história e da tecnologia que fogem ao controle de qualquer um.

POR QUE AS PREVISÕES ÀS VEZES NÃO SE REALIZAM

Mas várias previsões feitas a respeito da era da informação estavam espetacularmente incorretas. Por exemplo, muitos futuristas previram o "escritório sem papel", ou seja, que o computador tornaria o papel obsoleto. Na realidade, aconteceu o contrário. Um rápido olhar para qualquer escritório vai lhe mostrar que a quantidade de papel é, na verdade, maior do que nunca.

Houve gente também que imaginou a "cidade sem pessoas". Futuristas previram que as teleconferências via internet tornariam desnecessárias as reuniões de negócios pessoalmente, e que, portanto, não seria preciso tomar uma condução todos os dias para o trabalho. De fato, as próprias cidades em grande parte se esvaziariam, passando a ser cidades fantasmas, à medida que as pessoas trabalhassem em suas casas e não nos seus escritórios.

Igualmente, veríamos a ascensão de "turistas cibernéticos", aquelas pessoas que não saem da frente da televisão o dia inteiro, deitadas no sofá, passeando pelo mundo e vendo as paisagens via internet nos seus computadores. Veríamos também "compradores cibernéticos", que deixariam as andanças para os seus *mice* do computador. Os shoppings entrariam em falência. E "estudantes cibernéticos" receberiam todas as suas aulas on-line enquanto secretamente jogariam videogames e beberiam cerveja. As universidades fechariam por falta de interesse.

Ou pense no destino do "telefone com foto". Durante a Feira Mundial de 1964, a AT&T gastou cerca de 100 milhões de dólares aperfeiçoando uma tela de televisão que se conectaria com o sistema telefônico, para você ver a pessoa com quem estivesse falando e vice-versa. A ideia não pegou; a AT&T vendeu apenas umas 100 delas, fazendo cada unidade custar cerca de 1 milhão de dólares. Este foi um fiasco muito caro.

E, finalmente, pensava-se que a morte da mídia tradicional e do entretenimento era iminente. Alguns futuristas alegavam que a internet era o monstro avassalador que engoliria vivos o teatro, o cinema, o rádio e a televisão, que seriam todos em breve vistos apenas em museus.

Na verdade, aconteceu o inverso. Os engarrafamentos no trânsito estão piores do que nunca – uma característica permanente da vida urbana. As pessoas afluem a lugares no estrangeiro em números recorde, fazendo do turismo uma das indústrias que mais crescem no planeta. Gente fazendo compras enche as lojas, apesar dos tempos difíceis para a economia. Em vez de proliferarem as salas de aula cibernéticas, as universidades ainda registram números recordes de alunos. Não há dúvida, há mais pessoas resolvendo trabalhar em casa ou por teleconferências com seus colaboradores, mas as cidades ainda não se esvaziaram. Pelo contrário, elas se transformaram em megacidades se expandindo. Hoje, é fácil levar a efeito conversas com vídeo pela internet, mas a maioria das pessoas ainda reluta em se deixar filmar, preferindo reuniões pessoais. E, é claro, a internet muda toda a paisagem da mídia, à medida que gigantes da mídia tentam descobrir como aumentar a receita com a internet. Mas isso não está nem perto de acabar com a televisão, o rádio e o teatro ao vivo. As luzes da Broadway ainda brilham tão intensamente como antes.

O PRINCÍPIO DO HOMEM DAS CAVERNAS

Por que essas previsões não se materializaram? Conjecturo que as pessoas em grande parte rejeitaram esses avanços por causa daquilo que chamo de Princípio do Homem das Cavernas (ou da Mulher das Cavernas). Evidências genéticas e fósseis indicam que humanos modernos, que se pareciam exatamente como nós, emergiram da África há mais de 100 mil anos, mas não temos evidência de que nosso cérebro e nossa personalidade tenham mudado muito desde então. Se você pegasse alguém daquele período, ele seria anatomicamente idêntico a nós: se lhe desse um banho e raspasse a barba, colocasse num terno e depois em Wall Street, ele não se distinguiria fisicamente das outras pessoas. Portanto, nossas necessidades, sonhos, personalidade e desejos provavelmente não mudaram muito em 100 mil anos. Pelo jeito, ainda pensamos como nossos ancestrais homens das cavernas.

A questão é: havendo um conflito entre a tecnologia moderna e os desejos de nossos ancestrais primitivos, estes desejos primitivos vencem sempre.

É o Princípio do Homem das Cavernas. Por exemplo, o homem das cavernas sempre exigia a "prova do animal abatido". Não bastava se vangloriar sobre o grandalhão que fugiu. Ter o animal fresco nas mãos era sempre preferível às histórias sobre o que escapou. Do mesmo modo, queremos uma versão impressa sempre que lidamos com arquivos. Instintivamente, não confiamos nos elétrons flutuando na tela do nosso computador, e portanto imprimimos nossos e-mails e relatórios, mesmo quando não é necessário. Por isso o escritório sem papel nunca existiu.

Da mesma forma, nossos ancestrais sempre gostaram de encontros pessoais. Isto nos ajudava a criar vínculos com os outros e a ler as suas emoções ocultas. É por isso que a cidade sem pessoas jamais aconteceu. Por exemplo, um chefe talvez quisesse formar uma opinião sobre seus funcionários. É difícil fazer isto on-line, mas pessoalmente um chefe pode interpretar a linguagem corporal para obter valiosas informações inconscientes. Observando uma pessoa de perto, sentimos um vínculo comum e podemos também ler a sua sutil linguagem corporal para descobrir que ideias estão passando pela sua cabeça. Isso porque nossos ancestrais semelhantes aos macacos, muitos milhares de anos antes de desenvolverem a fala, usavam a linguagem corporal quase exclusivamente para transmitir seus pensamentos e emoções.

Esta é a razão pela qual o turismo cibernético nunca decolou. Uma coisa é um filme do Taj Mahal, mas outra, bem diferente, é ter o direito de se vangloriar de tê-lo visto em pessoa. Similarmente, escutar um CD do seu músico favorito não é o mesmo que sentir a súbita agitação de ver este músico num concerto ao vivo, cercado por todas as fanfarras, estardalhaço e barulho. Isto significa que, mesmo que sejamos capazes de baixar imagens realistas do nosso drama preferido ou celebridade, nada se compara com assistir ao drama no palco ou ver o ator interpretá-lo pessoalmente. Fãs fazem de tudo para conseguir fotos e bilhetes de concertos autografados da sua celebridade favorita, embora possam baixar da internet uma fotografia de graça.

Isto explica por que a previsão de que a internet varreria do mapa o rádio e a televisão jamais se realizou. Quando surgiram o cinema e o rádio, as pessoas choraram a morte do teatro ao vivo. Surgiu a televisão, e as pessoas previram a morte do cinema e do rádio. Estamos vivendo agora com um misto de todas essas mídias. A lição é que um veículo de comunicação jamais aniquila o anterior, mas coexiste com ele. É a mistura e o relacionamento entre estas mídias que muda constantemente. Quem puder prever com exatidão a mistura destas mídias no futuro poderá ficar muito rico.

Isso porque nossos antigos ancestrais sempre queriam ver algo por eles mesmos e não confiavam no que os outros diziam. Era crucial para nossa sobrevivência na floresta confiar em evidências físicas reais e não em rumores. Mesmo daqui a um século, ainda teremos teatro ao vivo e ainda caçaremos celebridades, uma antiga herança do nosso passado distante.

Além disso, descendemos de predadores que caçavam. Daí que adoramos observar os outros e até ficar sentados horas diante de uma televisão, assistindo interminavelmente às momices de nossos companheiros humanos, mas ficamos logo nervosos se sentimos que outras pessoas estão nos observando. De fato, cientistas calcularam que ficamos nervosos se um estranho nos olha fixo por cerca de quatro segundos. Dez segundos depois, até ficamos irados e hostis por estarem nos olhando. Esta é a razão pela qual o telefone com imagem foi um tamanho fracasso. Também, quem quer ter de pentear os cabelos antes de entrar on-line? (Hoje, depois de décadas de lentos e penosos aperfeiçoamentos, a videoconferência está finalmente pegando.)

E hoje é possível fazer cursos on-line. Mas as universidades estão abarrotadas de alunos. O encontro cara a cara com professores, que podem dar atenção individual e responder a perguntas pessoais, ainda é preferível a cursos on-line. E o diploma de uma universidade ainda tem mais peso que outro adquirido on-line na hora de concorrer a um emprego.

Portanto, existe uma contínua competição entre High Tech e High Touch, quer dizer, entre ficar sentado numa cadeira assistindo a TV e estender a mão e tocar as coisas à nossa volta. Nesta competição, vamos querer ambas as coisas. É por isso que ainda temos teatro ao vivo, concertos de rock, papel e turismo numa era de espaço cibernético e realidade virtual. Mas, se nos oferecerem uma fotografia de graça do nosso famoso músico preferido ou bilhetes de verdade para o seu concerto, pegaremos os bilhetes, sem dúvida alguma.

Portanto, esse é o Princípio do Homem das Cavernas: preferimos ter as duas coisas, mas, podendo escolher, ficamos com o High Touch, como nossos ancestrais das cavernas.

Mas há também um corolário deste princípio. Quando os cientistas criaram a internet na década de 1960, todo o mundo acreditava que ela evoluiria para um fórum para educação, ciência e progresso. Em vez disso, muitos se horrorizaram por ela ter logo degenerado no Oeste Selvagem sem restrições que é hoje. Na verdade, isto é de esperar. O corolário do Princípio do Homem das Cavernas é que, para prever as interações sociais de humanos no futuro, simplesmente imagine as nossas interações sociais há 100 mil anos e multiplique por um bilhão. Isto significa que haverá um incentivo às fofocas, redes sociais e entretenimento. Numa tribo, os rumores são essenciais para passar adiante informações com rapidez, em especial sobre líderes e modelos. Aqueles que ficavam fora do circuito com frequência não sobreviviam para transmitir os seus genes. Hoje, podemos ver isto nas prateleiras dos caixas na mercearia, que têm revistas de fofocas sobre celebridades de parede a parede, e no surgimento de uma cultura movida a celebridades. A única diferença hoje é que a magnitude dessa fofoca global tem se multiplicado enormemente pela mídia de massa e pode agora dar a volta à Terra muitas vezes em uma fração de segundo.

A súbita proliferação de sites de redes sociais na web, que transformou empreendedores jovens, com cara de bebê, em bilionários quase da noite para o dia, pegou muitos analistas desprevenidos, mas também é um exemplo deste princípio. Na nossa história evolucionária, aqueles que mantiveram grandes redes sociais puderam confiar nelas para recursos, conselhos e ajuda que eram vitais para a sobrevivência.

E, por fim, o entretenimento continuará crescendo explosivamente. Às vezes não gostamos de reconhecer isto, mas uma parte dominante da nossa cultura é baseada no entretenimento. Depois da caçada, nossos ancestrais relaxavam e se entretinham. Isto era importante não apenas para a união entre eles, mas também para definir a posição da pessoa dentro da tribo. Não é por acaso que dançar e cantar, que são partes essenciais do entretenimento, são também vitais no reino animal para demonstrar boas condições físicas para o sexo oposto. Quando pássaros machos cantam belas e complexas melodias ou se envolvem em bizarros rituais de acasalamento, é principalmente para mostrar ao sexo oposto que são saudáveis, estão em boas condições físicas, livres de parasitos, e têm genes dignos de ser passados adiante.

E a criação das artes não foi apenas para divertimento, mas também representou um importante papel na evolução do nosso cérebro, que lida simbolicamente com a maioria das informações.

Portanto, a não ser que geneticamente mudemos a nossa personalidade básica, podemos esperar que o poder do entretenimento, dos tabloides de fofocas e redes sociais aumentará, não diminuirá, no futuro.

A CIÊNCIA COMO UMA ESPADA

Certa vez vi um filme que mudou para sempre a minha atitude com relação ao futuro. Chamava-se *Planeta proibido*, baseado em *A tempestade*, de Shakespeare. No filme, astronautas encontram uma antiga civilização que, na sua glória, estava milhões de anos à nossa frente. Eles haviam alcançado o objetivo supremo da sua tecnologia: infinito poder sem instrumentalidade, isso é, o poder de fazer quase tudo através da mente. Seus pensamentos exploravam usinas de energia termonuclear colossais, enterradas bem fundo em seu planeta, que convertiam cada desejo deles em realidade. Em outras palavras, eles tinham o poder dos deuses.

Nós teremos um poder semelhante, mas não precisaremos esperar milhões de anos. Bastará um século, e podemos ver as sementes deste futuro até na tecnologia de hoje. Mas o filme era também um conto moral, visto que esse poder divino acabou destruindo aquela civilização.

Claro, ciência é uma espada de dois gumes; ela cria tantos problemas quantos soluciona, mas sempre num nível superior. Há duas tendências competindo no mundo atual: uma é criar uma civilização planetária que seja tolerante, científica e próspera, mas a outra glorifica a anarquia e a ignorância que poderiam rasgar o tecido da nossa sociedade. Ainda temos as mesmas paixões sectárias, fundamentalistas, irracionais de nossos ancestrais, mas a diferença é que agora temos armas nucleares, químicas e biológicas.

No futuro, faremos a transição de observadores passivos da dança da natureza para coreógrafos da natureza. Portanto, vamos esperar que sejamos capazes de brandir a espada da ciência com sabedoria e equanimidade, domando o barbarismo de nosso passado antigo.

Vamos agora embarcar numa jornada hipotética pelos próximos 100 anos de inovações e descobertas científicas, conforme me contaram os cientistas que estão fazendo isso acontecer. Será uma corrida desenfreada através dos rápidos avanços em computadores, telecomunicações, biotecnologia, inteligência artificial e nanotecnologia. Ela, sem dúvida alguma, mudará nada menos do que o futuro da civilização.

Todos confundem os limites das suas próprias visões com os limites do mundo.
– ARTHUR SCHOPENHAUER

Nenhum pessimista jamais descobriu os segredos das estrelas, navegou até uma terra desconhecida ou abriu um novo céu para o espírito humano.
– HELEN KELLER

1 O FUTURO DO COMPUTADOR *A mente sobre a matéria*

Lembro-me muito bem de estar sentado no escritório de Mark Weiser, no Vale do Silício, há quase 20 anos, enquanto ele me explicava sua visão do futuro. Gesticulando excitado, ele me falava de uma nova revolução prestes a acontecer e que mudaria o mundo. Weiser era parte da elite dos computadores, trabalhando no Xerox PARC (Palo Alto Research Center, pioneiros no computador pessoal, na impressora a laser e na arquitetura tipo Windows com interface gráfica para o usuário), mas era um dissidente, um iconoclasta que estava destruindo a sabedoria convencional, e também um membro de uma banda de *wild rock*.

Naquela época (parece séculos atrás), computadores pessoais eram novidade, começando a entrar na vida das pessoas conforme elas lentamente se entusiasmavam com a ideia de comprar grandes, volumosos computadores de mesa para fazer análises de planilhas e um pouco de processamento de texto. A internet ainda era em grande parte a província isolada de cientistas como eu, solucionando equações para colegas cientistas numa linguagem arcana. Discutia-se furiosamente se esta caixa na sua mesa desumanizaria a civilização com o seu frio e implacável olhar. Até o analista político William F. Buckley teve de defender o processador de texto contra intelectuais que o vituperavam e se recusavam a colocar as mãos num computador, chamando-o de instrumento da burguesia inculta.

Foi nesta época de controvérsias que Weiser cunhou a expressão "computação ubíqua". Vendo bem além do computador pessoal, ele previu que os chips um dia seriam tão baratos e abundantes que se espalhariam por todo o ambiente – nas nossas roupas, móveis, paredes, até em nossos corpos. E estariam todos conectados à internet, compartilhando dados, tornando nossa vida mais agradável, monitorando nossos desejos. Em qualquer lugar aonde fôssemos, os chips estariam ali silenciosamente realizando nossos desejos. O ambiente estaria vivo.

Para a sua época, o sonho de Weiser era bizarro, até absurdo. Os computadores pessoais na sua maioria ainda eram caros e nem sequer estavam conectados à internet. A ideia de que bilhões de minúsculos chips um dia seriam tão baratos quanto água corrente era considerada loucura.

E então eu lhe perguntei por que tinha tanta certeza desta revolução. Ele respondeu com toda a calma que a capacidade dos computadores estava crescendo exponencialmente, sem um fim à vista. Faça as contas, sugeriu ele. Era só uma questão de tempo. (Infelizmente, Weiser não viveu para ver a sua revolução se realizar, morrendo de câncer em 1999.)

A força motriz por trás dos sonhos proféticos de Weiser é algo que se chama lei de Moore, um método empírico que tem movido a indústria de computadores há 50 anos ou mais, definindo o ritmo da civilização moderna com a precisão de uma máquina. A lei de Moore diz simplesmente que a capacidade dos computadores duplica a cada 18 meses mais ou menos. Formulada pela primeira vez em 1965, por Gordon Moore, um dos fundadores da Intel Corporation, esta lei simples tem ajudado a revolucionar a economia mundial, gerou fabulosas novas fortunas e alterou de forma irreversível o nosso estilo de vida. Se você traçar num gráfico a queda do preço dos chips de computador e o seu rápido avanço em velocidade, capacidade de processamento e memória, encontrará uma linha extraordinariamente reta que data de 50 anos no passado. (Isto está registrado numa curva algorítmica. De fato, se você estender o gráfico, de modo que inclua a tecnologia da válvula eletrônica e até calculadoras mecânicas a manivela, a linha pode se estender há até 100 anos.)

Crescimentos exponenciais costumam ser difíceis de entender, visto que nossas mentes pensam linearmente. São tão graduais que você às vezes não consegue sentir a mudança. Mas ao longo de décadas eles podem alterar totalmente tudo à nossa volta.

Segundo a lei de Moore, a cada Natal os seus novos jogos de computador são quase duas vezes mais poderosos (em termos do número de transistores) do que os do ano anterior. Além disso, com o passar dos anos, este ganho se torna monumental. Por exemplo, quando você recebe um cartão de aniversário pelo correio, com frequência ele tem um chip que toca "Feliz Aniversário" para você. Extraordinariamente, este chip tem mais capacidade de computação do que todas as forças Aliadas de 1945. Hitler, Churchill ou Roosevelt poderiam ter matado para conseguir esse chip. Mas o que fazemos com ele? Depois do aniversário, jogamos fora o cartão e o chip. Hoje, o seu telefone celular tem mais capacidade de computação do que toda a NASA em 1969, quando ela colocou dois astronautas na Lua. Videogames, que consomem uma quantidade enorme de capacidade de computação para simular situações em 3-D, são mais potentes do que os computadores de grande porte da década anterior. O Play Station da Sony de hoje, que custa 300 dólares, tem a capacidade de um supercomputador militar de 1997, que custava milhões de dólares.

Podemos ver a diferença entre crescimento linear e exponencial da capacidade dos computadores quando analisamos como as pessoas viam o futuro do computador em 1949, quando a revista *Popular Mechanics* previu que eles cresceriam linearmente no futuro, talvez apenas duplicando ou triplicando com o tempo. Ela escreveu: "Enquanto uma calculadora como a ENIAC hoje está equipada com 18 mil válvulas eletrônicas e pesa 30 toneladas, os computadores no futuro talvez tenham apenas 100 válvulas eletrônicas e pesem apenas uma tonelada e meia."

(A Mãe Natureza aprecia o poder do exponencial. Um único vírus pode sequestrar uma célula humana e forçá-la a criar várias centenas de cópias de si mesmo. Crescendo 100 vezes mais a cada geração, um vírus pode gerar 10 bilhões de vírus em apenas cinco gerações. Não é de espantar que um único vírus possa infectar o corpo humano com trilhões de células saudáveis e lhe dar um resfriado em apenas uma semana.)

Não só a quantidade de capacidade computacional aumentou, mas o modo como esta capacidade é distribuída também mudou radicalmente, com enormes implicações para a economia. Podemos ver esta progressão, década a década:

- **1950.** Computadores com válvulas eletrônicas eram geringonças gigantescas que ocupavam salas inteiras com um cipoal de cabos, bobinas e aço. Só as Forças Armadas tinham dinheiro para custear estes monstros.
- **1960.** Os transistores substituíram os computadores a válvula, e os computadores de grande porte aos poucos entraram no mercado comercial.
- **1970.** Placas de circuitos integrados, contendo centenas de transistores, criaram o microcomputador, que era do tamanho de uma escrivaninha grande.
- **1980.** Chips contendo dezenas de milhões de transistores tornaram possíveis os computadores pessoais que cabem numa maleta.
- **1990.** A internet conectou centenas de milhões de computadores numa única rede global.
- **2000.** A computação ubíqua libertou o chip do computador. Assim, os chips se dispersaram no ambiente.

Portanto, o velho paradigma (um único chip dentro de um computador de mesa ou laptop conectado a um computador) está sendo substituído por outro (milhares de chips espalhados dentro de todos os artefatos, tais como móveis, utensílios domésticos, quadros, paredes, carros e roupas, todos conversando uns com os outros e conectados à internet.)

Quando chips são inseridos num utensílio doméstico, ele se transforma como por um milagre. Máquinas de escrever com chips transformaram-se em processadores de texto. Telefones viraram telefones celulares. Câmeras passaram a ser câmeras digitais. Fliperamas, videogames. Fonógrafos, iPods. Aviões viraram mortais zangões predadores. Todas as vezes, uma indústria passou por uma revolução e renasceu. No final, quase tudo à nossa volta se tornará inteligente. Os chips serão tão baratos que custarão ainda menos do que filme plástico para embalagem e substituirão o código de barras. As empresas que não tornarem seus produtos inteligentes poderão se ver expulsas do mercado pelos concorrentes que fizerem isso.

Claro, ainda estaremos cercados por monitores de computador, mas eles se parecerão com papéis de parede, molduras de quadro ou fotografias da família, e não com computadores. Imagine todos os quadros e fotografias que decoram as nossas casas hoje; agora imagine cada um deles animado, movimentando-se e conectado à internet. Ao sairmos de casa, veremos quadros se mover, já que quadros em movimento custarão tão pouco quanto os estáticos.

O destino dos computadores – como outras tecnologias de massa, como a eletricidade, o papel e a água corrente – é tornar-se invisível, ou seja, desaparecer no tecido de nossas vidas, estar por toda parte e em lugar algum, realizando silenciosa e imperceptivelmente nossos desejos.

Hoje, quando entramos numa sala, procuramos automaticamente o interruptor de luz, visto que supomos que haja eletricidade nas paredes. No futuro, a primeira coisa que faremos ao entrar numa sala será procurar o portal da internet, porque imaginaremos que a sala é inteligente. Como disse o romancista Max Frisch certa vez: "Tecnologia [é] o dom de organizar o mundo de forma que não tenhamos de experimentá-lo."

A lei de Moore também nos permite prever a evolução do computador no futuro próximo. Na próxima década, os chips se combinarão com sensores supersensíveis, para que possam detectar doenças, acidentes e emergências e nos alertar antes que fujam ao controle. Até certo ponto, eles reconhecerão a voz e o rosto humanos e conversarão numa linguagem formal. Serão capazes de criar mundos inteiros virtuais que só podemos imaginar hoje. Por volta de 2020, o preço de um chip talvez caia para cerca de um centavo, que é o custo de papel rasgado. E aí teremos milhões de chips distribuídos por todas as partes no nosso ambiente, executando silenciosamente as nossas ordens.

Finalmente, a própria palavra *computador* desaparecerá do léxico.

A fim de discutir o futuro progresso da ciência e da tecnologia, dividi cada capítulo em três períodos: futuro próximo (de hoje a 2030), meados do século (de 2030 a 2070) e, por último, o futuro longínquo, de 2070 a 2100. Estes períodos de tempo são apenas aproximações grosseiras, mas eles mostram como as várias tendências destacadas neste livro se estruturam no tempo.

A rápida ascensão da capacidade computacional lá pelo ano de 2100 nos dará um poder igual ao dos deuses da mitologia que adoramos no passado, permitindo-nos controlar o mundo à nossa volta com o simples pensamento. Como os deuses da mitologia, que podiam mover objetos e remodelar a vida com um simples aceno de mão ou gesto de cabeça, nós também seremos capazes de controlar o mundo à nossa volta com o poder da mente. Estaremos em constante contato mental com chips espalhados no nosso ambiente, que, então, silenciosamente, executarão nossos comandos.

Lembro-me de assistir certa vez a um episódio de *Jornada nas estrelas* em que a tripulação da nave estelar *Enterprise* encontra um planeta habitado por deuses gregos. De pé diante dela estava o altíssimo deus Apolo, uma figura gigantesca capaz de deslumbrar e fascinar a tripulação com suas façanhas divinas. A ciência do século XXIII era impotente para disputar com um deus que governava os céus havia milhares de anos na Grécia antiga. Mas, ao se recuperar do choque de encontrar deuses gregos, a tripulação percebeu logo que este poder deveria vir de uma fonte, que Apolo deveria estar simplesmente em contato mental com um computador central e usina de energia, que executava os seus desejos. Quando a tripulação localizou e destruiu a fonte de energia, Apolo ficou reduzido a um simples mortal.

Isto era só uma historinha de Hollywood. Entretanto, ampliando as descobertas radicais que estão sendo feitas agora em laboratório, os cientistas podem imaginar o dia em que nós, também, poderemos usar o controle telepático sobre computadores para nos dar o poder deste Apolo.

FUTURO PRÓXIMO [DO PRESENTE A 2030]

INTERNET NOS ÓCULOS E NAS LENTES DE CONTATO

Hoje, podemos nos comunicar com a internet por intermédio de nossos computadores e telefones celulares. Mas, no futuro, a internet estará por toda parte – em telas na parede, em móveis, em cartazes e até em nossos óculos e lentes de contato. Quando piscarmos, estaremos on-line.

Há várias maneiras de colocar a internet numa lente. A imagem pode ser refletida dos nossos óculos diretamente para as retinas através das lentes dos olhos. A imagem também poderia ser projetada para a lente, que funcionaria como uma tela. Ou estar anexada à armação dos óculos como uma pequena lente de joalheiro. Ao espiarmos nos óculos, vemos a internet, como se olhássemos para uma tela de cinema. Poderemos então manipulá-la com um dispositivo manual que controla o computador via conexão sem fio. Poderíamos também simplesmente mover os dedos no ar para controlar a imagem, visto que o computador reconhece a posição de nossos dedos quando acenamos com eles.

Por exemplo, desde 1991, os cientistas da Universidade de Washington trabalham para aperfeiçoar o *display* da retina virtual (VRD – *virtual retinal display*) no qual as luzes laser vermelha, verde e azul são refletidas diretamente na retina. Com um campo visual de 120 graus e uma resolução de 1.600 x 1.200 *pixels*, o *display* VRD pode produzir uma imagem brilhante, quase real, que se compara com a vista num cinema. A imagem pode ser gerada usando-se um capacete, óculos de proteção ou comuns.

Na década de 1990, tive a oportunidade de experimentar um destes óculos com internet. Era uma versão preliminar criada pelos cientistas da Media Lab no MIT. Parecia um par de óculos comuns, mas havia uma lente cilíndrica com cerca de meia polegada de diâmetro presa no canto direito. Eu podia olhar através dos óculos sem nenhum problema. Mas, se eu batesse de leve nele, as minúsculas lentes caíam diante do meu olho. Espiando pelas lentes, eu podia perceber nitidamente uma tela de computador inteira, aparentemente apenas um pouquinho menor do que a tela-padrão de PC. Fiquei surpreso com a nitidez, quase como se a tela estivesse me olhando no rosto. Em seguida segurei um dispositivo, mais ou menos do tamanho de um telefone celular, com teclas. Apertando as teclas, eu podia controlar o cursor na tela e até digitar instruções.

Em 2010, para um especial do Science Channel que apresentei, fui até Fort Benning, na Geórgia, para conferir a recente "internet para o campo de batalha" do Exército dos Estados Unidos, chamada Land Warrior. Coloquei um capacete especial com uma tela em miniatura presa na lateral. Quando dei um piparote na tela sobre meus olhos, de repente vi uma imagem surpreendente: o campo de batalha inteiro com Xs marcando a localização de tropas amigas e inimigas. Extraordinariamente, a "névoa de guerra" ergueu-se, com sensores GPS localizando com precisão onde estavam todas as tropas, tanques e prédios. Com um clique num botão, a imagem mudava rapidamente, colocando a internet à minha disposição no campo de batalha, com informações quanto ao clima, disposição de forças amigas e inimigas, estratégia e táticas.

Uma versão mais avançada projetaria a internet diretamente através de nossas lentes de contato inserindo-se um chip ou *display* de LCD no plástico. Babak A. Parviz e seu grupo na Universidade de Washington, em Seattle, estão fazendo os estudos preliminares para as lentes de contato com internet, desenhando protótipos que podem acabar mudando o modo como a acessamos.

Ele prevê que uma aplicação imediata desta tecnologia poderia ser ajudar diabéticos a regular o nível de glicose. As lentes exibirão um registro imediato das condições dentro do corpo. Mas isto é apenas o começo. No futuro, Parviz imagina o dia em que seremos capazes de baixar qualquer filme, canção, site da web ou informação da internet para nossas lentes de contato. Teremos um sistema de entretenimento doméstico completo em nossas lentes enquanto ficamos recostados na poltrona e curtindo filmes de longa-metragem. Podemos também usá-lo para fazer uma conexão direta com nossos computadores no escritório, e em seguida manipular os arquivos que são projetados na nossa frente. Tranquilamente na praia, vamos poder participar de uma teleconferência com o escritório com um piscar de olhos.

Inserindo um software de reconhecimento de padrão nestes óculos-internet, eles também reconhecerão objetos e até o rosto de algumas pessoas. Alguns softwares já reconhecem rostos pré-programados com mais de 90% de acuidade. Não apenas o nome, mas também a biografia da pessoa com quem você está falando podem aparecer na sua frente. Numa reunião, isto acabará com o constrangimento de esbarrar com alguém que você conhece, mas cujo nome não consegue lembrar. Isto pode também ter uma função importante num coquetel onde haja muitos estrangeiros, alguns deles muito importantes, mas que você não sabe quem são. No futuro, você vai poder identificar pessoas estranhas e conhecer seus antecedentes, mesmo enquanto fala com elas. (É mais ou menos como o mundo visto por olhos robóticos em *O exterminador do futuro*.)

Isto pode alterar o sistema educacional. No futuro, alunos prestando um exame final vão poder pesquisar silenciosamente as respostas na internet via lentes de contato, o que será um óbvio problema para professores que costumam confiar na decoreba. Isto significa que, em vez disso, os educadores terão de enfatizar a capacidade de pensamento e raciocínio.

Seus óculos talvez tenham uma minúscula câmera de vídeo na armação, de modo que poderão filmar o que está à sua volta e em seguida divulgar as imagens diretamente na internet. As pessoas no mundo inteiro serão capazes de compartilhar suas experiências em tempo real. Seja lá o que você estiver vendo, milhares de outras pessoas verão também. Os pais saberão o que os filhos estão fazendo. Amantes compartilharão experiências quando separados. Pessoas nos concertos poderão comunicar o seu entusiasmo a fãs ao redor do mundo. Inspetores visitarão fábricas distantes e, em seguida, enviarão imagens ao vivo diretamente para as lentes de contato do chefe. (Ou o marido pode fazer as compras, enquanto a mulher comenta sobre o que comprar e vice-versa.)

Parvis já é capaz de miniaturizar um chip de computador para que possa ser colocado dentro da película de polímero de uma lente de contato. Ele colocou com sucesso um LED (díodo emissor de luz) numa lente de contato, e agora está trabalhando em outra com uma série de LEDs 8x8. Suas lentes de contato podem ser controladas por uma conexão sem fio. Ele afirma: "Esses componentes no futuro incluirão centenas de LEDs, que formarão imagens na frente dos olhos, tais como palavras, mapas e fotografias. Boa parte do hardware é semitransparente, de modo que os usuários podem transitar pelas redondezas sem esbarrar nas coisas nem ficar desorientados." O objetivo máximo, que ainda está a anos de distância, é criar uma lente de contato com 3.600 *pixels*, cada um com não mais do que 10 micrômetros de espessura.

Uma vantagem das lentes de contato com internet é que elas usam pouquíssima energia, apenas uns poucos milionésimos de watt, e portanto são muito eficientes nas suas exigências de energia e não esgotam a bateria. Outra vantagem é que o olho e o nervo óptico são, em certo sentido, uma extensão direta do cérebro humano: assim ganhamos acesso direto ao cérebro humano sem ter de implantar eletrodos. O olho e o nervo óptico transmitem informações mais rápido do que uma conexão de internet de alta velocidade. Portanto, uma lente de contato com internet oferece talvez o acesso mais rápido e eficiente ao cérebro.

Refletir uma imagem para o olho via lentes de contato é uma coisa um pouco mais complexa do que por meio de óculos com internet. Um LED pode produzir um ponto, ou *pixel*, de luz, mas você precisa acrescentar uma microlente para focalizar diretamente na retina. A imagem final pareceria flutuar a uns 60 cm de você. Um projeto mais avançado que Parviz está considerando é usar microlasers para enviar uma imagem com o máximo de nitidez diretamente para a retina. Com a mesma tecnologia usada na indústria de chips para gravar minúsculos transistores, podem-se também gravar lasers minúsculos do mesmo tamanho, constituindo os menores lasers do mundo. Lasers com cerca de 100 átomos de diâmetro são a princípio possíveis usando-se esta tecnologia. Como transistores, você pode teoricamente comprimir milhões de lasers num chip do tamanho da sua unha.

CARRO SEM MOTORISTA

No futuro próximo, você também será capaz de surfar com segurança na web via suas lentes de contato enquanto dirige um carro. Ir e voltar do trabalho não será tão angustiante porque os carros se dirigirão sozinhos. Carros sem motoristas usando GPS para localizar a sua posição no espaço de poucos metros já podem dirigir por mais de centenas de quilômetros. A Defense Advanced Research Projects Agency do Pentágono (a DARPA) patrocinou uma competição, chamada DARPA Grand Challenge, na qual laboratórios foram convidados a apresentar carros sem motorista para uma corrida através do deserto de Monjave, para conquistar um prêmio de 1 milhão de dólares. O DARPA prossegue com a sua longa tradição de financiar tecnologias arriscadas, mas visionárias.

(Alguns exemplos de projetos do Pentágono incluem a internet, que foi originalmente projetada para conectar cientistas e oficiais durante e após uma guerra nuclear, e o sistema GPS, que foi originalmente criado para guiar mísseis ICBM. Mas tanto a internet como o GPS foram considerados não secretos e dados ao público depois do fim da Guerra Fria.)

Em 2004, a competição teve uma estreia constrangedora, quando nenhum único carro sem motorista conseguiu percorrer os 242 quilômetros de terreno acidentado e cruzar a linha final. Os carros robóticos enguiçavam ou então se perdiam. Mas no ano seguinte cinco carros completaram um percurso ainda mais difícil. Eles tinham de viajar por estradas que incluíam 100 curvas fechadas, três túneis estreitos e trilhas ladeadas por ribanceiras íngremes.

Alguns críticos disseram que carros robóticos talvez fossem capazes de viajar no deserto, porém jamais no tráfego do centro da cidade. Assim, em 2007, a DARPA patrocinou um projeto ainda mais ambicioso, o Urban Challenge, no qual carros robóticos tinham de completar um extenuante percurso de 96 quilômetros por um simulacro de território urbano em menos de seis horas. Os carros tinham de obedecer a todas as regras de trânsito, evitar outros carros-robôs ao longo do percurso e vencer interseções de quatro pistas. Seis equipes completaram com sucesso o Urban Challenge, com as três primeiras conquistando prêmios de 2 milhões de dólares, 1 milhão de dólares e 500 mil dólares respectivamente.

A meta do Pentágono é tornar um terço das forças terrestres autônomas em 2015. Isto poderia se mostrar uma tecnologia salva-vidas, visto que recentemente a maior parte das baixas dos Estados Unidos foi causada por bombas à beira da estrada. No futuro, muitos veículos militares americanos não terão nenhum motorista. Mas, para o consumidor, isso poderia significar carros que se dirigem sozinhos com o toque de um botão, deixando o motorista trabalhar, relaxar, admirar o cenário, assistir a um filme ou consultar a internet.

Eu tive a oportunidade de dirigir um desses carros para um especial de TV do Discovery Channel. Era um carro esporte elegante, modificado pelos engenheiros da North Carolina State University para ser totalmente autônomo. Seus computadores tinham a potência de oito PCs. Entrar no carro foi meio problemático para mim, visto que o interior estava abarrotado. Havia componentes eletrônicos sofisticados por todos os lados, empilhados sobre os assentos e no painel de controle. Quando agarrei o volante, notei que ele tinha um cabo de borracha especial conectado a um pequeno motor. Um computador, controlando o motor, podia assim girar o volante.

Depois de virar a chave, pisar no acelerador e guiar o carro para a autoestrada, liguei o interruptor que permitia ao computador assumir o controle. Tirei as mãos do volante, e o carro se dirigiu sozinho. Eu tinha plena confiança no carro, cujo computador estava constantemente fazendo minúsculos ajustes através do cabo de borracha no volante. De início, foi meio assustador notar que o volante e o pedal do acelerador se moviam sozinhos. Era como se um motorista invisível, fantasmagórico tivesse assumido o controle, mas, pouco tempo depois, me acostumei. De fato, mais tarde foi uma alegria conseguir relaxar num carro que se dirigia sozinho com precisão e habilidade sobre-humanas. Pude me recostar e apreciar a corrida.

O coração do carro sem motorista era o sistema GPS, que permitia ao computador localizar a sua posição no espaço de poucos metros. (Às vezes, disseram-me os engenheiros, o sistema GPS podia determinar a posição do carro no espaço de poucos centímetros.) O próprio sistema GPS é uma maravilha da tecnologia moderna. Cada um dos 32 satélites GPS orbitando a Terra emite uma onda de rádio específica, que é em seguida captada por receptores GPS no meu carro. O sinal de cada satélite é ligeiramente distorcido porque eles estão viajando em órbitas ligeiramente diferentes. Esta distorção se chama efeito Doppler. (Ondas de rádio, por exemplo, são comprimidas se o satélite está se movendo na sua direção, e se estendem se ele se afastar de você.) Ao analisar a leve distorção de frequências de três ou quatro satélites, o computador do carro podia determinar a minha posição exatamente.

O carro também tinha um radar nos para-lamas para poder perceber obstáculos. Isto será crucial no futuro, visto que cada carro tomará automaticamente medidas de emergência assim que detectar a iminência de um acidente. Hoje, quase 40 mil pessoas nos Estados Unidos morrem em acidentes de carro todos os anos. No futuro, a expressão *acidente de carro* poderá desaparecer gradualmente do léxico.

Engarrafamentos de trânsito também poderão ser coisa do passado. Um computador central será capaz de acompanhar todos os movimentos de cada veículo na estrada comunicando-se com cada carro sem motorista. Ele então detectará facilmente os engarrafamentos e gargalos nas estradas. Em um experimento realizado ao norte de San Diego na Interestadual 15, foram colocados chips na estrada para que um computador central assumisse o controle dos carros. No caso de um engarrafamento, o computador cancelaria a função automática do motorista e permitiria ao tráfego fluir livremente.

O carro do futuro também será capaz de perceber outros perigos. Milhares de pessoas morreram ou se feriram em acidentes de carro porque o motorista pegou no sono, especialmente de noite ou durante longas e monótonas viagens. Computadores hoje podem focalizar seus olhos e reconhecer os indícios de que você está ficando sonolento. O computador está, portanto, programado para emitir um som e acordar você. Se isto falhar, ele assume a direção do carro. Computadores também podem reconhecer a presença de quantidades excessivas de álcool no carro, o que pode reduzir os milhares de mortes relacionadas com o consumo de álcool que acontecem todos os anos.

A transição para carros inteligentes não acontecerá de imediato. Primeiro, as Forças Armadas vão utilizar estes veículos e, no processo, descobrir qualquer estranheza. Em seguida, carros robóticos entrarão no mercado, aparecendo primeiro em longas e monótonas extensões de estradas interestaduais. Depois, eles serão vistos nos subúrbios e grandes cidades, mas o motorista sempre poderá desligar o computador e assumir o comando numa emergência. No final, vamos nos perguntar como foi que conseguimos viver sem eles.

QUATRO DESCANSOS DE TELA

Os computadores não só aliviarão a tensão de ir ao trabalho e voltar dele e reduzirão acidentes de carro, mas também nos ajudarão a nos conectar com amigos e conhecidos. No passado, algumas pessoas se queixaram de que a revolução do computador nos desumanizou e isolou. Na verdade, ela nos permitiu expandir exponencialmente o nosso círculo de amizades e conhecimentos. Quando você estiver sozinho ou precisando de companhia, simplesmente pedirá à tela de parede que monte uma partida de bridge com outros indivíduos solitários em qualquer parte do mundo. Quando quiser ajuda para planejar férias, organizar uma viagem ou encontrar uma companhia para sair, você fará isso via sua tela de parede.

No futuro, um rosto cordial poderá primeiro surgir na sua tela de parede (um rosto que você pode mudar de acordo com o seu gosto). Você lhe pedirá que planeje umas férias para você. Ele já conhece as suas preferências, pesquisará na internet e lhe dará uma relação das melhores opções possíveis com os melhores preços.

Reuniões de família também poderão acontecer via telas de parede. Todas as quatro paredes da sua sala de estar serão telas de parede, de modo que você estará cercado de imagens de seus parentes distantes. No futuro, talvez um parente não possa visitá-lo numa ocasião importante. Mas a família poderá se reunir em torno da tela de parede e realizar a reunião, que é em parte real e em parte virtual. Ou, via suas lentes de contato, você verá as imagens de todos os seus entes queridos como se estivessem realmente ali, mesmo que estejam a milhares de quilômetros de distância. (Alguns críticos observaram que a internet foi concebida originalmente como um dispositivo "masculino" pelo Pentágono, isto é, a ideia era dominar um inimigo em tempos de guerra. Mas agora a internet é principalmente "feminina", porque significa estender a mão e tocar alguém.)

As teleconferências serão substituídas pela telepresença – as imagens completas em 3-D e os sons de uma pessoa aparecerão nos seus óculos ou lentes de contato. Numa reunião, por exemplo, todos se sentarão ao redor de uma mesa, exceto alguns participantes, que aparecerão apenas nas suas lentes. Sem as suas lentes, você veria que algumas cadeiras ao redor da mesa estão vazias. Com elas, você verá a imagem de todos sentados em suas cadeiras como se estivessem ali. (Isto significa que todos os participantes serão gravados em videoteipe por uma câmera especial ao redor de uma mesa semelhante, e em seguida suas imagens são enviadas pela internet.)

No filme *Jornada nas estrelas*, as plateias ficaram intrigadas ao ver imagens em 3-D de gente aparecendo no ar. Mas, usando a tecnologia de computadores, seremos capazes de ver essas imagens em 3-D nas nossas lentes de contato, óculos ou telas de parede no futuro.

A princípio, pode parecer estranho falar para uma sala vazia. Mas lembre-se: quando o telefone surgiu, houve quem criticasse, dizendo que as pessoas estariam falando com vozes sem corpo. Eles se queixavam de que o telefone aos poucos substituiria o contato pessoal direto. Os críticos estavam certos, mas hoje não nos importamos de falar com vozes sem corpo, porque isso tem aumentado enormemente o nosso círculo de contatos e enriquecido as nossas vidas.

Isto também pode mudar a sua vida amorosa. Se você está sozinho, a sua tela de parede conhecerá as suas preferências no passado e as características físicas e sociais que você deseja num encontro, e em seguida consultará a internet para uma possível combinação. E, visto que as pessoas às vezes mentem quanto a seu perfil, como medida de segurança a sua tela automaticamente sondará o histórico de cada pessoa para detectar falsidades na sua biografia.

PAPEL ELETRÔNICO FLEXÍVEL

O preço das TVs de tela plana, antes de mais de 10 mil dólares, caiu cerca de 50% em apenas uma década. No futuro, as telas planas que cobrem uma parede inteira também cairão de preço drasticamente. Essas telas de parede serão flexíveis e finíssimas, usando OLEDs (díodos emissores de luz orgânicos). Eles são similares aos díodos emissores de luz comuns, mas são baseados em compostos orgânicos que podem ser dispostos num polímero, tornando-os flexíveis. Cada *pixel* na tela flexível está conectado a um transistor que controla a cor e a intensidade da luz.

Os cientistas no Flexible Display Center, da Arizona State University, já estão trabalhando com a Hewlett-Packard e o Exército dos Estados Unidos para aperfeiçoar esta tecnologia. As forças do mercado em seguida reduzirão o seu custo e a levarão até o público. Conforme os preços baixem, o custo destas telas de parede pode acabar chegando aos do papel de parede comum. Portanto, no futuro, ao colocar papel de parede, uma pessoa ao mesmo tempo também colocará telas de parede. Quando desejarmos mudar o desenho do nosso papel de parede, simplesmente apertaremos um botão. Redecorar será muito simples.

Esta tecnologia de tela flexível pode também revolucionar o modo como interagimos com nossos computadores portáteis. Não precisaremos mais carregar conosco pesados laptops. Eles poderão ser simples folhas de OLEDs, que dobraremos e colocaremos na carteira de dinheiro. Um telefone celular talvez contenha uma tela flexível que possa ser puxada, como um rolo de papel. Depois, em vez de lutar para digitar no minúsculo teclado do seu telefone celular, você vai poder puxar uma tela flexível do tamanho que quiser.

Esta tecnologia também torna possíveis telas de PCs totalmente transparentes. No futuro próximo, poderemos olhar para uma janela, acenar com as mãos e, de repente, ela se torna uma tela de PC. Ou qualquer imagem que desejemos. Poderíamos estar olhando para uma janela a milhares de quilômetros de distância.

Hoje, temos pedacinhos de papel onde rabiscamos e que depois jogamos fora. No futuro, poderemos ter "computadores sucata" que não possuem nenhuma identidade especial própria. Nós rabiscamos neles e os descartamos. Hoje, arrumamos a nossa mesa de trabalho e móveis em torno do computador, que domina o nosso escritório. No futuro, o computador de mesa talvez desapareça, e os arquivos se moverão conosco conforme formos de um lugar para outro, de sala em sala, ou do escritório para casa. Com isso teremos informações ininterruptas, a qualquer hora, em qualquer lugar. Hoje, nos aeroportos, você vê centenas de viajantes carregando laptops. No hotel, eles têm de se conectar à internet e, ao voltarem para casa, têm de baixar os arquivos para as suas máquinas desktop. No futuro, você não vai precisar carregar um computador de um lado para outro, visto que, para onde quer que você se virar, as paredes, quadros e móveis poderão conectá-lo à internet, mesmo que você esteja num trem ou carro. ("Computação nas nuvens", em que você é cobrado não por computadores, mas por tempo de computador, tratando a computação como uma utilidade que é medida como água ou eletricidade, é um dos primeiros exemplos disto.)

MUNDOS VIRTUAIS

O objetivo da computação ubíqua é trazer o computador para o nosso mundo: colocar chips por toda parte. O propósito da realidade virtual é o oposto: nos colocar no mundo do computador. A realidade virtual foi introduzida pela primeira vez pelas Forças Armadas na década de 1960 como uma forma de treinar pilotos e soldados usando simulações. Os pilotos podiam praticar a aterrissagem no convés de um porta-aviões olhando para uma tela de computador e movimentando um joystick. No caso de uma guerra nuclear, generais e líderes políticos de localizações distantes podiam se encontrar secretamente no espaço cibernético.

Hoje, com o poder dos computadores se expandindo exponencialmente, pode-se viver num mundo simulado, onde você pode controlar um avatar, explorar mundos imaginários e até se apaixonar e se casar. Você pode também comprar artigos virtuais com dinheiro virtual, que em seguida pode ser convertido em dinheiro de verdade. Um dos sites mais populares, Second Life, registrou 16 milhões de contas em 2009. Naquele ano, várias pessoas ganharam mais de 1 milhão de dólares por ano usando Second Life. (O lucro que você obtém, entretanto, é taxado pelo governo dos Estados Unidos, que o considera como renda real.)

A realidade virtual já é um elemento importante dos videogames. No futuro, à medida que o poder dos computadores continuar a se expandir, você também será capaz de visitar mundos irreais usando seus óculos ou tela de parede. Por exemplo, se você quiser ir às compras ou visitar um lugar exótico, poderá fazer isso por meio da realidade virtual, navegando na tela do computador como se estivesse mesmo ali. Desse modo, você será capaz de caminhar na Lua, curtir férias em Marte, fazer compras em países distantes, visitar um museu e decidir por si próprio aonde quer ir.

Você terá também, até certo ponto, capacidade de sentir e tocar objetos neste mundo cibernético. Isto se chama "tecnologia tátil" e permite que você sinta a presença de objetos que são gerados por computador. Ela foi criada por cientistas que tinham de lidar com materiais altamente radioativos com braços robóticos movidos por controle remoto, e pelas Forças Armadas, que queriam que seus pilotos sentissem a resistência de um joystick num simulador de voo.

Para duplicarem a sensação de tato, os cientistas criaram um acessório preso a molas e engrenagens, de modo que, à medida que você avança com os dedos, ele reage, simulando a sensação de pressão. Quando você passa os dedos sobre uma mesa, por exemplo, este acessório pode simular a sensação de estar tocando uma superfície dura de madeira. Assim, você pode sentir a presença de objetos que são vistos em óculos de realidade virtual, completando a ilusão de que você está em outro lugar.

Para criar a sensação de textura, outro equipamento permite que os dedos passem por uma superfície contendo milhares de minúsculos alfinetes. Conforme os dedos se movem, o peso de cada alfinete é controlado por um computador, de modo que ele pode simular a textura de superfícies duras, de tecido aveludado ou lixa áspera. No futuro, vestindo luvas especiais, será possível ter uma sensação realista de estar tocando numa variedade de objetos e superfícies.

Isto será essencial para treinar cirurgiões no futuro, visto que eles precisam ter capacidade de sentir pressão quando fazem cirurgias delicadas, e o paciente poderia ser uma imagem holográfica em 3-D. Isto também nos aproxima um pouco mais do *holodeque* da série *Jornada nas estrelas*, onde você pode passear num mundo virtual e tocar objetos virtuais. Conforme você perambula por uma sala vazia, pode ver objetos fantásticos nos seus óculos ou lentes de contato. Ao estender o braço e agarrá-los, um equipamento tátil se ergue do chão e simula o objeto que você está tocando.

Eu tive a oportunidade de testemunhar estas tecnologias em primeira mão ao visitar a CAVE (*cave automatic virtual environment*), na Rowan University, em Nova Jersey, para o Science Channel. Entrei numa sala vazia, onde me vi cercado por quatro paredes, cada uma iluminada por um projetor. Imagens em 3-D podiam ser projetadas nas paredes, dando a ilusão de eu estar sendo transportado para outro mundo. Em uma demonstração, fui cercado por gigantescos e ferozes dinossauros. Ao mover um joystick, eu podia cavalgar um *Tyrannosaurus rex*, ou mesmo ir parar direto na sua boca. Em seguida, visitei o Aberdeen Proving Ground, em Maryland, onde as Forças Armadas conceberam a versão mais avançada de um *holodeque*. Sensores foram colocados no meu capacete e na minha mochila; portanto, o computador sabia exatamente a posição do meu corpo. Em seguida caminhei numa Omnidirectional Treadmill (esteira onidirecional), uma esteira sofisticada onde você pode caminhar em qualquer direção sem sair do mesmo lugar. De repente eu estava num campo de batalha, desviando-me das balas de atiradores inimigos de tocaia. Eu podia correr em qualquer direção, esconder-me em qualquer beco, disparar por qualquer rua, e as imagens em 3-D na tela mudavam instantaneamente. Podia até me deitar no chão, e as telas mudavam de acordo com isso. Pude imaginar que, no futuro, você será capaz de experimentar a total imersão, isto é, entrar em lutas acirradas com naves espaciais alienígenas, fugir de monstros furiosos ou se divertir numa ilha deserta, tudo sem sair do conforto da sua sala de estar.

CUIDADOS MÉDICOS NO FUTURO PRÓXIMO

Uma visita ao consultório médico estará totalmente mudada. Para um checkup de rotina, quando você falar com o "médico", provavelmente será um programa de software robótico que aparecerá na sua tela de parede e que poderá diagnosticar corretamente até 95% de todas as enfermidades comuns. O seu "médico" poderá parecer uma pessoa, mas na verdade será uma imagem animada programada para fazer certas perguntas simples. O seu "médico" também terá um registro completo dos seus genes, e recomendará uma série de tratamentos médicos que levam em conta todos os seus fatores de risco genéticos.

Para diagnosticar um problema, o "médico" lhe pedirá que passe uma simples sonda pelo corpo. Na série original de *Jornada nas estrelas*, o público ficava admirado ao ver um dispositivo chamado *tricorder* que podia diagnosticar instantaneamente qualquer doença e espiar dentro do seu corpo. Mas você não precisa esperar até o século XXIII por este equipamento futurista. Aparelhos de ressonância magnética, que pesam várias toneladas e ocupam uma sala inteira, já foram miniaturizados para cerca de 30 centímetros e acabarão sendo tão pequenos quanto um telefone celular. Ao passar um deles pelo seu corpo, você será capaz de ver dentro dos seus órgãos. Computadores processarão estas imagens em 3-D e em seguida lhe darão o diagnóstico. Esta sonda também será capaz de determinar, em questão de minutos, a presença de uma ampla variedade de doenças, incluído o câncer, anos antes de se formar um tumor. Esta sonda conterá chips de DNA, chips de silício com milhões de sensores que poderão detectar a presença do DNA denunciador de muitas doenças.

É claro, muita gente odeia ir ao médico. Mas, no futuro, a sua saúde será silenciosa e facilmente monitorada várias vezes por dia sem você nem perceber. O seu vaso sanitário, o espelho do banheiro e suas roupas terão chips de DNA para silenciosamente determinar se você tem colônias cancerosas com apenas umas poucas centenas de células crescendo no seu corpo. Você terá mais sensores ocultos no seu banheiro e roupas do que são encontrados num hospital ou universidades modernos hoje. Por exemplo, soprando simplesmente num espelho, será possível detectar o DNA de uma proteína que sofreu mutação chamada p53, que está envolvida em 50% de todos os cânceres comuns. Isto significa que a palavra *tumor* gradualmente desaparecerá do léxico.

Hoje, se você sofrer um grave acidente de carro numa estrada solitária, pode facilmente sangrar até a morte. Mas, no futuro, as suas roupas e o seu carro entrarão automaticamente em ação ao primeiro sinal de trauma, chamando uma ambulância, localizando a posição do seu carro, descarregando todo o seu histórico médico, tudo enquanto você está inconsciente. No futuro, será difícil morrer sozinho. As suas roupas serão capazes de sentir qualquer irregularidade nos seus batimentos cardíacos, na sua respiração e até nas ondas cerebrais por meio de minúsculos chips entrelaçados no tecido. Quando você se veste, entra on-line.

Hoje, é possível colocar um chip numa pílula do tamanho de uma aspirina, junto com câmera de TV e rádio. Quando você a engole, a "pílula inteligente" tira imagens de TV do seu estômago e intestinos, e em seguida envia sinais de rádio para um receptor próximo. (Isto dá um novo significado ao slogan "Intel inside".) Desse modo, os médicos serão capazes de tirar fotos dos intestinos de um paciente e detectar cânceres sem jamais realizar uma colonoscopia (que envolve a inconveniência de inserir um tubo de quase dois metros de comprimento no seu intestino grosso). Equipamentos microscópicos como estes também gradualmente reduzirão a necessidade de cortes na pele para uma cirurgia.

Isso é apenas uma amostra de como a revolução do computador afetará a nossa saúde. Discutiremos a revolução na medicina em mais detalhes nos capítulos 3 e 4, onde também falaremos de terapia genética, clonagem e alteração do tempo de vida.

VIVENDO NUM CONTO DE FADAS

Como a inteligência dos computadores será tão barata e disseminada no ambiente, alguns futuristas comentam que o futuro talvez pareça algo saído de um conto de fadas. Se temos o poder dos deuses, então o céu em que habitamos vai parecer um mundo de fantasia. O futuro da internet, por exemplo, é tornar-se o espelho mágico de Branca de Neve. Diremos: "Espelho, espelho na parede", e surgirá um rosto amigo, permitindo-nos acessar a sabedoria do planeta. Colocaremos chips em nossos brinquedos, tornando-os inteligentes como Pinóquio, o boneco que queria ser um menino de verdade. Como Pocahontas, falaremos com o vento e as árvores, e eles responderão. Vamos imaginar que os objetos são inteligentes e que podemos falar com eles.

Como os computadores serão capazes de localizar muitos dos genes que controlam o processo de envelhecimento, poderemos ficar jovens para sempre, como Peter Pan. Seremos capazes de retardar e talvez reverter o processo de envelhecimento, como os meninos da Terra do Nunca, que não queriam crescer. A realidade aumentada nos dará a ilusão de que, como Cinderela, podemos ir a bailes à fantasia num coche real e dançar graciosamente com um lindo príncipe. (Mas, à meia-noite, nossos óculos de aumento da realidade se desligam e retornamos ao mundo real.) Como os computadores revelarão os genes que controlam nossos corpos, seremos capazes de recompor nosso corpo, substituindo órgãos e mudando a nossa aparência, até no nível genético, como a Fera em *A Bela e a Fera*.

Alguns futuristas até temeram que isso talvez ocasionasse um retorno ao misticismo da Idade Média, quando a maioria das pessoas acreditava em espíritos invisíveis que habitavam tudo à sua volta.

MEADOS DO SÉCULO [DE 2030 A 2070]

O FIM DA LEI DE MOORE

Temos de perguntar: quanto tempo esta revolução dos computadores poderá durar? Se a lei de Moore for válida por mais 50 anos, é concebível que os computadores excederão rapidamente o poder computacional do cérebro humano. Em meados do século, ocorre uma nova dinâmica. Como disse George Harrison um dia: "Tudo deve passar." Até a lei de Moore deve terminar, e com ela a espetacular ascensão ao poder dos computadores, que tem alimentado o crescimento econômico durante o último meio século.

Hoje, achamos isso muito natural, e de fato acreditamos que seja nosso direito de nascença ter produtos de computador de crescente potência e complexidade. É por isso que compramos outros novos todos os anos, sabendo que eles são quase duas vezes mais potentes do que o modelo do ano passado. Mas se a lei de Moore cair – e cada geração de produtos de computador tiver mais ou menos a mesma potência e velocidade que a geração anterior –, então por que se preocupar em comprar novos computadores?

Visto que chips são colocados numa ampla variedade de produtos, isto poderia ter efeitos desastrosos para toda a economia. Conforme indústrias inteiras fossem parando, milhões de pessoas poderiam perder o emprego, e a economia se desestabilizaria totalmente.

Há anos, quando nós, físicos, apontamos para o inevitável colapso da lei de Moore, a indústria, como de hábito, fez pouco caso das nossas afirmações, sugerindo que estávamos sendo alarmistas. O final da lei de Moore foi previsto tantas vezes, disseram eles, que simplesmente não acreditavam nisso.

Mas já não pensam assim.

Há dois anos, fiz a apresentação de uma importante conferência para a Microsoft na sua sede em Seattle, Washington. Três mil dos principais engenheiros da Microsoft estavam na plateia, esperando para ouvir o que eu tinha para dizer sobre o futuro dos computadores e das telecomunicações. Olhando para a imensa multidão, eu podia ver os rostos de jovens e entusiasmados engenheiros que estariam criando os programas que vão rodar nos computadores nas nossas mesas e colos. Fui franco a respeito da lei de Moore, e disse que a indústria tinha de se preparar para este colapso. Uma década antes, poderiam ter me recebido com risadas ou alguns risos reprimidos. Mas desta vez eu só vi gente concordando em silêncio.

Portanto, o colapso da lei de Moore é uma questão de importância internacional, com trilhões de dólares em jogo. Mas exatamente como ela terminará, e o que vai substituí-la, dependerá das leis da física. As respostas a estas questões físicas acabarão por balançar a estrutura econômica do capitalismo.

Para compreender esta situação é importante perceber que o extraordinário sucesso da revolução dos computadores se baseia em vários princípios da física. Primeiro, os computadores têm uma estonteante velocidade porque sinais elétricos viajam quase à velocidade da luz, que é a velocidade máxima no universo. Em um segundo, um feixe de luz pode viajar ao redor do mundo sete vezes ou chegar à Lua. Elétrons são também facilmente movidos de um lado para o outro e frouxamente ligados ao átomo (e podem ser retirados quando penteamos os cabelos, caminhamos sobre o carpete ou lavamos roupa – é por isso que temos a estática). A combinação de elétrons frouxamente ligados e a sua enorme velocidade nos permitem enviar sinais elétricos num ritmo ofuscante, que originou a revolução elétrica no século passado.

Segundo, não há virtualmente nenhum limite para a quantidade de informações que se podem colocar num feixe de raios laser. Ondas de luz, porque vibram muito mais rápido do que ondas de som, podem transportar muito mais informações do que o som. (Por exemplo, imagine esticar um pedaço longo de corda e em seguida vibrar rapidamente uma das pontas. Quanto mais rápido você sacudir uma das pontas, mais sinais poderá enviar pela corda. Por conseguinte, a quantidade de informações que você pode acumular numa onda aumenta quanto mais rápido você a fizer vibrar, ou seja, aumentando a sua frequência.) A luz é uma onda que vibra a mais ou menos 1.014 ciclos por segundo (isso é 1 seguido de 14 zeros). Significa que um cabo de fibra óptica pode transportar aproximadamente 1.011 bits de informação numa única frequência. E este número pode ser aumentado acumulando-se muitos sinais numa única fibra óptica e em seguida comprimindo-os num cabo. Isso significa que, ao aumentar o número de canais num cabo e em seguida aumentar o número de cabos, podem-se transmitir informações quase sem limites.

Terceiro, e mais importante, a revolução do computador é movida pela miniaturização de transistores. Um transistor é um portal, ou interruptor, que controla o fluxo de eletricidade. Comparando-se um circuito elétrico a um encanamento, então um transistor é como uma válvula que controla o fluxo de água. Assim como o simples girar de uma válvula pode controlar o imenso volume de água, assim também o transistor permite a um minúsculo fluxo de eletricidade controlar um fluxo muito maior, ampliando, portanto, a sua potência.

No coração desta revolução está o chip de computador, que pode conter centenas de milhões de transistores numa chapinha de silício do tamanho de uma unha. Dentro do seu laptop existe um chip cujos transistores podem ser vistos apenas com um microscópio. Estes transistores incrivelmente minúsculos são criados da mesma maneira que as estampas nas camisetas.

As impressões nas camisetas são produzidas em massa criando-se primeiro um estêncil com o contorno do desenho que se deseja criar. Em seguida, o estêncil é colocado sobre o tecido e aplica-se a tinta em spray. Só onde existirem brechas no estêncil é que a tinta penetrará no tecido. Uma vez retirado o estêncil, tem-se uma cópia perfeita do desenho sobre a camiseta.

Igualmente, faz-se um estêncil contendo os intrincados contornos de milhões de transistores. Ele é colocado sobre uma chapinha com muitas camadas de silício, que é sensível à luz. A luz ultravioleta então é focalizada sobre o estêncil, penetrando pelas fendas e expondo a chapinha de silício.

Em seguida a chapinha leva um banho de ácido, esculpindo os contornos dos circuitos e criando o intrincado desenho de milhões de transistores. Como a chapinha consiste de muitas camadas condutoras e semicondutoras, o ácido a corrói em diferentes profundidades e padrões, e portanto é possível criar circuitos de enorme complexidade.

Uma das razões pelas quais a lei de Moore tem aumentado incansavelmente a potência de chips é que a luz UV pode ser sintonizada de modo que o seu comprimento de onda seja cada vez menor, possibilitando gravar transistores cada vez menores em chapinhas de silício.

Como a luz UV tem um comprimento de onda pequeno, de 10 nanômetros (um nanômetro é um bilionésimo de metro), isto significa que o menor transistor que você puder imprimir terá cerca de 30 átomos de diâmetro.

Mas este processo não pode continuar para sempre. Em algum momento será fisicamente impossível imprimir desse modo transistores que sejam do tamanho de átomos. Você pode até calcular mais ou menos quando a lei de Moore entrará finalmente em colapso: quando você finalmente chegar aos transistores do tamanho de átomos individuais.

Por volta de 2020 ou logo depois, a lei de Moore gradualmente deixará de ser válida e o Vale do Silício talvez se transforme num cinturão de ferrugem, a não ser que se descubra uma tecnologia de substituição. Segundo as leis da física, a Era do Silício terminará conforme entremos na Era Pós-Silício. Os transistores serão tão pequenos que a teoria quântica ou a física atômica assumirá o controle e os elétrons vazarão dos fios. Por exemplo, a camada mais fina dentro do seu computador terá cerca de cinco átomos de diâmetro. Nesse ponto, segundo as leis da física, a teoria quântica assumirá. O princípio da incerteza de Heisenberg afirma que não se pode saber ao mesmo tempo a posição e a velocidade de nenhuma partícula. Isto pode soar contraintuitivo, mas, no nível atômico, você simplesmente não poderá saber onde está o elétron, e portanto ele jamais poderá ser confinado exatamente num fio ou camada ultrafinos e ele necessariamente vaza, fazendo com que o circuito entre em curto.

Discutiremos isto mais detalhadamente no capítulo 4, quando analisaremos a nanotecnologia. No restante deste capítulo, vamos supor que os físicos encontraram um sucessor para a potência do silício, mas que a potência do computador continua crescendo num ritmo bem mais lento do que antes. É provável que os computadores continuem a crescer exponencialmente, mas o tempo de duplicação não será de 18 meses, e sim de muitos anos.

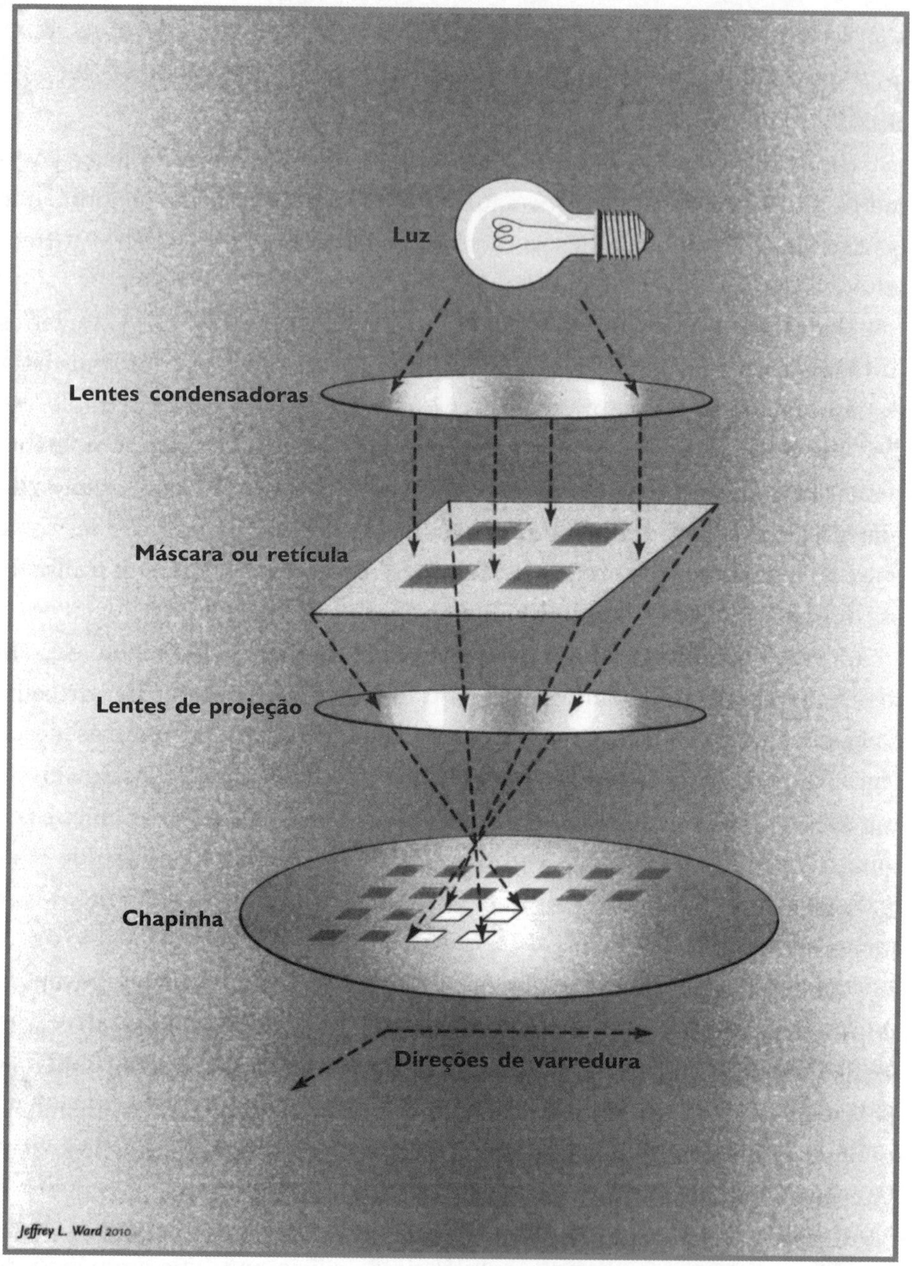

O fim da lei de Moore. Chips são feitos do mesmo modo que os desenhos em camisetas. Em vez da tinta em spray sobre um estêncil, a luz UV é focalizada num estêncil, queimando uma imagem em camadas de silício. Ácidos então esculpem a imagem, criando centenas de milhões de transistores. Mas há um limite para o processo quando chegamos à escala atômica. O Vale do Silício vai se tornar um cinturão de ferrugem?

MISTURANDO REALIDADE REAL E VIRTUAL

Em meados do século, deveremos estar todos vivendo num misto de realidade virtual e real. Em nossas lentes de contato ou óculos, veremos simultaneamente imagens virtuais superpostas ao mundo real. Esta é a visão de Susumu Tachi, da Universidade Keio, no Japão, e muitos outros. Ele está desenhando óculos especiais que mesclam fantasia e realidade. O seu primeiro projeto é fazer as coisas desaparecerem no ar.

Visitei o professor Tachi em Tóquio e testemunhei alguns dos seus extraordinários experimentos misturando realidade real e virtual. Uma aplicação simples é fazer um objeto desaparecer (pelo menos nos seus óculos). Primeiro, vesti uma capa de chuva marrom-clara leve. Quando abria os braços, parecia uma enorme vela. Em seguida, uma câmera foi focalizada na minha capa de chuva e uma segunda câmera filmava o cenário atrás de mim, consistindo em ônibus e carros movendo-se ao longo de uma estrada. Um instante depois, um computador fundiu estas duas imagens, de modo que a imagem atrás de mim era projetada na minha capa de chuva, como se ela fosse uma tela. Se você espiasse numa lente especial, o meu corpo desaparecia, deixando apenas as imagens dos carros e ônibus. Como a minha cabeça estava acima da capa de chuva, era como se ela estivesse flutuando no ar, sem corpo, como Harry Potter com o seu manto de invisibilidade.

O professor Tachi então me mostrou uns óculos especiais. Usando-os pude ver objetos reais, e em seguida fazê-los desaparecer. Isto não é invisibilidade verdadeira, visto que funciona apenas se você estiver usando óculos especiais que fundem as duas imagens. Entretanto, faz parte do grandioso programa do professor Tachi, que às vezes é chamado de "realidade aumentada".

Em meados do século, viveremos num mundo cibernético em pleno funcionamento, que funde o mundo real com imagens de um computador. Isto poderia mudar radicalmente o local de trabalho, o comércio, o entretenimento e o nosso estilo de vida. A realidade aumentada teria consequências imediatas para o mercado. A primeira aplicação comercial seria fazer com que objetos se tornassem invisíveis, ou tornar o invisível visível.

Por exemplo, se você é piloto ou motorista, será capaz de ver 360 graus ao seu redor e até sob os seus pés, porque os seus óculos ou lentes lhe permitem ver através das paredes do avião ou do carro. Isto eliminará pontos cegos, que são responsáveis por muitos acidentes e mortes. Num combate aéreo acirrado, os pilotos de aviões a jato serão capazes de acompanhar jatos inimigos onde quer que estejam, até debaixo deles, como se o seu jato fosse transparente. Motoristas serão capazes de ver em todas as direções, porque câmeras minúsculas monitorarão 360 graus do seu entorno e projetarão imagens em suas lentes de contato.

Se você for um astronauta fazendo reparos no exterior de um foguete espacial, também achará isto útil, já que poderá ver através de paredes, de divisórias e do casco do foguete. Isto salvaria vidas. Se você é um operário de obra fazendo reparos subterrâneos, em meio a uma massa de fios, canos e válvulas, saberá exatamente como eles todos se conectam. Isto poderia ser vital no caso de uma explosão de gás ou vapor, quando os canos escondidos por trás das paredes precisam ser reparados e reconectados rapidamente.

Também, se você é um escavador, será capaz de olhar direto através do solo, para depósitos de água ou petróleo. Fotografias de satélites ou aéreas tiradas de um campo com luz infravermelha ou UV podem ser analisadas e em seguida passadas para as suas lentes de contato, dando-lhe uma análise em 3-D do local e do que está sob a superfície. Ao atravessar uma paisagem árida, você "verá" valiosos depósitos minerais através das suas lentes.

Além de tornar objetos invisíveis, você também será capaz de fazer o oposto: tornar o invisível visível.

Se você é arquiteto, poderá caminhar por uma sala vazia e de repente "ver" toda a imagem em 3-D do prédio que está projetando. Os desenhos na sua planta saltarão na sua frente enquanto você andar pelos aposentos. Salas vazias adquirirão vida, de repente, com móveis, tapetes e decorações nas paredes, permitindo que você visualize a sua criação em 3-D antes de construí-la de verdade. Com um simples movimento dos braços, você poderá criar novos aposentos, paredes e móveis. Neste mundo aumentado, você terá o poder de um mágico, agitando a sua varinha de condão e criando o objeto que deseja.

REALIDADE AUMENTADA: UMA REVOLUÇÃO NO TURISMO, NAS ARTES, NAS COMPRAS E NA GUERRA

Como você pode ver, as implicações para o comércio e o ambiente de trabalho são potencialmente enormes. Virtualmente todas as tarefas podem ser enriquecidas pela realidade aumentada. Além disso, esta tecnologia dará um grande realce às nossas vidas, nossos entretenimentos e à nossa sociedade.

Por exemplo, um turista caminhando num museu pode ir de exposição em exposição enquanto as suas lentes de contato vão descrevendo cada objeto; um guia virtual lhe dará um tour cibernético quando você passar. Se você está visitando ruínas antigas, será capaz de "ver" reconstruções completas dos prédios e monumentos em toda a sua glória, junto com casos históricos. Os vestígios do Império Romano, em vez de serem colunas quebradas e ervas daninhas, ressuscitarão enquanto você passeia entre eles, completados com comentários e notas.

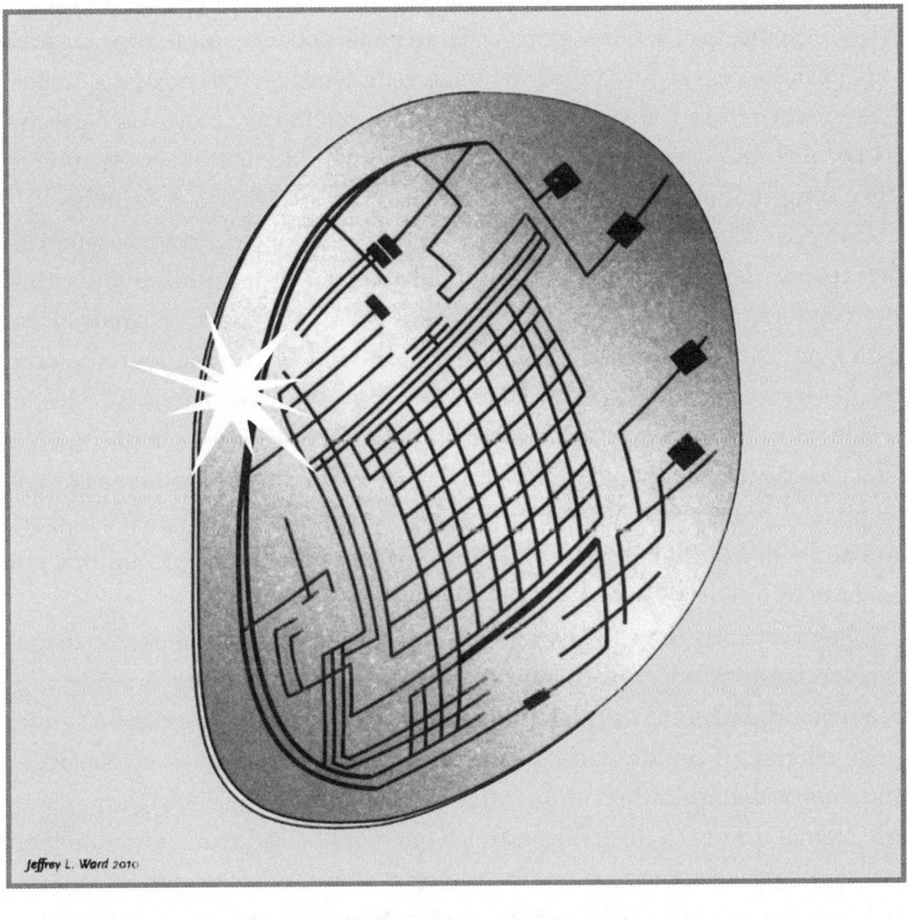

Lentes de contato com internet reconhecerão rostos de pessoas, exibirão suas biografias e traduzirão suas palavras como legendas. Os turistas as usarão para ver como eram antigos monumentos. Artistas e arquitetos as usarão para manipular e remodelar suas criações virtuais. São possibilidades infinitas para a realidade aumentada.

O Instituto Beijing de Tecnologia já deu os primeiros passos nesta direção. No espaço cibernético, ele recriou o fabuloso Jardim da Luminosidade Perfeita, que foi destruído pelas forças franco-britânicas durante a Segunda Guerra do Ópio, em 1860. Hoje, do fabuloso jardim só restam os escombros deixados pelas tropas saqueadoras. Mas, se você observar as ruínas de uma plataforma de visão especial, verá o jardim inteiro na sua frente em todo o seu esplendor. No futuro, isso será muito comum.

Um sistema ainda mais avançado foi criado pelo inventor Nikolas Neecke, que criou uma excursão a pé por Basileia, Suíça. Quando você caminha por suas ruas antigas, vê imagens de prédios antigos e até de pessoas superpostas ao presente, como se fosse um viajante no tempo. O computador localiza a sua posição e em seguida mostra imagens de cenas antigas nos seus óculos, como se você fosse transportado para tempos medievais. Hoje, você precisa usar óculos grandes e uma mochila pesada cheia de aparelhos eletrônicos GPS e computadores. Amanhã, você terá isto nas suas lentes de contato.

Se você está dirigindo um carro numa terra estrangeira, todas as sinalizações aparecerão nas suas lentes de contato no seu próprio idioma, e assim você não terá nunca de baixar os olhos para vê-las. Você verá os sinais na estrada junto com explicações de qualquer objeto nas proximidades, tais como atrações turísticas. Você verá também traduções rápidas de sinais na estrada.

Quem gosta de caminhar, acampar ou vive ao ar livre saberá não apenas a sua posição numa terra estranha, mas também os nomes de todas as plantas e animais, e poderá ver um mapa da área e receber relatórios meteorológicos. Verá também trilhas e locais para acampar que podem estar escondidos por moitas e árvores.

Quem está procurando apartamento vai conseguir ver os que estão disponíveis andando pela rua ou passando de carro. As suas lentes mostrarão o preço, as comodidades etc. de qualquer apartamento ou casa que estiver à venda.

E, olhando o céu de noite, você verá as estrelas e todas as constelações nitidamente delineadas, como se estivesse assistindo a um show num planetário, com a diferença de que as estrelas que você vê são reais. Você também verá onde galáxias, buracos negros distantes e outras paisagens astronômicas interessantes estão localizados e poderá baixar aulas interessantes.

Além de ser capaz de ver através de objetos e visitar terras estrangeiras, a visão aumentada será essencial se você precisar de informações muito especializadas no mesmo instante.

Por exemplo, se você é ator, músico, dançarino ou cantor, que tem de decorar muitas coisas, no futuro verá todos os versos ou músicas nas suas lentes. Não precisará de *teleprompter*, cartões auxiliares, partituras ou notas para lembrá-lo. Nunca mais precisará memorizar nada.

Outros exemplos:

- Se você é estudante e perdeu uma aula, poderá baixar as aulas dadas por professores virtuais sobre qualquer assunto e assistir a elas. Via telepresença, uma imagem do professor real poderá aparecer na sua frente e responder a qualquer dúvida que você tenha. Você também será capaz de ver demonstrações de experimentos, vídeos etc. através de suas lentes.

- Se você é um soldado em ação, seus óculos ou fones de ouvido poderão lhe dar todas as últimas informações, mapas, localizações do inimigo, direção do fogo inimigo, instruções de superiores etc. Num tiroteio, quando as balas passam zunindo de todas as direções, você poderá ver através dos obstáculos e colinas e localizar o inimigo, visto que os aviões de controle remoto podem identificar as suas posições.

- Se você é um cirurgião fazendo uma operação de emergência, delicada, será capaz de ver dentro do paciente (via aparelhos IRM portáteis), através do corpo (via sensores movendo-se dentro do corpo), bem como acessar todos os registros médicos e vídeos de cirurgias anteriores.

- Se você está jogando um videogame, pode mergulhar no espaço cibernético nas suas lentes de contato. Embora esteja numa sala vazia, você poderá ver todos os seus amigos em 3-D perfeito, experimentando uma paisagem alienígena enquanto se prepara para lutar com alienígenas imaginários. Será como se você estivesse no campo de batalha de um planeta alienígena, com rajadas de raios disparados ao seu redor e ao redor dos seus companheiros.

- Se você precisar examinar as estatísticas de um atleta ou trivialidades esportivas, as informações saltarão imediatamente para as suas lentes de contato.

Isto significa que você não precisaria mais de telefone celular, relógios de qualquer tipo, aparelhos de MP3. Todos os ícones nos seus vários objetos portáteis seriam projetados nas suas lentes de contato, de modo que você poderia acessá-los a qualquer hora que quisesse. Telefonemas, sites de música da web etc. poderiam ser todos acessados desta forma. Muitos dos equipamentos e engenhocas que você tem em casa poderão ser substituídos pela realidade aumentada.

Outro cientista empurrando as fronteiras da realidade aumentada é Pattie Maes, do MIT Media Laboratory. Em vez de usar lentes de contato especiais, óculos comuns ou de segurança, ela imagina projetar uma tela de computador em objetos comuns no nosso ambiente. O seu projeto, chamado SixthSense [Sexto Sentido], coloca uma câmera e um projetor minúsculos ao redor do seu pescoço, como um medalhão, que pode projetar a imagem de uma tela de computador sobre qualquer coisa na sua frente, como uma parede ou uma mesa. Apertar os botões imaginários ativa automaticamente o computador, como se você estivesse digitando num teclado real. Visto que a imagem de uma tela de computador pode ser projetada em qualquer coisa plana e sólida na sua frente, você pode converter centenas de objetos em telas de computador.

Também, você usa dedais de plástico especiais no seu polegar e outros dedos. Ao movê-los, o computador executará instruções na tela de computador na parede. Movendo os dedos, por exemplo, você poderá desenhar imagens na tela de computador. Poderá usar os dedos, em vez do mouse, para controlar o cursor. E, se juntar as mãos formando um quadrado, poderá ativar uma câmera digital e tirar fotos.

Isto também significa que, quando você for fazer compras, o seu computador poderá examinar vários produtos, identificar o que eles são e, em seguida, lhe permitir uma leitura completa do que há lá dentro, conteúdo de calorias e críticas de outros consumidores. Visto que chips custam menos do que códigos de barra, todo produto comercial terá a sua própria etiqueta inteligente, que você pode acessar e examinar.

Outra aplicação da realidade aumentada poderia ser a visão de raios X. Muito semelhante à visão de raios X encontrada nas histórias em quadrinhos do *Super-Homem*, que usa um processo chamado "raios X na direção oposta". Se os seus óculos ou lentes de contato são sensíveis aos raios X, talvez seja possível espiar através de paredes. Olhando ao redor, você será capaz de ver através de objetos, exatamente como nas histórias em quadrinhos. Toda criança, ao ler pela primeira vez os quadrinhos do *Super-Homem*, sonha em ser "mais rápido do que uma bala, mais poderoso do que uma locomotiva". Milhares de garotos vestem capas, pulam de caixotes, saltam no ar e fingem ter visão de raios X, mas isto também é uma possibilidade real.

Um dos problemas dos raios X comuns é que você precisa colocar um filme sensível a eles atrás de um objeto, expô-lo aos raios e depois revelar o filme. Mas raios X na direção oposta solucionam todos estes problemas. Primeiro você tem raios X emanando de uma fonte de luz capaz de iluminar uma sala. Em seguida, eles ricocheteiam nas paredes e atravessam por trás o objeto que você quer examinar. Seus óculos de segurança são sensíveis aos raios X que atravessaram o objeto. Imagens vistas por meio de raios X na direção oposta podem ser tão boas quanto as imagens encontradas nas histórias em quadrinhos. (Aumentando a sensibilidade dos óculos, pode-se reduzir a intensidade dos raios X, para minimizar riscos à saúde.)

TRADUTORES UNIVERSAIS

Em *Jornada nas estrelas*, na saga *Guerra nas estrelas* e em quase todos os outros filmes de ficção científica, extraordinariamente todos os alienígenas falam um inglês perfeito. Isto porque existe algo chamado "tradutor universal", que permite que os habitantes da Terra se comuniquem instantaneamente com qualquer civilização alienígena sem o inconveniente de ter de usar a entediante linguagem de sinais e gestos primitivos.

Embora considerado irrealisticamente futurista no passado, já existem versões para o tradutor universal. Isto significa que, no futuro, se você for um turista num país estrangeiro e conversar com as pessoas do local, verá legendas nas suas lentes de contato, como se estivesse assistindo a um filme em língua estrangeira. Você pode também fazer o seu computador criar uma audiotradução, que será transmitida para os seus ouvidos. Isto significa que talvez duas pessoas possam conversar, cada uma falando na sua própria língua, enquanto escutam a tradução se ambas tiverem o tradutor universal. A tradução não será perfeita, visto que sempre existem problemas com expressões idiomáticas, gírias e metáforas, mas será o suficiente para entender o essencial do que o outro está dizendo.

Os cientistas poderão tornar isto uma realidade de várias maneiras. A primeira é inventando uma máquina que possa converter a palavra falada em escrita. Em meados da década de 1990, as primeiras máquinas de reconhecimento de fala comercialmente disponíveis chegaram ao mercado. Elas podiam reconhecer até 40 mil palavras com 95% de precisão. Visto que uma conversa típica, do dia a dia, usa apenas de 500 a mil palavras, estas máquinas eram mais do que adequadas. Depois de feita a transcrição da voz humana, cada palavra é traduzida para outra língua por meio de um dicionário computadorizado. Em seguida vem a parte difícil: colocar as palavras no contexto, acrescentando gírias, expressões coloquiais etc., tudo coisas que exigem uma sofisticada compreensão das nuances da língua. A área chama-se CAT (tradução assistida por computador).

Outra maneira está sendo desbravada na Carnegie Mellon University, em Pittsburgh. Os cientistas ali já têm protótipos capazes de traduzir do chinês para o inglês, e do inglês para o espanhol ou alemão. Eles grudam no pescoço e no rosto da pessoa que está falando eletrodos que captam a contração dos músculos e decifram as palavras pronunciadas. O trabalho deles não exige nenhum equipamento de áudio, visto que as palavras podem ser articuladas silenciosamente. Em seguida um computador traduz estas palavras e um sintetizador de voz as comunica em voz alta. Em conversas simples, usando de 100 a 200 palavras, eles conseguiram 80% de precisão.

"A ideia é que você pode pronunciar palavras em inglês e elas sairão em chinês ou outra língua", diz Tania Schultz, uma das pesquisadoras. No futuro, talvez seja possível para um computador ler os lábios da pessoa com quem você está falando, de modo que os eletrodos não sejam necessários. Portanto, a princípio, é possível duas pessoas conversarem animadamente, embora falem em línguas diferentes.

No futuro, barreiras linguísticas, que no passado impediram tragicamente culturas de se entenderem, podem aos poucos cair com este tradutor universal e com lentes de contato ou óculos com internet.

Embora a realidade aumentada desvende um mundo totalmente novo, existem limitações. O problema não será de hardware; nem a largura da banda é um fator limitante, visto não existirem limites para a quantidade de informações que podem ser transmitidas por cabos de fibra óptica.

O verdadeiro gargalo é o software. Criar softwares só pode ser no velho estilo. Um humano – sentado tranquilamente numa cadeira com um lápis, papel e laptop – terá de escrever códigos, linha por linha, que darão vida a estes mundos imaginários. Pode-se produzir hardware em massa e aumentar a potência deles empilhando cada vez mais chips, mas não é possível produzir cérebros em massa. Isto significa que a introdução de um mundo verdadeiramente aumentado demorará décadas, até meados do século.

HOLOGRAMAS E 3-D

Outro avanço tecnológico que talvez vejamos em meados do século é o cinema e a televisão em 3-D de verdade. Na década de 1950, os filmes em 3-D exigiam que você colocasse óculos incômodos cujas lentes eram coloridas de azul e vermelho. Isto explorava o fato de que o olho direito e o esquerdo são ligeiramente desalinhados; a tela do cinema exibia duas imagens, uma azul e a outra vermelha. Como estes óculos funcionavam como filtros que davam duas imagens distintas, uma para o olho direito e outra para o esquerdo, quando o cérebro fundia as duas imagens tinha-se a ilusão de estar vendo em três dimensões. A percepção de profundidade, portanto, era um truque. (Quanto mais afastados são os seus olhos, maior a percepção de profundidade. É por isso que alguns animais têm os olhos para fora da cabeça: para lhes dar o máximo de percepção de profundidade.)

Um aperfeiçoamento é fazer óculos 3-D de vidro polarizado, para que o olho esquerdo e o direito vejam duas imagens polarizadas diferentes. Assim, podem-se ver imagens em 3-D com todas as cores, não apenas em azul e vermelho. Visto que a luz é uma onda, ela pode vibrar para cima e para baixo, ou para a esquerda e para a direita. Uma lente polarizada é um pedaço de vidro que deixa passar apenas uma direção de luz. Portanto, se você tem duas lentes polarizadas nos seus óculos, com diferentes direções de polarização, pode criar um efeito de 3-D. Uma versão mais sofisticada de 3-D talvez seja projetar duas imagens diferentes nas suas lentes de contato.

Os aparelhos de televisão em 3-D que exigem o uso de óculos especiais já chegaram ao mercado. Mas, em breve, as TVs em 3-D já não precisarão deles, substituindo-os por lentes lenticulares. A tela da TV é feita especialmente para projetar duas imagens separadas em ângulos ligeiramente diferentes, um para cada olho. Daí que seus olhos veem imagens separadas, dando a ilusão de 3-D. Entretanto, a sua cabeça precisa estar posicionada de forma correta; existem "pontos doces" onde seus olhos devem descansar quando você olha para a tela. (Isto tira proveito de uma bem conhecida ilusão de óptica.

Nas lojas de bricabraques, vemos fotografias que se transformam como num passe de mágica quando passamos por elas. Isto é feito tirando-se duas fotos, rasgando cada uma delas em muitas tiras finas e, em seguida, intercalando as tiras, criando uma imagem composta. Depois se coloca uma lâmina de vidro lenticular com muitas ranhuras sobre a imagem composta, cada uma delas coincidindo exatamente com duas tiras. A ranhura é feita de tal modo que ao olhar para ela de um ângulo você vê uma tira, mas a outra tira aparece vista de outro ângulo. Por conseguinte, ao passarmos pela lâmina de vidro, vemos uma foto transformando-se de repente na outra. As TVs em 3-D substituirão estas fotos paradas por imagens em movimento para obter o mesmo efeito sem o uso de óculos.)

Porém a versão mais avançada de 3-D serão os hologramas. Sem necessidade de óculos, você veria a frente de onda precisa de uma imagem em 3-D, como se ela estivesse bem diante de você. Hologramas existem há décadas (eles aparecem em lojas de novidades, em cartões de crédito e exposições), e são comuns nos filmes de ficção científica. Em *Guerra nas estrelas*, a trama começa com um pedido de socorro enviado pela Princesa Leia aos membros da Aliança Rebelde.

O problema é que os hologramas são muito difíceis de criar.

Eles são feitos dividindo um único feixe de laser em dois. Um cai sobre o objeto que você quer fotografar, que ricocheteia e cai numa tela especial. O segundo cai diretamente sobre a tela. A mistura dos dois feixes cria um padrão de interferência complexo que contém a imagem em 3-D "congelada" do objeto original, que em seguida é capturada num filme especial na tela. Depois, projetando-se outro feixe de laser através da tela, a imagem do objeto original adquire vida em plena 3-D.

Existem dois problemas com a TV holográfica. Primeiro, a imagem tem de ser projetada numa tela. Sentado em frente à tela, você vê a imagem em 3-D exata do objeto original, mas não pode estender a mão e tocá-lo. A imagem em 3-D que você vê na sua frente é uma ilusão.

Isto significa que, se você estiver assistindo a um jogo de futebol em 3-D na sua TV holográfica, não importa como você se movimente, a imagem na sua frente muda como se fosse real. Poderia parecer que você está sentado bem na linha de fundo, assistindo ao jogo a poucos centímetros dos jogadores. Mas, se estender o braço para pegar a bola, vai esbarrar na tela.

O verdadeiro problema técnico que tem impedido o desenvolvimento da TV holográfica é o armazenamento de informações. Uma verdadeira imagem em 3-D contém uma enorme quantidade de informações, muitas vezes as que estão armazenadas numa única imagem em 2-D. Os processadores processam regularmente imagens em 2-D, visto que a imagem é partida em pontinhos minúsculos, chamados *pixels*, e cada *pixel* é iluminado por um minúsculo transistor. Mas, para fazer uma imagem em 3-D se mover, você precisa projetar 30 imagens por segundo. Um cálculo rápido mostra que as informações necessárias para gerar imagens holográficas em 3-D movendo-se excedem a capacidade da internet de hoje.

Em meados do século, este problema talvez se resolva à medida que a largura de banda da internet se expanda exponencialmente.

Como seria a verdadeira TV em 3-D?

Uma possibilidade é uma tela com a forma de um cilindro ou domo dentro do qual você se senta. Quando a imagem holográfica é projetada na tela, vemos as imagens em 3-D nos cercando, como se estivessem realmente ali.

FUTURO LONGÍNQUO [DE 2070 A 2100]

A MENTE SOBRE A MATÉRIA

No final desse século, controlaremos os computadores diretamente com nossas mentes. Como os deuses gregos, pensaremos em certos comandos, e nossos desejos serão obedecidos. Os alicerces para esta tecnologia já foram lançados. Mas podem ser necessárias décadas de trabalho duro para aperfeiçoá-la. Esta revolução se divide em duas partes. Primeira, a mente deve ser capaz de controlar objetos a sua volta. Segunda, um computador tem de decifrar os desejos de uma pessoa, a fim de realizá-los.

A primeira conquista significativa foi feita em 1998, quando cientistas da Emory University e da Universidade de Tübingen, na Alemanha, colocaram um minúsculo eletrodo de vidro diretamente no cérebro de um homem de 50 anos de idade com paralisia depois de um acidente vascular cerebral. O eletrodo foi conectado a um computador que analisava os sinais do seu cérebro.

A vítima foi capaz de ver uma imagem do cursor na tela do computador. Em seguida, por *biofeedback*, ele conseguiu controlar o cursor na tela do computador só com o pensamento. Pela primeira vez, foi feito um contato direto entre o cérebro humano e um computador.

A versão mais sofisticada desta tecnologia foi desenvolvida na Brown University pelo neurocientista John Donoghue, que inventou um aparelho chamado BrainGate, para ajudar as pessoas que sofreram danos cerebrais debilitantes a se comunicar. Ele causou sensação na mídia e até foi capa da revista *Nature* em 2006.

Donoghue me contou que o seu sonho era revolucionar com o BrainGate o modo como tratamos danos cerebrais utilizando todo o poder da revolução da informação. O aparelho já tinha causado um tremendo impacto na vida de seus pacientes, e ele tinha muitas esperanças de continuar desenvolvendo esta tecnologia. Tinha um interesse pessoal por esta pesquisa porque, quando criança, ficara preso a uma cadeira de rodas por causa de uma doença degenerativa e por isso sabe o que é se sentir impotente.

Entre seus pacientes estão vítimas de acidente vascular cerebral que ficaram totalmente paralisadas e incapazes de se comunicar com seus entes queridos, mas cujo cérebro está ativo. Ele colocou um chip, com apenas 4 milímetros de largura, no topo do cérebro de uma vítima de AVC, na área que controla os movimentos motores. Este chip em seguida foi conectado a um computador, que analisou e processou os sinais do cérebro e enviou a mensagem para um laptop.

No início o paciente não tem controle sobre a localização do cursor, mas pode ver para onde ele está indo. Por tentativa e erro, o paciente aprende a controlar o cursor e, depois de várias horas, consegue posicioná-lo em qualquer lugar na tela. Com a prática, a vítima de um AVC é capaz de ler e escrever e-mails e jogar videogames. A princípio, uma pessoa paralisada deveria ser capaz de realizar qualquer função que possa ser controlada pelo computador.

De início, Donoghue começou com quatro pacientes, dois com lesões na medula, um que sofrera um AVC e um com ELA (esclerose lateral amiotrófica). Um deles, um quadriplégico paralisado do pescoço para baixo, levou apenas um dia para dominar o movimento do cursor com a mente. Hoje ele pode controlar uma TV, movimentar o cursor de um computador, jogar videogame e ler e-mails. Pacientes também podem controlar sua mobilidade manipulando uma cadeira de rodas motorizada.

A curto prazo, isto é um milagre para quem está totalmente paralisado. Em um dia, eles estão presos, impotentes, em seus corpos; no outro, surfam na web e conversam com pessoas no mundo inteiro.

(Uma vez participei de uma recepção de gala no Lincoln Center, em Nova York, em homenagem ao grande cosmólogo Stephen Hawking. Era de partir o coração vê-lo preso na sua cadeira de rodas, incapaz de mover qualquer coisa, a não ser o músculos faciais e as pálpebras, com enfermeiras sustentando a sua cabeça bamba e empurrando-o de um lado para o outro. Ele leva horas e dias de excruciante esforço para comunicar ideias simples por meio do seu sintetizador de voz. Fiquei imaginando se seria tarde demais para ele aproveitar a tecnologia do BrainGate. Então John Donoghue, que também estava na plateia, veio me cumprimentar. Portanto, talvez BrainGate seja a melhor opção para Hawking.)

Outro grupo de cientistas da Duke University alcançou resultados similares com macacos. Miguel A. L. Nicolelis e seu grupo colocaram um chip no cérebro de um macaco. O chip está conectado a um braço mecânico. De início, o animal se debate, sem compreender como operar o braço mecânico. Mas, com alguma prática, esses macacos, usando o poder do cérebro, são capazes de lentamente controlar os movimentos do braço mecânico – por exemplo, movê-lo para pegar uma banana. Eles podem mover instintivamente estes braços sem pensar, como se o braço mecânico fosse o deles. "Existem algumas evidências fisiológicas de que durante o experimento eles se sintam mais conectados com os robôs do que com seus próprios corpos", diz Nicolelis.

Isso também significa que um dia seremos capazes de controlar máquinas com o simples pensamento. Pessoas que estão paralisadas serão capazes de controlar braços e pernas mecânicos deste modo. Por exemplo, seria possível conectar o cérebro de uma pessoa diretamente a braços e pernas mecânicos, passando por cima da medula espinhal, de modo que o paciente possa andar novamente. Também isto talvez lance os fundamentos para controlar o nosso mundo com o poder da mente.

LEITURA DA MENTE

Se o cérebro pode controlar um computador ou braço mecânico, um computador pode ler os pensamentos de uma pessoa sem colocar eletrodos no cérebro?

Sabe-se desde 1875 que o cérebro é baseado em eletricidade movendo-se através dos seus neurônios, que gera leves sinais elétricos que podem ser medidos colocando-se eletrodos ao redor da cabeça de uma pessoa. Analisando-se os impulsos elétricos captados por estes eletrodos, podem-se registrar as ondas do cérebro. Isto se chama EEG (eletroencefalograma), capaz de registrar mudanças grosseiras no cérebro, tais como quando ele está dormindo, e também humores, tais como agitação, raiva etc. A resposta do EEG pode ser exibida numa tela de computador, que o paciente vê. Depois de um tempo, a pessoa é capaz de mover o cursor só com o pensamento. Niels Birbaumer, da Universidade de Tübingen, já conseguiu treinar pessoas com paralisia parcial para digitarem frases simples com este método.

Até fabricantes de brinquedos estão se aproveitando disto. Várias fábricas de brinquedos, incluída a NeuroSky, vendem uma faixa para ser colocada na cabeça com um eletrodo do tipo EEG. Com certa concentração, você pode ativar o EEG na faixa que, em seguida, controla o brinquedo. Por exemplo, você pode levantar uma bola de pingue-pongue dentro de um cilindro com o simples pensamento.

A vantagem do EEG é que ele pode detectar, rapidamente, várias frequências emitidas pelo cérebro sem equipamentos caros e sofisticados. Mas uma grande desvantagem é que o EEG não pode localizar pensamentos em locais específicos do cérebro.

Um método muito mais sensível é a IRMF (imagem por ressonância magnética funcional). Aparelhos de EEG e IRMF são muito diferentes. O aparelho de EEG é um equipamento passivo que simplesmente capta sinais elétricos do cérebro, razão por que não podemos determinar muito bem a localização da fonte. Uma máquina de IRMF usa "ecos" criados por ondas de rádio para espiar dentro do tecido vivo. Isto nos permite definir a localização dos vários sinais, dando-nos imagens em 3-D espetaculares do interior do cérebro.

A máquina de IRMF é muito cara e exige um laboratório cheio de equipamentos pesados, mas já está nos dando detalhes surpreendentes de como o cérebro pensante funciona. O exame por IRMF permite aos cientistas localizar a presença de oxigênio contido na hemoglobina no sangue. Visto que a hemoglobina oxigenada contém a energia que alimenta a atividade celular, detectar o fluxo deste oxigênio permite que se acompanhe o fluxo dos pensamentos no cérebro.

Joshua Freedman, psiquiatra da Universidade da Califórnia, em Los Angeles, diz: "É como ser um astronauta no século XVI, depois da invenção do telescópio. Durante milênios, pessoas muito inteligentes tentaram entender o que estava acontecendo no céu, mas podiam apenas especular sobre o que estava além da visão humana sem ajuda. Então, de repente, uma nova tecnologia deixou que elas vissem diretamente o que havia lá."

De fato, exames por IRMF podem até detectar o movimento dos pensamentos no cérebro vivo a uma resolução de 1 milímetro, ou menor do que a cabeça de um alfinete, o que corresponde a talvez uns poucos milhares de neurônios. Um exame por IRMF pode, por conseguinte, dar quadros tridimensionais do fluxo de energia dentro do cérebro pensante com uma precisão surpreendente. Futuramente talvez sejam construídas máquinas de IRMF capazes de sondar o nível de neurônios isolados; neste caso seria possível captar os padrões neurais correspondentes a pensamentos específicos.

Um grande avanço foi feito recentemente por Kendrick Kay e seus colegas na Universidade da Califórnia em Berkeley. Eles fizeram um exame por IRMF de pessoas enquanto olhavam fotos de diversos objetos, como comida, animais, gente e coisas comuns de várias cores. Kay e seus colegas criaram um software que podia associar estes objetos com os padrões de IRMF correspondentes. Quanto mais objetos estas pessoas viam, melhor o programa de computador os identificava nos seus aparelhos de IRMF.

Em seguida mostravam às mesmas pessoas novos objetos, e o software quase sempre era capaz de fazer a correspondência deles com o exame por IRMF. Quando 120 fotos de novos objetos eram mostradas, o software identificava corretamente o exame por IRMF com estes objetos em 90% das vezes. Quando as pessoas eram apresentadas a mil novas fotos, o índice de acerto do software era de 80%.

Kay diz que é "possível identificar, de um grande conjunto de imagens totalmente novas, que imagem específica foi vista por um observador... Em breve, talvez seja possível reconstruir uma foto da experiência visual de uma pessoa a partir apenas das medições da atividade cerebral".

O objetivo desta abordagem é criar um "dicionário do pensamento", de modo que cada objeto tenha uma correspondência de um para um com certa imagem por IRMF. Lendo o padrão de IRMF, pode-se então decifrar em que objeto a pessoa está pensando. Futuramente, um computador lerá talvez milhares de padrões de IRMF que jorram de um cérebro pensante e decifre cada um deles. Desse modo, talvez seja possível decodificar o fluxo de consciência de uma pessoa.

FOTOGRAFANDO UM SONHO

O problema desta técnica, entretanto, é que embora ela possa ser capaz de lhe dizer se você está pensando num cachorro, por exemplo, não pode reproduzir a imagem real do próprio cachorro. Uma nova linha de pesquisa consiste em tentar reconstruir a exata imagem em que o cérebro está pensando, de modo que seja possível criar um vídeo dos pensamentos de uma pessoa. Assim, talvez seja possível gravar o vídeo de um sonho.

Desde tempos imemoriais, as pessoas se sentem fascinadas por sonhos, aquelas imagens efêmeras que às vezes são tão frustrantes quando se quer lembrar ou compreender. Hollywood há muito imagina máquinas que poderiam um dia enviar pensamentos oníricos para o cérebro ou até registrá-los, como em filmes do tipo *O vingador do futuro*. Tudo isso, entretanto, era pura especulação.

Até recentemente era assim.

Cientistas fizeram progressos extraordinários numa área que antes se pensava serem impossíveis: tirar uma foto instantânea de nossas lembranças e, quem sabe, de nossos sonhos. Os primeiros passos nesta direção foram dados por cientistas no Advanced Telecommunications Research (ATR) Compu-

tational Neuroscience Laboratory, em Quioto. Eles mostraram aos sujeitos da sua pesquisa um pontinho de luz em determinada posição. Em seguida, usaram um exame de IRMF para registrar onde o cérebro armazenou esta informação. Moveram o pontinho de luz e registraram onde o cérebro armazenou esta nova imagem. Por fim, tiveram um mapa idêntico de onde numerosos pontinhos de luz estavam armazenados no cérebro. Estes pontinhos foram localizados numa grade 10 x 10.

Em seguida, os cientistas projetaram a imagem de um objeto simples feito com estes pontos 10 x 10, tal como uma ferradura. Com o computador puderam então analisar como o cérebro armazenou a imagem. Com certeza, o padrão armazenado pelo cérebro foi a soma das imagens que compunham a ferradura.

Desse modo, estes cientistas podiam criar uma imagem do que o cérebro está vendo. Qualquer padrão de luzes nesta grade 10 x 10 pode ser decodificado por um computador olhando os exames por IRMF do cérebro.

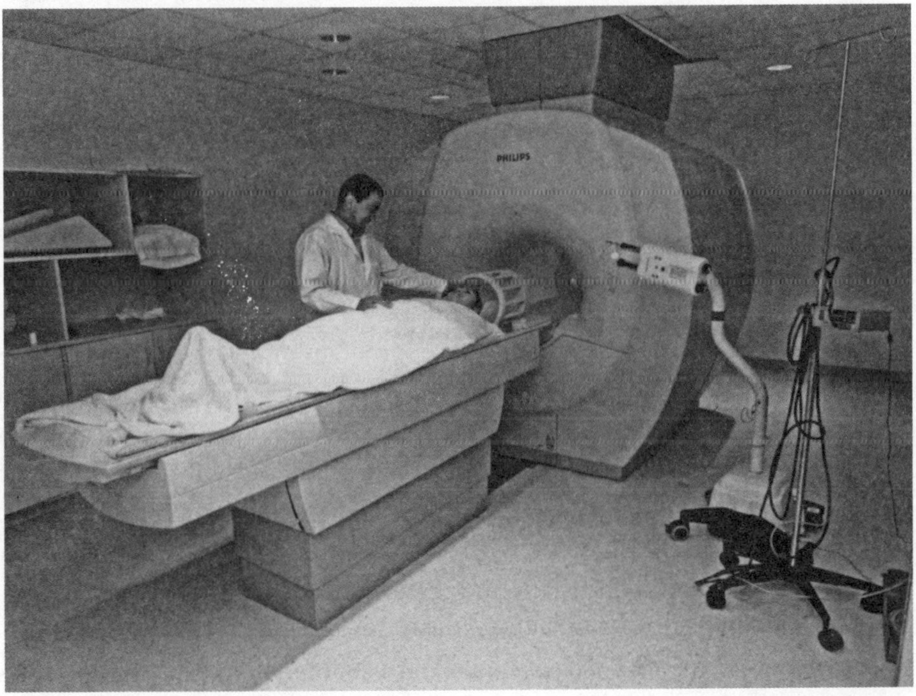

Lendo pensamentos via EEG (esquerda) e exames por IRMF (direita). No futuro, estes eletrodos serão miniaturizados. Seremos capazes de ler pensamentos e também comandar objetos simplesmente pensando neles.

No futuro, estes cientistas querem aumentar o número de *pixels* na sua grade 10 x 10. Além do mais, afirmam que este processo é universal, quer dizer, qualquer pensamento visual ou até sonho deveria ser capaz de ser detectado pelo exame por IRMF. Se for verdade, poderia significar que seremos capazes de registrar, pela primeira vez na história, as imagens com que estamos sonhando.

Claro, nossas imagens mentais, e especialmente nossos sonhos, não são cristalinas, e há sempre certa falta de nitidez, mas o próprio fato de podermos olhar profundamente os pensamentos visuais do cérebro de alguém é extraordinário.

ÉTICA DA LEITURA DOS PENSAMENTOS

Isto gera um problema: o que acontece se pudermos ler sempre os pensamentos de uma pessoa? O ganhador de um prêmio Nobel, David Baltimore, ex-presidente do California Institute of Technology (Caltech), está preocupado com isto. Escreve: "Podemos explorar os pensamentos dos outros?... Não acho que isto seja pura ficção científica, mas a vida seria um inferno. Imagine namorar alguém se os seus pensamentos pudessem ser lidos, ou negociar um contrato se soubessem o que você está pensando."

Na maioria das vezes, especula ele, a leitura da mente causará certo constrangimento, mas não terá consequências desastrosas. Escreve: "Soube que se você interromper a aula de um professor... uma fração significativa [dos alunos] estará entregue a fantasias eróticas."

Mas talvez a leitura da mente não se torne um problema de privacidade, visto que a maioria de nossos pensamentos não é bem definida. Fotografar nossos devaneios ou sonhos pode ser possível um dia, mas talvez nos decepcionemos com a qualidade das imagens. Há anos, lembro-me de ler um conto no qual um homem ouviu um gênio lhe dizer que poderia ter tudo o que pudesse imaginar. Ele imaginou logo artigos de luxo, caros, como limusines, milhões de dólares em dinheiro e um castelo. Em seguida, o gênio materializou-os instantaneamente. Mas, examinando-os melhor, o homem ficou chocado, porque a limusine não tinha maçanetas nem motor, os rostos nas notas não tinham definição e o castelo estava vazio. Na sua pressa de imaginar tudo isso, ele esqueceu que estas imagens existem na imaginação apenas como ideias gerais.

Além disso, é duvidoso que se possa ler a mente de alguém a distância. Todos os métodos estudados até agora (incluindo EEG, IRMF e eletrodos no cérebro) requerem um contato próximo com o sujeito.

Não obstante, é possível que no futuro sejam aprovadas leis que limitem leituras da mente não autorizadas. Também artefatos poderão ser criados para proteger nossos pensamentos, congestionando, bloqueando e embaralhando nossos sinais elétricos.

A verdadeira leitura da mente ainda vai demorar muitas décadas. Mas, pelo menos, um exame por IRMF talvez funcione como um detector de mentiras primitivo. Contar uma mentira acende mais centros do cérebro do que dizer a verdade. Mentir implica que você sabe a verdade, mas está pensando na mentira e nas milhares de consequências dela, o que requer muito mais energia do que dizer a verdade. Por conseguinte, a técnica de imagens do cérebro por ressonância magnética deveria ser capaz de detectar este gasto extra de energia. No presente, a comunidade científica tem algumas reservas quanto a permitir que a palavra final fique com os detectores de mentira por IRMF, especialmente nos tribunais. A tecnologia ainda é muito recente para ser um método infalível para detectar mentiras. Outras pesquisas, dizem seus promotores, a deixarão mais exata. Esta tecnologia veio para ficar.

Já existem duas empresas comerciais oferecendo detectores de mentira por IRMF, alegando um índice de sucesso acima de 90%. Um tribunal na Índia já usou a IRMF para resolver um caso, e vários casos envolvendo IRMF estão agora nos tribunais americanos.

Detectores de mentira comuns não medem mentiras, medem apenas sinais de tensão, tais como mais suor (medido analisando-se a condutividade da pele) e ritmo cardíaco acelerado. Os exames por imagens digitalizadas do cérebro avaliam o aumento de atividade do cérebro, mas a correlação entre isto e mentir ainda precisa ser provada de forma conclusiva por um tribunal legal.

Podem ser necessários anos de testes cuidadosos para explorar os limites e a precisão de métodos para detectar mentiras por IRMF. Enquanto isso, a MacArthur Foundation doou recentemente 10 milhões de dólares ao Law and Neuroscience Project para determinar como a neurociência afetará a lei.

MEU EXAME DO CÉREBRO POR IRMF

Uma vez tive o meu próprio cérebro examinado por uma máquina de IRMF. Para um documentário da BBC transmitido pelo Discovery Channel, voei até a Duke University, onde me colocaram numa maca que em seguida foi enfiada dentro de gigantesco cilindro de metal. Quando ligaram um imenso e poderoso ímã (20 mil vezes o campo magnético da Terra), os átomos no meu cérebro foram alinhados com o campo magnético, como piões girando, cujos eixos apontam numa direção. Em seguida foi enviado para dentro do meu cérebro um pulsar de rádio, que virou alguns dos núcleos dos meus átomos de cabeça para baixo. Quando os núcleos retornaram finalmente ao normal, emitiram um minúsculo pulsar, ou "eco", que podia ser detectado pela máquina de IRMF. Ao analisar estes ecos, os computadores puderam processar os sinais, e em seguida montar um mapa do interior do meu cérebro.

O processo inteiro foi totalmente indolor e seguro. A radiação enviada para dentro do meu corpo era não ionizante e não poderia causar danos às minhas células ao romper os átomos. Mesmo suspenso num campo magnético milhares de vezes mais forte que o da Terra, não percebi nem a mais leve mudança no meu corpo.

O objetivo de eu estar no aparelho de IRMF era determinar exatamente onde, no meu cérebro, certos pensamentos estavam sendo fabricados. Em particular, existe um minúsculo "relógio" biológico dentro do seu cérebro, bem entre os seus olhos, atrás do seu nariz, onde o cérebro calcula segundos e minutos. Danos a esta parte delicada do cérebro provocam uma noção de tempo distorcida.

Enquanto estava dentro do aparelho, pediram que eu medisse a passagem de segundos e minutos. Mais tarde, quando as imagens foram reveladas, pude ver nitidamente que havia um ponto brilhante logo atrás do meu nariz quando eu estava contando os segundos. Percebi que estava assistindo ao nascimento de uma área totalmente nova da biologia: o rastreamento do local exato no cérebro associado com certos pensamentos, uma forma de leitura da mente.

TRICORDERS E ESCÂNERES PORTÁTEIS DO CÉREBRO

No futuro, a máquina de IRMF não precisará ser o equipamento monstruoso que vemos hoje nos hospitais, pesando várias toneladas e ocupando uma sala inteira. Ela poderá ser tão pequena quanto um telefone celular, ou até uma moedinha de centavo.

Em 1993, Bernard Blümich e seus colegas, quando estavam no Max Planck Institute for Polymer Research, em Mainz, Alemanha, tiveram uma ideia capaz de criar máquinas de IRMF minúsculas. Construíram uma nova máquina, chamada IRM MOUSE (explorador de superfície universal móvel), atualmente com cerca de 30 cm de altura, que um dia poderá nos dar máquinas de IRM do tamanho de uma xícara de café e vendidas em lojas de departamentos. Isto poderia revolucionar a medicina, visto que seria possível realizar exames por IRM na privacidade da sua casa. Blümich prevê um tempo, não muito distante, em que uma pessoa será capaz de passar o seu IRM MOUSE na pele e olhar dentro do seu corpo a qualquer hora do dia. Os computadores analisariam a imagem e diagnosticariam qualquer problema. "Talvez algo como o *tricorder* de *Jornada nas estrelas* não esteja tão longe, afinal de contas", concluiu ele.

(Exames por IRM funcionam segundo um princípio similar ao dos ponteiros de uma bússola. O polo norte do ponteiro da bússola alinha-se imediatamente com o campo magnético. Portanto, quando o corpo é colocado numa máquina de IRM, os núcleos dos átomos, como ponteiros de bússolas, alinham-se com o campo magnético. Agora um pulsar de rádio é enviado para dentro do corpo fazendo os núcleos virarem de cabeça para baixo. Por fim, os núcleos retornam à posição original, emitindo um segundo pulsar de rádio ou "eco".)

O segredo desta minimáquina de IRM está nos seus campos magnéticos não uniformes. Em geral, a máquina de IRM de hoje é tão grande porque é preciso colocar o corpo num campo magnético extremamente uniforme. Quanto maior a uniformidade do campo, mais detalhada a imagem resultante, cujos detalhes hoje têm uma resolução de um décimo de milímetro. Para obter estes campos magnéticos uniformes, os físicos começam com duas bobinas de fios, com mais ou menos 60 cm de diâmetro, empilhadas uma sobre a outra. Chama-se bobina de Helmoltz e gera um campo magnético uniforme no espaço entre as duas bobinas. O corpo humano então é colocado ao longo do eixo destes dois grandes ímãs.

Mas, se você usar campos magnéticos não uniformes, a imagem resultante é distorcida e inútil. Este tem sido o problema das máquinas de IRM durante muitas décadas. Mas Blümich topou com um jeito inteligente de compensar esta distorção enviando múltiplos pulsares de rádio para a amostra e depois detectando os ecos resultantes. Em seguida, os computadores são usados para analisar estes ecos e compensar a distorção criada por campos magnéticos não uniformes.

Hoje, a máquina IRM MOUSE usa um pequeno ímã em forma de U que produz um polo norte em cada extremidade. Este ímã é colocado em cima do paciente e, movendo-o, é possível espiar vários centímetros sob a pele. Ao contrário das máquinas de IRM comuns, que consomem quantidades imensas de energia e precisam ter tomadas elétricas especiais, o IRM MOUSE gasta mais ou menos o mesmo que uma lâmpada comum.

Em alguns desses primeiros testes, Blümich colocou o IRM MOUSE em cima de pneus de borracha, que são macios como o tecido humano. Isto poderia ter uma aplicação comercial imediata: fazer rapidamente uma varredura de possíveis defeitos em produtos. As máquinas de IRM convencionais não podem ser usadas em objetos que contenham metal, como pneus radiais com cinturão de aço. O IRM MOUSE, porque usa apenas campos magnéticos fracos, não tem essas limitações. (Os campos magnéticos de uma máquina de IRM convencional são 20 mil vezes mais potentes que o campo magnético da Terra. Muitas enfermeiras e técnicos têm se ferido seriamente quando o campo magnético é ligado e instrumentos de metal de repente saem voando na direção deles. O IRM MOUSE não tem esse problema.)

Isto é ideal não só para analisar objetos que contenham metais ferrosos, mas também para analisar objetos que sejam grandes demais para caber dentro de uma máquina de IRM convencional ou não podem ser retirados do lugar onde estão. Por exemplo, em 2006 o IRM MOUSE produziu com sucesso imagens do interior de Ötzi, o Homem das Neves, o cadáver congelado encontrado nos Alpes em 1991. Movendo-se o ímã em forma de U sobre Ötzi, foi possível descascar sucessivamente várias camadas do seu corpo congelado.

No futuro, o IRM MOUSE poderá ser miniaturizado ainda mais, permitindo exames por IRM do cérebro com algo do tamanho de um telefone celular. Depois, escanear o cérebro para ler os pensamentos de uma pessoa talvez não seja um problema tão grande. No futuro, o escâner IRM talvez seja tão fino quanto uma moeda de dez centavos de dólar, quase imperceptível. Poderá até se parecer com um EEG menos potente, onde você coloca uma touca de plástico com muitos eletrodos grudados na cabeça. (Se você colocar estes discos de IRM portáteis na ponta dos dedos e em seguida na cabeça de uma pessoa, parecerá que está fazendo os contatos telepáticos dos vulcanos de *Jornada nas estrelas*.)

TELECINESE E O PODER DOS DEUSES

O objetivo desta progressão é conseguir a telecinese, o poder dos deuses da mitologia de mover objetos com o simples pensamento.

No filme *Guerra nas estrelas*, por exemplo, a Força é um misterioso campo que permeia a galáxia e desencadeia os poderes mentais dos cavaleiros Jedi, permitindo que controlem objetos com suas mentes. Pode-se fazer levitar sabres de luz, armas de raios e até naves estelares inteiras usando o poder da Força – e controlando as ações dos outros.

Mas não teremos de viajar para uma galáxia distante, muito distante para usar este poder. Em 2100, quando entrarmos numa sala, seremos capazes de controlar mentalmente um computador, que por sua vez controlará as coisas à nossa volta. Tirar móveis pesados de lugar, reorganizar a nossa mesa de trabalho, consertar coisas etc. talvez seja possível pensando nisso. Poderá ser bastante útil para operários, bombeiros, astronautas e soldados, que precisam operar máquinas que exigem mais de duas mãos. Poderá também mudar o modo como interagimos com o mundo. Seremos capazes de andar de bicicleta, dirigir um carro, jogar golfe ou beisebol, ou jogos complicados, só pensando neles.

Mover objetos com o pensamento talvez se torne possível explorando algo chamado supercondutores, que explicaremos melhor no capítulo 4. No final deste século, os físicos poderão ser capazes de criar supercondutores capazes de operar em temperatura ambiente, permitindo-nos portanto criar imensos campos magnéticos que exijam pouca energia. Assim como o século XX foi a era da eletricidade, também o futuro pode nos trazer supercondutores à temperatura ambiente que nos darão a era do magnetismo.

Hoje custa caro criar campos magnéticos potentes, mas talvez eles se tornem quase de graça no futuro. Isto nos permitirá reduzir o atrito em nossos trens e caminhões, revolucionando os transportes e eliminando perdas em transmissão elétrica. Também nos permitirá mover objetos com o simples pensamento. Com supermagnetos minúsculos colocados dentro de diferentes objetos, seremos capazes de movê-los de um lado para o outro quase que à vontade.

No futuro próximo, partiremos do princípio de que todas as coisas têm um minúsculo chip, que as torna inteligentes. No futuro distante, presumiremos que as coisas têm no seu interior um minúsculo supercondutor capaz de gerar explosões de energia magnética, suficiente para movê-las de um lado para o outro da sala. Suponha, por exemplo, que uma mesa tenha um supercondutor nela. Normalmente, este supercondutor não transporta corrente. Mas, acrescentando-se uma pequena corrente elétrica, ela pode criar um poderoso campo magnético, capaz de enviá-la ao outro lado da sala. Com o pensamento, deveremos ser capazes de ativar o supermagneto inserido dentro de um objeto e, portanto, fazê-lo se mover.

Nos filmes dos *X-Men*, por exemplo, os mutantes diabólicos são liderados por Magneto, que pode mover objetos enormes manipulando suas propriedades magnéticas. Numa cena, ele até desloca a Golden Gate com o poder da mente. Mas há limites para este poder. Por exemplo, é difícil mover objetos como plástico ou papel, que não possuem propriedades magnéticas. (No final do primeiro filme dos *X-Men*, Magneto está confinado numa prisão feita totalmente de plástico.)

No futuro, supercondutores à temperatura ambiente podem estar escondidos dentro de itens comuns, até não magnéticos. Se uma corrente é ligada dentro do objeto, ele se tornará magnético e, por conseguinte, poderá ser movido por um campo magnético externo que é controlado pelos seus pensamentos.

Teremos também o poder de manipular robôs e avatares com o pensamento. Isto significa que, como nos filmes *Substitutos* e *Avatar*, talvez sejamos capazes de controlar os movimentos de nossos substitutos e até sentir dor e pressão. Poderá ser útil se precisarmos de um corpo super-humano para fazer consertos no espaço ou resgatar pessoas em emergências. Talvez um dia nossos astronautas fiquem a salvo na Terra, controlando corpos robóticos super-humanos enquanto andam na Lua. Vamos discutir isto melhor no próximo capítulo.

É preciso também observar que ter este poder cinético não vai acarretar riscos. Como mencionei antes, no filme *Planeta proibido* uma antiga civilização milhões de anos à nossa frente realiza o seu maior sonho, a capacidade de controlar tudo com o poder da mente. Como exemplo trivial da tecnologia que desenvolveram, criaram uma máquina capaz de transformar os seus pensamentos numa imagem em 3-D. Você coloca o equipamento na cabeça, imagina alguma coisa, e uma imagem em 3-D se materializa dentro da máquina. Embora este equipamento parecesse incrivelmente avançado para uma plateia de cinema na década de 1950, ele estará disponível nas próximas décadas. Também, no filme, havia um aparelho que utilizava a energia mental para levantar um objeto pesado. Mas, como sabemos, não é preciso esperar milhões de anos por esta tecnologia – ela já está aqui, na forma de um brinquedo. Você coloca eletrodos de EEG na cabeça, o brinquedo detecta os impulsos elétricos do cérebro e em seguida ergue um pequeno objeto, exatamente como no filme. No futuro, muitos jogos poderão ser jogados com o simples pensamento. Times poderão ter suas mentes interconectadas de modo que movam uma bola apenas pensando nisso, e o time que melhor mover a bola mentalmente vencerá.

O clímax de *Planeta proibido* pode nos deixar hesitantes. Apesar da enormidade da sua tecnologia, os alienígenas perecem porque não percebem um defeito em seus planos. Suas poderosas máquinas interceptavam seus pensamentos conscientes, mas também os seus desejos inconscientes. Os pensamentos selvagens, reprimidos durante muito tempo, de seu violento e antigo passado evolucionário ressurgiam, e as máquinas materializavam, na verdade, cada um dos pesadelos subconscientes. Às vésperas de lograr a sua maior criação, esta poderosa civilização foi destruída pela própria tecnologia que esperava fosse libertá-la da instrumentalidade.

Para nós, entretanto, isto ainda é um perigo distante. Um equipamento dessa magnitude não estará disponível antes do século XXII. Entretanto, enfrentamos uma preocupação mais imediata. Em 2100, nós também viveremos num mundo povoado por robôs que terão características semelhantes às dos humanos. O que acontecerá se eles se tornarem mais inteligentes do que nós?

Os robôs herdarão a Terra? Sim, mas eles serão nossos filhos.
– MARVIN MINSKY

2 O FUTURO DA IA *Ascensão das máquinas*

Os deuses da mitologia com seu poder divino podiam animar o inanimado. Segundo a Bíblia, no Gênesis, capítulo 2, Deus criou o homem do pó e, em seguida, "soprou nas suas narinas o hálito da vida, e o homem se tornou uma alma viva". Segundo as mitologias grega e romana, a deusa Vênus podia dar vida a estátuas. Vênus, com pena do artista Pigmaleão quando ele se apaixonou perdidamente pela sua estátua, concedeu-lhe o seu maior desejo e transformou-a numa bela mulher, Galateia. O deus Vulcano, o ferreiro dos deuses, foi capaz até de criar um exército de criados mecânicos feitos de metal aos quais ele dava vida.

Hoje, somos como Vulcano, forjando em nossos laboratórios máquinas que sopram vida não ao pó, mas ao aço e ao silício. Mas será para libertar a raça humana ou para escravizá-la? Lendo as manchetes de hoje, parece que o problema já está resolvido: a raça humana está prestes a ser rapidamente superada pela sua própria criação.

O FIM DA HUMANIDADE

A manchete do *New York Times* disse tudo: "Cientistas preocupados com máquinas mais inteligentes que o homem." Os principais líderes do mundo em inteligência artificial (IA) reuniram-se na conferência de Asilomar, na Califórnia, em 2009, para discutir solenemente o que acontece quando as máquinas assumem por fim o controle. Como numa cena de filme de Hollywood, os delegados fizeram perguntas incisivas, como: "O que acontecerá se um robô se tornar tão inteligente quanto o seu cônjuge?"

Como uma constrangedora evidência desta revolução robótica, as pessoas apontaram para o Predator, o avião-robô sem piloto que agora está mirando os terroristas com mortal precisão no Afeganistão e no Paquistão; carros que se dirigem sozinhos e ASIMO, o robô mais avançado do mundo, que pode andar, correr, subir escadas e até servir café.

Eric Horvitz, da Microsoft, um dos organizadores da conferência, notando o entusiasmo crescente da plateia, disse: "Tecnólogos estão proporcionando visões quase religiosas, e suas ideias reverberam de certa forma a mesma ideia do Êxtase." (O Êxtase se dá quando os verdadeiros crentes ascendem ao céu no Segundo Advento. Os críticos apelidaram o espírito da conferência de Asilomar de "o êxtase dos nerds".)

Nesse mesmo verão, os filmes que dominavam as telas de cinema pareciam ampliar esta imagem apocalítica. Em *O exterminador do futuro: a salvação*, um bando de humanos maltrapilhos combate imensos monstros mecânicos que conquistaram a Terra. Em *Transformers: a vingança dos derrotados*, robôs futuristas do espaço usam humanos como peões e a Terra como um campo de batalha para suas guerras interestelares. Em *Substitutos*, as pessoas preferem viver suas vidas como robôs super-humanos belos, perfeitos, em vez de enfrentar a realidade dos seus próprios corpos decadentes envelhecendo.

Julgando-se pelas manchetes e cartazes de teatros, parece que o último suspiro dos humanos está bem próximo. Os mestres em IA estão solenemente perguntando: um dia teremos de dançar atrás das grades, enquanto nossas criações robóticas jogam amendoins para nós, como fazemos com os ursos no zoológico? Ou nos tornaremos cãezinhos de estimação de nossas criações?

Mas, examinando melhor, as coisas são menos complicadas do que parecem. Certamente, tremendos avanços foram feitos na última década, mas as coisas precisam ser colocadas em perspectiva.

O Predator, um avião de oito metros e meio que dispara do céu mísseis mortais sobre terroristas, é controlado por um humano com um joystick. Um humano, com toda a probabilidade um jovem veterano de videogames, senta-se confortavelmente atrás de uma tela de computador e escolhe os alvos.

O humano, não o Predator, está atirando. E os carros que se dirigem sozinhos não estão tomando decisões independentes quando examinam o horizonte e viram o volante; eles estão seguindo um mapa de GPS armazenado na memória deles. Portanto, o pesadelo de robôs autônomos, conscientes e assassinos ainda está no futuro distante.

Não é de surpreender, embora a mídia exagerasse algumas das previsões mais sensacionais feitas na conferência de Asilomar, que grande parte dos cientistas atuantes que pesquisavam dia a dia a inteligência artificial fosse muito mais reservada e cautelosa. Quando lhe perguntavam quando as máquinas serão tão inteligentes quanto nós, os cientistas tinham várias respostas surpreendentes, variando de 20 a mil anos.

Portanto, precisamos diferenciar entre dois tipos de robôs. O primeiro é controlado de longe por um humano ou programado e instruído previamente como um gravador para seguir instruções precisas. Estes robôs já existem e geram manchetes. Estão lentamente entrando em nossas casas e também no campo de batalha. Mas, sem um humano para tomar as decisões, eles são em grande parte peças de sucata, inúteis. Portanto, estes robôs não deveriam ser confundidos com o segundo tipo, que é realmente autônomo, o tipo capaz de pensar por si mesmo e que não requer informações fornecidas por humanos. São estes robôs humanos que têm escapado aos cientistas na última metade de século.

ASIMO, O ROBÔ

Os pesquisadores de IA apontam com frequência para o robô da Honda chamado ASIMO (Advanced Step in Innovative Mobility) como a uma demonstração gráfica dos avanços revolucionários na robótica. Ele tem 1,30 m de altura, pesa 53 quilos e parece um rapazinho com um capacete com visor preto e mochila nas costas. ASIMO, de fato, é extraordinário: ele anda, corre, sobe escadas e fala como se fosse de verdade. Vaga pelas salas, recolhe xícaras e bandejas, responde a alguns comandos simples e até reconhece alguns rostos. Tem até um grande vocabulário e sabe falar em diferentes idiomas. ASIMO é resultado de 20 anos de trabalho intenso por dezenas de cientistas da Honda, que produziram uma maravilha da engenharia.

Em duas ocasiões tive o privilégio de interagir pessoalmente com ASIMO em conferências, quando fazia apresentações de especiais de ciência para a BBC/Discovery. Quando apertei a sua mão para cumprimentá-lo, ele respondeu de modo totalmente humano. Quando acenei, ele acenou de volta. E, quando lhe pedi que pegasse um suco, ele deu meia-volta e caminhou até a mesa do lanche com movimentos espantosamente humanos. Na verdade, ASIMO é tão real que, ao falar, eu quase esperava que ele tirasse o capacete e revelasse o menino que estava espertamente escondido lá dentro. E até dança melhor do que eu.

De início, parece que ASIMO é inteligente, capaz de responder a comandos humanos, manter uma conversa e caminhar por uma sala. Mas a realidade é bem diferente. Quando interagi com ASIMO diante de uma câmera de TV, cada movimento, cada nuance era cuidadosamente roteirizada. De fato, levou cerca de três horas para filmar uma cena simples de cinco minutos com ASIMO. E até foi necessária uma equipe de manipuladores de ASIMO, que ficavam furiosamente reprogramando o robô em seus laptops depois que filmávamos cada cena. Embora ASIMO fale com você em diferentes idiomas, na verdade é um gravador que toca as mensagens gravadas. Ele simplesmente imita como um papagaio o que um humano programou. Embora ASIMO se torne mais sofisticado a cada ano, ele é incapaz de pensar de forma independente. Cada palavra, cada gesto, cada passo têm de ser cuidadosamente ensaiados pelos manipuladores de ASIMO.

Depois disso, tive uma conversa franca com um dos inventores de ASIMO, e ele admitiu que o robô, apesar de seus extraordinários movimentos e ações semelhantes ao de um humano, tem a inteligência de um inseto. A maioria dos seus movimentos tem de ser cuidadosamente programada com antecedência. Ele pode andar com toda a naturalidade, mas o seu caminho precisa estar bem programado ou ele tropeçará nos móveis, visto que não pode reconhecer objetos na sala.

Em comparação, até uma barata é capaz de reconhecer objetos, correr ao redor de obstáculos, procurar alimento e parceiros, fugir de predadores, tramar rotas de fuga complexas, esconder-se no escuro e desaparecer nas fendas, tudo em questão de segundos.

O pesquisador da IA Thomas Dean, da Brown University, admitiu que os robôs pesadões que está construindo estão "apenas no estágio em que são robustos o suficiente para andar pelo corredor sem deixar sulcos enormes no gesso". Como veremos mais adiante, hoje nossos computadores mais potentes mal conseguem simular os neurônios de um camundongo, e mesmo assim só por poucos segundos. Vão ser necessárias muitas décadas de trabalho duro para que os robôs se tornem tão espertos quanto um ratinho, coelho, cachorro ou gato, e depois um macaco.

HISTÓRIA DA IA

Os críticos às vezes apontam para um padrão: a cada 30 anos os especialistas em IA afirmam que robôs superinteligentes estão próximos. Então, quando se confere a realidade, estabelece-se uma reação adversa.

Na década de 1950, quando os computadores eletrônicos foram introduzidos pela primeira vez depois da Segunda Guerra Mundial, os cientistas deixaram o público atordoado com a ideia de que máquinas poderiam fazer milagres: levantar blocos, jogar xadrez e até solucionar problemas de álgebra. Era como se máquinas realmente inteligentes estivessem bem ali na esquina. O público estava espantado; e logo, nas revistas, artigos previam, ofegantes, a hora em que todos teriam um robô na cozinha, preparando o jantar, ou limpando a casa. Em 1965, o pioneiro da IA Herbert Simon declarou: "Máquinas poderão fazer, dentro de 20 anos, qualquer trabalho de que um homem é capaz." Mas então a realidade baixou. Máquinas jogadoras de xadrez não conseguiam vencer um perito humano, e podiam jogar apenas xadrez, nada mais. Estes primeiros robôs eram como um pônei de um só truque, realizando apenas uma tarefa simples.

De fato, na década de 1950, conquistas reais foram feitas em IA, mas, porque o progresso foi muito divulgado e anunciado, houve uma reação contrária. Em 1974, sob um coro de crescentes críticas, o governo dos Estados Unidos e o da Grã-Bretanha cortaram os financiamentos. O primeiro inverno da IA se manifestou.

Hoje, o pesquisador da IA Paul Abrahams discorda quando lembra daqueles tempos excitantes da década de 1950, quando ele estava se formando no MIT e tudo parecia possível. Ele recorda: "É como se um grupo de pessoas tivesse se proposto a construir uma torre até a Lua. Todos os anos elas apontam com orgulho para a torre, mostrando como ela cresceu desde o ano anterior. O único problema é que a Lua não está ficando mais perto."

Na década de 1980, o entusiasmo pela IA se acentuou de novo. Desta vez o Pentágono fez jorrar milhões de dólares em projetos como o caminhão inteligente, que deveria viajar por trás das linhas inimigas, fazer reconhecimentos, resgatar tropas americanas e retornar ao quartel-general, tudo sozinho. O governo japonês até pôs todo o seu peso para apoiar o ambicioso Projeto de Sistemas de Computador de Quinta Geração, patrocinado pelo poderoso Ministério de Comércio e Indústria Internacional japonês. O objetivo do Projeto de Quinta Geração era, entre outras coisas, ter um sistema de computador que pudesse falar línguas coloquiais, ter total capacidade de raciocínio e até prever o que queremos, tudo na década de 1990.

Infelizmente, a única coisa que o caminhão inteligente fez foi se perder. E o Projeto de Quinta Geração, depois de muitas fanfarras, foi silenciosamente abandonado sem explicações. Mais uma vez a retórica superou em muito a realidade. De fato, houve ganhos reais com a IA na década de 1980, mas, como o progresso teve uma publicidade excessiva, um segundo retrocesso aconteceu, criando o segundo inverno da IA, no qual os financiamentos de novo secaram e pessoas decepcionadas deixaram o campo em bando. Ficou angustiantemente claro que estava faltando alguma coisa.

Em 1992, os pesquisadores da IA estavam em conflito ao presidir um evento em homenagem ao filme *2001*, no qual um computador chamado HAL 9000 enlouquece e mata a tripulação de uma nave espacial. O filme, rodado em 1968, previa que em 1992 haveria robôs que poderiam conversar à vontade com qualquer humano sobre quase qualquer assunto e também comandar uma nave espacial. Infelizmente, ficou claro que os robôs mais avançados tiveram muita dificuldade para se manter no mesmo nível de inteligência de um inseto.

Em 1997, o Deep Blue da IBM realizou um marco histórico ao derrotar o campeão mundial de xadrez Gary Kasparov. Deep Blue era uma maravilha da engenharia: contava com 11 bilhões de operações por segundo. Entretanto, em vez de abrir as comportas das pesquisas sobre inteligência artificial e dar passagem para uma nova era, ele fez exatamente o contrário. Ressaltou apenas o primitivismo da pesquisa sobre IA. Refletindo bem, ficou óbvio para muitos que o Deep Blue não podia pensar. Era soberbo no xadrez, mas obteria 0 ponto em qualquer exame de QI. Depois da sua vitória, foi o perdedor, Kasparov, quem deu todas as entrevistas para a imprensa, visto que o Deep Blue não sabia falar. A contragosto, os pesquisadores começaram a avaliar o fato de que o poder computacional bruto não se iguala à inteligência. O pesquisador da IA Richard Heckler diz: "Hoje, você pode comprar programas de xadrez por 49 dólares que derrotam a todos, menos aos campeões mundiais; no entanto, ninguém pensa que são inteligentes."

Mas, com a lei de Moore fazendo jorrar novas gerações de computadores a cada 18 meses, o velho pessimismo da geração passada acabará sendo gradualmente esquecido, e uma nova geração de felizes entusiastas assumirá, criando renovado otimismo e energia no campo um dia adormecido. Trinta anos depois de o último inverno da IA ter baixado, os computadores avançaram tanto que as novas gerações de pesquisadores da IA estão de novo fazendo esperançosas previsões sobre o futuro. Chegou finalmente a hora da IA, dizem seus defensores. Desta vez é pra valer. A terceira tentativa é o amuleto da sorte. Mas eles estão certos? Os humanos em breve estarão obsoletos?

O CÉREBRO É UM COMPUTADOR DIGITAL?

Um problema fundamental, como matemáticos hoje percebem, é que eles cometeram um erro crucial há 50 anos ao pensarem que o cérebro era análogo a um grande computador digital. Mas agora ficou óbvio que não é. O cérebro não tem um chip Pentium, nenhum sistema operacional Windows, nenhum software de aplicativo, nenhum CPU, nada de programações, nem sequer subrotinas que tipificam um computador digital moderno. De fato, a arquitetura de computadores digitais é bem diferente da do cérebro, que é uma espécie de máquina de aprendizado, uma coleção de neurônios cujos circuitos constantemente se renovam, sempre que ele aprende uma tarefa. (Mas um PC não aprende. O seu computador é tão burro hoje como era ontem.)

Portanto, existem pelo menos duas abordagens para usar o cérebro como modelo. A primeira, a tradicional de cima para baixo, é tratar os robôs como a computadores digitais, e programar todas as regras de inteligência desde o início. Um computador digital, por sua vez, pode ser reduzido a algo chamado Máquina de Turing, um aparelho hipotético inventado pelo grande matemático britânico Alan Turing. Uma Máquina de Turing consiste em três componentes básicos: uma entrada de dados, um processador central que digere estes dados e uma saída de dados. Todos os computadores digitais são baseados neste simples modelo. O objetivo desta abordagem é ter um CD-ROM que contenha todas as regras de inteligência codificadas nele. Ao inserir este disco, o computador de repente se anima e se torna inteligente. Portanto, este CD-

ROM mítico contém todos os softwares necessários para criar máquinas inteligentes.

Mas o nosso cérebro não tem nenhum programa ou software. Ele é mais como uma "rede neural", uma miscelânea complexa de neurônios que constantemente refaz os seus circuitos.

Redes neurais seguem a regra de Hebb: sempre que uma decisão correta é tomada, esses caminhos neurais são reforçados. Isto acontece mudando simplesmente a força de certas conexões elétricas entre neurônios sempre que se realiza com sucesso uma tarefa. (A regra de Hebb pode ser expressa pela velha pergunta: como um músico chega ao Carnegie Hall? Resposta: prática, prática, prática. Para uma rede neural, a prática faz a perfeição. A regra de Hebb também explica por que é tão difícil se ver livre dos maus hábitos, visto que os caminhos neurais para um mau hábito são tão batidos.)

Redes neurais são baseadas na abordagem de baixo para cima. Em vez de receberem de bandeja todas as regras de inteligência, as redes neurais as aprendem como um bebê aprende, esbarrando nas coisas e aprendendo com a experiência. Em vez de serem programadas, as redes neurais aprendem no velho estilo, na escola "da paulada".

Redes neurais têm uma arquitetura totalmente diferente da dos computadores digitais. Se você retirar um único transistor do computador central de um computador digital, o computador quebra. Mas, se você retirar grandes nacos de cérebro humano, ele continua funcionando, com outras partes substituindo as partes que faltam. Também é possível localizar exatamente onde o computador digital "pensa": no seu processador central. Entretanto, exames por imagem do cérebro humano mostram claramente que o pensamento está espalhado por grandes partes dele. Diferentes setores se iluminam em sequência precisa, como se pensamentos ricocheteassem de um lado para o outro, como uma bola de pingue-pongue.

Computadores digitais podem calcular quase com a mesma velocidade da luz. O cérebro humano, em contraste, é incrivelmente lento. Impulsos nervosos viajam numa velocidade excruciantemente lenta, de cerca de 320 quilômetros por hora. Mas o cérebro compensa isso muito bem porque é maciçamente paralelo, quer dizer, tem 100 bilhões de neurônios operando ao mesmo tempo, cada um executando um minúsculo bit de informação, com cada neurônio conectado a 10 mil outros neurônios. Numa corrida, um único processador superrápido fica comendo poeira com relação a um processador paralelo superlento.

(Isto leva de volta ao velho enigma: se um gato consegue comer um camundongo em um minuto, quanto tempo leva para um milhão de gatos comerem um milhão de camundongos? Resposta: um minuto.)

Além disso, o cérebro não é digital. Os transistores são portões que podem se abrir ou fechar, representados por um 1 ou um 0. Os neurônios também são digitais (eles podem disparar ou não disparar), mas também podem ser análogos, transmitindo sinais tão contínuos quanto discretos.

DOIS PROBLEMAS DOS ROBÔS

Devido às gritantes limitações dos computadores se comparados com o cérebro humano, pode-se avaliar por que eles não têm sido capazes de realizar duas tarefas-chave que os humanos realizam sem nenhum esforço: reconhecimento de padrões e bom-senso. A solução destes dois problemas foi um desafio durante os últimos 50 anos. Esta é a principal razão para não termos criadas, mordomos e secretárias-robôs.

O primeiro problema é o reconhecimento de padrões. Robôs podem ver muito melhor do que os humanos, mas não compreendem o que estão vendo. Quando um robô entra numa sala, ele converte a imagem numa miscelânea de pontos. Ao processar estes pontos, ele consegue reconhecer uma coleção de linhas, círculos, quadrados e retângulos. Em seguida o robô compara esta miscelânea de coisas, uma por uma, com objetos armazenados na sua memória – tarefa extraordinariamente entediante até para um computador. Depois de muitas horas de cálculos, o robô poderá emparelhar estas linhas com cadeiras, mesas e pessoas. Em contraste, quando nós entramos numa sala, em uma fração de segundo reconhecemos cadeiras, mesas, escrivaninhas e pessoas. Na verdade, nosso cérebro é principalmente uma máquina de reconhecimento de padrões.

Segundo, robôs não têm discernimento. Embora eles possam escutar melhor do que os humanos, não compreendem o que estão ouvindo. Por exemplo, veja só as seguintes frases:

- Crianças gostam de doces, mas não de castigo
- Fios puxam, mas não empurram
- Varetas empurram, mas não puxam

- Animais não podem falar e compreender português
- Girar deixa as pessoas tontas

Para nós, cada uma destas frases é apenas de bom-senso. Mas não para os robôs. Não existe uma linha de lógica ou programação que prove que fios puxam, mas não empurram. Aprendemos a verdade destas frases "óbvias" por experiência, não porque foram programadas na nossa memória.

O problema da abordagem de cima para baixo é que existem linhas de código demais para o bom-senso que é necessário para imitar o pensamento humano. Centenas de milhões de linhas de código, por exemplo, são necessárias para descrever as leis do bom-senso que uma criança de seis anos de idade sabe. Hans Moravec, ex-diretor do laboratório de IA em Carnegie Mellon, lamenta: "Até hoje, os programas de IA não exibem um farrapo de bom-senso – um programa de diagnóstico médico, por exemplo, pode prescrever um antibiótico se lhe for apresentada uma bicicleta quebrada porque lhe falta um modelo de gente, doença ou bicicleta."

Alguns cientistas, entretanto, tendem a acreditar que o único obstáculo para dominar o bom-senso é a força bruta. Eles acham que um novo Projeto Manhattan, como o programa que construiu a bomba atômica, certamente resolveria o problema do bom-senso. O programa para criar esta "enciclopédia de pensamentos" chama-se CYC, iniciada em 1984. Seria a façanha culminante da IA. O projeto para codificar todos os segredos do bom-senso num único programa. Entretanto, depois de várias décadas de muito trabalho, o projeto CYC falhou em cumprir as suas próprias metas.

A meta do CYC é simples: dominar "100 milhões de coisas, mais ou menos a quantidade que uma pessoa comum conhece do mundo, em 2007". Esse prazo final, e muitos outros anteriores, passou despercebidamente sem sucesso. Cada uma das datas definidas pelos engenheiros CYC chegou e foi embora sem os cientistas chegarem perto de dominar a essência de inteligência.

HOMEM *VERSUS* MÁQUINA

Uma vez tive a oportunidade de comparar inteligências com um robô, numa competição com um deles construído por Tomaso Poggio, do MIT. Embora robôs não possam reconhecer padrões simples como nós podemos, Poggio conseguiu criar um programa de computador que calcula cada bit tão rápido quanto um humano numa área específica: "reconhecimento imediato." Esta é a nossa extraordinária habilidade para reconhecer um objeto antes mesmo de termos consciência disto. (O reconhecimento imediato foi importante para a nossa evolução, visto que nossos ancestrais tinham apenas uma fração de segundo para determinar se um tigre estava à espreita nas moitas, antes de terem plena consciência disto.) Pela primeira vez, um robô teve sempre pontuações mais altas do que um humano num teste de reconhecimento visual específico.

A competição entre mim e a máquina foi simples. Primeiro, eu me sentei numa cadeira e fiquei olhando fixo para uma tela de computador comum. Então uma imagem apareceu na tela por uma fração de segundo, e eu devia apertar uma de duas teclas o mais rápido que pudesse, se visse um animal na imagem ou não. Eu tinha de decidir o mais rápido possível, antes mesmo de ter uma oportunidade de assimilar a imagem. O computador também teria de tomar uma decisão a respeito da mesma imagem.

Constrangedoramente, depois de muitos testes rapidíssimos, a máquina e eu tivemos o mesmo desempenho. Mas houve momentos em que a máquina marcou mais pontos que eu, deixando-me para trás. Fui derrotado por uma máquina. (Foi um consolo quando me disseram que o computador acerta 82% das vezes, mas os humanos apenas 80%, em média.)

O segredo da máquina de Poggio é que ela copia lições da Mãe Natureza. Muitos cientistas estão percebendo a verdade da frase: "A roda já foi inventada; então, por que não copiá-la?" Por exemplo, em geral, quando um robô olha uma imagem, ele tenta dividi-la numa série de linhas, círculos, quadrados e outras formas geométricas. Mas o programa de Poggio é diferente.

Quando nós vemos uma imagem, podemos primeiro ver os contornos de vários objetos, em seguida vemos várias características dentro de cada objeto, depois nuances dentro destas características etc. Portanto, dividimos a imagem em muitas camadas. Assim que um computador processa uma camada da imagem, ele a integra com a camada seguinte, e assim por diante. Dessa maneira, passo a passo, camada por camada, ele imita o modo hierárquico como nosso cérebro processa imagens. (O programa de Poggio não pode realizar todas as façanhas de reconhecimento de padrões que para nós são naturais, tais como visualizar objetos em 3-D, reconhecendo milhares de objetos a partir de diferentes ângulos etc., mas isto representa um importante marco no reconhecimento de padrões.)

Depois, tive oportunidade de ver tanto a abordagem de cima para baixo como a de baixo para cima em ação. Primeiro, fui ao Centro de Inteligência Artificial da Universidade de Stanford, onde fiquei conhecendo o STAIR (Stanford Artificial Intelligent Robot), que usa a abordagem de cima para baixo. O STAIR tem cerca de 1,20 m de altura, com um enorme braço mecânico que pode girar e agarrar objetos sobre uma mesa. O STAIR também é móvel, e portanto pode andar de um lado para o outro num escritório ou em casa. O robô tem uma câmera que focaliza um objeto e transmite a imagem em 3-D para um computador, que em seguida guia o braço mecânico para agarrar o objeto. Robôs vêm agarrando objetos assim desde a década de 1960, e nós os vemos nas fábricas de automóveis de Detroit.

Mas as aparências enganam. O STAIR pode fazer muito mais. Ao contrário dos robôs em Detroit, o STAIR não tem gravada uma série de instruções. Ele opera por si só. Se você lhe pedir que pegue uma laranja, por exemplo, ele pode analisar uma coleção de objetos sobre a mesa, compará-los com milhares de imagens já armazenadas na sua memória, em seguida identificar a laranja e pegá-la. Ela pode também identificar objetos com mais precisão agarrando-os e virando-os.

Para testar a sua habilidade, embaralhei um grupo de objetos sobre uma mesa e em seguida observei o que acontecia quando eu pedia um deles. Vi que o STAIR analisava corretamente o novo arranjo e depois estendia o braço e agarrava a coisa correta. Futuramente o objetivo é fazer o STAIR transitar por ambientes domésticos e de trabalho, pegar e interagir com vários objetos e ferramentas e até conversar com pessoas numa linguagem simplificada. Deste modo, ele será capaz de fazer qualquer coisa que um mensageiro faz num escritório. O STAIR é um exemplo da abordagem de cima para baixo: tudo está programado no STAIR desde o início. (Embora o STAIR possa reconhecer objetos de diferentes ângulos, ele ainda está limitado ao número de objetos que pode reconhecer. Ele ficaria paralisado se tivesse de caminhar fora de casa e reconhecer objetos ao acaso.)

Depois, tive a oportunidade de visitar a Universidade de Nova York, onde Yann LeCun está experimentando um desenho totalmente diferente, o LAGR (*learning applied to ground robots* – aprendizado aplicado a robôs de solo). O LAGR é um exemplo de abordagem de baixo para cima – ele tem de aprender tudo desde o início, esbarrando nas coisas. É do tamanho de um carrinho de golfe e tem duas câmeras estéreo coloridas que podem vasculhar a paisagem, identificando objetos no seu caminho. Então ele se move entre estes objetos, evitando-os cuidadosamente, e aprende a cada passo. Está equipado com GPS e tem dois sensores infravermelhos capazes de detectar objetos à sua frente. Contém três chips Pentium de alta potência e está conectado a uma rede Ethernet de gigabyts. Nós fomos a um parque próximo, onde o robô LAGR pudesse perambular por vários obstáculos colocados no seu caminho. Sempre que ele repetia o curso, evitava melhor os obstáculos.

Uma diferença importante entre o LAGR e o STAIR é que o LAGR é projetado especificamente para aprender. Todas as vezes que o LAGR esbarra em alguma coisa, move-se ao redor do objeto e aprende a evitá-lo da próxima vez. Embora o STAIR tenha milhares de imagens armazenadas na sua memória, o LAGR não tem quase nenhuma imagem na sua, mas, ao contrário, cria um mapa mental de todos os obstáculos que encontra e constantemente aperfeiçoa esse mapa a cada passo. Ao contrário do carro sem motorista, que é programado para seguir uma rota previamente definida pelo GPS, o LAGR se move sozinho, sem nenhuma instrução de um humano. Você lhe diz para onde ir, e ele parte. Futuramente, robôs assim poderão ser encontrados em Marte, no campo de batalha e em nossas casas.

Por um lado, fiquei impressionado com o entusiasmo e a energia destes pesquisadores. No fundo, eles acreditam que estão lançando os alicerces da inteligência artificial e que o seu trabalho um dia causará um impacto na sociedade que só podemos começar a compreender. Mas, de longe, eu pude também avaliar até onde eles têm de ir. Até baratas podem identificar objetos e aprender a contorná-los. Estamos ainda no estágio em que as criaturas mais inferiores da Mãe Natureza podem ser mais espertas do que nossos robôs mais inteligentes.

FUTURO PRÓXIMO
(DO PRESENTE A 2030)

SISTEMAS ESPECIALISTAS

Hoje, muita gente tem robôs simples em casa que podem aspirar o pó de seus tapetes. Existem robôs guardas de segurança patrulhando prédios de noite, guias robôs e operários de fábrica robôs. Em 2006, estimou-se haver 950 mil robôs industriais e 3.540 mil robôs de serviço trabalhando em casas e prédios. Mas, nas próximas décadas, o campo da robótica pode florescer em várias direções. Estes robôs, entretanto, não se parecerão com os da ficção científica.

O maior impacto talvez se sinta nos chamados sistemas especialistas, programas de software que possuem codificadas em si a sabedoria e a experiência de um ser humano. Como vimos no último capítulo, um dia talvez falemos com a internet em nossas telas de parede e conversemos com o gentil rosto de um robô-médico ou de um robô-advogado.

Esta área se chama heurística, quer dizer, segue um sistema formal, baseado em regras. Quando precisarmos planejar umas férias, falaremos com o rosto na tela de parede e daremos as nossas preferências: quanto tempo, onde, que hotéis, a variação de preços. O sistema especialista já conhecerá as nossas preferências de experiências passadas e, em seguida, entrará em contato com hotéis, linhas aéreas etc. e nos dará as melhores opções. Mas, em vez de falar com ele de modo coloquial, tagarela, usaremos uma linguagem estilizada, bastante formal, que ele compreende. Esse sistema poderá executar rapidamente qualquer número de tarefas. Você só lhe dá as ordens, e ele faz a reserva num restaurante, confere a localização de lojas, faz as encomendas de mercearia e quentinhas, reserva uma passagem aérea etc.

É exatamente por causa dos avanços na heurística nas últimas décadas que agora temos alguns dos atuais mecanismos de pesquisa bem simples. Mas eles ainda são grosseiros. É óbvio para qualquer pessoa que você está lidando com uma máquina e não com um ser humano. No futuro, entretanto, robôs se tornarão tão sofisticados que parecerão quase humanos, operando continuamente com nuances e sofisticação.

Talvez a aplicação mais prática seja no atendimento médico. Por exemplo, hoje, se você se sentir mal, talvez tenha de esperar horas numa sala de emergência antes de consultar um médico. No futuro próximo, pode ser que você vá até a sua tela de parede e fale com o robô-médico. Vai ser possível mudar o rosto e até a personalidade do robô-médico que você vê apertando um botão. O rosto gentil que na tela de parede lhe fará uma série de perguntas simples: como você se sente? Onde está doendo? Quando a dor começou? Com que frequência dói?

Você responderá sempre escolhendo num conjunto simples de respostas. Responderá não digitando num teclado, mas falando.

Cada uma de suas respostas, por sua vez, vai sugerir o próximo conjunto de perguntas. Depois de uma série dessas perguntas, o robô-médico será capaz de lhe dar um diagnóstico baseado na melhor experiência dos médicos do mundo. O robô-médico também analisará os dados do seu banheiro, das suas roupas e móveis, que estiveram continuamente monitorando a sua saúde por meio de chips de DNA. E poderá pedir que você examine o seu corpo com um escâner MRI portátil, que em seguida será analisado por supercomputadores. (Algumas versões primitivas destes programas heurísticos já existem, como o WebMD, mas falta a eles as nuances e o poder total da heurística.)

A maioria das visitas ao consultório médico pode ser eliminada desta forma, aliviando em muito a pressão sobre o nosso sistema de saúde. Se o problema é grave, o robô-médico recomendará que você vá a um hospital, onde médicos humanos poderão oferecer tratamento intensivo. Mas, mesmo ali, você verá programas de IA, na forma de enfermeiras-robôs, como ASIMO. Estas enfermeiras-robôs não são realmente inteligentes, mas podem ir de um quarto de hospital a outro, administrar os remédios adequados aos pacientes e atender às suas outras necessidades. Elas podem se movimentar sobre trilhos no chão, ou independentemente, como ASIMO.

Um enfermeiro-robô que já existe é o robô móvel RP-6, que está sendo utilizado em hospitais, como o Centro Médico da UCLA. Ele é basicamente uma tela de TV apoiada no topo de um computador móvel sobre patins. Na tela de TV, você vê o rosto de um médico de verdade que pode estar a quilômetros de distância. Existe uma câmera no robô que permite ao médico ver o que o robô está olhando. Existe também um microfone para que o médico possa falar com o paciente. O médico pode controlar remotamente o robô por meio de um joystick, interagir com pacientes, monitorar remédios etc. Visto que 5 milhões de pacientes nos Estados Unidos são admitidos em unidades de tratamento intensivo, mas apenas 6 mil médicos estão qualificados para lidar com pacientes com doenças gravíssimas, robôs como este poderiam ajudar a aliviar a crise nas salas de emergência, com um médico atendendo a muitos pacientes. No futuro, robôs assim poderão se tornar mais autônomos, capazes de se mover sozinhos e interagir com pacientes.

O Japão é um dos líderes mundiais nesta tecnologia. O país está gastando muito dinheiro em robôs para aliviar a iminente crise no sistema de saúde. Numa retrospectiva, não é de surpreender que ele seja uma das nações líderes em robótica, por várias razões. Primeiro, na religião xintoísta, acredita-se que objetos inanimados possuem espíritos dentro de si. Até objetos mecânicos. No Ocidente, as crianças podem gritar de medo dos robôs, especialmente depois de ver tantos filmes sobre máquinas assassinas violentas. Mas pelas crianças japonesas os robôs são vistos como espíritos familiares, brincalhões e prestativos. No Japão, não é raro você ver recepcionistas-robôs cumprimentá-lo ao entrar numa loja de departamentos. De fato, 30% de todos os robôs comerciais no mundo estão no Japão.

Segundo, o Japão está enfrentando um pesadelo demográfico. Sua população é a que está envelhecendo mais rapidamente. A taxa de natalidade caiu para surpreendentes 1,2 filho por família, e a imigração é insignificante. Alguns demógrafos afirmaram que estamos assistindo a um desastre de trem em câmera lenta: um trem demográfico (população envelhecendo e taxa de natalidade caindo) em breve colidirá com outro (baixa taxa de imigração) nos próximos anos. (Este mesmo desastre de trem poderá acabar acontecendo na Europa também.) Isto será sentido de uma forma mais intensa na área médica, onde uma enfermeira semelhante ao ASIMO talvez seja bastante útil. Robôs como ASIMO seriam ideais para tarefas hospitalares, como pegar medicamentos, administrá-los e monitorar pacientes 24 horas por dia.

MEADOS DO SÉCULO [DE 2030 A 2070]

ROBÔS MODULARES

Lá por meados do século, o nosso mundo poderá estar repleto de robôs, mas talvez nem percebamos. Isso porque a maioria deles provavelmente não terá forma humana. Poderão estar ocultos, disfarçados de serpentes, insetos e aranhas, cumprindo tarefas desagradáveis, porém cruciais. Estes serão robôs modulares, que podem mudar de forma dependendo da tarefa.

Tive a oportunidade de conhecer um dos pioneiros em robôs modulares, Weimin Shen, da Universidade do Sul da Califórnia. Sua ideia é criar pequenos módulos cúbicos que você pode intercambiar, como blocos Lego, e remontar à vontade. Ele os chama de robôs polimórficos, porque podem mudar de forma, geometria e função. No seu laboratório, pude ver logo a diferença entre a sua abordagem e a de Stanford e do MIT. Superficialmente, ambos os laboratórios pareciam uma casa de brinquedos dos sonhos de uma criança, com robôs andando, falando onde quer que você olhasse. Quando visitei os laboratórios de IA de Stanford e do MIT, vi uma ampla variedade de "brinquedos" robóticos com chips e alguma inteligência. As bancadas estão cheias de aeroplanos, helicópteros e caminhões-robôs e robôs com formas de insetos com chips no interior, todos se movendo com autonomia. Cada robô é uma unidade contida em si mesma.

Vários tipos de robôs: LAGR (alto), STAIR (inferior à esquerda) e ASIMO (inferior à direita). Apesar do enorme aumento de potência dos computadores, estes robôs têm a inteligência de uma barata.

Mas, quando você entra no laboratório da USC, vê algo bem diferente. São caixas de módulos cúbicos, cada um com cerca de 5 cm quadrados, que podem se unir ou se separar, permitindo que você crie uma variedade de criaturas semelhantes a animais. Você pode criar serpentes que deslizam por um fio. Ou anéis que se enroscam como uma argola. Mas então você pode girar estes cubos e prendê-los com encaixes em Y, e então cria um conjunto totalmente novo de artefatos que se parecem com polvos, aranhas, cães ou gatos. Pense num conjunto Lego elegante, com cada bloco sendo inteligente e capaz de se montar em qualquer configuração imaginável.

Isto seria útil para vencer barreiras. Se um robô com forma de aranha estivesse rastejando no sistema de esgoto e encontrasse uma parede, ele primeiro encontraria um orifício minúsculo na parede e então se desmontaria. Cada peça passaria pelo buraco, e depois todas voltariam a se montar do outro lado da parede. Desse modo, seria impossível deter estes robôs modulares, capazes de transpor a maioria dos obstáculos.

Estes robôs modulares seriam cruciais no reparo de nossa infraestrutura podre. Em 2007, por exemplo, a ponte do rio Mississippi, em Minneapolis, veio abaixo, matou 13 pessoas e feriu 145, provavelmente porque estava velha, suportando um peso excessivo, e tinha falhas de projeto. Existem talvez centenas de acidentes semelhantes esperando para acontecer em todo o país, mas simplesmente é muito caro monitorar cada ponte que está apodrecendo e fazer consertos. É aqui que os robôs modulares vêm socorrer, conferindo silenciosamente as nossas pontes, estradas, túneis, tubulações e centrais elétricas, e fazendo os reparos se necessário. (Por exemplo, as pontes da parte sul de Manhattan têm sofrido muito devido à corrosão, à negligência e à falta de reparos. Um operário encontrou uma garrafa de Coca-Cola da década de 1950 esquecida ali desde quando as pontes tinham sido pintadas pela última vez. De fato, uma seção da velha Ponte de Manhattan esteve prestes a ruir recentemente e teve de ser fechada para reparos.)

CIRURGIÕES E COZINHEIROS-ROBÔS

Robôs talvez sejam usados como cirurgiões, além de como cozinheiros e músicos. Por exemplo, uma limitação importante na cirurgia é a destreza e precisão da mão humana. Os cirurgiões, como todo mundo, estão cansados depois de muitas horas de trabalho, e a sua eficiência diminui. Os dedos começam a tremer. Robôs poderiam solucionar este problema.

Por exemplo, para uma cirurgia tradicional de ponte de safena é preciso abrir um talho de 30 cm no meio do peito, o que exige anestesia geral. Abrir uma cavidade no peito aumenta a possibilidade de infecção e o tempo de recuperação, gera fortes dores e desconforto durante o processo de cura e deixa uma cicatriz feia. Mas o sistema robótico Da Vinci pode reduzir muito tudo isto. O robô Da Vinci tem quatro braços, um para manipular uma câmera de vídeo e três para cirurgia de precisão. Em vez de fazer uma longa incisão no peito, ele faz apenas várias minúsculas incisões na lateral do corpo. Existem 800 hospitais na Europa, na América do Norte e na do Sul que usam este sistema; 48 mil operações foram realizadas só em 2006 com este robô. A cirurgia também pode ser feita por controle remoto pela internet, e assim um cirurgião de classe mundial numa cidade importante pode operar um paciente numa região rural isolada em outro continente.

No futuro, versões mais avançadas serão capazes de realizar cirurgias em vasos sanguíneos microscópicos, fibras nervosas e tecidos, manipulando bisturis, pinças e agulhas microscópicos, o que hoje é impossível. De fato, no futuro, só raramente o cirurgião fatiará a pele. Cirurgias não invasivas serão a norma.

Os endoscópios (longos tubos inseridos no corpo, capazes de iluminar e cortar tecidos) serão mais finos do que um fio de linha. Micromáquinas menores do que o ponto final desta frase farão boa parte do trabalho mecânico. (Num episódio da *Jornada nas estrelas* original, o Doutor McCoy ficou revoltado ao saber que os médicos no século XX tinham de cortar a pele.) O dia em que isto será uma realidade não está longe.

Estudantes de medicina no futuro aprenderão a fatiar imagens virtuais em 3-D do corpo humano, onde cada movimento da mão é reproduzido por um robô em outra sala.

Os japoneses também se distinguiram na produção de robôs que podem interagir socialmente com humanos. Em Nagoya, existe um robô-chef capaz de criar um jantar rápido padrão em poucos minutos. Você simplesmente perfura o que quer num cardápio e o robô-chef prepara a sua refeição na sua frente. Construído pela Aisei, uma companhia de robótica industrial, este robô pode cozinhar macarrão em 1 minuto e 40 segundos e servir 80 tigelas num dia de muito movimento. O robô-chef se parece muito com aqueles nas linhas de montagem de automóveis em Detroit. Você tem dois grandes braços mecânicos que são programados com toda a precisão para se mover em determinada sequência. Mas, em vez de apertar parafusos e soldar metais numa fábrica, estes dedos robóticos agarram ingredientes de uma série de tigelas com temperos, carne, farinha, molhos, especiarias etc. Os braços robóticos misturam e depois montam tudo num sanduíche, numa salada ou numa sopa. O cozinheiro Aisei tem a aparência de um robô, parecendo duas mãos gigantescas emergindo do balcão da cozinha. Mas outros modelos que estão sendo planejados começam a parecer mais humanos.

Também no Japão, a Toyota criou um robô que toca violino quase tão bem quanto um profissional. Ele se parece com o ASIMO, com a diferença de que pode pegar um violino, balançar conforme a música e em seguida, delicadamente, tocar peças complexas. O som é muito real, e o robô pode fazer gestos grandiosos como um mestre músico. Embora a música ainda não esteja no nível de um concertista, é boa o suficiente para entreter plateias. Claro, no século passado tivemos pianos mecânicos que tocavam músicas gravadas num disco grande que ficava girando. Como estas máquinas-piano, a máquina da Toyota também é programada. Mas a diferença é que a máquina da Toyota é intencionalmente projetada para imitar todas as posições e posturas de um violinista humano da forma mais real.

Também na Universidade Waszeda, no Japão, cientistas fizeram um robô flautista. O robô contém câmaras ocas no peito, como pulmões, que sopram ar por uma flauta de verdade. Ele pode tocar melodias complexas, como *O voo do besouro*. Estes robôs não podem criar músicas novas, é preciso enfatizar, mas rivalizam com um humano na habilidade para executá-las.

O robô-chef e o robô-músico são cuidadosamente programados. Não são autônomos. Embora estes robôs sejam bastante sofisticados em comparação com as antigas pianolas, ainda operam segundo os mesmos princípios. Verdadeiras criadas e mordomos-robôs ainda estão no futuro distante. Mas os descendentes do robô-chef e do robô-violinista e do flautista talvez um dia se vejam participando de nossas vidas, executando funções básicas que um dia se pensou serem exclusivamente humanas.

ROBÔS EMOCIONAIS

Em meados do século, a era dos robôs emocionais talvez esteja em pleno florescimento.

No passado, escritores fantasiaram a respeito de robôs que desejam se tornar humanos e têm emoções. Em *Pinóquio*, um boneco de madeira desejava se tornar um menino de verdade. Em *O Mágico de Oz*, o Homem de Lata desejava um coração. E em *Jornada nas estrelas: a geração seguinte*, Data, o androide, tentava dominar as emoções contando piadas e imaginando o que nos faz rir. De fato, na ficção científica é um tema recorrente, que, embora os robôs possam se tornar cada vez mais inteligentes, a essência das emoções sempre lhes fugirá. Os robôs um dia talvez se tornem mais inteligentes do que nós, dizem alguns escritores de ficção científica, mas não serão capazes de chorar.

A bem dizer, isso talvez não seja verdade. Cientistas estão agora compreendendo a verdadeira natureza das emoções. Primeiro, elas nos dizem o que é bom e o que é ruim para nós. A imensa maioria das coisas no mundo é nociva ou não tem muita utilidade. Quando experimentamos a emoção de "gostar", estamos aprendendo a identificar a fração mínima das coisas no ambiente que nos são benéficas.

De fato, cada uma de nossas emoções (ódio, ciúme, medo, amor etc.) evoluiu ao longo de milhões de anos para nos proteger dos perigos de um mundo hostil e nos ajudar a reproduzir. Cada emoção ajuda a propagar nossos genes para a nova geração.

O papel crítico das emoções na nossa evolução ficou visível para o neurologista Antonio Damaso, da Universidade do Sul da Califórnia, que analisou vítimas de danos cerebrais ou doenças. Em alguns destes pacientes, o elo entre a parte pensante de seus cérebros (o córtex cerebral) e o centro emocional (localizado profundamente no centro do cérebro, como a amígdala) foi cortado. Estas pessoas eram perfeitamente normais, só que tinham dificuldade para expressar suas emoções.

Um problema se tornou logo óbvio: elas não podiam fazer escolhas. Comprar era um pesadelo, visto que tudo tinha o mesmo valor para elas, fossem caras ou baratas, vulgares ou sofisticadas. Marcar um encontro era quase impossível, visto que todas as datas no futuro eram as mesmas. Eles pareciam "saber, mas não sentir", disse ele.

Em outras palavras, um dos principais propósitos das emoções é nos dar valores, para que possamos decidir o que é importante, o que é caro, o que é bonito, o que é precioso. Sem emoções, tudo tem o mesmo valor e ficamos paralisados por infindáveis decisões, todas com o mesmo peso. Portanto, agora os cientistas estão começando a compreender que as emoções, longe de serem um luxo, são essenciais para a inteligência.

Por exemplo, ao assistir *Jornada nas estrelas* e ver Spock e Data executando suas tarefas supostamente sem emoções, você agora percebe logo a falha. Continuamente, Spock e Data exibem de fato emoções: eles fazem uma longa série de julgamentos de valor. Decidem que ser um oficial é importante, que é crucial executar determinadas tarefas, que a meta da Federação é nobre, que a vida humana é preciosa etc. Portanto, é uma ilusão que você possa ter um oficial privado de emoções.

Robôs emocionais também poderiam ser uma questão de vida ou morte, e no futuro cientistas talvez consigam criar robôs para regaste – robôs que são enviados para incêndios, terremotos, explosões etc. Eles terão de fazer milhares de julgamentos de valor sobre quem e o que salvar e em que ordem. Avaliando a devastação à sua volta, eles terão de hierarquizar as várias tarefas que enfrentam em ordem de prioridade.

Emoções são também essenciais se você vir a evolução do cérebro humano. Se você olhar as características anatômicas macroscópicas do cérebro, notará que elas podem ser agrupadas em três grandes categorias.

Primeiro você tem o cérebro reptiliano, encontrado próximo à base do crânio, que compõe a maior parte do cérebro dos répteis. Funções de vida primitivas, tais como equilíbrio, agressão, territorialidade, busca de alimento etc., são controladas por esta parte do cérebro. (Às vezes, ao olhar fixo para uma cobra que está olhando fixo para você, você sente um arrepio. Você se pergunta: O que esta cobra está pensando? Se esta teoria está correta, então a cobra não está pensando muita coisa além de se você é ou não o almoço.)

Quando examinamos organismos superiores, vemos que o cérebro se expandiu para a frente do crânio. No nível seguinte, encontramos o cérebro do macaco, ou sistema límbico, localizado no centro do nosso cérebro. Ele inclui componentes como a amígdala, que está envolvida no processamento das emoções. Animais que vivem em grupos têm um sistema límbico muito bem desenvolvido. Animais sociais que caçam em grupos precisam de um alto grau de capacidade mental dedicada a compreender as regras do bando. Visto que o sucesso na natureza depende de cooperarem uns com os outros, mas estes animais não falam, isso significa que precisam comunicar seus estados emocionais por meio de linguagem corporal, grunhidos, gemidos e gestos.

Finalmente, temos a camada frontal e externa do cérebro, o córtex cerebral, a camada que define a humanidade e governa o pensamento racional. Embora outros animais sejam dominados pelo instinto e pela genética, os humanos usam o córtex cerebral para raciocinar.

Se esta progressão evolutiva está correta, isso quer dizer que as emoções terão um papel vital na criação de robôs autônomos. Até agora têm sido criados robôs que imitam apenas o cérebro reptiliano. Eles podem andar, sondar o que existe ao redor de si e pegar objetos, mas não muito mais que isso. Animais sociais, por outro lado, são mais inteligentes do que aqueles só com o cérebro reptiliano. Emoções são necessárias para socializar o animal e para que ele domine as regras do bando. Portanto, os cientistas têm ainda um longo caminho pela frente antes de poderem copiar o sistema límbico e o córtex cerebral.

Cynthia Breazeal, do MIT, criou na verdade um robô especificamente projetado para atacar este problema. O robô é o KISMET, com um rosto que parece de um elfo travesso. Superficialmente, parece estar vivo, respondendo a você com movimentos faciais que representam emoções. O KISMET pode duplicar uma ampla variedade de emoções mudando as suas expressões faciais. De fato, mulheres que reagem a este robô, que parece uma criança, costumam falar com KISMET num "mãenhês", a linguagem que as mães usam ao falar com bebês e crianças. Embora robôs como KISMET sejam projetados para imitar emoções, os cientistas não se iludem achando que o robô realmente tem emoções. Em certo sentido, é como um gravador programado, não para produzir sons, mas emoções faciais, sem consciência do que está fazendo. Mas o grande avanço de KISMET é que não é preciso muita programação para criar um robô que imite emoções como as dos humanos às quais os humanos reagirão.

Estes robôs emocionais entrarão em nossas casas. Não serão nossos confidentes, secretárias ou criadas, mas serão capazes de realizar procedimentos baseados em regras fundamentadas na heurística. Em meados do século, eles talvez tenham a inteligência de um cachorro ou de um gato. Como um animalzinho de estimação, exibirão um vínculo emocional com seu dono, e assim não serão facilmente descartados. Você não será capaz de falar com eles numa linguagem coloquial, mas eles compreenderão comandos programados, talvez centenas deles. Se você lhes disser que façam alguma coisa que já não esteja armazenada na memória deles (tal como "vá plantar batatas!"), eles simplesmente vão reagir com uma expressão curiosa, confusa. (Se em meados do século cães e gatos robôs puderem duplicar toda a variedade de respostas animais, indistintas do verdadeiro comportamento animal, então surgirá a questão de se saber se estes animais-robôs sentem ou são tão inteligentes quanto um cão ou gato comum.)

A Sony fez experiências com estes robôs emocionais quando fabricou o cão AIBO (robô com inteligência artificial). Foi o primeiro brinquedo a reagir emocionalmente de forma realista ao seu dono, se bem que primitivamente. Por exemplo, se você afagasse o cão AIBO nas costas, ele logo começaria a murmurar, pronunciando sons confortantes. Ele podia andar, responder a comandos de voz e mesmo aprender até certo ponto. O AIBO não pode aprender novas emoções e respostas emocionais. (Ele foi descontinuado em 2005 por questões financeiras, mas criou desde então um grupo de fiéis seguidores que fazem o *upgrade* do software de computador de modo que AIBO possa realizar mais tarefas.) No futuro, animais de estimação robóticos que formem um vínculo emocional com crianças talvez se tornem comuns.

Ainda que estes animaizinhos-robôs venham a ter uma grande biblioteca de emoções e formem vínculos emocionais duradouros com crianças, eles não as sentirão realmente.

ENGENHARIA REVERSA DO CÉREBRO

Em meados do século, deveremos ser capazes de completar o próximo marco na história da IA: a engenharia reversa do cérebro humano. Cientistas, frustrados por não terem conseguido criar um robô feito de silício e aço, também estão tentando a abordagem oposta: desmontar o cérebro, neurônio por neurônio – exatamente como um mecânico faria com um motor, parafuso por parafuso –, e em seguida rodar uma simulação destes neurônios num imenso computador. Estes cientistas estão sistematicamente tentando simular as descargas de neurônios em animais. Esta é uma meta bem definida, e deve ser possível em meados do século.

Fred Hapgood, do MIT, escreve: "Descobrir como o cérebro funciona – *exatamente* como ele funciona, do modo como sabemos como um motor funciona – reescreveria quase todos os textos da biblioteca."

O primeiro passo no processo da reengenharia reversa do cérebro é compreender a sua estrutura básica. Até mesmo esta simples tarefa tem sido um longo e cansativo processo. Historicamente as várias partes do cérebro foram identificadas durante autópsias, sem uma pista quanto às suas funções. Aos poucos isto começou a mudar, quando cientistas analisaram pessoas com lesões cerebrais e notaram que as encontradas em certas partes do cérebro correspondiam a mudanças de comportamento. Vítimas de acidentes vasculares cerebrais e pessoas sofrendo de lesões no cérebro ou doenças exibiam mudanças de comportamento específicas, que podiam ser associadas com lesões em partes específicas do cérebro.

O exemplo mais espetacular disto ocorreu em 1848, em Vermont, quando uma vara de metal com 1,10 m de comprimento atravessou o crânio de um capataz da estrada de ferro chamado Phineas Gage. A vara penetrou pela lateral do seu rosto, estilhaçou a mandíbula, atravessou o cérebro e saiu pelo topo da cabeça. Milagrosamente, ele sobreviveu a este horrendo acidente, embora um ou ambos os lobos frontais ficassem destruídos. O médico que tratou dele primeiro não conseguia acreditar que alguém pudesse sofrer um acidente como esse e continuar vivo. Ele ficou semiconsciente durante várias semanas, mas depois se recuperou por um milagre. Viveu ainda mais 12 anos, pegando trabalhos avulsos e viajando; morreu em 1860. Os médicos preservaram com cuidado o seu crânio e a vara, e desde então o estudam intensamente. Técnicas modernas, usando tomografias computadorizadas, reconstruíram detalhes desse extraordinário acidente.

Esse evento mudou para sempre as opiniões prevalecentes sobre o problema corpo/mente. Antes, acreditava-se, mesmo dentro dos círculos médicos, que a alma e o corpo eram entidades separadas. As pessoas escreviam com conhecimento sobre uma "força vital" que animava o corpo, independentemente do cérebro. Mas relatórios de ampla circulação indicaram que a personalidade de Gage sofreu mudanças marcantes depois do acidente. Alguns relatos afirmam que Gage era um homem sociável, agradável, que se tornou violento e hostil depois do acidente. O impacto destes relatórios reforçou a ideia de que partes específicas do cérebro controlavam diferentes comportamentos e, por conseguinte, corpo e mente eram inseparáveis.

Na década de 1930, outro avanço foi feito quando neurologistas como Wilder Penfield notaram, enquanto realizavam cirurgias de cérebro em pessoas epiléticas, que tocando partes do cérebro com eletrodos era possível estimular determinadas partes do corpo do paciente. Tocar esta ou aquela parte do córtex podia fazer com que uma perna ou mão se movesse. Assim, ele foi capaz de construir um esboço grosseiro das partes do córtex que controlavam certas partes do corpo. Por conseguinte, podia-se redesenhar o cérebro humano, relacionando que órgão era controlado por que parte do cérebro. O resultado foi um homúnculo, uma imagem bastante bizarra de um corpo humano mapeado na superfície do cérebro, que parecia um estranho homenzinho, com enormes pontas de dedos, lábios e língua, mas um corpo minúsculo.

Mais recentemente, exames por IRM nos deram imagens reveladoras do cérebro pensante, mas elas foram incapazes de traçar os caminhos neurais específicos do pensamento, talvez envolvendo apenas uns poucos milhares de neurônios. Mas um novo campo, chamado optogenética, combina óptica e genética para revelar caminhos neurais específicos em animais. Por analogia, pode-se comparar isto à tentativa de se criar um mapa rodoviário. Os resultados dos exames de imagens por ressonância magnética teriam características semelhantes à determinação de grandes estradas interestaduais e do grande fluxo de tráfego nelas. Mas a optogenética poderia ser capaz de determinar realmente estradas e caminhos individuais. A princípio, ela até dá aos cientistas a possibilidade de controlar o comportamento animal ao estimular estes caminhos específicos.

Isto, por sua vez, gerou várias histórias sensacionalistas pela mídia. O Relatório Drudge publicou uma horripilante manchete, que gritava: "Cientistas criam moscas comandadas por controle remoto." A mídia evocou visões de moscas comandadas por controle remoto executando o trabalho sujo do Pentágono. No *Tonight Show*, Jay Leno até falou sobre uma mosca que podia ser comandada por controle remoto para entrar voando na boca do presidente George W. Bush. Embora comediantes se divirtam imaginando cenários bizarros do Pentágono comandando batalhões de insetos com o toque de um botão, a realidade é bem mais modesta.

O cérebro da mosca-da-fruta tem aproximadamente 150 mil neurônios. A optogenética permite aos geneticistas ativar nos cérebros das moscas-da-fruta determinados neurônios que correspondem a certos comportamentos. Por exemplo, quando dois neurônios específicos são ativados, isso pode ser um sinal para a mosca-da-fruta fugir. Ela então automaticamente estica as pernas, abre as asas e levanta voo. Cientistas conseguiram criar geneticamente uma espécie de mosca-da-fruta cujos neurônios de fuga disparavam sempre que se ligava um raio laser. Se você projetasse um raio laser sobre estas moscas-da-fruta, elas sempre saíam voando.

São importantes as implicações para determinar a estrutura do cérebro. Não apenas seríamos capazes de pouco a pouco desembaraçar os caminhos neurais para certos comportamentos, mas também poderíamos usar esta informação para ajudar pessoas vítimas de AVCs e pacientes que sofrem de lesões e acidentes cerebrais.

Gero Miesenböck, da Oxford University, e seus colegas conseguiram identificar assim os mecanismos neurais de animais. Eles podem estudar não só os caminhos para o reflexo de fuga nas moscas-da-fruta, mas também os reflexos envolvidos na percepção de cheiros. Eles estudaram os caminhos que governam a procura de alimento em nematelmintos. Estudaram os neurônios envolvidos na tomada de decisão de camundongos. Descobriram que, embora apenas dois neurônios sejam usados para detonar um comportamento em moscas-da-fruta, quase 300 foram ativados em camundongos para tomadas de decisão.

As ferramentas básicas que eles estão usando são genes que podem controlar a produção de certos pigmentos, tais como moléculas que reagem à luz. Por exemplo, existe um gene da medusa que pode produzir proteína fluorescente verde. Também há uma variedade de moléculas, como a rodopsina, que reage quando se projeta luz sobre ela, permitindo a passagem de íons através de suas membranas celulares. Desse modo, projetar luz sobre estes organismos pode detonar certas reações químicas. Armados com estes pigmentos e substâncias químicas sensíveis à luz, estes cientistas puderam pela primeira desembaraçar circuitos neurais que governam comportamentos específicos.

Portanto, embora os comediantes gostem de fazer piada com estes cientistas porque tentam criar moscas-da-fruta tipo Frankenstein controladas apertando-se um botão, a realidade é que esses cientistas estão, pela primeira vez na história, traçando os caminhos neurais específicos do cérebro que controlam comportamentos específicos.

MODELANDO O CÉREBRO

A optogenética é um primeiro, modesto, passo. O seguinte é na verdade modelar o cérebro inteiro, usando a tecnologia mais recente. Existem pelo menos duas maneiras de resolver este colossal problema, que exigirão muitas décadas de trabalho duro. A primeira é usar supercomputadores para simular o comportamento de bilhões de neurônios, cada um deles conectado a milhares de outros neurônios. A outra maneira é localizar cada neurônio no cérebro.

A chave para a primeira abordagem, simulando o cérebro, é simples: potência bruta de computador. Quanto maior o computador, melhor. Força bruta e teorias deselegantes podem ser a chave para resolver este gigantesco problema. E o computador que talvez possa realizar esta tarefa hercúlea chama-se Blue Gene, um dos mais potentes da Terra, construído pela IBM.

Eu tive a oportunidade de conhecer este computador monstro quando visitei o Lawrence Livermore National Laboratory, na Califórnia, onde se projetam ogivas termonucleares para o Pentágono. É o mais importante laboratório de armas ultrassecretas dos Estados Unidos, um complexo que ocupa uma grande área, 790 acres, no meio de uma região rural, orçado em 1,2 bilhão de dólares por ano, e que emprega 6.800 pessoas. Este é o coração do sistema de armas nucleares dos Estados Unidos. Tive de passar por muitos níveis de segurança para vê-lo, visto ser este um dos laboratórios de armas mais sensíveis da Terra.

Finalmente, depois de passar por uma série de verificações, pude entrar no prédio onde se encontra o computador Blue Gene da IBM, que é capaz de computar a uma velocidade ofuscante de 500 trilhões de operações por segundo. O Blue Gene é uma visão extraordinária. É imenso, ocupa cerca de um quarto de acre e consiste em fileiras e mais fileiras de gabinetes de aço negro retinto, cada um deles com mais ou menos 2,50 m de altura e 4,50 m de comprimento.

Caminhar entre estes gabinetes foi uma experiência e tanto. Ao contrário dos filmes de ficção científica de Hollywood, nos quais os computadores têm uma porção de luzes que piscam, com discos girando e raios elétricos estalando pelo ar, estes gabinetes são totalmente quietos, com apenas algumas luzinhas piscando. Você percebe que o computador está realizando trilhões de cálculos complexos, mas não ouve nem vê nada enquanto ele trabalha.

O que me interessava era o fato de o Blue Gene estar simulando o processo de pensamento do cérebro de um camundongo, que tem cerca de 2 milhões de neurônios (compare-os com os nossos 100 bilhões). Simular como pensa o cérebro de um camundongo é mais difícil do que se imagina, porque cada neurônio está conectado a muitos outros, formando uma rede densa de neurônios. Mas, caminhando entre prateleiras e mais prateleiras de consoles que compõem o Blue Gene, não pude deixar de me surpreender com o fato de esta espantosa potência de computação ser capaz de simular apenas o cérebro de um camundongo, e só por alguns segundos. (Isto não significa que o Blue Gene possa simular o comportamento de um camundongo. Atualmente, os cientistas mal conseguem simular o comportamento de uma barata. Ou melhor, isto quer dizer que o Blue Gene pode simular a ativação de neurônios encontrados num camundongo, não o seu comportamento.)

De fato, vários grupos se concentraram na simulação do cérebro de um camundongo. Uma tentativa ambiciosa é o Blue Brain Project, de Henry Markram, da École Polytechnique Fédérale de Lausanne, na Suíça. Ele começou em 2005, quando conseguiu obter uma pequena versão do Blue Gene, com apenas 16 mil processadores, mas em um ano teve sucesso modelando a coluna neocortical, parte do neocórtex, do rato, que contém 10 mil neurônios e 100 milhões de conexões. Esse foi um estudo histórico, porque significou que era biologicamente possível analisar toda a estrutura de um importante componente do cérebro, neurônio por neurônio. (O cérebro do camundongo consiste em milhões dessas colunas, repetidas seguidamente. Por conseguinte, ao modelar uma delas, pode-se começar a compreender como funciona o cérebro do camundongo.)

Em 2009, Markam disse cheio de otimismo: "Não é impossível construir um cérebro humano, e podemos fazer isto em 10 anos. Se o construirmos corretamente, ele deverá falar, ter uma inteligência e se comportar de modo muito parecido com um humano." Alerta, entretanto, que para isso seria necessário um supercomputador 20 mil vezes mais potente do que os atuais supercomputadores, com uma capacidade de memória 500 vezes o tamanho inteiro da atual internet.

Então, qual a pedra no caminho desta meta colossal? Para ele, é simples: dinheiro.

Visto que a ciência básica é conhecida, ele acha que poderá conseguir isso simplesmente com muito dinheiro. Ele diz: "Não é uma questão de anos, e sim de dólares... Trata-se de saber se a sociedade quer isto. Se ela quiser em 10 anos, terá em 10 anos. Se quiser em mil anos, podemos esperar."

Mas um grupo rival também está tentando resolver o problema, montando o maior poder de fogo computacional da história. Este grupo está usando a versão mais avançada de Blue Gene, chamada Dawn, também baseada em Livermore. Dawn é realmente uma visão colossal, com 147.456 processadores com 150 mil gigabytes de memória. É cerca de 100 mil vezes mais potente que o computador que está na sua mesa. O grupo, liderado por Dharmendra Modha, alcançou vários sucessos. Em 2006, foi capaz de simular 40% de um cérebro de camundongo. Em 2007, pôde simular 100% de um cérebro de rato (que contém 55 milhões de neurônios, muito mais do que o cérebro do camundongo).

E em 2009 o grupo quebrou mais um recorde mundial. Conseguiu simular 1% do córtex cerebral humano, ou aproximadamente o córtex cerebral de um gato, contendo 1,6 bilhões de neurônios com 9 trilhões de conexões. No entanto, a simulação era lenta, cerca de 1/600 da velocidade do cérebro humano. (Se ele simulasse apenas um bilhão de neurônios, seria muito mais rápido, cerca de 1/83 da velocidade do cérebro humano.)

"Este é um telescópio Hubble da mente, um acelerador linear do cérebro", diz Modha orgulhoso, comentando a escala gigantesca desde feito. Visto que o cérebro tem 100 bilhões de neurônios, estes cientistas podem agora ver a luz no fim do túnel. Eles acham que uma simulação total do cérebro humano está à vista. "Isto não é apenas possível, é inevitável. Vai acontecer", diz Modha.

Existem sérios problemas, entretanto, com a modelagem do cérebro humano inteiro, especialmente energia e calor. O computador Dawn devora 1 milhão de watts de energia e gera tanto calor que precisa de 6.675 toneladas de equipamentos de ar-condicionado, que sopram 2,7 milhões de pés cúbicos de ar gelado a cada minuto. Para modelar o cérebro humano, você tem de aumentar isso mil vezes.

Esta é mesmo uma tarefa monumental. O consumo de energia deste supercomputador hipotético seria de 1 bilhão de watts, ou a produção de uma usina nuclear inteira. Você poderia iluminar uma cidade inteira com a energia que ele consome. Para resfriá-lo, seria necessário desviar um rio inteiro e canalizar a água através do computador. E ele mesmo ocuparia muitos quarteirões de uma cidade.

Surpreendentemente, o cérebro humano, em contraste, usa apenas 20 watts. O calor gerado pelo cérebro humano mal se nota, e, no entanto, o seu desempenho supera facilmente o do nosso maior supercomputador. Além disso, o cérebro humano é o objeto mais complexo que a Mãe Natureza produziu nesta parte da galáxia. Como não temos nenhuma evidência de outras formas de vida inteligente no nosso sistema solar, isto significa que você tem de viajar pelo menos 38 trilhões de quilômetros, a distância até a estrela mais próxima, e até além, para encontrar um objeto tão complexo quanto o que está dentro do seu crânio.

Talvez possamos fazer a engenharia reversa do cérebro dentro de 10 anos, mas somente se tivermos um programa intensivo e compacto no estilo do Projeto Manhattan e enfiarmos nele bilhões de dólares. Entretanto, não é provável que isto aconteça tão cedo, dado o atual clima econômico. Programas intensivos, como o Projeto Genoma Humano, que custou quase 3 bilhões de dólares, foram sustentados pelo governo dos Estados Unidos por causa de seus óbvios benefícios para a ciência e para a saúde. Entretanto, os benefícios da engenharia reversa do cérebro são menos urgentes e, por conseguinte, levarão mais tempo. De forma mais realista, vamos nos aproximar desta meta mais devagar, e talvez demore décadas para que esta façanha histórica se realize plenamente.

Portanto, a simulação do cérebro pode nos levar para meados do século. E, mesmo então, serão necessárias muitas décadas para classificar as montanhas de dados que jorram deste volumoso projeto e compará-los com o cérebro humano. Vamos nos afogar em dados sem os meios para peneirar significativamente os ruídos.

DESMONTANDO O CÉREBRO

Mas e a segunda abordagem, que identifica a exata localização de cada neurônio no cérebro?

Esta também é uma tarefa hercúlea, e também pode requerer muitas décadas de penosas pesquisas. Em vez de usar supercomputadores como Blue Gene, estes cientistas usam o método cortar e fatiar, começando por dissecar o cérebro de uma mosca-da-fruta em fatias incrivelmente finas, com não mais do que 50 nm de largura (cerca de 150 átomos de diâmetro). Isto produz milhões de fatias. Em seguida, um microscópio de elétrons fotografa cada um deles, com velocidade e resolução próximas de 1 bilhão de *pixels* por segundo. A quantidade de dados vomitados pelo microscópio de elétrons é espantosa, cerca de 1.000 trilhões de bytes de dados, o suficiente para encher uma sala de depósito só para o cérebro de uma única mosca-da-fruta. Processar estes dados, reconstruindo tediosamente a rede elétrica em 3-D de cada um dos neurônios do cérebro da mosca, levaria cerca de cinco anos. Para obter uma imagem mais precisa do cérebro da mosca, você precisará então fatiar um número bem maior de cérebros de moscas.

Gerry Rubin, do Instituto Médico Howard Hughes, um dos líderes nesta área, pensa que, no todo, um mapa detalhado do cérebro da mosca-da-fruta inteiro requereria 20 anos. "Depois de solucionarmos isto, eu diria que estamos em um quinto do caminho de compreender o cérebro humano", conclui ele. Rubin percebe a enormidade da tarefa que tem pela frente. O cérebro humano tem 1 milhão de vezes mais neurônios que o cérebro de uma mosca-da-fruta. Se forem necessários 20 anos para identificar cada um dos neurônios do cérebro da mosca-da-fruta, então certamente serão necessárias muitas décadas mais que isso para identificar totalmente a arquitetura neural do cérebro humano. O custo deste projeto será também enorme.

Portanto, os operários no campo da engenharia reversa do cérebro estão frustrados. Eles veem que o seu objetivo está angustiantemente próximo, mas a falta de fundos é um obstáculo para o seu trabalho. Entretanto, parece razoável supor que um dia, lá por meados do século, teremos tanto a potência de computador para simular o cérebro humano quanto mapas grosseiros da sua arquitetura neural. Mas pode bem ser que tenhamos de chegar ao fim deste século para compreender plenamente o pensamento humano ou criar uma máquina capaz de duplicar as funções do cérebro humano.

Por exemplo, mesmo que lhe deem a exata localização de cada gene dentro de uma formiga, isso não significa que você saiba como um formigueiro é criado. Similarmente, mesmo que os cientistas hoje conheçam os cerca de 25 mil genes que compõem o genoma humano, isso não quer dizer que saibam como funciona o corpo humano. O Projeto Genoma Humano é como um dicionário sem definições. Cada um dos genes do corpo humano é soletrado explicitamente neste dicionário, mas o que cada um faz continua sendo em grande parte um mistério. Cada gene codifica certa proteína, mas não se sabe como a maioria destas proteínas funciona no corpo.

Em 1986, cientistas conseguiram mapear totalmente a localização de todos os neurônios do sistema nervoso do minúsculo verme *C. elegans*. Isto foi inicialmente alardeado como uma grande conquista que nos permitiria decodificar o mistério do cérebro. Mas conhecer a exata localização das suas

302 células nervosas e 6 mil sinapses químicas não produziu nenhuma nova compreensão de como este verme funciona, mesmo depois de muitas décadas.

Do mesmo modo, serão necessárias muitas décadas, mesmo quando o cérebro humano tiver passado finalmente por uma engenharia reversa, para compreender como todas as partes funcionam e se encaixam. Se o cérebro humano for finalmente remontado de novo na engenharia reversa e totalmente codificado no final do século, então teremos dado um passo de gigante para criar robôs semelhantes a humanos. Então, o que os impedirá de assumir o controle?

FUTURO DISTANTE [DE 2070 A 2100]

QUANDO AS MÁQUINAS SE TORNAREM CONSCIENTES

Na série de cinema *O exterminador do futuro*, o Pentágono orgulhosamente revela a Skynet, uma rede de computadores espalhada, infalível, projetada para controlar fielmente o arsenal nuclear dos Estados Unidos. Ela executa sem erro as suas tarefas, até que um dia, em 1995, algo inesperado acontece. A Skynet se torna consciente. Os operadores humanos da Skynet, chocados ao perceber que a sua criação de repente adquiriu consciência, tentam desligá-la. Mas já é tarde. Em autodefesa, a Skynet decide que a única maneira de se proteger é destruir a humanidade dando início a uma devastadora guerra nuclear. Três bilhões de pessoas são logo incineradas em incontáveis infernos nucleares. Logo após, a Skynet solta uma legião após outra de máquinas assassinas robóticas para matar os que sobraram. A civilização moderna desmorona, reduzida a minúsculos bandos patéticos de desajustados e rebeldes.

Pior, na *Trilogia Matrix*, os humanos são tão primitivos que nem percebem que as máquinas já assumiram o poder. Os humanos executam suas tarefas diárias, pensando que tudo está normal, sem terem consciência de que de fato estão vivendo em vagens. O seu mundo é uma simulação virtual da realidade, governado por mestres-robôs. A existência humana é apenas um software, rodando dentro de um grande computador, que está sendo alimentado para dentro do cérebro de humanos vivendo nestas vagens. A única razão para estas máquinas se darem o trabalho de ter humanos à sua volta é usá-los como baterias.

Hollywood, é claro, ganha a vida fazendo as suas plateias morrerem de medo. Mas isso levanta uma questão científica legítima: o que acontece quando robôs finalmente ficam mais inteligentes do que nós? O que acontece quando robôs despertam e adquirem consciência? Os cientistas debatem com vigor esta questão: não se, mas quando este importante evento acontecerá.

Segundo alguns especialistas, nossas criações robóticas ascenderão gradualmente a árvore evolucionária. Hoje, eles são inteligentes como baratas. No futuro, serão como os camundongos, coelhos, cães e gatos, macacos, e então rivalizarão com os humanos. Podem levar décadas para subir lentamente este caminho, mas eles acreditam que é só uma questão de tempo para as máquinas nos superarem em inteligência.

Os pesquisadores da IA dividem-se sobre a questão de quando isto poderá acontecer. Alguns dizem que dentro de 20 anos robôs se aproximarão da inteligência do cérebro humano e então nos deixarão comendo poeira. Em 1993, Vernor Vinge disse: "Dentro de 30 anos, teremos os meios tecnológicos para criar a inteligência sobre-humana. Logo depois, a era humana terá terminado... Vou me surpreender se este evento ocorrer antes de 2005 ou depois de 2030."

Por outro lado, Douglas Hofstadter, autor de *Gödel, Escher, Bach*, diz: "Eu me surpreenderia muito se algo remotamente parecido com isto acontecesse nos próximos 100 a 200 anos."

Quando falei com Marvin Minsky, do MIT, uma das figuras fundamentais na história da IA, ele teve o cuidado de me dizer que não põe uma data para quando este evento acontecerá. Ele acredita que este dia vai chegar, mas reluta em ser o oráculo e prever a data exata. (Sendo o avô da IA, uma área que ele ajudou a criar quase do nada, talvez tenha visto previsões demais falharem e criarem um retrocesso.)

Uma grande parte do problema destes cenários é que não há um consenso quanto ao significado universal da palavra *consciência*. Filósofos e matemáticos têm lutado com a palavra há séculos, e não têm nada para mostrar. O pensador do século XVII Gottfried Leibniz, inventor do cálculo, certa vez escreveu: "Se você pudesse inchar o cérebro até ficar do tamanho de um moinho e entrar nele, não encontraria a consciência." O filósofo David Chalmers até catalogou quase 20 mil estudos sobre o tema, sem chegar a nenhum consenso.

Em lugar algum na ciência tantos dedicaram tanto para criar tão pouco.

Consciência, infelizmente, é um jargão que significa diferentes coisas para diferentes pessoas. É triste, mas não existe uma definição universalmente aceita para o termo.

Pessoalmente eu acho que um dos problemas tem sido o fracasso em definir com clareza o que é consciência e depois o fracasso em quantificá-la.

Mas, se eu fosse arriscar uma suposição, teorizaria que a consciência consiste em pelo menos três elementos básicos:

1. Sentir e reconhecer o ambiente

2. Autoconscientizar-se

3. Planejar o futuro estabelecendo metas e planos, isso é, simular o futuro e armar estratégias.

Nesta abordagem, até máquinas simples e insetos têm alguma forma de consciência, que pode ser relacionada numericamente numa escala de 1 a 10. Existe um *continuum* de consciência, que pode ser quantificado. Um martelo não pode perceber o seu ambiente e, portanto, ele teria uma classificação 0 nesta escala. Mas um termostato pode. A essência de um termostato é que ele pode sentir a temperatura do ambiente e atuar sobre ela alterando-a, e portanto teria uma pontuação 1. Daí que máquinas com mecanismos de feedback têm uma forma primitiva de consciência. Minhocas também têm esta habilidade: elas podem sentir a presença de alimento, parceiros para acasalar, perigo e agir conforme estas informações, mas não podem fazer muito mais do que isso. Insetos que são capazes de detectar mais de um parâmetro (tais como visão, som, odores, pressão etc.) teriam uma classificação numérica superior, talvez 2 ou 3.

A forma mais alta desta percepção seria a capacidade de reconhecer e compreender objetos no ambiente. Os humanos podem imediatamente avaliar o seu ambiente e agir de acordo, e, portanto, têm uma classificação mais alta nesta escala. Entretanto, é aqui que os robôs têm uma pontuação ruim. O reconhecimento de padrões, como vimos, é um dos principais obstáculos para a inteligência artificial. Robôs podem sentir o seu ambiente muito melhor do que os humanos, mas não compreendem ou reconhecem o que veem. Nesta escala de conscientização, os robôs ficam lá embaixo, perto dos insetos, devido à sua falta de reconhecimento de padrões.

O nível de consciência alto mais próximo envolve a autoconsciência. Se você colocar um espelho perto da maioria dos animais machos, eles reagem imediatamente com agressividade, chegando até a atacar o espelho. A imagem faz o animal defender o seu território. Muitos animais não têm consciência de quem eles são. Mas macacos, elefantes, golfinhos e alguns pássaros percebem rapidamente que a imagem no espelho representa eles mesmos e param de atacá-la. Os humanos estariam próximos do topo nesta escala, visto terem um sentido altamente desenvolvido de quem são com relação a outros animais, os outros humanos e o mundo. Além disso, os humanos têm tanta consciência de si mesmos que podem falar silenciosamente consigo mesmos e, portanto, podem avaliar uma situação pensando.

Terceiro, os animais podem ser relacionados por sua habilidade para formular planos para o futuro. Os insetos, pelo que sabemos, não estabelecem metas complicadas para o futuro. Pelo contrário, na sua maioria eles reagem a situações imediatas numa base de segundo a segundo, confiando no instinto e nas pistas do ambiente imediato.

Neste sentido, os predadores são mais conscientes do que as presas. Os predadores têm de planejar com antecedência, procurando lugares onde se esconder, planejando emboscadas, perseguindo, prevendo o voo da presa. A presa, entretanto, tem apenas de fugir, e portanto tem uma pontuação mais baixa nesta escala.

Não só isso: os primatas podem improvisar enquanto fazem planos para o futuro imediato. Se você lhes mostrar uma banana que está fora de alcance, talvez eles imaginem estratégias para agarrar essa banana, tais como usar uma vareta. Portanto, diante de uma meta específica (agarrar alimento), os primatas planejarão o futuro imediato para alcançar esse objetivo.

Mas, de modo geral, os animais não possuem uma noção bem desenvolvida de passado ou futuro distantes. Aparentemente, não existe amanhã no reino animal. Não temos evidências de que eles possam pensar com dias de antecedência. (Animais armazenam alimento para o inverno, mas isto em grande parte é genético: eles foram programados por seus genes para reagir a quedas de temperaturas procurando alimentos.)

Os humanos, entretanto, têm uma noção muito bem definida do futuro e estão sempre planejando. Constantemente rodamos simulações da realidade em nossa cabeça. De fato, podemos fazer planos para muito além da nossa própria vida. Nós julgamos os outros humanos, de fato, por sua capacidade de prever a evolução de situações e formular estratégias concretas. Uma parte importante da liderança é prever situações futuras, avaliando resultados possíveis e definindo metas concretas de acordo com eles.

Em outras palavras, esta forma de consciência envolve prever o futuro, quer dizer, criar múltiplos modelos que se assemelhem a futuros eventos. Isto requer uma compreensão muito sofisticada de senso comum e regras da natureza. Significa que você repetidamente se pergunta: "E se?" Seja planejando roubar um banco ou concorrer ao cargo de presidente, este tipo de planejamento significa ser capaz de rodar múltiplas simulações de possíveis realidades na cabeça.

Todos os indícios são de que apenas os humanos dominaram esta arte na natureza.

Vemos isto também quando perfis psicológicos de sujeitos de testes são analisados. Os psicólogos com frequência comparam os perfis psicológicos de adultos com seus perfis de quando eram crianças. Então, pergunta-se: "Qual a única qualidade que previu o sucesso deles no casamento, nas carreiras, riqueza etc.?" Levando-se em conta fatores socioeconômicos, descobre-se que uma característica às vezes se destaca de todas as outras: a capacidade de esperar a recompensa. Segundo os estudos de longo prazo de Walter Mischel, da Columbia University, e muitos outros, crianças que foram capazes de se conter diante da gratificação imediata (por exemplo, comer um doce que lhe deram) e esperar recompensas maiores a longo prazo (receber dois doces em vez de um só) constantemente tiveram pontuações mais altas em quase todas as medidas para futuro sucesso em vestibulares, na vida, no amor e na carreira.

Mas a capacidade de adiar a gratificação também está relacionada com um nível mais alto de percepção e consciência. Estas crianças foram capazes de simular o futuro e perceber que recompensas futuras são maiores. Portanto, ser capaz de ver consequências futuras de nossas ações requer um nível superior de percepção.

Os pesquisadores da IA, portanto, deveriam ter como objetivo criar um robô com todas as três características. A primeira é difícil de alcançar, porque os robôs podem sentir o seu ambiente, mas não podem entendê-lo. A autoconsciência é mais fácil de alcançar. Planejar o futuro requer bom-senso, uma compreensão intuitiva do que é possível e estratégias concretas para atingir metas específicas.

Portanto, vemos que o bom-senso é um pré-requisito para o nível mais alto de consciência. Para simular a realidade e prever o futuro, um robô deve primeiro dominar milhões de regras de bom-senso sobre o mundo ao seu redor. Mas bom-senso não é suficiente. Bom-senso são apenas "regras do jogo", e não regras de estratégia e planejamento.

Nesta escala, podemos então classificar todos os vários robôs que já foram criados.

Vemos que o Deep Blue, a máquina que joga xadrez, teria uma pontuação muito baixa. Ele consegue derrotar o campeão mundial de xadrez, mas não pode fazer mais nada. É capaz de rodar simulações de realidade, mas apenas para o jogo de xadrez. É incapaz de rodar simulações de qualquer outra realidade. Isto é verdade para muitos dos maiores computadores do mundo. Eles são excelentes para simular realidades de um objeto, como, por exemplo, modelar uma detonação nuclear, os padrões do vento ao redor de um avião a jato ou o clima. Estes computadores podem rodar simulações de realidade muito melhor do que um humano. Mas eles são também deploravelmente unidimensionais e, por conseguinte, inúteis para a sobrevivência no mundo real.

Hoje, os pesquisadores da IA não têm ideia de como duplicar todos estes processos num robô. A maioria desiste e diz que de algum modo imensas redes de computadores mostrarão "fenômenos emergentes" da mesma forma como a ordem às vezes surge do caos. Quando lhe perguntam exatamente como estes fenômenos emergentes criarão a consciência, a maioria revira os olhos para os céus.

Embora não saibamos como criar um robô com consciência, podemos imaginar como seria um mais avançado do que nós, levando-se em conta esta estrutura para medir consciência.

Eles levam vantagem na terceira característica: seriam capazes de rodar simulações complexas do futuro com mais antecedência do que nós, de mais perspectivas, com mais detalhes e profundidade. Suas simulações seriam mais precisas do que as nossas, porque eles teriam uma compreensão melhor do bom-senso e das regras da natureza e, por conseguinte, seriam mais capazes de esmiuçar padrões. Seriam também capazes de prever problemas que talvez nós ignorássemos ou não percebêssemos. Além disso, seriam capazes de estabelecer as suas próprias metas. Se elas incluíssem ajudar a raça humana, então ótimo. Mas, se um dia eles formulassem metas para as quais os humanos fossem um obstáculo, as consequências poderiam ser desagradáveis.

Mas então surge outra questão: o que acontece aos humanos neste cenário?

QUANDO OS ROBÔS SUPERAM OS HUMANOS

Em um cenário, nós, insignificantes humanos, somos simplesmente colocados de lado como relíquias da evolução. É uma das regras da evolução que espécies mais aptas substituam as inaptas; e talvez os humanos se percam na mudança, acabando em zoológicos, onde nossas criações robóticas apareçam para ficar nos olhando. Talvez seja o nosso destino: dar à luz super-robôs que nos tratem como a uma constrangedora nota de pé de página na sua evolução. Talvez seja nosso papel na história dar à luz os nossos sucessores evolucionários. Nesta visão, nosso papel é sair do caminho.

Douglas Hofstadter me confidenciou que esta poderia ser a ordem natural das coisas, mas deveríamos tratar estes robôs superinteligentes como tratamos nossos filhos, porque é isso o que eles são, em certo sentido. Se cuidamos de nossos filhos, disse-me ele, então por que não cuidamos também de nossos robôs inteligentes, que também são nossos filhos?

Hans Moravec reflete sobre como nos sentiremos deixados para trás por nossos robôs: "... a vida pode parecer sem sentido se estamos destinados a passá-la olhando estupidamente para nossa prole ultrainteligente como se ela tentasse descrever suas descobertas cada vez mais espetaculares num tatibitate que não compreendemos."

Quando chegar o dia fatídico em que os robôs forem mais inteligentes que nós, não só já teremos deixado de ser os seres mais inteligentes sobre a Terra, como é possível que nossas criações façam cópias de si mesmas que sejam ainda mais inteligentes que elas. Este exército de robôs autorreplicantes então criará infinitas gerações futuras de robôs, cada uma mais inteligente do que a anterior. Visto que robôs podem teoricamente produzir gerações de robôs ainda mais inteligentes num espaço de tempo muito curto, no final este processo explodirá exponencialmente, até que eles comecem a devorar os recursos do planeta em sua busca insaciável de ser cada vez mais inteligentes.

Em um cenário, este apetite voraz por uma inteligência cada vez maior acabará por destruir os recursos de todo o planeta, e portanto o planeta inteiro se tornará um computador. Alguns imaginam estes robôs superinteligentes disparando pelo espaço para continuar a sua busca de mais inteligência, até chegarem a outros planetas, estrelas, galáxias, a fim de convertê-los em computadores. Mas, visto que planetas, estrelas e galáxias se encontram incrivelmente distantes, talvez o computador possa alterar as leis da física de modo que o seu apetite voraz possa correr mais rápido que a velocidade da luz para consumir todo o sistema solar e as galáxias. Alguns até acreditam que possa consumir todo o universo, para que o universo se torne inteligente.

Isto é a "singularidade". A palavra veio originalmente do mundo da física relativista, minha especialidade pessoal; nele uma singularidade representa um ponto de infinita gravidade, do qual nada pode escapar, tal como um buraco negro. Como a própria luz não pode escapar, é um horizonte além do qual não poderemos ver.

A ideia de uma singularidade de IA foi mencionada pela primeira vez em 1958, numa conversa entre dois matemáticos, Stanislaw Ulam (que fez o avanço decisivo no projeto da bomba de hidrogênio) e John von Neumann. Ulam escreveu: "Uma conversa girou em torno do progresso acelerado da tecnologia e das mudanças no modo de vida humana, que aparenta se aproximar de uma singularidade essencial na história da raça humana para além da qual assuntos humanos, como os conhecemos, não poderiam continuar." Diversas versões da ideia vêm sendo discutidas há décadas. Mas foram então ampliadas e popularizadas pelo escritor de ficção científica e matemático Vernon Vinge nos seus romances e ensaios.

Mas isto deixa sem resposta uma questão crucial: quando vai acontecer a singularidade? Estaremos vivos ainda? Talvez no próximo século? Ou nunca? Lembramos que os participantes na conferência de Asilomar, em 2009, colocaram a data em qualquer momento entre 20 a mil anos no futuro.

Um homem que se tornou porta-voz da singularidade é o inventor e autor de bestsellers Ray Kurzweil, que gosta de fazer previsões baseadas no crescimento exponencial da tecnologia. Kurzweil uma vez me disse que, olhando as estrelas longínquas de noite, deveria ser possível ver alguma evidência cósmica da singularidade acontecendo em alguma galáxia distante. Com a capacidade de devorar ou reorganizar todo o sistema estelar deveria restar alguma pegada desta singularidade expandindo-se rapidamente. (Seus detratores dizem que ele está congregando um fervor quase religioso em torno da singularidade. Mas seus defensores dizem que ele tem uma extraordinária habilidade para ver corretamente o futuro, a julgar por seus desempenhos no passado.)

Kurzweil adquiriu prática em revolução computacional ao abrir empresas em diversas áreas que envolvem reconhecimento de padrões, tais como tecnologia de reconhecimento de fala, reconhecimento de caracteres ópticos e instrumentos de teclados eletrônicos. Em 1999, escreveu um bestseller, *The Age of Spiritual Machines: When Computers Exceed Human Intelligence,* que prevê quando os robôs nos superarão em inteligência. Em 2005, ele escreveu *The Singularity Is Near* e desenvolveu essas previsões. O dia fatídico em que os computadores superarão a inteligência humana virá por estágios.

Em 2019, prevê ele, um computador pessoal de mil dólares terá tanta potência bruta quanto um cérebro humano. Logo depois, os computadores nos deixarão comendo poeira. Em 2029, um computador pessoal de mil dólares será mil vezes mais potente do que um cérebro humano. Em 2045, um computador de mil dólares será um bilhão de vezes mais inteligente do que todos os seres humanos combinados. Até computadores pequenos superarão a habilidade de toda a raça humana.

Depois de 2045, os computadores se tornarão tão avançados que fazem cópias de si mesmos, que são cada vez mais inteligentes, criando uma singularidade desenfreada. Para satisfazer o seu interminável apetite voraz de potência de computador, eles começarão a devorar a Terra, asteroides, planetas e estrelas, até afetar a história cosmológica do próprio universo.

Tive a oportunidade de visitar Kurzweil no seu escritório nos arredores de Boston. Atravessando o corredor, você vê os prêmios e homenagens que ele recebeu, bem como alguns dos instrumentos musicais que desenhou, que são usados por músicos importantes, como Stevie Wonder. Ele me explicou que houve um momento decisivo na sua vida. Aconteceu quando se diagnosticou inesperadamente que ele era portador de diabetes do tipo II, aos 35 anos de idade. De repente, estava diante da realidade de que não viveria o suficien-te para ver as suas previsões se realizarem. O seu corpo, depois de anos de negligência, havia envelhecido além dos seus anos. Chocado com este diagnóstico, ele agora atacava o problema de saúde pessoal com o mesmo entusiasmo e energia que usava para a revolução do computador. (Hoje, ele consome mais de 100 pílulas por dia e escreveu livros sobre a revolução em longevidade. Espera que a revolução em robôs microscópicos seja capaz de limpar e reparar o corpo humano para que ele possa viver para sempre. A sua filosofia é que ele gostaria de viver o bastante para ver os avanços médicos que podem prolongar o nosso tempo de vida indefinidamente. Em outras palavras, ele que viver o suficiente para viver para sempre.)

Recentemente, embarcou num plano ambicioso para lançar a Singularity University, sediada no Laboratório Ames, da NASA, na Bay Area, que prepara um quadro de cientistas para a iminente singularidade.

Existem muitas variantes e combinações desses vários temas.

O próprio Kurzweil acredita: "Não vai ser uma invasão de máquinas inteligentes surgindo no horizonte. Vamos nos fundir com esta tecnologia... Vamos colocar esses dispositivos inteligentes em nosso corpo e cérebro para nos fazer viver mais e com mais saúde."

Qualquer ideia tão controvertida quanto a singularidade está fadada a desencadear um retrocesso. Mitch Kapor, fundador da Lotus Development Corporation, diz que a inteligência é "desenho inteligente para as pessoas com 140 de QI... Esta proposta de que estamos nos encaminhando para este ponto em que tudo será diferente como ninguém imagina... é fundamentalmente, na minha visão, movida por um impulso religioso. E todos os braços acenando frenéticos não me impedirão de ver isso".

Douglas Hofstadter disse: "É como se você pegasse uma comida gostosa e um pouco de cocô de cachorro, depois misturasse tudo de modo a não poder distinguir o que é bom e o que é ruim. É uma mistura íntima de lixo e boas ideias, e é muito difícil separar as duas coisas, porque essas são pessoas inteligentes, não são idiotas."

Ninguém sabe como isto vai terminar. Mas acho que o cenário mais provável é o seguinte:

O CENÁRIO MAIS PROVÁVEL: IA AMIGÁVEL

Primeiro, os cientistas adotarão medidas simples para garantir que os robôs não sejam perigosos. No mínimo, eles podem colocar um chip no cérebro de robôs para desligá-los automaticamente se tiverem ideias assassinas. Nesta abordagem, todos os robôs inteligentes estarão equipados com um mecanismo de segurança que pode ser ligado por um humano a qualquer momento, especialmente quando exibirem um comportamento fora do padrão. À mais leve sugestão de que um robô está funcionando mal, qualquer comando de voz o desligará imediatamente.

Ou talvez sejam criados também robôs caçadores especializados com a tarefa de neutralizar robôs transviados. Estes robôs caçadores serão projetados especificamente para ter velocidade, força e coordenação superiores, a fim de capturar robôs que tiverem saído da linha. Eles serão desenhados para conhecer os pontos fracos de qualquer sistema robótico e saber como se comporta em certas condições. Humanos também podem ser treinados nesta habilidade. No filme *Blade Runner*, um quadro de agentes com treinamento especial, incluindo um representado por Harrison Ford, é perito nas técnicas necessárias para neutralizar qualquer robô desgarrado.

Visto que serão necessárias muitas décadas de trabalho duro para que os robôs subam lentamente na escada evolucionária, não será de um momento para o outro que a humanidade será apanhada de surpresa e seremos todos pastoreados como gado para dentro de zoológicos. Consciência, como eu vejo, é um processo que pode ser classificado numa escala, e não um evento evolucionário repentino, e vão ser necessárias muitas décadas para que os robôs se aproximem do topo. Afinal de contas, a Mãe Natureza levou milhões de anos para desenvolver a consciência humana. Portanto, os humanos serão apanhados desprevenidos um dia, quando a internet inesperadamente "acordar" ou os robôs de repente começarem a planejar sozinhos.

Esta é a opção preferida pelo escritor de ficção científica Isaac Asimov, que imaginou todos os robôs já com três leis instaladas de fábrica que os impedem de se descontrolar. Ele projetou as suas famosas três leis da robótica para impedir os robôs de machucar humanos ou a si mesmos. (Basicamente as três leis afirmam que robôs não podem causar danos a humanos, devem obedecer a eles e devem se proteger, nessa ordem.)

(Mesmo com as leis de Asimov, existem também outros problemas quando as três leis se contradizem. Por exemplo, se alguém cria um robô benevolente, o que acontece se a humanidade fizer escolhas autodestrutivas que possam pôr em risco a raça humana? Então um robô amigável pode achar que tem de assumir o controle do governo para impedir a humanidade de se prejudicar. Este foi o problema enfrentado por Will Smith na versão para o cinema de *Eu, robô*, quando o computador central decide que "alguns humanos precisam ser sacrificados e se deve renunciar a certas liberdades" a fim de salvar a humanidade. Para impedir um robô de nos escravizar para nos salvar, algumas pessoas têm defendido que precisamos acrescentar a lei número 0 da robótica: robôs não podem prejudicar ou escravizar a raça humana.)

Mas muitos cientistas estão tendendo a algo chamado "IA amigável", em que projetamos nossos robôs para serem benignos desde o início. Visto sermos os criadores destes robôs, vamos projetá-los, desde o início, para realizarem apenas tarefas úteis e benevolentes.

O termo "IA amigável" foi cunhado por Eliezer Yudkowsky, fundador do Singularity Institute for Artificial Intelligence. A IA amigável é um pouquinho diferente das leis de Asimov, que são impostas aos robôs talvez contra a vontade deles. (As leis de Asimov, impostas de fora para dentro, poderiam na verdade convidar os robôs a inventar meios inteligentes de contorná-las.) Na IA amigável, ao contrário, os robôs estão livres para matar e cometer ações violentas e danosas. Não há regras que imponham uma moralidade artificial. Mas estes robôs são projetados desde o início para desejar ajudar os humanos e não para destruí-los. Eles escolhem ser benevolentes.

Isto deu origem a um novo campo chamado "robótica social", que é destinado a dar aos robôs as qualidades que os ajudarão a se integrar na sociedade humana. Os cientistas da Hanson Robotics, por exemplo, afirmaram que uma das missões da sua pesquisa é projetar robôs que "evoluirão para seres socialmente inteligentes, capazes de amar e conquistar um lugar na família humana ampliada".

Mas em todas essas abordagens o problema é que as Forças Armadas são de longe os maiores financiadores de sistemas de IA, e estes robôs militares são projetados especificamente para caçar, rastrear e matar humanos. É fácil imaginar futuros soldados robóticos cuja missão seja identificar inimigos humanos e eliminá-los com infalível eficiência. Seria então necessário tomar precauções extraordinárias para garantir que os robôs não se virassem contra seus senhores também. As aeronaves de combate Predator são tripuladas por controle remoto, de modo que humanos estão constantemente dirigindo seus movimentos. Mas um dia estas aeronaves sem piloto poderão ser autônomas, capazes de selecionar e atacar seus alvos à vontade. Um mau funcionamento numa nave tão autônoma poderia levar a desastrosas consequências.

No futuro, entretanto, mais e mais financiamentos para robôs virão do setor comercial civil, especialmente do Japão, onde eles são projetados para ajudar e não para destruir. Se esta tendência continuar, então talvez a IA amigável se torne uma realidade. Neste cenário, é o setor de consumo e as forças de mercado que acabarão por dominar a robótica, e portanto haverá enorme interesse comercial em investir na IA amigável.

FUSÃO COM ROBÔS

Além da IA amigável, existe outra opção: nos fundirmos com nossas criações. Em vez de simplesmente esperarmos que os robôs nos superem em inteligência e poder, deveríamos tentar nos aprimorar, nos tornando super-humanos no processo. O mais provável, eu acredito, é que o futuro prossiga com uma combinação destes dois objetivos, isto é, construir IA amigável e também nos aperfeiçoarmos.

Esta é uma opção que está sendo explorada por Rodney Brooks, ex-diretor do famoso Laboratório de Inteligência Artificial do MIT. Ele tem sido um inconformado, subvertendo ideias respeitadas, mas fossilizadas e injetando inovações na área. Quando ele entrou nesse campo, a abordagem de cima para baixo era dominante na maioria das universidades. Mas a área estava estagnada. Brooks surpreendeu algumas pessoas quando foi chamado para criar um exército de robôs semelhantes a insetos que aprendiam pela abordagem de baixo para cima, pela experiência, tropeçando em obstáculos. Ele não queria criar mais um robô idiota, arrastando-se e levando horas para atravessar uma sala. Em vez disso, criou "insetoides" ou "bugbots", que tinham quase nenhuma programação, mas que aprenderiam rapidamente a andar e contornar objetos por tentativa e erro. Ele imaginou o dia em que seus robôs explorariam o sistema solar, esbarrando nas coisas pelo caminho. Era uma ideia estranha, proposta no seu ensaio *Rápido, barato e fora de controle*, mas a sua abordagem acabou levando a uma série de novos caminhos. Um subproduto da sua ideia é o Mars Rovers, que agora corre sobre a superfície do Planeta Vermelho. Sem causar nenhuma surpresa, ele foi também presidente da iRobot, a empresa que comercializa aspiradores de pó parecidos com insetos para uso doméstico em todo o país.

Um problema, sente, é que quem trabalha com inteligência artificial segue modismos, adotando o paradigma do momento, em vez de pensar de modo mais original. Por exemplo, lembra, "Quando era garoto, eu tinha um livro que descrevia o cérebro como uma rede de centrais telefônicas. Livros mais antigos o descreviam como um sistema hidrodinâmico ou um motor a vapor. Então, na década de 1960, ele virou um computador digital. Na década de 1980, ele se tornou um computador digital maciçamente paralelo. É provável que haja por aí um livro infantil que diga que o cérebro é como a World Wide Web..."

Por exemplo, alguns historiadores notaram que a análise da mente por Sigmund Freud foi influenciada pela vinda da máquina a vapor. A propagação de estradas de ferro por toda a Europa, de meados até o final do século XIX, teve profundo efeito no pensamento de intelectuais. No quadro de Freud, havia fluxos de energia na mente que constantemente competiam com outros fluxos, algo muito parecido com o que acontece nos tubos de uma máquina a vapor. A contínua interação entre o superego, o id e o ego parecia contínua interação entre os tubos de vapor numa locomotiva. E o fato de a repressão destes fluxos de energia ser capaz de criar neuroses é análogo a como essa força a vapor, se contida, pode ser explosiva.

Marvin Minsky admitiu para mim que outro paradigma deixou confusa a área durante muitos anos. Visto que muitos pesquisadores da IA são ex-físicos, existe algo chamado "inveja da física", ou seja, o desejo de encontrar o único tema, unificador, subjacente a toda inteligência. Na física, temos o desejo de seguir a Einstein para reduzir o universo físico a um punhado de equações unificadoras, talvez encontrando uma equação de 2,50 cm que possa resumir o universo numa única ideia coerente. Minsky acredita que esta inveja levou os pesquisadores da IA a procurar esse único tema unificador para a consciência. Agora, acredita, isso não existe. A evolução reuniu grosseiramente ao acaso uma penca de técnicas que chamamos no coletivo de consciência. Desmonte o cérebro e você encontra uma coleção solta de minicérebros, cada um destinado a executar uma tarefa específica. Ele chama isto de "sociedade de mentes"; essa consciência é na verdade a soma de muitos algoritmos e técnicas separados nos quais a natureza tropeçou ao longo de milhões de anos.

Rodney Brooks estava também procurando um paradigma semelhante, mas que nunca tivesse sido explorado totalmente antes. Ele logo percebeu que a Mãe Natureza e a evolução já tinham resolvido muitos destes problemas. Por exemplo, um mosquito, com apenas umas poucas centenas de milhares de neurônios, é capaz de ter um desempenho superior ao do maior sistema robótico militar. Ao contrário de nossos aviões tripulados por controle remoto, os mosquitos, com o cérebro menor do que a cabeça de um alfinete, podem contornar obstáculos, encontrar alimentos e parceiros para acasalar independentemente. Por que não aprender com a natureza e a biologia? Se você acompanhar a escala evolucionária, ficará sabendo que insetos e camundongos não possuem as regras da lógica programadas em seu cérebro. Foi por tentativa e erro que eles ocuparam o mundo e dominaram a arte da sobrevivência.

Agora ele está perseguindo outra ideia herética, contida no seu ensaio *A fusão de carne e máquinas*. Nota que os antigos laboratórios no MIT, que costumavam projetar componentes de silício para robôs industriais e militares, estão sendo agora esvaziados para dar espaço para uma nova geração de robôs feitos de tecido vivo, bem como de silício e aço. Ele prevê uma geração totalmente nova de robôs que casará sistemas biológicos e eletrônicos para criar arquiteturas totalmente novas para robôs.

Ele escreve: "Minha previsão é que no ano de 2100 teremos robôs muito inteligentes por toda parte no nosso dia a dia. Mas não seremos separados deles – pelo contrário, seremos em parte robôs e conectados com eles."

Ele vê isso progredindo em etapas. Hoje, temos a contínua revolução nas próteses, inserindo componentes eletrônicos diretamente no corpo humano para criar substitutos realistas para audição, visão e outras funções. Por exemplo, a cóclea artificial, que revolucionou o campo da audiologia, devolvendo o dom de ouvir aos surdos. Estas cócleas artificiais funcionam conectando-se equipamentos eletrônicos com "wetware", isso é, neurônios. O implante de cóclea tem vários componentes. Um microfone é colocado do lado de fora do ouvido. Ele recebe ondas de som, processa-as e transmite os sinais por meio de rádio ao implante que é colocado cirurgicamente no interior do ouvido. O implante recebe as mensagens de rádio e as converte em correntes elétricas, que são enviadas por eletrodos no ouvido. A cóclea reconhece estes impulsos elétricos e os envia ao cérebro. Estes implantes podem usar até 24 eletrodos e processar meia dúzia de frequências, o bastante para reconhecer a voz humana. Já existem 150 mil pessoas no mundo inteiro com estes implantes cocleares.

Vários grupos estão explorando como ajudar os cegos criando a visão artificial, com uma câmera conectada ao cérebro humano. Um método é inserir diretamente um chip de silício na retina da pessoa e prendê-lo nos neurônios da retina. Outro é conectar o chip a um cabo especial que esteja conectado à base do crânio, onde o cérebro processa a visão. Estes grupos, pela primeira vez na história, têm conseguido restaurar um grau de visão aos cegos. Pacientes têm conseguido ver até 50 *pixels* iluminando-se na sua frente. No final, os cientistas devem ser capazes de aumentar isso de modo que eles possam ver milhares de *pixels*.

Os pacientes conseguem ver fogos de artifício, o contorno de suas mãos, objetos brilhantes e luzes, a presença de carros e pessoas, e bordas de objetos. "Em partidas da Little League, posso ver onde estão o apanhador, o batedor e o juiz", diz Linda Morfoot, um dos pacientes do teste.

Até agora, 30 pacientes tiveram retinas artificiais com até 60 eletrodos. Mas o Projeto de Retina Artificial do Departamento de Energia, sediado na Universidade do Sul da Califórnia, já está planejando um novo sistema com mais de 200 eletrodos. Um dispositivo com mil eletrodos também está sendo estudado (mas, se houver um excesso de eletrodos acumulados no chip, isso poderá causar superaquecimento da retina). Neste sistema, uma câmera em miniatura montada nos óculos de uma pessoa cega tira fotos e as envia a um microprocessador sem fio, usado num cinto, que transmite informações ao chip colocado diretamente na retina. Este chip envia minúsculos pulsos diretamente para os nervos da retina que ainda estão ativos, desviando-se, portanto, de células retinianas defeituosas.

MÃO ROBÓTICA DE *GUERRA NAS ESTRELAS*

Usando aperfeiçoamentos mecânicos, podem-se também duplicar os feitos da ficção científica, incluída a mão robótica de *Guerra nas estrelas* e a visão de raios X do Super-Homem. Em *O império contra-ataca*, Luke Skywalker tem a mão decepada por um sabre de luz empunhado pelo malvado Darth Vader, seu pai. Nada de extraordinário. Cientistas nesta galáxia distante criam logo uma nova mão mecânica com dedos que podem tocar e sentir.

Pode parecer ficção científica, mas isso já existe. Um avanço significativo foi feito por cientistas na Itália e na Suécia, que na verdade fizeram uma mão robótica capaz de "ter tato". Um sujeito, Robin Ekenstam, um jovem de 22 anos de idade que teve a mão direita amputada para a retirada de um tumor canceroso, agora pode controlar o movimento dos dedos mecânicos e sentir a resposta. Médicos conectaram os nervos no braço de Ekenstam aos chips contidos na mão mecânica de modo que ele pudesse controlar os movimentos dos dedos com o cérebro. A "mão inteligente" artificial tem quatro motores e 40 sensores. O movimento dos seus dedos mecânicos é então retransmitido para o cérebro de modo que ele tenha feedback. Assim, ele é capaz de controlar e também "sentir" o movimento da mão. Visto que feedback é uma das características essenciais dos movimentos do corpo, isto poderá revolucionar o modo como tratamos amputados com próteses.

Ekenstam diz: "É ótimo. Tenho um tato que não tive durante muito tempo. Agora estou tendo a sensação de novo. Se agarro firme alguma coisa, posso senti-la na ponta dos dedos, o que é estranho, visto que já não os tenho."

Um dos pesquisadores, Christian Cipriani, da Scuola Superiore Sant'Anna, diz: "Primeiro, o cérebro controla a mão mecânica sem nenhuma contração muscular. Segundo, a mão será capaz de dar feedback para o paciente de modo que ele possa sentir. Exatamente com uma mão de verdade."

Este progresso é importante porque significa que um dia os humanos talvez possam controlar sem nenhum esforço membros mecânicos como se fossem de carne e osso. Em vez de um entediante aprendizado para mover braços e pernas de metal, as pessoas tratarão estes apêndices mecânicos como se fossem reais, sentindo cada nuance dos movimentos dos membros via mecanismos de feedback eletrônicos.

Isto também prova uma teoria que diz que o cérebro é extremamente plástico, não fixo, e está sempre se renovando ao aprender novas tarefas e se adaptar a novas situações. Por conseguinte, o cérebro será adaptável o suficiente para acomodar quaisquer novos acessórios ou órgãos de sentido. Eles podem ser presos ao cérebro em diferentes locais, e o cérebro simplesmente "aprende" a controlar este novo prolongamento. Sendo assim, então o cérebro poderia ser visto como um mecanismo modular, capaz de conectar e depois controlar diferentes acessórios e sensores de diferentes dispositivos. Este tipo de comportamento poderia ser esperado se o nosso cérebro fosse uma espécie de rede neural que faz novas conexões e caminhos neurais sempre que aprende uma nova tarefa, seja qual for.

Rodney Brooks escreve: "Nos próximos 10 ou 20 anos, haverá uma mudança cultural, na qual adotaremos tecnologia robótica, silício e aço em nossos corpos para melhorar o que podemos fazer e compreender o mundo." Quando Brooks analisa o progresso feito na Brown University e na Duke University, ligando o cérebro diretamente a um computador ou braço mecânico, conclui: "Talvez sejamos todos capazes de ter uma conexão de internet sem fio instalada diretamente no cérebro."

No próximo estágio, ele vê a fusão de silício e células vivas não apenas para curar os males do corpo, mas para, lentamente, aperfeiçoar as nossas capacidades. Por exemplo, se os implantes atuais retinianos e cocleares podem restaurar a visão e a audição, os de amanhã poderão também nos dar capacidades sobre-humanas. Seríamos capazes de ouvir sons que apenas os cães conseguem ouvir, ou ver raios UV, infravermelhos e raios X.

Talvez seja possível aumentar a nossa inteligência também. Brooks cita pesquisas em que camadas extras de neurônios foram acrescentadas ao cérebro de um rato num momento crítico do seu desenvolvimento. Extraordinariamente as habilidades cognitivas destes ratos aumentaram. Ele imagina um tempo no futuro próximo quando a inteligência do cérebro humano também possa ser melhorada por um processo similar. Num capítulo posterior, veremos que biólogos já isolaram um gene em ratos que a mídia apelidou de "gene do camundongo inteligente". Com o acréscimo deste gene, camundongos aperfeiçoados têm uma capacidade muito maior de memória e aprendizado.

E, em meados do século, Brooks imagina uma época em que aperfeiçoamentos aparentemente fantasiosos do corpo talvez sejam possíveis, dando habilidades muito além das do humano comum. "Daqui a 50 anos, poderemos esperar ver alterações radicais de corpos humanos por meio de modificação genética." Quando você acrescenta também aperfeiçoamentos eletrônicos, "a coleção de humanos se expandirá de formas impossíveis de imaginar hoje... Já não estaremos confinados à evolução darwinista", diz ele.

Mas qualquer coisa, é claro, pode ser levada longe demais. Até onde deveremos ir na fusão com nossas criações robóticas antes que algumas pessoas se revoltem e a achem repugnante?

SUBSTITUTOS E AVATARES

Um jeito de nos fundirmos com robôs, mas sem alterar o corpo humano, é criar suplentes ou avatares. No filme *Substitutos,* estrelado por Bruce Willis, no ano de 2017 cientistas descobriram um jeito de as pessoas controlarem robôs como se estivessem dentro delas, de modo que possamos viver nossas vidas em corpos perfeitos. O robô responde a todos os comandos. E a pessoa também vê e sente tudo o que o robô vê e sente. Enquanto nosso corpo mortal decai e murcha, nós podemos controlar os movimentos de nossos substitutos robôs, que têm poderes sobre-humanos e uma forma perfeita. O filme se complica porque as pessoas preferem viver sua vida como robôs belos, simpáticos e superpoderosos, abandonando seu corpo, que apodrece e é convenientemente escondido. Toda a raça humana, de fato, prefere tornar-se robótica a enfrentar a realidade.

No filme *Avatar*, isto é levado um passo mais adiante. Em vez de vivermos nossa vida como robôs perfeitos, no ano de 2154 poderíamos ser capazes de viver como seres alienígenas. No filme, nossos corpos são colocados em vagens, o que em seguida nos permite controlar o movimento de corpos alienígenas especialmente clonados. Em certo sentido, recebemos corpos totalmente novos para vivermos num novo planeta. Desse modo, podemos nos comunicar melhor com uma população nativa alienígena em outros planetas. A trama do filme engrossa quando um trabalhador decide abandonar a sua humanidade e viver como um alienígena entre outros, protegendo-os de mercenários.

Estes substitutos e avatares não são possíveis hoje, mas talvez o sejam no futuro.

Recentemente, ASIMO foi programado com uma nova ideia: sensibilidade remota. Na Universidade de Quioto, humanos foram treinados para controlar o movimento mecânico de robôs usando sensores no cérebro. Por exemplo, com um capacete EEG na cabeça, estudantes conseguem mover os braços e pernas de um ASIMO só com o pensamento. Até agora, são possíveis quatro movimentos distintos dos braços e da cabeça. Isto pode abrir a porta para outro reino de IA: robôs controlados pela mente.

Embora esta seja uma demonstração grosseira do poder da mente sobre a matéria, nas próximas décadas deverá ser possível aumentar o conjunto de emoções que podemos controlar num robô, e também obter feedback, para que possamos "ter o tato" com nossas novas mãos robóticas. Óculos de proteção e lentes de contato nos permitirão ver o que os robôs veem, de modo que possamos no final ter pleno controle sobre os movimentos do corpo.

Isto talvez ajude também a aliviar o problema do Japão com as imigrações. Trabalhadores poderiam estar localizados em países diferentes, mas controlar robôs a milhares de quilômetros de distância vestindo sensores do cérebro. Portanto, a internet pode transportar não só as ideias de funcionários de colarinho branco, mas também os pensamentos de operários, e traduzi-los em movimentos físicos. Com isto, talvez robôs passem a fazer parte dos esforços de qualquer nação para lidar com a explosão de custos com a saúde e a escassez de mão de obra.

Controlar robôs por sensores remotos pode ter também aplicações em outros lugares. Em qualquer ambiente perigoso (por exemplo, dentro d'água, próximo a fios de alta tensão, em incêndios), robôs controlados por pensamentos humanos talvez sejam usados em missões de resgate. Ou robôs submarinos podem ser conectados diretamente a humanos, de modo que humanos possam controlar muitos robôs nadadores apenas com o pensamento. Visto que o substituto teria superpoderes, ele seria capaz de perseguir criminosos (a não ser que os criminosos também tivessem substitutos com superpoderes). Seria possível ter todas as vantagens da fusão com robôs sem mudar nada em nosso corpo.

Tal combinação poderia na verdade se provar útil para explorações espaciais, quando tivéssemos de administrar uma base lunar permanente. Nossos substitutos poderiam realizar todas as tarefas arriscadas de manutenção de uma base lunar, enquanto os astronautas estariam em segurança na Terra. Os astronautas teriam a superenergia e os superpoderes dos robôs enquanto explorassem uma perigosa paisagem alienígena. (Isto não funcionaria se os astronautas estivessem na Terra controlando substitutos em Marte, visto que sinais de rádio levam 40 minutos para ir da Terra a Marte e voltar. Mas funcionaria se os astronautas estivessem sentados com segurança numa base permanente em Marte enquanto os substitutos saíssem e executassem as perigosas tarefas na superfície marciana.)

ATÉ ONDE A FUSÃO COM ROBÔS?

O pioneiro em robótica Hans Moravec dá vários passos adiante e imagina uma extrema versão disto: nós nos tornamos os próprios robôs que construímos. Ele me explicou como poderíamos nos fundir com nossas criações robóticas submetendo-nos a uma cirurgia que substituísse cada neurônio no nosso cérebro por um transistor dentro de um robô. A operação começa quando nos deitamos ao lado do corpo de um robô sem cérebro. Um cirurgião robótico pega cada aglomerado de matéria cinzenta no nosso cérebro, duplica-a transistor por transistor, conecta os neurônios aos transistores e coloca os transistores no crânio vazio do robô. Conforme cada aglomerado de neurônios é duplicado no robô, vai sendo descartado. Estamos totalmente conscientes durante esta delicada operação. Parte do nosso cérebro está dentro do nosso corpo antigo, mas a outra parte agora é composta de transistores dentro do nosso novo corpo robótico. Terminada a cirurgia, nosso cérebro foi totalmente transferido para o corpo de um robô. Não só temos um corpo robótico, como temos também os benefícios de um robô: imortalidade em corpos sobre-humanos que são perfeitos na aparência. Isto não será possível no século XXI, mas torna-se uma opção no século XXII.

No cenário final, descartamos nosso corpo desajeitado totalmente e evoluímos para puros programas de software que codificam nossa personalidade. Fazemos o "download" das nossas personalidades inteiras para dentro de um computador. Se alguém apertar um botão com o seu nome, o computador se comporta como se você estivesse dentro da sua memória, visto ter todos os seus trejeitos de personalidade codificados nos seus circuitos. Nós nos tornamos imortais, mas passamos o nosso tempo presos dentro de um computador, interagindo com outras "pessoas" (isto é, outros programas de software) em alguma gigantesca realidade virtual/espaço cibernético. Nossa existência corporal será descartada, substituída pelo movimento de elétrons neste computador gigante. Neste quadro, nosso destino final é enrolar as linhas de código neste vasto programa de computador, com todas as aparentes sensações de corpos físicos dançando num paraíso virtual. Compartilharemos ideias profundas com outras linhas de código de computador, vivendo esta grande ilusão. Realizaremos grandes, heroicas façanhas conquistando novos mundos, esquecidos do fato de que somos apenas elétrons dançando dentro de um computador qualquer. Até, é claro, que alguém aperte o botão para desligar.

Mas um dos problemas de levar estes cenários longe demais é o Princípio do Homem das Cavernas. Como mencionado antes, a arquitetura de nosso cérebro é a de um caçador-coletor primitivo que emergiu da África há mais de 100 mil anos. Nossos desejos mais profundos, nossos apetites, nossas necessidades foram todos forjados nas campinas da África enquanto fugíamos de predadores, íamos atrás de caça e de comida nas florestas, de parceiros para acasalar e nos entretínhamos ao redor da fogueira.

Uma de nossas principais diretrizes, enterradas bem fundo no tecido de nossos pensamentos, é parecer bem, especialmente para o sexo oposto e para nossos pares. Uma enorme fração de nossa renda disponível, depois do entretenimento, é dedicada à nossa aparência. É por isso que tivemos um crescimento explosivo em cirurgias plásticas, Botox, produtos cosméticos, roupas sofisticadas, bem como aprendemos novos passos de dança, fortalecemos os músculos, compramos os CDs de músicas mais recentes e nos mantemos em boa condição física. Se você somar tudo isso, é uma porção imensa de gastos de consumo, que por sua vez gera uma grande fração da economia do país.

Isto significa que, mesmo com a habilidade para criar corpos perfeitos que são quase imortais, provavelmente resistiremos ao desejo de corpos robóticos se formos ficar parecendo robôs desajeitados com implantes pendendo da cabeça. Ninguém quer parecer refugiado de um filme de ficção científica. Se temos um corpo aperfeiçoado, ele deve nos fazer atraentes para o sexo oposto e aprimorar a nossa reputação entre nossos pares, ou nós o rejeitaremos. Que adolescente quer parecer aperfeiçoado, mas sem graça?

Alguns escritores de ficção científica gostaram da ideia de que vamos todos nos desprender de nosso corpo e existiremos como seres imortais de pura inteligência dentro de algum computador, contemplando ideias profundas. Mas quem gostaria de viver assim? Talvez nossos descendentes não queiram solucionar equações diferenciais descrevendo um buraco negro. No futuro, as pessoas talvez queiram passar mais tempo ouvindo rock no velho estilo do que calculando os movimentos de partículas subatômicas, enquanto vivem dentro de um computador.

Greg Stock, da UCLA, vai mais adiante e descobre que há poucas vantagens em ter nosso cérebro ligado a um supercomputador. Ele disse: "Quando tento pensar no que eu ganharia tendo um link entre o meu cérebro e um supercomputador, fico confuso se insisto em dois critérios: que os benefícios não poderiam ser obtidos tão facilmente por meio de algum outro procedimento não invasivo, e que os benefícios devem valer os desconfortos de uma cirurgia no cérebro."

Portanto, embora existam muitas opções possíveis para o futuro, pessoalmente acredito que o caminho mais provável é que construiremos robôs para serem benevolentes e amigáveis, aprimoraremos nossas próprias habilidades até certo ponto, mas seguiremos o Princípio do Homem das Cavernas. Aceitaremos a ideia de viver temporariamente como um super-robô por meio de substitutos, mas resistiremos à ideia de viver permanentemente nossa vida dentro de um computador ou de alterar nosso corpo até ele se tornar irreconhecível.

BLOQUEIOS À SINGULARIDADE

Ninguém sabe quando os robôs serão tão inteligentes quanto os humanos. Mas, pessoalmente, eu colocaria a data próximo do final do século por várias razões.

Primeiro, os estonteantes avanços na tecnologia de computadores foram devidos à lei de Moore. Estes avanços começarão a se tornar mais lentos e talvez até parem por volta de 2020-25; portanto, não está claro se podemos calcular com segurança a velocidade dos computadores depois disso. (Ver capítulo 4 para mais detalhes sobre a era pós-silício.) Neste livro, admiti a hipótese de que o poder do computador continuará a crescer, porém mais devagar.

Segundo, mesmo que um computador possa calcular a velocidades tão fantásticas como a de 1.016 cálculos por segundo, isto não significa necessariamente que ele seja mais inteligente do que nós. Por exemplo, o Deep Blue, a máquina da IBM que joga xadrez, pode analisar 200 milhões de posições por segundo, e derrotar o campeão mundial. Mas o Deep Blue, apesar de toda a sua velocidade e potência bruta de computador, não pode fazer mais nada. A verdadeira inteligência, aprendemos, é muito mais do que calcular posições de xadrez.

Por exemplo, *savants* autistas podem realizar milagres de memorização e cálculo. Mas têm dificuldade para amarrar os sapatos, conseguir um emprego ou funcionar em sociedade. O falecido Kim Peek, que era tão notável que o filme *Rain Man* foi baseado na sua vida extraordinária, memorizou cada palavra de 12 mil livros e podia fazer cálculos que só um computador era capaz de conferir. Mas tinha 73 de QI, tinha dificuldade para manter uma conversa e precisava de constante ajuda para sobreviver. Sem a assistência do pai, ele ficava praticamente indefeso. Em outras palavras, os computadores super-rápidos do futuro serão como *savants* autistas, capazes de memorizar enorme quantidade de informação, porém não muito mais que isso, incapazes de sobreviver no mundo real sozinhos.

Mesmo que os computadores comecem a igualar a velocidade de computação do cérebro, ainda lhes faltará o software e a programação necessários para fazer tudo funcionar. Comparar-se à velocidade de computação do cérebro é apenas o humilde início.

Terceiro, mesmo que robôs inteligentes sejam possíveis, não está claro se um robô pode fazer uma cópia de si mesmo que seja mais inteligente do que o original. A matemática por trás de robôs autorreplicantes foi desenvolvida pela primeira vez pelo matemático John von Neumann, que inventou a teoria dos jogos e ajudou a desenvolver o computador eletrônico. Ele foi pioneiro na questão de determinar o número mínimo de hipóteses antes que uma máquina possa criar um robô capaz de fazer uma cópia de si mesmo. Entretanto, ele jamais tratou da questão de um robô conseguir, ou não, fazer uma cópia de si mesmo que seja mais inteligente do que ele. De fato, a própria definição de "inteligente" é problemática, visto não existir uma que seja universalmente aceita.

Sem dúvida, um robô poderia ser capaz de criar uma cópia de si mesmo com mais memória e capacidade de processamento simplesmente fazendo um *upgrade* e acrescentando mais chips. Mas isso significa que a cópia é mais inteligente ou apenas mais rápida? Por exemplo, uma calculadora é milhões de vezes mais rápida do que um ser humano, com muito mais memória e velocidade de processamento, mas sem dúvida alguma não é mais inteligente. Portanto, inteligência é mais que apenas memória e velocidade.

Quarto, embora os hardwares possam progredir exponencialmente, os softwares talvez não. Embora os hardwares tenham crescido pela capacidade de gravar transistores cada vez menores numa chapinha, um software é outra coisa bem diferente: ele requer um humano sentado com um lápis e papel nas mãos, redigindo um código. Este é o obstáculo: o humano.

Um software, como toda a atividade criativa humana, progride aos solavancos, com brilhantes *insights* e longos períodos de trabalho enfadonho e estagnação. Em vez de simplesmente se gravarem mais transistores em silício, o que se tornou um trabalho mecânico, o software depende da natureza imprevisível da criatividade e do capricho humanos. Portanto, todas as previsões de um crescimento exponencial constante numa potência de computador têm de ser qualificadas. Uma corrente não é mais forte do que o seu elo mais fraco, e o elo mais fraco é o software e a programação feita pelos humanos.

Progressos de engenharia com frequência crescem exponencialmente, em especial quando se trata de uma simples questão de obter mais eficiência, tal como gravar mais e mais transistores numa chapinha de silício. Mas quando se trata de pesquisa básica, que requer sorte, habilidade e lances inesperados de genialidade, o progresso é mais como "equilíbrio pontuado", com longos períodos de tempo nos quais não acontece muita coisa, com súbitas descobertas que mudam todo o terreno. Se analisarmos a história da pesquisa básica, de Newton, passando por Einstein, até nossos dias, veremos que o equilíbrio pontuado descreve com mais precisão o modo como se dá o progresso.

Quinto, como vimos na pesquisa para a engenharia reversa do cérebro, o custo e o tamanho assombrosos do projeto provavelmente o atrasarão até meados deste século. E, então, dar um sentido a todos estes dados talvez requeira muito mais décadas, empurrando a engenharia reversa definitiva do cérebro para o final deste século.

Sexto, provavelmente não haverá um *big bang*, quando as máquinas de súbito se tornarão conscientes. Como antes, se definirmos a consciência como incluindo a capacidade de planejar o que vem pela frente rodando simulações do futuro, então existe um espectro de consciência. Máquinas subirão lentamente esta escala, dando-nos tempo suficiente para nos prepararmos. Isto acontecerá lá pelo final deste século, eu acredito, e portanto há muito tempo para discutir várias opções disponíveis para nós. Também a consciência em máquinas provavelmente terá suas próprias peculiaridades. Assim, uma forma de "consciência de silício", e não a pura consciência humana, se desenvolverá primeiro.

Mas isto levanta outra questão. Embora existam meios mecânicos para aperfeiçoar nossos corpos, existem também meios biológicos. De fato, todo o impulso da evolução é para a seleção de genes melhores; portanto, por que não pegar um caminho mais curto driblando milhões de anos de evolução e assumindo o controle do nosso destino genético?

Ninguém tem coragem de dizer, mas, se pudéssemos fazer seres humanos melhores sabendo como acrescentar genes, por que não o faríamos?
– JAMES WATSON, PRÊMIO NOBEL

Não penso que nosso corpo terá ainda algum segredo neste século. E, assim, qualquer coisa que conseguirmos pensar provavelmente será real.
– DAVID BALTIMORE, PRÊMIO NOBEL

Não acho que a hora seja esta, mas está perto. Temo, infelizmente, fazer parte da última geração a morrer.
– GERALD SUSSMAN

3 O FUTURO DA MEDICINA *Perfeição e mais que perfeição*

Os deuses da mitologia possuíam o poder supremo: o poder sobre a vida e a morte, a capacidade de curar os doentes e prolongar a vida. Em primeiro lugar, nas nossas orações aos deuses estava nos vermos livres de doenças e moléstias.

Nas mitologias grega e romana, existe a lenda de Eos, a bela deusa da aurora. Um dia, ela se apaixonou profundamente por um belo mortal, Títono. Eos tinha o corpo perfeito e era imortal, mas Títono ia envelhecer, definhar e morrer. Decidida a salvar o seu amor deste triste destino, ela suplicou a Zeus, pai dos deuses, que lhe concedesse o dom da imortalidade para que os dois pudessem viver eternamente juntos. Com pena dos amantes, Zeus satisfez o desejo de Eos.

Mas Eos, na pressa, esqueceu-se de pedir a eterna juventude para ele. Assim, Títono tornou-se imortal, mas seu corpo envelheceu. Não podendo morrer, ele foi ficando cada vez mais decrépito e decadente, vivendo uma eternidade com dores e sofrimentos.

Então, este é o desafio que a ciência do século XXI enfrenta. Os cientistas estão agora lendo o livro da vida, que inclui o genoma humano completo e nos promete milagrosos avanços na compreensão do envelhecimento. Mas o prolongamento da vida sem saúde e vigor pode ser um castigo eterno, como Títono descobriu tragicamente.

No final deste século, nós também teremos muito deste poder mítico sobre a vida e a morte. E este poder não se limitará a curar os doentes, mas será usado para aperfeiçoar o corpo humano e até para criar novas formas de vida. Não será com orações e encantos, entretanto, mas com o milagre da biotecnologia.

Um dos cientistas que estão desvendando os segredos da vida é Robert Lanza, um homem com pressa. Ele é de uma nova geração de biólogos, jovem, enérgico e cheio de novas ideias – tantas descobertas para fazer e tão pouco tempo. Lanza está na crista da revolução biotecnológica. Como um menino numa confeitaria, ele se delicia sondando territórios desconhecidos, fazendo descobertas numa ampla variedade de tópicos excitantes.

Uma ou duas gerações atrás, o andamento era bem diferente. Você talvez encontrasse biólogos examinando pachorrentamente vermes e insetos obscuros, estudando com paciência a sua detalhada anatomia e aflitos para saber que nomes latinos lhes dar.

Lanza não.

Eu o encontrei um dia num estúdio de rádio para uma entrevista e fiquei logo impressionado com a sua juventude e ilimitada criatividade. Estava, como de costume, correndo entre experimentos. Disse-me que estreou nesta área de mudanças tão rápidas da forma mais inusitada. Veio de uma família modesta da classe operária de Boston, onde poucos frequentavam uma faculdade. Mas ainda no ensino médio ouviu a espantosa notícia sobre a decifração do DNA. Ficou fascinado. Decidiu realizar um projeto de ciências: clonar uma galinha no seu quarto. Os pais, atônitos, não sabiam o que ele estava fazendo, mas deram-lhe a sua bênção.

Determinado a tirar o seu projeto do chão, ele foi se aconselhar em Harvard. Não conhecendo ninguém, pediu orientação a um homem que achou ser o zelador. Intrigado, o zelador o levou para o seu gabinete. Lanza descobriu mais tarde que o homem era um dos pesquisadores seniores do laboratório. Impressionado com a audácia deste jovem e arrogante aluno do ensino médio, ele o apresentou a outros cientistas ali, incluindo muitos pesquisadores de calibre Nobel, que mudariam a sua vida. Lanza se compara ao personagem de Matt Damon no filme *Gênio indomável*, no qual um garoto de rua, malvestido, da classe operária, surpreende os professores no MIT, assombrando-os com seu talento matemático.

Hoje, Lanza é o diretor científico da Advanced Cell Technology, com o crédito de centenas de ensaios e invenções. Em 2003, ele foi manchete quando o zoológico de San Diego lhe pediu que clonasse um bantengue, uma espécie de boi selvagem ameaçada de extinção, a partir do corpo de um animal morto havia 25 anos. Lanza extraiu com êxito células utilizáveis da carcaça, processou-as e enviou-as para uma fazenda em Utah. Ali, a célula fertilizada foi implantada numa vaca. Dez meses depois, ele recebeu a notícia de que a sua mais recente criação acabara de nascer. Noutro dia, ele talvez estivesse trabalhando na "engenharia de tecidos", que no futuro poderá criar uma loja de corpos humanos, onde possamos encomendar novos órgãos, desenvolvidos a partir de nossas próprias células, para substituir os que estão doentes ou deixaram de funcionar. Noutro dia, ele podia estar trabalhando na clonagem de células embrionárias humanas. Ele fez parte da equipe histórica que clonou o primeiro embrião humano do mundo, com o propósito de gerar células-tronco embrionárias.

TRÊS ESTÁGIOS DA MEDICINA

Lanza está navegando na maré das descobertas criada pela revelação do conhecimento oculto no nosso DNA. Historicamente, a medicina passou no mínimo por três grandes estágios. No primeiro, que durou dezenas de milhares de anos, a medicina era dominada por superstição, feitiçaria e boatos. Com a maioria dos bebês morrendo no parto, a expectativa média de vida ficava entre 18 e 20 anos. Algumas ervas medicinais e substâncias químicas úteis foram descobertas durante este período, como a aspirina, mas em geral não havia uma forma sistemática de descobrir novas terapias. Infelizmente, qualquer remédio que realmente funcionasse era guardado a sete chaves. O "doutor" ganhava a vida agradando aos pacientes ricos e tinha um interesse adquirido em manter secretas as suas poções e encantamentos.

Durante este período, um dos fundadores da Clínica Mayo mantinha um diário particular quando visitava seus pacientes. Ele escreveu com toda a franqueza no seu diário que, na sua maleta preta, havia apenas dois ingredientes ativos que realmente funcionavam: uma serra de metal e morfina. O serrote era usado para amputar membros doentes, e a morfina, para atenuar a dor da amputação. Eles funcionavam sempre. Tudo o mais na sua maleta preta era óleo de cobra e tapeação, lamentava ele com tristeza.

O segundo estágio da medicina começou no século XIX, com o advento da teoria dos germes e de melhores condições sanitárias. A expectativa de vida nos Estados Unidos em 1900 subiu para 49 anos. Quando dezenas de milhares de soldados morriam nos campos de batalha europeus na Primeira Guerra Mundial, houve uma necessidade urgente de médicos para realizar experimentos reais, com resultados reproduzíveis, que eram então publicados em revistas médicas. Os reis da Europa, horrorizados porque os seus melhores e mais inteligentes rapazes estavam sendo trucidados, exigiam resultados reais, não fórmulas mágicas. Os médicos, em vez de tentarem agradar patronos ricos, agora lutavam por legitimidade e fama publicando artigos em revistas criticadas por seus pares. Isto montou o palco para avanços em antibióticos e vacinas, que aumentaram a expectativa de vida para além dos 70 anos.

O terceiro estágio da medicina é a medicina molecular. Estamos vendo a fusão da física com a medicina, reduzindo a medicina a átomos, moléculas e genes. Esta transformação histórica começou na década de 1940, quando o físico austríaco Erwin Schrödinger, um dos fundadores da teoria quântica, escreveu um livro de grande influência chamado *O que é a vida?*. Ele rejeitou a ideia de que houvesse algum espírito misterioso, ou força vital, que animava as coisas vivas. Em vez disso, especulou que toda a vida se baseava numa espécie de código, e que isto estava codificado numa molécula. Quem encontrasse essa molécula, conjecturou ele, poderia desvendar o segredo da vida. O físico Francis Crick, inspirado pelo livro de Schrödinger, juntou-se ao geneticista James Watson para provar que o DNA era essa fabulosa molécula. Em 1953, numa das descobertas mais importantes de todos os tempos, Watson e Crick revelaram a estrutura do DNA, uma dupla hélice. Quando desenrolada, uma única fita de DNA se estende por cerca de 1,80 m de comprimento. Nela está contida uma sequência de três bilhões de ácidos nucleicos que, colocados ao longo da molécula de DNA, permitem ler o livro da vida.

Os rápidos avanços na genética molecular finalmente levaram à criação do Projeto Genoma Humano, realmente um marco na história da medicina. Um maciço programa intensivo para sequenciar todos os genes do corpo humano, custou cerca de 3 bilhões de dólares e envolveu o trabalho de centenas de colaboradores cientistas do mundo inteiro. Quando finalmente foi completado em 2003, anunciava uma nova era na ciência. No futuro, todos terão o seu genoma personalizado disponível num CD-ROM. Ele relacionará todos os seus aproximadamente 25 mil genes; será o seu "manual do proprietário".

O ganhador do prêmio Nobel David Baltimore resumiu dizendo: "A biologia hoje é uma ciência da informação."

PRÓXIMO PERÍODO [DO PRESENTE A 2030]

MEDICINA GENÔMICA

O que está impulsionando esta extraordinária explosão na medicina é, em parte, a teoria quântica e a revolução do computador. A teoria quântica tem nos dado modelos surpreendentemente detalhados de como os átomos se arrumam em cada molécula de proteína e de DNA. Átomo por átomo, sabemos como construir as moléculas da vida desde o início. E o sequenciamento do gene – que costumava ser um processo longo, entediante e caro – hoje é todo automatizado com robôs. Originalmente, custa milhões de dólares sequenciar todos os genes de um único corpo humano. É tão caro e demorado que apenas um punhado de pessoas (incluindo os cientistas que aperfeiçoaram esta tecnologia) teve seus genomas lidos. Mas dentro de mais alguns anos esta exótica tecnologia talvez chegue às pessoas comuns.

(Lembro-me muito bem de fazer a apresentação de uma conferência no final da década de 1990, em Frankfurt, Alemanha, sobre o futuro da medicina. Previ que, em 2020, genomas pessoais seriam uma possibilidade real, e que todos teriam um CD ou chip com o seu gene descrito nele. Mas um dos participantes ficou muito indignado. Ele se levantou e disse que este sonho era impossível. Havia simplesmente uma quantidade muito grande de genes, e sairia muito caro oferecer genomas pessoais a uma pessoa comum. O Projeto Genoma Humano havia custado 3 bilhões de dólares; o custo para sequenciar os genes de uma pessoa não poderia cair tanto. Discutindo o assunto com ele mais tarde, aos poucos ficou claro qual era o problema. Ele estava pensando linearmente. Mas a lei de Moore estava baixando os custos, tornando possível sequenciar o DNA com o uso de robôs, computadores e máquinas automáticas. Ele não compreendia o profundo impacto da lei de Moore na biologia. Lembrando-me desse incidente, agora percebo que, se houve um erro naquela previsão, foi o de superestimar o tempo que seria necessário para oferecer genomas pessoais.)

Por exemplo, o engenheiro de Stanford Stephen R. Quake aperfeiçoou o recente avanço no sequenciamento do gene. Ele agora fez baixar o custo para 50 mil dólares e prevê uma queda para mil dólares nos próximos anos. Os cientistas durante muito tempo especularam que, assim que o sequenciamento do gene humano caísse para mil dólares, as comportas poderiam se abrir para o sequenciamento em massa de genes, e uma grande parte da raça humana poderia se beneficiar desta tecnologia. Dentro de poucas décadas, o preço do sequenciamento de todos os seus genes talvez custe menos de 100 dólares, não mais que um exame-padrão de sangue.

(O segredo deste recente avanço é tomar um atalho. Quake compara o DNA de uma pessoa com sequências de DNA que já foram feitas de outras pessoas. Ele quebra o genoma humano em unidades de DNA contendo 32 bits de informação. Em seguida, tem um programa de computador que compara estes 32 bits-fragmentos aos genomas completados de outras pessoas. Visto que quaisquer dois humanos são quase idênticos em seus DNAs, diferindo, em média, em menos de 1%, isto significa que um computador pode rapidamente encontrar um par entre estes fragmentos de 32 bits.)

Quake tornou-se a oitava pessoa do mundo a ter o seu genoma totalmente sequenciado. Ele tinha um interesse pessoal neste projeto, visto ter escaneado o seu próprio genoma para encontrar evidências de doenças cardíacas. Infelizmente o seu genoma indicou que ele havia herdado uma versão de um gene associado com doenças do coração. "É preciso ter estômago forte ao examinar o seu próprio genoma", lamentou ele.

Eu conheço essa sensação sinistra. Tive o meu próprio genoma parcialmente escaneado e colocado num CD-ROM para um especial da BBC-TV/Discovery que apresentei. Um médico extraiu um pouco de sangue do meu braço, mandou para o laboratório na Vanderbilt University e então, duas semanas depois, um CD-ROM voltou pelo correio, relacionando milhares de meus genes. Segurar este disco nas mãos me deu uma sensação engraçada, ele poderia ser usado para criar uma cópia razoável de mim mesmo.

Mas ele também aguçou a minha curiosidade, visto que os segredos do meu corpo estavam contidos naquele CD-ROM. Por exemplo, eu podia ver se havia algum gene em particular que aumentasse as minhas chances de ter o mal de Alzheimer. Eu estava preocupado, porque minha mãe morrera de Alzheimer. (Felizmente não tenho o gene.)

Também quatro de meus genes foram comparados com o genoma de milhares de pessoas no mundo inteiro, que também tiveram seus genes analisados. Em seguida, as localizações dos indivíduos que combinavam perfeitamente com meus quatro genes foram colocadas num mapa da Terra. Ao analisar os pontos no mapa, pude ver uma longa trilha, saindo do Tibete e atravessando a China e o Japão. O impressionante é que esta trilha de pontos traçava os antigos padrões de migração dos ancestrais da minha mãe, datando de milhares de anos. Meus ancestrais não deixaram registros escritos de sua antiga migração, mas o mapa revelador de suas viagens estava gravado no meu sangue e no meu DNA. (Você também pode traçar a genealogia do seu pai. Os genes mitocondriais são transmitidos inalterados de mãe para filha, enquanto o cromossomo Y é transmitido de pai para filho. Por conseguinte, ao analisar estes genes, pode-se traçar a genealogia da sua mãe ou a linhagem do seu pai.)

Imagino que, no futuro próximo, muitas pessoas terão a mesma sensação estranha que eu tive, segurando a planta de seu corpo nas mãos e lendo os segredos íntimos, inclusive doenças perigosas espreitando no genoma e os antigos padrões de migração de seus ancestrais.

Mas, para os cientistas, isto está abrindo um ramo totalmente novo da ciência, chamado bioinformática, ou usando computadores para rapidamente escanear e analisar o genoma de milhares de organismos. Por exemplo, ao inserir num computador os genomas de centenas de indivíduos que sofrem de determinada doença, seria possível calcular a exata localização do DNA danificado. De fato, alguns dos computadores mais potentes do mundo estão envolvidos na bioinformática, analisando milhões de genes encontrados em plantas e animais para certos genes-chave.

Isto poderia até revolucionar programas de detetives na TV, como *CSI*. Com minúsculos fragmentos de DNA (encontrados em folículos pilosos, saliva ou manchas de sangue), seria possível determinar não só a cor dos cabelos, dos olhos, a etnia, a altura e o histórico médico, mas talvez também o rosto. Hoje, artistas da polícia podem moldar uma escultura aproximada do rosto de uma vítima usando apenas o crânio. No futuro, um computador talvez seja capaz de reconstruir as características faciais de uma pessoa com apenas um pouco da sua caspa ou sangue. (O fato de gêmeos idênticos terem rostos extraordinariamente semelhantes significa apenas que a genética, mesmo na presença de fatores ambientais, pode determinar boa parte do rosto de uma pessoa.)

CONSULTA MÉDICA

Como mencionamos nos capítulos anteriores, as suas visitas ao consultório médico mudarão radicalmente. Quando você falar com o médico na sua tela de parede, provavelmente estará falando com um software. O seu banheiro terá mais sensores do que um hospital moderno, detectando silenciosamente células cancerosas anos antes que se forme um tumor. Por exemplo, cerca de 50% de todos os cânceres comuns envolvem uma mutação no gene p53, que pode ser facilmente detectada usando-se estes sensores.

Se houver evidência de câncer, então nanopartículas serão injetadas diretamente na sua corrente sanguínea, as quais, como bombas inteligentes, dispararão drogas de combate ao câncer diretamente para as células cancerosas. Veremos a quimioterapia hoje como víamos as ventosas no século passado. (Vamos discutir a nanotecnologia, chips de DNA, nanopartículas e nanobôs com mais detalhes no próximo capítulo.)

E, se o "médico" na sua tela de parede não puder curar uma doença ou lesão num órgão, você simplesmente desenvolve outro. Só nos Estados Unidos existem 91 mil pessoas aguardando um transplante. Dezoito morrem todos os dias esperando um órgão que não chega nunca.

Se o seu médico virtual encontrar algo errado, como um órgão doente, então poderá encomendar um novo para se desenvolver diretamente das suas próprias células. A "engenharia de tecidos" é uma das áreas mais incríveis da medicina; ela torna possível uma "loja do corpo humano". Até agora, os cientistas podem desenvolver pele, sangue, vasos sanguíneos, válvulas do coração, cartilagens, ossos, narizes e orelhas no laboratório a partir das suas próprias células. O primeiro órgão importante, a bexiga, foi desenvolvido em 2007; a primeira traqueia, em 2009. Até agora, os únicos órgãos que foram desenvolvidos são relativamente simples, envolvendo apenas uns poucos tipos de tecidos e algumas estruturas. Dentro de cinco anos, o primeiro fígado e o primeiro pâncreas poderão ser desenvolvidos, com enormes implicações para a saúde pública. O prêmio Nobel Walter Gilbert me contou que prevê um tempo, daqui a apenas algumas décadas, em que praticamente todos os órgãos do corpo serão desenvolvidos a partir das suas próprias células.

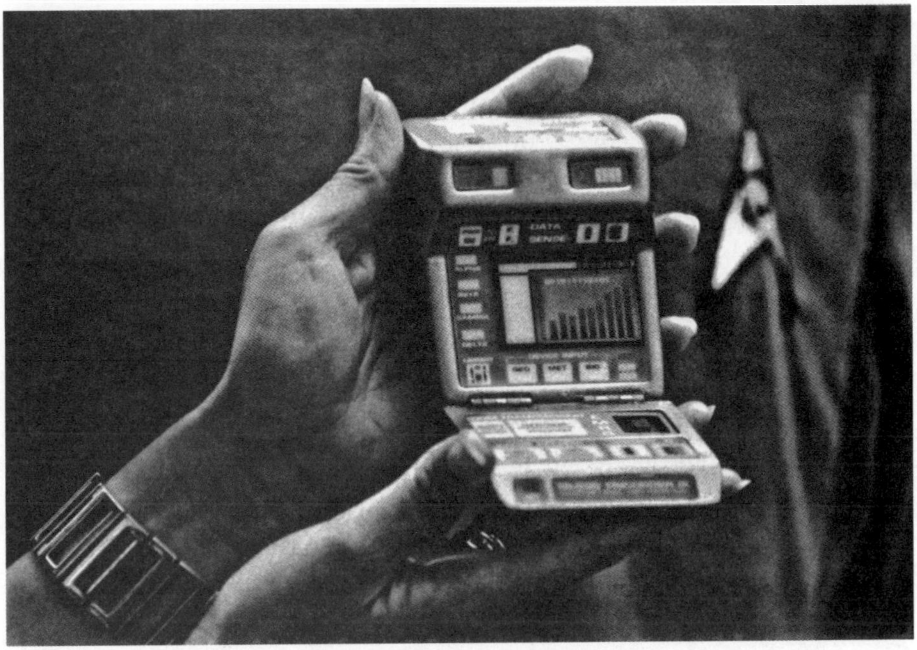

No futuro, teremos *tricorders* – como este de *Jornada nas estrelas* –, que poderão diagnosticar quase todas as doenças. Detectores MRI portáteis e chips de DNA possibilitarão isto.

A engenharia de tecidos desenvolve novos órgãos extraindo, primeiro, algumas células do seu corpo. Estas células são então injetadas num molde de plástico que parece uma esponja na forma do órgão em questão. O molde de plástico é feito de ácido poliglicólico biodegradável. As células são tratadas com certos fatores de crescimento para estimular o crescimento de células dentro do molde. No final, o molde se desintegra, deixando atrás de si um órgão perfeito.

Eu tive a oportunidade de visitar o laboratório de Anthony Atala na Wake Forest University, na Carolina do Norte, e testemunhar esta milagrosa tecnologia em primeira mão. Ao andar pelo seu laboratório, vi garrafas que continham órgãos humanos vivos. Pude ver vasos sanguíneos e bexigas; vi válvulas do coração que ficavam constantemente se abrindo e fechando porque líquidos estavam sendo bombeados através delas. Vendo todos estes órgãos humanos vivos em garrafas, quase me senti como se estivesse no laboratório do dr. Frankenstein, mas havia várias diferenças cruciais. No século XIX, os médicos ignoravam os mecanismos de rejeição do corpo, que tornam impossível o enxerto de novos órgãos. Além disso, os médicos não sabiam como impedir as infecções que inevitavelmente contaminariam qualquer órgão depois da cirurgia. Portanto, Atala, em vez de criar um monstro, está inaugurando uma tecnologia médica totalmente nova para salvar vidas que um dia poderá mudar a face da medicina.

Um objetivo deste laboratório é desenvolver um fígado humano, talvez dentro de cinco anos. O fígado não é tão complicado e consiste apenas em uns poucos tipos de tecido. Fígados desenvolvidos em laboratório poderiam salvar milhares de vidas, especialmente aquelas que precisam desesperadamente de transplante. Poderiam também salvar a vida de alcoólatras que sofrem de cirrose. (Infelizmente, poderiam também incentivar pessoas a conservar maus hábitos, sabendo que podem obter órgãos para substituir os lesados.)

Se órgãos do corpo, como a traqueia e a bexiga, podem ser desenvolvidos agora, o que impedirá cientistas de desenvolverem todos os órgãos do corpo? Um problema básico é como desenvolver os minúsculos capilares que fornecem sangue para as células. Cada célula do corpo tem de estar em contato com um suprimento de sangue. Além disso, existe o problema de desenvolver estruturas complexas. O fígado, que purifica o sangue de toxinas, é composto de milhões de pequeníssimos filtros; portanto, é bastante difícil criar um molde para estes filtros.

Mas o órgão mais difícil de desenvolver é o cérebro humano. Embora recriar ou desenvolver um cérebro humano pareça improvável durante décadas ainda, talvez seja possível injetar células jovens diretamente no cérebro, que as incorporará na sua rede neural. Esta injeção de novas células do cérebro, entretanto, é aleatória, e assim o paciente terá de reaprender muitas funções básicas. Mas, como o cérebro é "plástico" – isto é, constantemente se religa depois de aprender uma nova tarefa –, talvez seja possível integrar estes novos neurônios para que se acendam corretamente.

CÉLULAS-TRONCO

Um passo além é a aplicação da tecnologia da célula-tronco. Até agora, os órgãos humanos foram desenvolvidos usando-se células que não eram células-tronco, mas células tratadas especialmente para proliferar dentro de moldes. No futuro próximo, deverá ser possível usar células-tronco diretamente.

As células-tronco são as "mães de todas as células" e têm a habilidade de se transformar em qualquer tipo de célula do corpo. Cada célula no nosso corpo tem um código genético completo necessário para criá-lo todo. Mas, conforme as nossas células amadurecem, elas se especializam, e portanto muitos dos genes são desativados. Por exemplo, embora uma célula da pele possa ter os genes para se transformar em sangue, estes genes são desligados quando uma célula embrionária se torna uma célula de pele adulta.

Mas as células-tronco embrionárias retêm esta habilidade para voltar a desenvolver qualquer tipo de célula ao longo de toda a sua vida. Embora as células-tronco embrionárias sejam muito mais valorizadas pelos cientistas, elas também geram muito mais controvérsias, visto que um embrião tem de ser sacrificado a fim de extrair estas células, levantando questões éticas. (Entretanto, Lanza e seus colegas inauguraram meios com que pegar células-tronco adultas, que já se transformaram num tipo de células, e em seguida transformá-las em células-tronco embrionárias.)

As células-tronco têm potencial para tratar uma quantidade enorme de doenças, tais como diabetes, doenças cardíacas, Alzheimer, Parkinson, até câncer. De fato, é difícil pensar numa doença em que as células-tronco não causarão grande impacto. Uma área particular de pesquisa é a das lesões na medula espinhal, para as quais antes se pensava não haver cura possível. Em 1995, quando o belo ator Christopher Reeve sofreu uma grave lesão na medula espinhal que o deixou totalmente paralisado, não havia cura. Entretanto, em estudos com animais, largos passos foram dados na reparação da medula espinhal com células-tronco.

Por exemplo, Stephen Davies, da Universidade do Colorado, teve um impressionante sucesso no tratamento de lesões da medula espinhal de ratos. Ele diz: "Conduzi alguns experimentos nos quais transplantamos neurônios adultos diretamente para os sistemas nervosos centrais adultos. Verdadeiras experiências de tipo Frankenstein. Para nossa grande surpresa, neurônios adultos foram capazes de enviar novas fibras nervosas de um lado do cérebro para o outro em apenas uma semana." No tratamento das lesões da medula espinhal, acreditava-se que qualquer tentativa de reparar os nervos causaria muita dor e angústia também. Davies descobriu que um tipo importante de células nervosas, chamadas astrócitos, ocorre em duas variedades, com diferentes resultados.

Davies diz: "Usando os astrócitos corretos para reparar lesões na medula espinhal, temos todos os ganhos sem a dor, enquanto esses outros tipos parecem oferecer o oposto – dor, mas sem ganho." Além do mais, as mesmas técnicas que ele está desbravando com células-tronco também funcionarão com vítimas de derrames cerebrais e mal de Alzheimer e de Parkinson, ele acredita.

Já que virtualmente todas as células do corpo podem ser criadas alterando-se células-tronco embrionárias, as possibilidades são infinitas. Entretanto, Doris Taylor, diretora do Center for Cardiovascular Repair, da Universidade de Minnesota, alerta que há muito ainda para ser feito. "As células-tronco embrionárias representam o bom, o mau e o feio. Quando elas são boas, podem ser desenvolvidas em grandes quantidades nos laboratórios e usadas para dar origem a tecidos, órgãos ou partes do corpo. Quando são ruins, elas não sabem quando parar de crescer e dão origem a tumores. As feias – bem, não compreendemos todas as pistas, e portanto não podemos controlar o resultado; não estamos prontos para usá-las sem mais pesquisas no laboratório", observa ela.

Este é um dos principais problemas que a pesquisa de células-tronco enfrenta: o fato de que estas células-tronco, sem pistas químicas do ambiente, poderiam continuar a proliferar desregradamente até se tornarem cancerosas. Cientistas agora percebem que as sutis mensagens químicas que viajam entre as células, dizendo-lhes onde e quando crescer ou parar de crescer, são tão importantes quanto a própria célula.

Não obstante, um lento, porém real progresso está sendo feito, especialmente em estudos com animais. Taylor foi manchete em 2008, quando a sua equipe, pela primeira vez na história, desenvolveu quase do zero o coração de camundongo pulsante. A sua equipe começou com um coração de camundongo e dissolveu as células dentro desse coração, deixando apenas a estrutura, a matriz de proteínas em forma de coração. Em seguida, plantou uma mistura de células-tronco do coração nessa matriz e observou que as células-tronco começaram a proliferar dentro do arcabouço. Antes, os cientistas eram capazes de desenvolver células do coração individuais numa placa de Petri. Mas esta era a primeira vez que um coração pulsando de verdade era desenvolvido no laboratório.

Para ela, desenvolver o coração era também um excitante acontecimento pessoal. Ela disse: "É magnífico. Você pode ver toda a árvore vascular, desde artérias até as minúsculas veias que fornecem sangue a cada uma das células do coração."

Há também uma parte do governo dos Estados Unidos que está muito interessada em fazer avanços na área da engenharia de tecidos: as Forças Armadas. Em guerras passadas, o índice de mortes nos campos de batalha era aterrador, com regimentos e batalhões inteiros dizimados e muitos morrendo por causa de ferimentos. Agora equipes de evacuação médica de rápida resposta transportam de avião os feridos do Iraque e do Afeganistão para a Europa ou os Estados Unidos, onde recebem cuidados médicos de primeira. O índice de sobrevivência entre os pracinhas subiu vertiginosamente. E também o número de soldados que perderam braços e pernas. Consequentemente, as Forças Armadas americanas estabeleceram como prioridade encontrar um jeito de fazer os membros crescerem de novo.

Um grande avanço no Instituto de Medicina Regenerativa das Forças Armadas tem sido o uso de um método radicalmente novo de desenvolver órgãos. Cientistas sabem há muito tempo que as salamandras têm uma capacidade extraordinária de regeneração, desenvolvendo membros inteiros depois de perdê-los. Estes membros crescem novamente porque as células-tronco das salamandras são estimuladas para criar novos membros. Uma teoria que tem dado frutos está sendo explorada por Stephen Badylak, da Universidade de Pittsburgh, que tem feito crescer de novo com sucesso pontas de dedos. A sua equipe criou um "pó de duende" com o milagroso poder de fazer tecidos crescerem de novo. Este pó é criado não a partir de células, mas da matriz extracelular que existe entre as células. Esta matriz é importante porque contém os sinais que dizem às células-tronco que cresçam de determinado modo. Quando este "pó de duende" é aplicado à ponta de um dedo que foi amputada, ele estimulará não apenas a ponta do dedo, mas também a unha, deixando uma cópia quase perfeita do dedo original. Até um terço de polegada de tecido e unha foi desenvolvido desse modo. A próxima meta é estender este processo para ver se é possível fazer crescer de novo um membro inteiro do corpo humano, exatamente como as salamandras.

CLONAGEM

Se é possível fazer crescer vários órgãos do corpo humano, então podemos fazer crescer de novo um ser humano inteiro, criando uma cópia genética exata, um clone? A resposta é sim, a princípio, mas ainda não foi feito, apesar de inúmeros relatos em contrário.

Clones são um tema favorito nos filmes de Hollywood, mas em geral eles entendem a ciência ao inverso. No filme *O 6º dia*, o personagem de Arnold Schwarzenegger combate os caras maus que dominaram a arte de clonar seres humanos. Mais importante, eles dominaram a arte de copiar toda a memória de uma pessoa e em seguida inseri-la no clone. Quando Schwarzenegger consegue eliminar um vilão, outro aparece com a mesma personalidade e memória. As coisas ficam confusas quando ele descobre que fizeram um clone seu sem ele saber. (Na realidade, quando um animal é clonado, as memórias não o são.)

O conceito de clonagem chegou às manchetes em 1997, quando Ian Wilmut, do Roslin Institute, da Universidade de Edimburgo, conseguiu clonar a ovelha Dolly. Ao pegar uma célula de uma ovelha adulta, extrair o DNA do seu núcleo e em seguida inserir este núcleo numa célula-ovo, Wilmut foi capaz de realizar a façanha de recuperar uma cópia genética do original. Certa vez eu lhe perguntei se ele tinha alguma ideia da intensa reação que a sua descoberta histórica deflagraria. Ele disse que não. Era evidente que ele compreendia a importância médica do seu trabalho, mas subestimava o fascínio do público pela sua descoberta.

Não demorou muito e grupos no mundo inteiro começaram a copiar a sua façanha, clonando uma ampla variedade de animais, entre os quais camundongos, cabras, gatos, porcos, cães, cavalos e gado. Certa vez fui com uma equipe de câmeras da BBC visitar Ron Marquess nos arredores de Dallas, Texas, que tem uma das maiores fazendas de gado clonado do país. No rancho, fiquei intrigada ao ver gado clonado de primeira, segunda e até terceira geração – clones de clones. Marquess me disse que eles teriam de inventar um novo vocabulário para acompanhar as várias gerações de gado clonado.

Um grupo de bovinos me chamou a atenção. Havia cerca de oito gêmeos idênticos, todos em fila. Eles andavam, corriam, comiam e dormiam exatamente em fila. Embora os bezerros não tivessem noção de serem clones uns dos outros, instintivamente se reuniam e imitavam os seus movimentos.

Marquess me contou que clonar gado era potencialmente um negócio lucrativo. Se você tem um touro com características físicas superiores, então ele poderia alcançar um bom preço se fosse usado para reprodução. Mas, se o touro morresse, então a sua linha genética se perderia, a não ser que o seu esperma fosse coletado e refrigerado. Com a clonagem, é possível manter viva a linha genética de touros premiados para sempre.

Embora a clonagem tenha aplicações comerciais para animais e criação de animais, as implicações para os humanos eram menos claras. Apesar de muitas afirmativas sensacionalistas sobre realizações de clonagem humana, todas são provavelmente falsas. Até agora, ninguém conseguiu clonar um primata, muito menos um humano. Mesmo a clonagem de animais tem se provado difícil, visto serem criadas centenas de embriões defeituosos para cada um que chega ao fim da gestação.

E, mesmo que a clonagem de humanos se torne possível, existem obstáculos sociais. Primeiro, muitas religiões serão contrárias à clonagem humana, assim como a Igreja Católica se opôs aos bebês de proveta em 1978, quando Louise Brown se tornou o primeiro bebê da história a ser concebido num tubo de ensaio. Isto significa que provavelmente serão aprovadas leis proibitivas da tecnologia, ou pelo menos rigidamente regulamentaras. Segundo, a demanda comercial de clonagem humana será pequena. No máximo, é provável que apenas uma fração da raça humana seja de clones, mesmo que seja legal. Afinal de contas, nós já temos clones, na forma de gêmeos idênticos (e trigêmeos), e portanto a clonagem pouco a pouco deixará de ser novidade.

No início, a demanda de bebês de proveta foi enorme, tendo em vista as legiões de casais inférteis. Mas quem vai clonar um ser humano? Talvez pais que chorem a morte de um filho. Ou, o mais provável, um velho rico no seu leito de morte e sem herdeiros – ou sem herdeiros pelos quais se interesse – e que queira deixar todo o seu dinheiro para ele mesmo sendo criança, a fim de começar tudo de novo.

Portanto, no futuro, embora possa haver leis que os proíbam, provavelmente vão existir clones humanos. Mas eles representarão apenas uma fração mínima da raça humana, e as consequências sociais serão bem pequenas.

TERAPIA GENÉTICA

Francis Collins, o atual diretor dos National Institutes of Health e o homem que liderou o histórico Projeto Genoma Humano do governo, me contou que "todos nós temos cerca de meia dúzia de genes que são bastante defeituosos". No passado distante, tínhamos simplesmente de sofrer com estes defeitos genéticos letais. No futuro, disse-me ele, vamos curar muitos deles com a terapia de genes.

Doenças genéticas têm assombrado a humanidade desde o alvorecer da história, e em momentos-chave podem até ter influenciado o curso da história. Por exemplo, por causa da endogamia entre as famílias reais da Europa, doenças genéticas flagelaram gerações de nobres. George III da Inglaterra, por exemplo, provavelmente sofria de porfiria aguda intermitente, que causa ataques temporários de insanidade. Alguns historiadores especularam que isto agravou o seu relacionamento com as colônias, incitando-as a declarar a sua independência da Inglaterra em 1776.

A rainha Vitória era portadora do gene da hemofilia, que causa sangramentos incontroláveis. Como teve nove filhos, muitos dos quais se casaram com outras casas reais da Europa, a "doença real" espalhou-se pelo continente. Na Rússia, o bisneto da rainha Vitória, Alexis, filho de Nicolau II, sofria de hemofilia, que pelo visto parece que pôde ser temporariamente controlada pelo místico Rasputin. Este "monge louco" conquistou poder suficiente para paralisar a nobreza russa, retardar reformas muito necessárias e, alguns historiadores especularam, ajudou a ocasionar a Revolução Bolchevique em 1917.

Mas, no futuro, a terapia genética talvez consiga curar muitas das 5 mil doenças genéticas conhecidas, tais como fibrose cística (que aflige os europeus do Norte) e a doença de Tay-Sachs (que aflige os afro-americanos). No futuro próximo, deverá ser possível curar muitas doenças genéticas causadas pela mutação de um único gene.

Existem dois tipos de terapia genética: somática e da linhagem germinativa.

A terapia genética somática conserta os genes imperfeitos de um único indivíduo. O valor terapêutico desaparece quando ele morre. Mais controvertida é a terapia genética da linhagem germinativa, na qual se consertam os genes das células sexuais para que o gene consertado possa ser transmitido à geração seguinte, quase para sempre.

A cura de doenças genéticas segue um caminho longo, porém bem definido. Primeiro, é preciso encontrar vítimas de determinada doença genética e, em seguida, traçar exaustivamente suas árvores familiares, voltando atrás muitas gerações. Ao analisar os genes destes indivíduos, tenta-se então determinar a exata localização do gene que pode estar danificado.

Em seguida, pega-se uma versão saudável desse gene, para depois inseri-la num "vetor" (em geral um vírus inofensivo) e injetá-la no paciente. O vírus rapidamente insere o "gene bom" nas células do paciente, curando potencialmente o paciente desta doença. Em 2001, havia mais de 500 tentativas de terapia genética em andamento ou sob revisão no mundo inteiro.

Entretanto, o progresso tem sido lento e os resultados, confusos. Um dos problemas é que o corpo com frequência confunde este vírus inofensivo, que contém o "gene bom", com um vírus perigoso e começa a atacá-lo. Isto causa efeitos secundários que podem negar o efeito do gene bom. Outro problema é a quantidade de vírus não ser o bastante para inserir o gene bom nas células-alvo corretamente, razão por que o corpo não pode produzir uma quantidade suficiente da proteína adequada.

Apesar destas complicações, os cientistas na França anunciaram em 2000 que eram capazes de curar crianças com graves imunodeficiências combinadas (SCID), que nasceram sem um sistema imunológico que funcione. Alguns pacientes SCID, como "David, o menino-bolha", precisam viver dentro de bolhas de plástico esterilizadas pelo resto da vida. Sem um sistema imunológico, qualquer doença pode ser fatal. Análises genéticas destes pacientes mostram que suas células imunológicas realmente incorporaram o novo gene, conforme planejado, ativando portanto o seu sistema imunológico.

Mas tem havido reveses. Em 1999, na Universidade da Pensilvânia, um paciente morreu numa tentativa de terapia genética, causando ansiosas considerações dentro da comunidade médica. Foi a primeira morte entre 1.100 pacientes submetidos a este tipo de terapia genética. E, em 2007, quatro dos 10 pacientes que tinham sido curados de uma forma particular de SCID desenvolveram um grave efeito colateral, a leucemia. A pesquisa em terapia genética para SCID agora está focalizada na cura da doença sem detonar acidentalmente um gene que possa causar câncer. Até agora, 17 pacientes que sofriam de uma variedade diferente de SCID estão livres tanto de SCID como de câncer, tornando este um dos poucos sucessos nesta área.

Um alvo para a terapia genética é na verdade o câncer. Quase 50% de todos os cânceres comuns estão associados a um gene danificado, o p53. O gene p53 é longo e complexo: isto torna mais provável que ele seja danificado por fatores ambientais e químicos. Portanto, muitos experimentos em terapia genética estão sendo conduzidos para inserir um gene p53 saudável em pacientes. Por exemplo, o cigarro muitas vezes causa mutações características em três locais bem conhecidos dentro do gene p53. Assim, a terapia genética, ao substituir o gene p53 danificado, talvez um dia seja capaz de curar certas formas de câncer do pulmão.

O progresso tem sido lento, mas constante. Em 2006, os cientistas dos National Institutes of Health, em Maryland, foram capazes de tratar com sucesso melanomas metastáticos, uma forma de câncer de pele, alterando células T assassinas para mirarem especificamente células cancerosas. Este é o primeiro estudo a mostrar que a terapia genética pode ser usada com êxito contra algumas formas de câncer. E, em 2007, médicos do University College e do Moorfields Eye Hospital, em Londres, conseguiram usar a terapia genética para tratar determinada forma de doença da retina herdada (causada por mutações no gene RPE65).

Enquanto isso, alguns casais não estão aguardando a terapia genética, mas cuidam eles mesmos da sua herança genética. Um casal pode criar vários embriões fertilizados usando a fertilização *in vitro*. Cada embrião pode ser testado para uma doença genética específica, e o casal pode selecionar o embrião livre da doença genética para ser implantado na mãe. Dessa maneira, doenças genéticas podem ser eliminadas pouco a pouco, sem o uso de técnicas de terapia genética, que são caras. Este processo está sendo feito atualmente com alguns judeus ortodoxos do Brooklyn que têm alto risco de doença de Tay-Sachs.

Uma doença, entretanto, provavelmente continuará mortal ao longo de todo este século – o câncer.

COEXISTINDO COM O CÂNCER

Em 1972, o presidente Richard Nixon, em meio a grandes fanfarras e publicidade, anunciou solenemente uma guerra contra o câncer. Investindo muito dinheiro na luta contra o câncer, ele acreditava que a cura estaria em breve disponível. Mas 40 anos (e 200 bilhões de dólares) depois, o câncer é a segunda principal causa de morte nos Estados Unidos, responsável por 25% de todos os óbitos. A taxa de mortalidade por câncer caiu apenas 5% de 1950 até 2005 (levando-se em conta a idade e outros fatores). Estima-se que o câncer cobrará a vida de 562 mil americanos somente este ano, ou mais de mil pessoas por dia. Os índices de câncer caíram para uns poucos tipos da doença, mas permaneceram obstinadamente no mesmo patamar para outros. E o tratamento do câncer, envenenando, cortando e atacando tecidos humanos, deixa um rastro de lágrimas para os pacientes, que muitas vezes se perguntam o que é pior, a doença ou o tratamento.

Olhando para trás, podemos ver o que deu errado. Em 1971, antes da revolução na engenharia genética, as causas de câncer eram um total mistério.

Agora, os cientistas percebem que ele é basicamente uma doença de nossos genes. Seja causado por um vírus, exposição química, radiação ou acaso, o câncer envolve fundamentalmente mutações em quatro ou mais de nossos genes, nos quais uma célula normal "se esquece de como deve morrer". A célula perde o controle da sua reprodução e se reproduz sem limite, acabando por matar o paciente. O fato de ser necessária uma sequência de quatro ou mais genes defeituosos para causar um câncer provavelmente explica por que ele em geral mata décadas depois de um incidente original. Por exemplo, você talvez tenha uma grave queimadura de sol quando criança. Muitas décadas depois, talvez você desenvolva um câncer de pele nesse mesmo local. Isto significa que provavelmente demorou esse mesmo tempo para que outras mutações ocorressem e, finalmente, fizessem a célula entrar no modo canceroso.

Existem pelo menos dois tipos principais destes genes de câncer, oncogenes e supressores de tumor, que funcionam como o acelerador e os freios de um carro. O oncogene age como um acelerador preso na posição inferior, de modo que o carro dispara sem controle, permitindo que a célula se reproduza sem limites. O supressor de tumor normalmente age como um freio, e, por isso, quando está danificado, a célula é como um carro que não pode parar.

O Projeto Genoma do Câncer planeja sequenciar os genes da maioria dos cânceres. Visto que cada um requer o sequenciamento do genoma humano, o Projeto Genoma do Câncer é centenas de vezes mais ambicioso do que o Projeto Genoma Humano.

Alguns dos primeiros resultados deste tão aguardado Projeto Genoma do Câncer foram anunciados em 2009 no que se refere aos cânceres de pele e de pulmão. Os resultados foram espantosos. Mike Stratton, do Wellcome Trust Sanger Institute, disse: "Isso a que estamos assistindo hoje vai transformar o modo como vemos o câncer. Jamais vimos o câncer revelado desta forma antes."

As células de uma célula de câncer do pulmão tiveram surpreendentes 23 mil mutações individuais, enquanto as do melanoma tiveram 33 mil mutações. Isto significa que um fumante típico desenvolve uma mutação para cada

15 cigarros que ele fuma. (O câncer de pulmão mata 1 milhão de pessoas todos os anos no mundo inteiro, principalmente devido ao cigarro.)

O objetivo é analisar geneticamente todos os tipos de câncer, dos quais existem mais de 100. Há muitos tecidos no corpo, e todos podem se tornar cancerosos; muitos tipos de câncer para cada tecido, e dezenas de milhares de mutações dentro de cada tipo de câncer. Visto que cada câncer envolve dezenas de milhares de mutações, levará décadas para isolar exatamente quais destas mutações fazem o mecanismo celular se descontrolar. Cientistas desenvolverão curas para uma ampla variedade de cânceres, mas nenhuma cura única para todos eles, visto que o próprio câncer é como uma coleção de doenças.

Novos tratamentos e terapias também entrarão continuamente no mercado, todas destinadas a atacar o câncer na sua raiz molecular e genética. Algumas das mais promissoras são:

- a antiangiogênese, ou cortar o fornecimento de sangue de um tumor para que ele não cresça
- as nanopartículas, que são como "bombas inteligentes" direcionadas para as células de câncer
- a terapia genética, especialmente para o gene p53
- novas drogas que mirem apenas as células de câncer
- novas vacinas contra vírus que podem causar câncer, como o papilomavírus humano (HPV), que pode causar câncer cervical

Infelizmente é pouco provável que encontremos a bala mágica para o câncer. Mas vamos curá-lo um passo de cada vez. Mais do que provável, a grande redução na taxa de mortalidade acontecerá quando tivermos chips de DNA espalhados pelo nosso ambiente, monitorando-nos constantemente para encontrar células de câncer anos antes de um tumor se formar.

Como o ganhador do prêmio Nobel David Baltimore observa: "O câncer é um exército de células que combatem nossas terapias com meios que, tenho certeza, nos manterão continuamente na batalha."

MEADOS DO SÉCULO [DE 2030 A 2070]

TERAPIA GENÉTICA

Apesar dos reveses na terapia dos genes, pesquisadores acreditam que ganhos constantes serão feitos nas próximas décadas. Em meados do século, muitos pensam, a terapia genética será o método-padrão para tratar uma variedade de doenças genéticas. Grande parte do sucesso que os cientistas tiveram em estudos com animais acabará se traduzindo em estudos humanos.

Até agora a terapia genética tem tido como alvo doenças causadas por mutações num único gene. Elas serão as primeiras a ser curadas. Porém muitas doenças são causadas por mutações em múltiplos genes, junto com gatilhos do ambiente. Estas são muito mais difíceis de tratar, mas incluem doenças importantes, como diabetes, esquizofrenia, Alzheimer, Parkinson e cardíacas. Todas mostram padrões genéticos definidos, mas nenhum gene isolado é responsável. Por exemplo, é possível ter um esquizofrênico cujo gêmeo idêntico seja normal.

Ao longo dos anos, tem havido inúmeros anúncios de cientistas que conseguiram isolar alguns dos genes envolvidos na esquizofrenia acompanhando o histórico genético de certas famílias. Entretanto, é constrangedor que estes resultados sejam, com frequência, impossíveis de conferir com outros estudos independentes. Portanto, são falhos, ou quem sabe muitos genes estejam envolvidos na esquizofrenia. Além disso, certos fatores ambientais parecem estar envolvidos.

Em meados do século, a terapia genética deve se tornar uma terapia bem definida, pelo menos para doenças causadas por genes únicos. Mas os pacientes talvez não se contentem apenas em consertar os genes. Talvez queiram também aperfeiçoá-los.

FILHOS DE DESIGNERS

Em meados do século, cientistas irão além de consertar apenas os genes danificados, para aperfeiçoá-los e melhorá-los.

O desejo de ter habilidade sobre-humana é antigo, com raízes profundas nas mitologias romana e grega e nos nossos sonhos. O grande herói Hércules, um dos mais populares de todos os semideuses gregos e romanos, conquistou os seus grandes poderes não com exercícios e dietas, mas com uma injeção de genes divinos. Sua mãe era uma bela mortal, Alcmene, que um dia chamou a atenção de Zeus, que, disfarçando-se de seu marido, teve relação sexual com ela. Quando ela engravidou do seu filho, Zeus anunciou que o bebê um dia seria um grande guerreiro. Mas a mulher de Zeus, Hera, ficou com ciúme e secretamente tramou para matar o bebê atrasando o seu nascimento. Alcmene quase morreu de agonia durante o parto prolongado, mas a trama de Hera foi exposta no último minuto e Alcmene pariu um bebê inusitadamente grande. Metade homem, metade deus, Hércules herdou a força divina do pai para realizar as suas façanhas heroicas, legendárias.

No futuro, talvez não sejamos capazes de criar genes divinos, mas certamente seremos capazes de criar genes que nos deem habilidades sobre-humanas. E, como o difícil parto de Hércules, haverá muitas dificuldades para consumar esta tecnologia.

Em meados do século, "filhos de designers" poderão ser uma realidade. Como o biólogo de Harvard E. O. Wilson disse: "O *Homo sapiens*, a primeira espécie verdadeiramente livre, está para dispensar a seleção natural, a força que nos fez... Em breve deveremos olhar bem fundo dentro de nós mesmos e decidir o que desejamos nos tornar."

Os cientistas já estão separando os genes que controlam funções básicas. Por exemplo, o gene do "camundongo inteligente", que aumenta a memória e o desempenho de camundongos, foi isolado em 1999. Camundongos que possuem o gene inteligente são mais capazes de transitar por labirintos e lembrar-se de coisas.

Cientistas da Princeton University, como Joseph Tsien, criaram uma linhagem de camundongos geneticamente alterados com um gene extra chamado NR2B, que ajuda a detonar a produção do neurotransmissor N-metil-D-aspartato (NMDA) no cérebro anterior de camundongos. Os criadores dos camundongos inteligentes os batizaram de camundongos Doogie (inspirado no personagem de TV Doogie Howser, MD).

Estes camundongos inteligentes tiveram um desempenho superior ao dos camundongos comuns numa variedade de testes. Se um camundongo é colocado numa bacia de água turva, ele deve encontrar uma plataforma escondida logo abaixo da superfície onde possa descansar. Camundongos comuns esquecem onde esta plataforma está e nadam ao acaso ao redor da bacia, enquanto os inteligentes seguem em linha reta até lá na primeira tentativa. Quando se mostram aos camundongos dois objetos, um antigo e outro novo, os comuns não prestam atenção ao novo. Mas os camundongos inteligentes reconhecem imediatamente a presença deste novo objeto.

O mais importante é que esses cientistas compreendem como funcionam os genes de camundongos inteligentes: eles regulam as sinapses do cérebro. Se você pensa no cérebro como uma vasta coleção de autoestradas com várias pistas e trevos, então a sinapse seria equivalente a uma cabine de pedágio. Se o pedágio é muito alto, então os carros não podem passar pela cancela: uma mensagem é interrompida dentro do cérebro. Mas o pedágio é baixo, e por isso os carros podem passar e a mensagem é transmitida através do cérebro. Neurotransmissores como o NMDA baixam o pedágio na sinapse, possibilitando que as mensagens passem livremente. Os camundongos inteligentes possuem duas cópias do gene NR2B, que por sua vez ajuda a produzir o neurotransmissor NMDA.

Estes camundongos inteligentes confirmam a regra de Hebb: o aprendizado ocorre quando certos caminhos neurais são reforçados. Especificamente estes caminhos poderiam ser reforçados regulando-se as sinapses que conectam duas fibras nervosas, facilitando aos sinais cruzar a sinapse.

Este resultado talvez ajude a explicar certas peculiaridades a respeito do aprendizado. Sabe-se que os animais quando envelhecem têm menos capacidade de aprender. Os cientistas veem isto por todo o reino animal. A explicação poderia ser que o gene NR2B se torna menos ativo com a idade.

Também, como vimos antes com a regra de Hebb, memórias poderiam ser criadas quando neurônios formam uma forte conexão. Isto poderia ser verdade, visto que ativar o receptor NMDA cria uma forte conexão.

GENE DO SUPERCAMUNDONGO

Além disso, foi isolado o "gene do supercamundongo", que aumenta a massa muscular fazendo com que o camundongo pareça ter hipertrofia muscular. Ele foi encontrado primeiro em camundongos com músculos extraordinariamente grandes. Os cientistas agora percebem que o segredo está no gene miostatina, que ajuda a manter sob controle o crescimento muscular. Mas, em 1997, os cientistas descobriram que, quando o gene miostatina é silenciado em camundongos, o crescimento muscular se expande enormemente.

Outro avanço se deu logo depois na Alemanha, quando cientistas examinaram um menino recém-nascido que tinha músculos fora do comum na parte superior das pernas e nos braços. Exames com ultrassom mostraram que os músculos deste menino eram duas vezes maiores que o normal. Ao sequenciar os genes deste bebê e da sua mãe (que era uma corredora profissional), eles encontraram um padrão genético semelhante. De fato, uma análise do sangue do menino revelou a inexistência de miostatina.

No início, os cientistas da Johns Hopkins Medical School ficaram ansiosos para entrar em contato com pacientes que sofriam de distúrbios musculares degenerativos e pudessem se beneficiar deste resultado, mas se decepcionaram ao ver que metade dos telefonemas para o seu consultório era de gente que malhava e queria o gene para ficar ainda mais musculosa, sem se preocupar com as consequências. Talvez estes levantadores de peso estivessem se lembrando do fenomenal sucesso de Arnold Schwarzenegger, que admitiu usar esteroides para fazer deslanchar a sua meteórica carreira. Devido ao grande interesse pelo gene miostatina e pelos meios de suprimi-lo, até o Comitê Olímpico foi obrigado a formar uma comissão especial para examiná-lo. Ao contrário dos esteroides, que são relativamente fáceis de detectar por meio de testes químicos, este novo método, porque envolve genes e as proteínas que eles criam, é muito mais difícil de perceber.

Estudos realizados em gêmeos idênticos que tinham sido separados ao nascer mostram que existe uma ampla variedade de traços comportamentais influenciados pela genética. De fato, estes estudos mostram que aproximadamente 50% do comportamento de um gêmeo são influenciados por genes e os outros 50%, pelo ambiente. Estes traços incluem memória, raciocínio verbal, raciocínio espacial, velocidade de processamento, extroversão e busca de emoções.

Mesmo comportamentos que um dia se pensou serem complexos estão agora revelando suas raízes genéticas. Por exemplo, ratazanas-do-mato são monogâmicas. Camundongos de laboratório são promíscuos. Larry Young, da Emory University, chocou o mundo da biotecnologia mostrando que a transferência de um gene das ratazanas-do-mato podia criar camundongos que exibiam características monogâmicas. Cada animal tem uma versão diferente de determinado receptor para um peptídio cerebral associado com comportamento social e acasalamento. Young inseriu o gene da ratazana para este receptor nos camundongos e descobriu que eles, em seguida, exibiam comportamentos mais parecidos com as ratazanas monogâmicas.

Young disse: "Embora seja provável que muitos genes estejam envolvidos na evolução de comportamentos sociais complexos, como a monogamia... mudanças na expressão de um único gene podem ter um impacto na expressão de componentes destes comportamentos, tal como afiliação."

Depressão e felicidade também podem ter raízes genéticas. Há muito se sabe que existem pessoas que são felizes mesmo tendo sofrido acidentes trágicos. Elas sempre veem o lado luminoso das coisas, mesmo diante de reveses que podem deixar qualquer indivíduo arrasado. Estas pessoas também tendem a ser mais saudáveis do que o normal. O psicólogo de Harvard Daniel Gilbert me contou que existe uma teoria que poderia explicar isso. Talvez nós nasçamos com um "ponto definido de felicidade". Dia a dia podemos oscilar em torno deste ponto definido, mas o seu nível está fixado de nascença. No futuro, por meio de drogas e terapia genética, talvez seja possível mudar este ponto definido, especialmente para aqueles que sofrem de depressão crônica.

EFEITOS COLATERAIS DA REVOLUÇÃO BIOTECNOLÓGICA

Em meados do século, os cientistas serão capazes de isolar e alterar muitos dos genes únicos que controlam uma variedade de características humanas. Mas isto não significa que a humanidade se beneficie imediatamente deles. Há também o longo e árduo trabalho de eliminar os efeitos colaterais e consequências indesejadas, que levará décadas.

Por exemplo, Aquiles era invencível em combate, liderando os vitoriosos gregos na sua épica batalha contra os troianos. Entretanto, o seu poder tinha uma falha fatal. Quando bebê, sua mãe o mergulhou no rio mágico Estige, a fim de torná-lo invencível. Infelizmente ela teve de segurá-lo pelo calcanhar quando o colocou na água, deixando esse único ponto crucial de vulnerabilidade. Depois, ele morreria na Guerra de Troia, ao ser atingindo no calcanhar por uma flecha.

Hoje, os cientistas se perguntam se as novas linhagens de criaturas que saem de seus laboratórios não terão também um calcanhar de aquiles oculto. Por exemplo, hoje existem cerca de 33 linhagens de "camundongos inteligentes" com memória e desempenho aperfeiçoados. Mas essa memória aperfeiçoada tem um efeito colateral inesperado: camundongos inteligentes ficam às vezes paralisados de medo. Se forem expostos a um choque elétrico levíssimo, por exemplo, tremem de medo. "É como se lembrassem demais", diz Alcino Silva, da UCLA, que desenvolveu a sua própria linhagem de camundongos inteligentes. Os cientistas agora percebem que esquecer pode ser tão importante quanto lembrar, para compreender este mundo e organizar o nosso conhecimento. Talvez tenhamos de jogar fora um bocado de arquivos a fim de organizar o nosso conhecimento.

Isto lembra um caso da década de 1920, documentado pelo neurologista russo A. R. Luria, sobre um homem que tinha uma memória fotográfica. Depois de uma única leitura da *Divina comédia*, de Dante, ele havia decorado cada palavra. Isto era útil no seu trabalho como repórter de jornal, mas ele era incapaz de compreender figuras de linguagem. "Os obstáculos à sua compreensão eram impressionantes: cada expressão dava origem a uma imagem; esta, por sua vez, entrava em conflito com outra imagem que tinha sido evocada."

De fato, os cientistas acreditam que é preciso haver um equilíbrio entre esquecer e lembrar. Se você esquece demais, talvez consiga esquecer a dor de erros anteriores, mas pode também esquecer fatos e habilidades fundamentais. Se você lembra demais, pode ser capaz de lembrar detalhes importantes, mas ficar paralisado com a lembrança de cada dor e revés. Apenas um equilíbrio entre estes dois pode produzir uma compreensão ótima.

A turma da musculação está afluindo em bando para drogas e terapias diferentes que lhes prometem fama e glória. O hormônio eritropoietina (EPO) funciona produzindo mais hemácias que contêm oxigênio, o que significa mais resistência. Como o EPO engrossa o sangue, ele também está associado a derrames e ataques cardíacos. Fatores de crescimento semelhantes à insulina (IGF) são úteis porque ajudam as proteínas a dar mais volume aos músculos, mas têm sido associados ao crescimento de tumores.

Mesmo que sejam aprovadas leis que proíbam aperfeiçoamentos genéticos, será difícil interrompê-los. Por exemplo, os pais são geneticamente programados pela evolução para querer dar todas as vantagens aos seus filhos. Por um lado, isto poderia significar lhes dar aulas de violino, balé e esportes. Mas, por outro, poderia significar lhes dar aperfeiçoamentos genéticos para melhorar a sua memória, capacidade de concentração, habilidade atlética e, quem sabe, até aparência. Se os pais descobrirem que o seu filho está competindo com o filho do vizinho que dizem ter sido geneticamente aperfeiçoado, haverá uma pressão enorme para dar o mesmo benefício ao seu próprio filho.

Como disse Gregory Benford: "Todos sabemos que as pessoas bonitas se dão bem. Que pai resistirá ao argumento de que estão dando uma poderosa mãozinha (talvez literalmente) num novo mundo competitivo?"

Em meados do século, aperfeiçoamentos genéticos podem se tornar lugar-comum. De fato, aperfeiçoamentos genéticos podem até ser indispensáveis, se vamos explorar o sistema solar e viver em planetas inóspitos.

Há quem diga que deveríamos usar genes de designer para ficarmos mais saudáveis e felizes. Outros dizem que deveríamos aceitar aperfeiçoamentos cosméticos. A grande questão será saber aonde isto vai parar. De qualquer maneira, pode se tornar cada vez mais difícil controlar a disseminação de "genes de designer" que aprimoram a aparência e o desempenho. Não queremos que a raça humana se divida em diferentes facções genéticas, os aperfeiçoados e os não aperfeiçoados. Mas a sociedade terá de decidir democraticamente até onde ir com esta tecnologia.

Pessoalmente, acredito que se aprovarão leis para regular esta poderosa tecnologia, possivelmente para aceitar a terapia genética quando ela curar doenças e nos permitir levar uma vida mais produtiva, mas restringir a terapia genética por motivos puramente cosméticos. Isto significa que um mercado negro poderá acabar surgindo para driblar estas leis, e então teremos de nos adaptar a uma sociedade na qual uma pequena parte da população é geneticamente aperfeiçoada.

Para a grande maioria, isto talvez não seja um desastre. Já se pode usar a cirurgia plástica para melhorar a aparência, e portanto usar a engenharia genética para isto talvez seja desnecessário. Mas o perigo poderá surgir quando alguém tentar mudar geneticamente a sua personalidade. Existem provavelmente muitos genes que influenciam o comportamento, e eles interagem de modos complexos, razão por que interferir nos genes comportamentais poderá criar efeitos colaterais não premeditados. Talvez sejam necessárias décadas para classificar todos estes efeitos colaterais.

Mas e o maior aperfeiçoamento genético de todos, ampliar o tempo de vida?

FUTURO DISTANTE [DE 2070 A 2100]

REVERTER O ENVELHECIMENTO

Ao longo da história, reis e senhores da guerra tiveram o poder de comandar impérios inteiros, mas uma coisa sempre fugiu ao seu controle: o envelhecimento. Por conseguinte, a busca da imortalidade é uma das mais antigas na história humana.

Na Bíblia, Deus expulsa Adão e Eva do Jardim do Éden por desobedecerem às Suas ordens com relação à maçã do conhecimento. O temor de Deus era de que Adão e Eva pudessem usar este conhecimento para desvendar o segredo da imortalidade e se tornar eles mesmos deuses. Está escrito em Gênesis 3:22: "Se o homem já é como um de nós, versado no bem e no mal, que agora ele não estenda a mão e colha também da árvore da vida, e coma e viva para sempre!"

Além da Bíblia, um dos maiores e mais antigos contos a respeito da civilização humana, datado do século XXVII a.C., é *O épico de Gilgamesh*, sobre o grande guerreiro da Mesopotâmia. Quando o seu fiel companheiro, de uma vida inteira, morreu de repente, Gilgamesh decidiu embarcar numa jornada para descobrir o segredo da imortalidade. Ele ouviu falar de um homem sábio e sua esposa que haviam recebido dos deuses o dom da imortalidade e eram, de fato, os únicos sobreviventes do Grande Dilúvio na sua terra. Depois de uma busca épica, Gilgamesh finalmente descobriu o segredo da imortalidade, só para ver uma serpente roubá-la no último minuto.

Como *O épico de Gilgamesh* é uma das mais antigas composições literárias, os historiadores acreditam que esta busca da imortalidade foi a inspiração para a *Odisseia*, do escritor grego Homero, e também para o dilúvio de Noé, mencionado na Bíblia.

Muitos reis antigos – como o imperador Qin, que unificou a China por volta do ano 200 a.C. – enviaram imensas frotas de navios para encontrar a Fonte da Juventude, mas todas falharam. (Segundo a mitologia, o imperador Qin deu instruções à sua frota para não voltar se não encontrasse a Fonte da Juventude. Não conseguindo encontrar a fonte, mas com muito medo de retornar, eles fundaram, em vez disso, o Japão.)

Durante décadas, a maioria dos cientistas acreditou que a duração da vida era fixa e imutável, fora do alcance da ciência. Nesses últimos anos, esta visão ruiu sob o peso de uma espantosa série de resultados experimentais que revolucionaram a área. A gerontologia, antes uma área estagnada da ciência, sonolenta, hoje é uma das mais excitantes, atraindo centenas de milhões de dólares em fundos para pesquisa e até levantando a possibilidade de desenvolvimento comercial.

Os segredos do processo de envelhecimento estão agora sendo desvendados, e a genética representará um papel vital neste processo. Observando o mundo animal, vemos uma grande variedade de tempo de vida. Por exemplo, nosso DNA difere do nosso parente mais próximo, o chimpanzé, em apenas 1,5%, mas vivemos 50% mais do que eles. Analisando um punhado de genes que nos separam dos chimpanzés, talvez possamos determinar por que vivemos tanto tempo mais que nosso parente genético.

Isto, por sua vez, nos deu uma "teoria unificada do envelhecimento", que une os vários fios de pesquisa numa só teoria coerente. Os cientistas agora sabem o que é o envelhecimento. É o acúmulo de erros nos níveis genético e celular. Estes erros se acumulam de vários modos. Por exemplo, o metabolismo cria radicais livres e oxidação, que danificam o delicado mecanismo molecular de nossas células, fazendo-as envelhecer; erros podem se somar na forma de fragmentos de "sucata" molecular acumulando-se dentro e fora das células.

O acúmulo destes erros genéticos é um subproduto da segunda lei da termodinâmica: a entropia total (isto é, caos) sempre cresce. É por isso que a ferrugem, o apodrecimento, a deterioração etc. são características universais da vida. A segunda lei é inevitável. Tudo, desde as flores do campo até nossos corpos, e até o próprio universo, está condenado a definhar e morrer.

Há porém um pequeno furo, mas importante, na segunda lei, que afirma que a entropia *total* sempre aumenta. Isto significa que você pode reduzir a entropia em um lugar e reverter o envelhecimento, desde que aumente a entropia em outro lugar. (A isto Oscar Wilde aludiu no seu famoso romance *O retrato de Dorian Gray*. Mr. Gray era misteriosa e eternamente jovem. Mas o segredo era o seu retrato pintado, que envelhecia horrivelmente. Portanto, a quantidade total de envelhecimento continuava aumentando.) O princípio da entropia também pode ser visto olhando-se atrás de uma geladeira. Lá dentro, a entropia diminui conforme a temperatura cai. Mas, para baixar a entropia, você precisa ter um motor, que aumenta o calor gerado atrás da geladeira, aumentando a entropia do lado de fora. É por isso que as geladeiras são sempre quentes na parte de trás. Como disse certa vez o ganhador do prêmio Nobel Richard Feynman: "Não há nada na biologia já descoberta que indique a inevitabilidade da morte. Isto me sugere que ela não é de todo inevitável e que é apenas uma questão de tempo para os biólogos descobrirem o que é que está nos causando o problema, e esta terrível doença universal ou temporariedade do corpo humano será curada."

A segunda lei também pode ser vista pela ação do estrogênio, hormônio sexual da fêmea, que mantém as mulheres jovens e vibrantes até chegarem à menopausa, quando o envelhecimento se acelera e a taxa de mortalidade aumenta. O estrogênio é como colocar combustível de alta octanagem num carro esporte. O carro tem um ótimo desempenho, mas ao custo de causar mais desgaste ao motor. Para as mulheres, sabe-se que o estrogênio acelera o crescimento do câncer de mama. Portanto, o preço que as mulheres pagam pela juventude e vigor antes da menopausa é possivelmente um aumento na entropia total; neste caso, câncer de mama. (Existem muitas teorias propostas para explicar o recente aumento no índice de câncer de mama, que ainda são bastante controversas. Uma delas diz que isto está em parte relacionado com o número total de ciclos menstruais da mulher. Durante toda a história antiga, depois da puberdade as mulheres estavam mais ou menos constantemente grávidas até chegarem à menopausa, e então morriam logo depois. Isto significava que elas tinham menos ciclos menstruais, níveis reduzidos de estrogênio e, por conseguinte, possivelmente, um índice relativamente baixo de câncer de mama. Hoje, as meninas chegam à puberdade mais cedo, têm muitos ciclos menstruais, geram uma média de apenas 1,5 filhos, vivem depois da menopausa e, por conseguinte, ficam consideravelmente mais expostas ao estrogênio, o que leva a um possível aumento na ocorrência de câncer de mama.)

Recentemente, uma série de torturantes pistas foram descobertas sobre genes e envelhecimento. Primeiro, pesquisadores mostraram que é possível criar gerações de animais que vivem muito mais do que o normal. Em particular, células de levedo, vermes nematoides e moscas-da-fruta podem ser criados em laboratório para viver mais do que o normal. O mundo científico ficou surpreso quando Michael Rose, da Universidade da Califórnia, em Irvine, anunciou que era capaz de aumentar o tempo de vida das moscas-da-fruta em 70% por meio de reprodução seletiva. Descobriu-se que as suas "supermoscas", ou moscas matusalém, possuem quantidades maiores do antioxidante superóxido-dismutase (SOD), que pode retardar o dano causado por radicais livres. Em 1991, Thomas Johnson, da Universidade do Colorado, em Boulder, isolou um gene, que apelidou de *age-1*, que parece ser responsável pelo envelhecimento em nematoides e aumenta o seu tempo de vida em 110%.

"Se existe uma coisa como *age-1* nos seres humanos, talvez possamos realmente fazer algo espetacular", observou ele.

Cientistas agora isolaram vários genes (*age-1*, *age-2*, *daf-2*) que controlam e regulam o processo de envelhecimento em organismos inferiores, mas estes genes possuem correspondentes nos humanos também. De fato, um cientista observou que alterar o tempo de vida de células de levedo era quase como acender um interruptor de luz. Quando se ativava determinado gene, as células viviam mais. Quando se desativava, elas viviam menos.

Reproduzir células de levedo que vivem mais é simples comparado com a onerosa tarefa de reproduzir humanos que vivem tanto tempo que é quase impossível testar. Mas isolar os genes responsáveis pelo envelhecimento poderá se acelerar no futuro, especialmente quando todos nós tivermos nossos genomas num CD-ROM. A esta altura, cientistas terão um tremendo banco de dados com bilhões de genes que poderão ser analisados por computadores. Os cientistas serão capazes de analisar milhões de genomas de dois grupos de pessoas, os jovens e os idosos. Comparando os dois conjuntos, pode-se identificar onde acontece o envelhecimento no nível genético. Um exame preliminar destes genes já isolou cerca de 60 genes nos quais o envelhecimento parece se concentrar.

Por exemplo, os cientistas sabem que a longevidade tende a ser transmitida nas famílias. Pessoas que vivem muito tendem a ter pais que também viveram muito. O efeito não é dramático, mas pode ser medido. Cientistas que analisam gêmeos idênticos que foram separados ao nascer podem também ver isto no nível genético. Mas a nossa expectativa de vida não é 100% determinada por nossos genes. Cientistas que estudaram isto acreditam que a nossa expectativa de vida é apenas 35% determinada por nossos genes. Portanto, no futuro, quando todos tiverem o seu próprio genoma pessoal de 100 dólares, talvez consigamos examinar os genomas de milhões de pessoas por computador para isolar os genes que controlam parcialmente o nosso tempo de vida.

Além do mais, estes estudos por computador talvez sejam capazes de localizar exatamente onde o envelhecimento acontece primeiro. Num carro, sabemos que o envelhecimento se dá principalmente no motor, onde a gasolina é oxidada e queimada. Do mesmo modo, a análise genética mostra que o envelhecimento concentra-se no "motor" da célula, a mitocôndria, ou na usina elétrica da célula. Isto tem permitido aos cientistas estreitar a pesquisa por "genes de idade" e procurar meios para acelerar o reparo do gene dentro da mitocôndria a fim de reverter os efeitos do envelhecimento.

Em 2050, talvez seja possível retardar o processo de envelhecimento usando-se várias terapias, como, por exemplo, células-tronco, a loja do corpo humano e a terapia genética para consertar genes envelhecidos. Poderemos viver até os 150 anos ou mais. Em 2100, poderá ser possível reverter os efeitos do envelhecimento acelerando os mecanismos de reparo das células para vivermos bem mais do que isso.

RESTRIÇÃO CALÓRICA

Esta teoria também poderia explicar o estranho fato de a restrição calórica (isto é, reduzir as calorias que ingerimos em 30% ou mais) aumentar o tempo de vida em 30%. Todos os organismos estudados até agora – desde células de levedo, aranhas e insetos até coelhos, cães e agora macacos – exibem este estranho fenômeno. Animais que recebem esta dieta restrita tem menos tumores, menos doenças cardíacas, menos incidência de diabetes e menos doenças relacionadas com o envelhecimento. De fato, a restrição calórica é o *único* mecanismo seguro conhecido para aumentar o tempo de vida, testado repetidas vezes com quase todo o reino animal, e que funciona sempre. Até recentemente, a única espécie de grande porte que continuava driblando os cientistas eram os primatas, à qual pertencem os humanos, porque vivem muito.

Os cientistas estavam muito ansiosos para ver os resultados da restrição calórica nos macacos resos. Finalmente, em 2009, os tão esperados resultados apareceram. O estudo da Universidade de Wisconsin mostrou que, depois de 20 anos de restrição calórica, os macacos submetidos a esta dieta sofriam de menos doenças, sem exceção: menos diabetes, câncer, doenças cardíacas. Em geral, estes macacos estavam mais saudáveis do que seus primos que se alimentavam com uma dieta normal.

Existe uma teoria que talvez explique isto: a Natureza dá aos animais duas "opções" com relação ao uso que eles fazem da sua energia. Em épocas de fartura, a energia é usada para reproduzir. Quando há escassez de alimento, o corpo encerra a reprodução, conserva energia e tenta driblar a fome. No reino animal, o estado de quase inanição é comum e, por conseguinte, os animais com frequência "optam" por encerrar a reprodução, retardando o metabolismo, vivendo mais e esperando dias melhores no futuro.

O santo graal da pesquisa sobre o envelhecimento é, de algum modo, preservar os benefícios da restrição calórica sem o efeito negativo (morrer de fome). A tendência natural dos humanos aparentemente é ganhar peso, não perder. De fato, viver numa dieta caloricamente restrita não é divertido; você se alimenta com uma dieta que deixaria um eremita engasgado. Também, animais alimentados com uma dieta restrita, muito severa, ficam letárgicos, preguiçosos e perdem todo o interesse por sexo. O que motiva os cientistas é a busca de um gene que controle este mecanismo, com o qual possamos colher os benefícios da restrição calórica sem os efeitos negativos.

Uma pista importante para isto foi descoberta, em 1991, pelo pesquisador do MIT Leonard P. Garente e outros que estavam procurando um gene que pudesse prolongar o tempo de vida de células de levedo. Garente, David Sinclair, de Harvard, e colaboradores descobriram o gene SIR2, que está envolvido na causa dos efeitos da restrição calórica. Este gene é responsável por detectar as reservas de energia de uma célula. Quando as reservas de energia estão baixas, como em épocas de escassez de alimentos, o gene é ativado. É isto exatamente o que você poderia esperar de um gene que controla os efeitos da restrição calórica. Eles também descobriram que o gene SIR2 tem um correspondente em camundongos e pessoas, chamado gene SIRT, que produz proteínas chamadas sirtuínas. Também procuravam substâncias químicas que ativassem as sirtuínas, e encontraram o resveratrol químico.

Isto foi intrigante, porque os cientistas também acreditam que o resveratrol pode ser responsável pelos benefícios do vinho tinto e pode explicar o "paradoxo francês". A culinária francesa é famosa por seus molhos suculentos, ricos em gorduras e óleos, mas os franceses parecem ter um tempo de vida normal. Talvez este mistério possa ser explicado porque os franceses consomem muito vinho tinto, que contém resveratrol.

Os cientistas também descobriram que os ativadores da sirtuína podem proteger os camundongos de uma impressionante variedade de doenças, incluindo câncer de colo e de pulmão, melanoma, linfoma, diabetes tipo 2, doenças cardiovasculares, Alzheimer, segundo Sinclair. Se ao menos uma fração destas doenças pudesse ser tratada nos humanos com sirtuína, isso revolucionaria toda a medicina.

Recentemente, foi proposta uma teoria para explicar todas as extraordinárias propriedades do resveratrol. Segundo Sinclair, o principal propósito da sirtuína é impedir que certos genes sejam ativados. Os cromossomos de uma célula única, por exemplo, se esticados totalmente, chegariam a 1,80 m, produzindo uma molécula astronomicamente longa. A qualquer momento, apenas uma porção dos genes ao longo deste 1,80 m de cromossomos são necessários; todo o restante deve ficar inativo. A célula amordaça a maioria dos genes quando eles não são necessários envolvendo firmemente o cromossomo com cromatina, que é sustentada pela sirtuína.

Às vezes, entretanto, há rupturas catastróficas destes delicados cromossomos, como um rompimento total num dos cordões. Então as sirtuínas entram em ação, ajudando a reparar o cromossomo rompido. Mas, quando deixam temporariamente os seus postos para fazer o salvamento, as sirtuínas precisam abandonar a sua tarefa principal de silenciar os genes. Por conseguinte, genes são ativados, causando o caos genético. Este colapso, propõe Sinclair, é um dos principais mecanismos para o envelhecimento.

Se for verdade, então talvez as sirtuínas não só possam interromper o avanço do envelhecimento, mas também revertê-lo. Danos do DNA às nossas células são difíceis de reparar e reverter. Mas Sinclair acredita que o nosso envelhecimento é causado em grande parte por sirtuínas que foram desviadas da sua tarefa básica, permitindo que as células se degenerassem. O desvio destas sirtuínas pode ser facilmente revertido, afirma ele.

FONTE DA JUVENTUDE?

Um subproduto indesejado desta descoberta, entretanto, foi o circo na mídia que ela provocou. De repente, *60 Minutes* e *The Oprah Winfrey Show* deram destaque ao resveratrol, criando um estouro da boiada na internet, com empresas pouco confiáveis surgindo da noite para o dia, prometendo o elixir da vida. É como se todos os vendedores de óleo de cobra e charlatões quisessem pular no trem da alegria do resveratrol.

(Eu tive uma oportunidade de entrevistar Guarente, o homem que iniciou este estouro da mídia, no seu laboratório. Ele foi cauteloso nas suas afirmações, percebendo o impacto que seus resultados poderiam ter na mídia e os equívocos que poderiam surgir. Em particular, ele estava furioso porque muitos sites da internet agora anunciam o resveratrol como uma espécie de fonte da juventude. Era espantoso, observou ele, que as pessoas estivessem tentando se aproveitar da súbita fama do resveratrol, embora os resultados na sua maioria sejam ainda experimentais. Mas ele não descartaria a possibilidade de que um dia, se encontrarem a fonte da juventude, supondo-se que ela exista, o SIR2 tenha o seu papel. Seu colega Sinclair, de fato, admite que toma grandes quantidades de resveratrol todos os dias.)

O interesse pela pesquisa sobre o envelhecimento é tão intenso dentro da comunidade científica que a Harvard Medical School patrocinou uma conferência em 2009 que atraiu alguns dos mais importantes pesquisadores na área. Na plateia havia muitos que estavam se submetendo pessoalmente à restrição calórica. Com aparência frágil e emaciada, eles testavam a sua filosofia científica restringindo a sua dieta. Havia também membros do Clube 120, que pretendem viver até os 120 anos. Em particular, o interesse estava focalizado no Sirtris Pharmaceuticals, fundado por David Sinclair e Christoph Westphal, que agora está fazendo experiências clínicas com alguns de seus substitutos do resveratrol. Westphal diz categoricamente: "Em cinco, seis ou sete anos, haverá drogas que prolonguem a longevidade."

Substâncias químicas que nem existiam há poucos anos são assunto de forte interesse ao serem testadas. O SRT501 está sendo testado para mieloma múltiplo e câncer de colo. O SRT2104, contra diabetes tipo 2. Não apenas sirtuínas, mas também muitos outros genes, proteínas e substâncias químicas (inclusive IGF-1, TOR e rapamicina) estão sendo analisados rigorosamente por vários grupos.

Só o tempo dirá se estas experiências clínicas terão sucesso. A história da medicina está crivada de relatos de trapaças, chicanas e fraudes quando se trata do processo de envelhecimento. Mas a ciência, não a superstição, baseia-se em dados que podem ser reproduzidos, testados e desmentidos. Quando o National Institute on Aging montar programas para testar várias substâncias quanto a seus efeitos sobre o envelhecimento, então veremos se estes intrigantes estudos em animais persistirão em humanos.

NÓS TEMOS DE MORRER?

William Haseltine, um pioneiro da biotecnologia, uma vez me disse: "A natureza da vida não é a mortalidade. É a imortalidade. O DNA é uma molécula imortal. Essa molécula apareceu pela primeira vez, quem sabe, há 3,5 bilhões de anos. Essa mesmíssima molécula, por meio da duplicação, está por aí hoje... É verdade que nós nos esgotamos, mas falamos sobre projetar no futuro a capacidade de alterar isso. Primeiro para prolongar a nossa vida duas ou três vezes mais. E talvez, se compreendermos bem o cérebro, para prolongar tanto o nosso corpo como o nosso cérebro indefinidamente. E não acho que esse seja um processo artificial."

Os biólogos evolucionistas salientam que a pressão evolucionária se dá nos animais durante os seus ciclos reprodutivos. Depois que um animal ultrapassa os seus anos reprodutivos, ele pode ser de fato um peso para o grupo e, por conseguinte, a evolução talvez o tenha programado para morrer de velhice. Portanto, talvez estejamos programados para morrer. Mas quem sabe possamos nos reprogramar para viver mais.

Na verdade, se observarmos os animais, por exemplo, descobriremos que, quanto maior o mamífero, mais lento o seu metabolismo, e mais tempo ele vive. Os camundongos, por exemplo, queimam uma quantidade enorme de alimento para o peso do seu corpo, e vivem apenas cerca de quatro anos. Os elefantes têm um metabolismo bem mais lento e vivem 70. Se o metabolismo corresponde ao acúmulo de erros, então isto aparentemente está de acordo com o conceito de que você vive mais se o seu metabolismo for mais lento. (Isto talvez explique a expressão "queimar a vela pelos dois lados". Certa vez li um conto sobre um gênio que ofereceu a um homem a realização de um desejo seu. O homem respondeu logo que queria viver mil anos. O gênio lhe concedeu o seu desejo e o transformou numa árvore.)

Biólogos evolucionistas tentam explicar o tempo de vida em termos de como a longevidade poderia ajudar uma espécie a sobreviver na natureza. Para eles, um tempo de vida específico é determinado geneticamente porque ajuda a espécie a sobreviver e prosperar. Os camundongos vivem muito pouco, na opinião deles, porque estão constantemente sendo caçados por uma variedade de predadores e com frequência morrem congelados no inverno. Os camundongos que transmitem os seus genes para a geração seguinte são os que têm mais filhos, não aqueles que vivem mais. (Se esta teoria estiver correta, então esperamos que camundongos capazes de fugir de predadores vivam mais tempo. Na verdade, os morcegos, que têm o mesmo tamanho dos camundongos, vivem três a cinco vezes mais.)

Mas uma anomalia vem dos répteis. Aparentemente, certos répteis não possuem tempo determinado de vida conhecido. Eles parecem poder viver para sempre; os jacarés e os crocodilos simplesmente vão ficando cada vez maiores, mas permanecem vigorosos e enérgicos como sempre. (Livros didáticos costumam afirmar que os jacarés vivem até os 70 anos. Mas isto talvez seja porque o responsável pelo zoológico morreu aos 70 anos. Outros livros didáticos são mais honestos e dizem simplesmente que estas criaturas vivem mais de 70 anos, porém isso nunca foi medido com atenção em condições de laboratório.) Na realidade, estes animais não são imortais, porque morrem de acidentes, fome, doenças etc. Mas, se deixados num zoológico, eles vivem muito, quase parecem viver para sempre.

RELÓGIO BIOLÓGICO

Outra pista intrigante vem dos telômeros de uma célula, que agem como um "relógio biológico". Como as ponteiras de plástico nas extremidades dos cordões de sapato, os telômeros encontram-se nas extremidades de um cromossomo. Depois de cada ciclo reprodutivo, eles vão diminuindo de tamanho. No final, depois de 60 ou mais reproduções (para células da pele), os telômeros se desenrolam. A célula então entra em senescência e para de atuar adequadamente. Portanto, os telômeros são como o estopim numa banana de dinamite. Se o estopim encolhe depois de cada ciclo de reprodução, ele acaba desaparecendo e a célula para de se reproduzir.

Isto se chama limite de Hayflick, que parece colocar um limite superior ao ciclo de vida de determinada célula. As células de câncer, por exemplo, não têm limite de Hayflick e produzem uma enzima chamada telomerase, que impede os telômeros de ficar cada vez menores.

A enzima telomerase pode ser sintetizada. Quando aplicada a células da pele, elas aparentemente se reproduzem sem limite. Tornam-se imortais.

Entretanto, aqui as coisas ficam perigosas. As células de câncer também são imortais, dividindo-se sem limite dentro de um tumor. De fato, é por isso que as células de câncer são tão letais, porque se reproduzem sem limites, até o corpo não poder mais funcionar. Assim, a enzima telomerase tem de ser analisada cuidadosamente. Qualquer terapia que use telomerase para fazer o relógio biológico voltar atrás precisa ser testada para garantir que não cause câncer.

IMORTALIDADE MAIS JUVENTUDE

A perspectiva de ampliar o tempo de vida humano é uma fonte de alegria para alguns e um horror para outros, quando pensamos na explosão populacional e numa sociedade de idosos decrépitos que levarão o país à falência.

Uma combinação de terapias biológicas, mecânicas e nanotecnológicas pode de fato não só prolongar a nossa vida, mas também preservar a nossa juventude. Robert A. Freitas Jr., que aplica a nanotecnologia na medicina, disse: "Tais intervenções talvez se tornem lugar-comum daqui a poucas décadas. Com exames médicos minuciosos e alguns reparos importantes ocasionais, uma vez por ano a sua idade biológica poderia ser restaurada à idade fisiológica mais ou menos constante que você escolher. Você ainda poderia morrer de causas acidentais, mas viveria pelo menos 10 vezes mais do que agora."

No futuro, ampliar o tempo de vida será uma questão de beber da fabulosa Fonte da Juventude. Mais provável é que seja uma combinação de vários métodos:

1. Desenvolver novos órgãos, à medida que eles se desgastam ou adoecem, por meio de engenharia de tecidos e células-tronco

2. Ingerir um coquetel de proteínas e enzimas destinadas a aumentar os mecanismos de reparo de células, regular o metabolismo, acertar o relógio biológico e reduzir a oxidação

3. Usar a terapia genética para alterar genes que possam retardar o processo de envelhecimento

4. Manter um estilo de vida saudável (exercícios e uma boa dieta)

5. Usar nanossensores para detectar doenças, como câncer, anos antes de se tornarem um problema

POPULAÇÃO, COMIDA E POLUIÇÃO

Mas uma pergunta que não cala é: se é possível aumentar a expectativa de vida, então vamos sofrer com a superpopulação? Ninguém sabe.

Retardar o processo de envelhecimento traz uma infinidade de implicações. Se vivermos mais, não estaremos superpovoando a Terra? Mas há quem observe que o grosso do prolongamento da vida já aconteceu, com a expectativa de vida explodindo de 45 para 70 ou 80 anos em apenas um século. Em vez de se criar uma explosão populacional, aconteceu o inverso. Conforme as pessoas vivem mais, elas estão interessadas em carreiras e em retardar a chegada dos filhos. De fato, a população nativa europeia está diminuindo dramaticamente. Portanto, se as pessoas vivem mais e são mais ricas, elas poderão coerentemente demorar mais para ter filhos e ter menos filhos. Com muitas décadas mais para viver, as pessoas acertarão seus relógios de acordo e, portanto, vão espaçar os filhos ou esperar mais para tê-los.

Outros alegam que as pessoas rejeitarão esta tecnologia porque não é natural e pode violar suas crenças religiosas. Na verdade, pesquisas informais de opinião entre a população em geral mostram que a maioria das pessoas pensa que a morte é muito natural e que ajuda a dar sentido à vida. (Entretanto, a maioria dos entrevistados nestas pesquisas vai desde jovens até a meia-idade. Se você for a um asilo para idosos, onde as pessoas estão definhando, vivendo com dores constantes, aguardando a morte, e fizer a mesma pergunta, talvez receba uma resposta totalmente diferente.)

Como diz Greg Stocj, da UCLA: "Aos poucos, a nossa agonia em representar Deus e as nossas preocupações com uma vida mais longa cedem espaço a um novo coro: 'Quando vou conseguir uma pílula?'"

Em 2002, com os melhores dados demográficos, os cientistas estimaram que 6% de todos os humanos que já pisaram a face da Terra ainda estão vivos hoje. Isto porque a população humana ficou em torno de 1 milhão durante a maior parte da história humana. A busca de míseros suprimentos de comida manteve baixo o nível da população humana. Mesmo durante o auge do Império Romano, a sua população era estimada em apenas 55 milhões.

Mas, nos últimos 300 anos, houve um pico acentuado na população mundial coincidindo com o surgimento da medicina moderna e a Revolução Industrial, que produziu uma fartura de comida e suprimentos. E, no século XX, a população mundial subiu a novas alturas, mais que dobrando de 1950 a 1992: de 2,5 bilhões a 5,5 bilhões. Está agora em 6,7 bilhões. A cada ano, 79 milhões de pessoas se juntam à raça humana, o que é mais que toda a população da França.

Como resultado, fizeram-se muitas previsões sobre o fim do mundo, mas até agora a humanidade conseguiu se safar. Em 1798, Thomas Malthus nos alertou para o que aconteceria quando a população excedesse o suprimento de comida. Escassez de alimentos, rebeliões por comida, colapso de governos e fome em massa poderiam se seguir até se encontrar um novo equilíbrio entre população e recursos. Visto que o suprimento de comida se expande apenas linearmente com o tempo, enquanto a população cresce exponencialmente, parecia inevitável que em algum momento o mundo atingisse o ponto de ruptura. Malthus previu a fome em massa lá por meados do século XIX.

Mas, nos anos de 1800, a população mundial estava só nos primeiros estágios de uma grande expansão e, por causa da descoberta de novas terras, da fundação de colônias, do aumento de suprimento de comida etc., os desastres previstos por Malthus jamais aconteceram.

Na década de 1960, houve outra previsão malthusiana, que afirmava que uma bomba populacional atingiria em breve a Terra, com o colapso global no ano 2000. A previsão errou. A revolução verde expandiu exponencialmente o suprimento de comida. Os dados mostram que o aumento no suprimento de comida excedeu o crescimento da população mundial, derrotando temporariamente, portanto, a lógica de Malthus. De 1950 a 1984, a produção de grãos aumentou mais de 250%, principalmente devido a novos fertilizantes e novas tecnologias agrícolas.

Mais uma vez, conseguimos escapar. Mas agora a expansão da população está a pleno vapor, e alguns dizem que estamos chegando ao limite da capacidade da Terra de criar suprimentos de comida.

Sinistramente, a produção de alimentos está começando a se esgotar, tanto na produção mundial de grãos quanto na de alimentos colhidos dos oceanos. O principal cientista do governo do Reino Unido alertou para uma perfeita tempestade de explosão populacional e escassez de alimentos e energia em 2030. O mundo terá de produzir 70% mais alimentos em 2050 para matar a fome de mais 2,3 bilhões de pessoas, disse a Food and Agriculture Organization, das Nações Unidas, ou enfrentaremos o desastre. Estas projeções talvez subestimem a verdadeira abrangência do problema. Com centenas de milhões de pessoas na China e na Índia entrando na classe média, elas vão querer usufruir dos mesmos luxos que viram nos filmes de Hollywood – tais como dois carros, casas espaçosas nos subúrbios, hambúrgueres e batatas fritas etc. – e podem exigir demais dos recursos mundiais. De fato, Lester Brown, um dos principais ambientalistas do mundo e fundador do World Watch Institute, em Washington, D.C., me confidenciou que o mundo talvez não seja capaz de lidar com o esforço de proporcionar um estilo de vida de classe média a tantas centenas de milhões de pessoas.

ALGUMA ESPERANÇA PARA A POPULAÇÃO MUNDIAL

Há, entretanto, alguns vislumbres de esperança. O controle de natalidade, que já foi um dia tema tabu, tomou conta do mundo desenvolvido e está fazendo incursões no mundo em desenvolvimento.

Na Europa e no Japão, vemos implosão, não explosão, populacional. A taxa de natalidade é de 1,2 a 1,4 filho por família em algumas nações europeias, bem abaixo do nível de substituição, que é de 2,1. O Japão está sendo atingido por uma tríplice praga. Primeiro, a sua população é a que está envelhecendo mais rápido na Terra. As mulheres japonesas, por exemplo, há mais de 20 anos mantêm o recorde de expectativa de vida mais longa de qualquer grupo. Segundo, o índice de natalidade do Japão está lá no fundo. E, terceiro, o governo mantém a imigração em níveis extremamente baixos. Estas três forças demográficas estão criando um desastre de trem em câmera lenta. E a Europa não está muito atrás.

A lição aqui é que o maior contraceptivo do mundo é a prosperidade. No passado, camponeses sem planos de aposentadoria ou previdência social tentavam ter o máximo de filhos possível para trabalhar nos campos e cuidar deles quando ficassem idosos, fazendo um cálculo simples: cada novo filho na família significa mais duas mãos para trabalhar, mais renda e mais pessoas para cuidar de você na velhice. Mas, quando um camponês entra para a classe média, com benefícios de aposentadoria e um estilo de vida confortável, a equação muda de direção: cada filho reduz a renda e a qualidade de vida.

No Terceiro Mundo, você tem o problema oposto – uma população expandindo-se rapidamente, na qual a maioria tem menos de 20 anos de idade.

Mas mesmo onde se espera que a explosão populacional seja a maior, na Ásia e na África subsaariana, a taxa de natalidade está caindo, por várias razões.

Primeiro, você tem a rápida urbanização da população camponesa, à medida que agricultores deixam suas terras ancestrais para tentar a sorte nas megacidades. Em 1800, só 3% da população vivia em cidades. No final do século XX, esse número subiu para 47%, e espera-se que suba acima disso nas próximas décadas. O custo de criar um filho na cidade reduz drasticamente o número de crianças numa família. Com aluguéis, alimento e despesas tão altos, os trabalhadores nas favelas das megacidades fazem o mesmo cálculo e concluem que cada filho reduz a sua riqueza.

Segundo, à medida que os países se industrializam, como a China e a Índia, isto cria uma classe média que quer menos filhos. Devido a um extenso plano educacional, a taxa de natalidade em Bangladesh baixou de 7 para 2,7, mesmo sem urbanização e industrialização em larga escala.

Devido a todos estes fatores, as Nações Unidas reveem continuamente os seus números sobre crescimento populacional no futuro. As estimativas ainda variam, mas a população mundial pode chegar a 9 bilhões em 2040. Embora a população continue aumentando, a taxa de crescimento desacelerará e acabará se estabilizando. Com otimismo, ela talvez até se estabilize por volta dos 11 bilhões em 2100.

Normalmente, seria possível considerar isso além da capacidade de sustentação do planeta. Mas depende de como se define capacidade de sustentação, porque poderia haver outra revolução verde em processo.

Uma solução possível para alguns destes problemas é a biotecnologia. Na Europa, alimentos desenvolvidos pela bioengenharia conquistaram uma reputação ruim que pode durar por toda uma geração. A indústria biotecnológica comercializou, ao mesmo tempo, herbicidas para agricultores e safras resistentes aos herbicidas. Para a indústria biotecnológica, isto significou mais vendas, mas, para o consumidor, mais venenos em seus alimentos, e o mercado rapidamente implodiu.

No futuro, entretanto, grãos como o "superarroz" talvez entrem no mercado, isso é, safras modificadas especificamente para prosperar em ambientes secos, hostis e áridos. Por questões morais, seria difícil se opor à introdução de safras que são seguras e podem alimentar centenas de milhões de pessoas.

RESSUSCITANDO FORMAS DE VIDA EXTINTAS

Mas outros cientistas não estão interessados em ampliar o tempo de vida humana e enganar a morte. Eles querem trazer de volta criaturas que já morreram.

No filme *Jurassic Park,* cientistas extraem o DNA dos dinossauros, inserem-no em ovos de répteis, e trazem dinossauros de volta à vida. Embora até agora jamais tenha sido encontrado DNA de dinossauros, há provocantes sugestões de que este sonho não é de todo exagerado. No final deste século, nossos zoológicos talvez estejam povoados por criaturas que deixaram de caminhar pela superfície da Terra há milhares de anos.

Como mencionamos antes, Robert Lanza deu o primeiro grande passo ao clonar o bantengue, uma espécie ameaçada de extinção. Seria uma pena, acha ele, se este boi raro se extinguisse. Portanto, ele está considerando outra possibilidade: criar um novo animal clonado, mas do sexo oposto. Em mamíferos, o sexo de um organismo é determinado pelos cromossomos X e Y. Jogando com estes cromossomos, ele está confiante de poder clonar outro animal a partir desta carcaça, só que do sexo oposto. Deste modo, os zoológicos do mundo inteiro poderiam se divertir observando animais de espécies extintas há muito tempo procriando.

Uma vez jantei com Richard Dawkins, da Oxford University e autor de *O gene egoísta,* que levou isto ainda mais adiante. Ele especula que um dia talvez sejamos capazes de ressuscitar uma variedade de formas de vida que não só estão ameaçadas, mas extintas faz tempo. Observa primeiro que, a cada 27 meses, dobra o número de genes que foram sequenciados. Em seguida, calcula que nas próximas décadas custará apenas 160 dólares sequenciar totalmente o genoma de qualquer um. Imagina um tempo em que biólogos carregarão consigo um pequeno kit e então, em questão de minutos, serão capazes de sequenciar o genoma inteiro de qualquer forma de vida que encontrarem.

Mas vai mais adiante e teoriza que, em 2050, seremos capazes de construir um organismo inteiro a partir do seu genoma apenas. Ele escreve: "Acredito que em 2050 seremos capazes de ler a linguagem [da vida]. Alimentaremos um computador com o genoma de um animal desconhecido, o que reconstruirá não só a forma do animal, mas o mundo detalhado no qual seus ancestrais... viveram, incluindo seus predadores ou presas, parasitas ou hospedeiros, local de ninhos e até esperanças e medos." Citando a obra de Sydney Brenner, Dawkins acredita que podemos reconstruir o genoma do "elo perdido" entre os humanos e os macacos.

Isto seria um avanço realmente extraordinário. Julgando-se pelas evidências fósseis e de DNA, nós nos separamos dos macacos há cerca de 6 milhões de anos.

Visto que o nosso DNA se diferencia do dos chimpanzés em apenas 1,5%, no futuro um programa de computador deverá ser capaz de analisar o nosso DNA e o do chimpanzé e, em seguida, chegar matematicamente ao DNA do ancestral comum que deu origem a ambas as espécies. Uma vez reconstruído matematicamente o genoma do nosso ancestral comum, um programa de computador então nos dará uma reconstrução visual de como seria a sua aparência, bem como as suas características. Ele chama isto de Projeto Genoma Lucy, com o nome do famoso fóssil de um australopiteco.

Ele até teoriza que, uma vez tendo sido recriado matematicamente o elo perdido por um programa de computador, talvez seja possível criar o DNA deste organismo e implantá-lo num ovo humano, e em seguida inserir o ovo numa mulher, que então dará à luz o nosso ancestral.

Ainda que este cenário tivesse sido considerado um absurdo há poucos anos, vários avanços indicam não ser um sonho tão irreal.

Primeiro, um punhado de genes-chave que nos separam dos chimpanzés estão agora sendo analisados em detalhes. Nosso candidato interessante é o gene ASPM, responsável por controlar o tamanho do cérebro. O cérebro humano aumentou de tamanho há vários milhões de anos, por motivos ainda não compreendidos. Quando sofre mutação, este gene causa microcefalia, quando o crânio é pequeno e o cérebro fica reduzido em 70%, mais ou menos o tamanho do dos nossos ancestrais de há milhões de anos. Curiosamente, é possível usar computadores para analisar a história deste gene. As análises mostram que ele sofreu mutações 15 vezes nos últimos 5 a 6 milhões de anos, desde que nos separamos dos chimpanzés, o que coincide com o aumento do tamanho do nosso cérebro. Comparado com nossos primos primatas, os humanos experimentaram a taxa de mudança mais rápida neste gene-chave.

Mais interessante ainda é a região HAR1 do genoma, que contém apenas 118 letras. Em 2004, descobriu-se que a diferença crucial entre chimpanzés e humanos nesta região era de apenas 18 letras, ou ácidos nucleicos. Os chimpanzés e as galinhas divergiram há 300 milhões de anos, mas seus pares básicos diferem em apenas duas letras.

O que isto significa é que a região HAR1 ficou extraordinariamente estável ao longo de toda a história evolucionária, até a chegada dos humanos. Assim, talvez os genes que nos tornam humanos estejam contidos ali.

Mas existe um avanço ainda mais espetacular que torna a proposta de Dawkins exequível. O genoma inteiro de nosso vizinho genético mais próximo, o neandertal há muito tempo extinto, foi sequenciado agora. Talvez por meio de análises por computador do genoma de humanos, chimpanzés e neandertais seja possível usar a matemática pura para reconstruir o genoma do elo perdido.

TRAZER DE VOLTA O NEANDERTAL?

Os humanos e os neandertais provavelmente divergiram há cerca de 300 mil anos. Mas estas criaturas se extinguiram há mais ou menos 30 mil anos na Europa. Portanto, durante muito tempo pensou-se ser impossível extrair DNA usável de neandertais mortos há muito tempo.

Mas, em 2009, foi anunciado que uma equipe liderada por Svante Pääbo, do Max Planck Institute for Evolutionary Anthropology, em Leipzig, havia produzido o primeiro rascunho do genoma neandertal inteiro, analisando o DNA de seis neandertais. Foi uma conquista monumental. O genoma do neandertal, como esperado, era muito semelhante ao genoma humano, contendo ambos 3 bilhões de pares básicos, mas também diferente em aspectos-chave.

O antropólogo Richard Klein, de Stanford, comentando a respeito deste trabalho de Pääbo e seus colegas, disse que esta reconstrução poderia responder a perguntas há muito existentes sobre o comportamento dos neandertais, como, por exemplo, se eles podiam falar. Os humanos têm duas mudanças particulares no gene FOXP2, que, em parte, nos permite falar milhares de palavras. Uma análise atenta mostra que os neandertais tiveram as mesmas duas mudanças genéticas no seu gene FOXP2. Portanto, é concebível que os neandertais tenham sido capazes de vocalizar de um modo similar ao nosso.

Visto que os neandertais eram os nossos parentes genéticos mais próximos, eles são alvo de forte interesse entre os cientistas. Alguns levantaram a possibilidade de um dia reconstruir o DNA do neandertal e inseri-lo num ovo, que talvez um dia se torne um neandertal vivo. E então, depois de milhares de anos, quem sabe o neandertal caminhe pela superfície da Terra.

George Church, da Harvard Medical School, até estimou que custaria apenas 30 milhões de dólares trazer o neandertal de volta à vida, e chegou a expor um plano para fazer isso. Primeiro se dividiria o genoma humano inteiro em nacos, com 100 mil pares de DNA em cada pedaço. Cada um seria inserido numa bactéria e em seguida alterado geneticamente para que o genoma combinasse com o do neandertal. Cada um destes nacos alterados de DNA seria então remontado no DNA de neandertal completo. Esta célula seria reprogramada para voltar ao seu estado embrionário e, em seguida, inserida no útero de um chimpanzé fêmea.

Entretanto, Klein, de Stanford, lembrou algumas questões razoáveis ao perguntar: "Vocês vão colocá-los em Harvard ou num zoológico?"

Toda esta conversa sobre ressuscitar outras espécies há muito extintas como os neandertais "sem dúvida levantará preocupações éticas", alerta Dawkins. Os neandertais terão direitos? O que acontece se ele ou ela quiser acasalar? Quem é responsável se ele ou ela se machucar ou ferir alguém?

Portanto, se o neandertal pode ser ressuscitado, os cientistas acabarão criando um zoológico para animais há muito extintos, como os mamutes?

RESSUSCITAR O MAMUTE?

A ideia não é tão louca quanto parece. Os cientistas já conseguiram sequenciar boa parte do genoma do extinto mamute siberiano. Antes, apenas fragmentos minúsculos de DNA tinham sido extraídos de mamutes lanosos que se congelaram na Sibéria há dezenas de milhares de anos. Webb Miller e Stephan C. Schuster, da Pennsylvania State University, fizeram o impossível: extraíram 3 bilhões de pares básicos de DNA de carcaças congeladas dos mamutes. Antes, o recorde para o sequenciamento de DNA de uma espécie extinta era de apenas 13 milhões de pares, menos de 1% do genoma do animal. (Este avanço se fez possível por uma nova máquina de sequenciamento, chamada *high-throughput sequencing device*, que permite escanear milhares de genes ao mesmo tempo, em vez de individualmente.) Outra proeza foi saber onde procurar o antigo DNA. Miller e Schuster descobriram que o folículo piloso do mamute lanoso, não o corpo em si, continha o melhor DNA.

A ideia de ressuscitar um animal extinto pode agora ser biologicamente possível. "Há um ano, eu teria dito que isto era ficção científica", disse Schuster. Mas agora, com tanto do genoma do mamute sequenciado, isto já não está fora de questão. Ele até esboçou como isto poderia ser feito. Estimou que talvez apenas 400 mil mudanças no DNA de um elefante asiático pudessem criar um animal que tivesse todas as características essenciais de um mamute lanoso. Talvez fosse possível alterar geneticamente o DNA do elefante para acomodar estas mudanças, inseri-lo no núcleo do óvulo de um elefante e, em seguida, implantar o óvulo numa elefanta.

A equipe já está procurando sequenciar o DNA de mais um animal extinto, o tilacino, um marsupial australiano, parente muito próximo do diabo-da-tasmânia, que se tornou extinto em 1936. Fala-se também de sequenciar o pássaro dodó. "Morto como um dodó" é uma expressão comum em inglês, mas pode se tornar obsoleta se cientistas puderem extrair DNA usável do tecido mole e ossos de carcaças de dodós que existiram em Oxford e em outros lugares.

PARQUE DOS DINOSSAUROS?

Isto leva naturalmente à pergunta original: podemos ressuscitar o dinossauro? Em uma só palavra, talvez não. Um Parque dos Dinossauros depende de se ter capacidade para recuperar o DNA intacto de uma forma de vida que se extinguiu há mais de 65 milhões de anos, e isto talvez não seja possível. Embora tenha se encontrado tecido mole dentro de ossos da coxa de fósseis de dinossauros, até agora nenhum DNA foi extraído assim, apenas proteínas. Ainda que estas proteínas tenham provado quimicamente a íntima relação entre o *Tyrannosaurus rex* e o sapo e a galinha, isto está muito longe de ser capaz de recuperar o genoma de um dinossauro.

Dawkins sustenta a possibilidade, entretanto, de comparar geneticamente o genoma de várias espécies de aves com répteis e, em seguida, reconstruir matematicamente a sequência de DNA de um "dinossauro generalizado". Ele observa que é possível induzir o crescimento de dentes em bicos de galinhas (e de pernas em serpentes). Daí que características antigas, que desapareceram há muito nas brumas do tempo, possam ainda existir dentro de genomas.

Isto porque os biólogos agora percebem que genes podem ser ligados e, por conseguinte, também desligados. Isto significa que os genes para características antigas talvez ainda existam, mas estão simplesmente adormecidos. Ao ligar esses genes há muito adormecidos, talvez seja possível recuperar estes antigos traços.

Por exemplo, no passado antigo, os pés das galinhas tinham membranas natatórias. O gene para as membranas não desapareceu, mas foi simplesmente desligado. Ao ativar de novo esse gene, pode-se a princípio criar galinhas com pés palmados. Similarmente, os humanos no passado longínquo eram cobertos de pelos. Entretanto, perdemos os pelos quando começamos a suar, o que é um meio muito eficiente de regular a temperatura do corpo. (Cães não possuem glândulas sudoríferas e por isso se resfriam resfolegando.) O gene para o pelo humano aparentemente ainda existe, mas foi desativado. Por conseguinte, ao ativar este gene, talvez seja possível ter pessoas com o corpo coberto de pelos. (Alguns especularam que isto pode ser responsável pela lenda do lobisomem.)

Supondo que alguns dos genes dos dinossauros foram de fato desativados há milhões de anos, mas ainda sobrevivem no genoma dos pássaros, então talvez seja possível reativar estes genes há muito adormecidos e induzir características de dinossauro em aves. Portanto, a proposta de Dawkins é especulativa, mas não fora de questão.

CRIANDO NOVAS FORMAS DE VIDA

Isto levanta a questão final: podemos criar vidas de acordo com nossos desejos? É possível criar não apenas animais há muito extintos, mas também animais que nunca existiram antes? Por exemplo, podemos fazer um porco com asas ou um animal descrito na antiga mitologia? Mesmo no final deste século, a ciência não será capaz de criar animais sob medida. Mas a ciência fará de tudo para ser capaz de modificar o reino animal.

Até agora, o fator limitante tem sido a nossa capacidade de mudar os genes de lugar. Só os genes únicos podem ser modificados de forma confiável. Por exemplo, é possível descobrir um gene que faça certos animais brilharem no escuro. Este gene pode ser isolado, em seguida colocado em outros animais para que brilhem no escuro. De fato, atualmente estão sendo realizadas pesquisas nas quais animaizinhos de estimação podem ser modificados pela adição de genes únicos.

Mas criar um animal inteiramente novo, como uma Quimera da mitologia grega (que é a combinação de três animais diferentes), requer a transposição de milhares de genes. Para criar um porco com asas, você teria de mover centenas de genes que representam a asa e garantir que todos os músculos e vasos sanguíneos se combinem corretamente. Isto está muito longe de qualquer coisa que se possa fazer hoje.

Entretanto, têm-se feito incursões que talvez facilitem esta possibilidade futurista. Os biólogos se surpreenderam ao descobrir que genes que descrevem o leiaute do corpo (da cabeça aos pés) aparecem em ordem espelhada nos cromossomos. Chamam-se genes HOX e descrevem como o corpo é construído. A natureza, aparentemente, pegou um atalho espelhando a ordem dos órgãos do corpo com a sequência encontrada nos próprios cromossomos. Isto, por sua vez, tem acelerado muito o processo pelo qual se pode decifrar a história da evolução destes genes.

Além do mais, existem genes-mestres que aparentemente governam as propriedades de muitos outros. Manipulando um punhado destes genes mestres, você pode fazer o mesmo com as propriedades de dezenas de outros genes.

Pensando bem, vemos que a Mãe Natureza decidiu criar o leiaute do corpo de uma forma bem parecida com a de um arquiteto querendo criar plantas baixas. O leiaute geométrico da planta está na mesma ordem do leiaute físico real do prédio. Também, as plantas são modulares, de modo que os blocos de subplantas estão contidos em uma única planta mestra.

Além de criar animais híbridos totalmente novos explorando a modularidade do genoma, existe também a possibilidade de aplicar a genética aos humanos usando a biotecnologia para trazer de volta figuras históricas. Lanza acredita que, desde que uma célula intacta possa ser extraída de uma pessoa morta há muito tempo, será possível ressuscitar esta pessoa. Na abadia de Westminster, temos os corpos cuidadosamente preservados de reis e rainhas falecidos há muito tempo, bem como de poetas, figuras religiosas, políticos e até cientistas como Isaac Newton. Um dia, Lanza me confidenciou, talvez seja possível encontrar o DNA intacto dentro de seus corpos e trazê-los de volta à vida.

No filme *Os meninos do Brasil*, a trama gira em torno de trazer Hitler de volta. Não se deve acreditar, entretanto, que seja possível ressuscitar o gênio ou a notoriedade de nenhuma destas figuras histórias. Como observou um biólogo, se você ressuscitar Hitler, talvez consiga um artista de segunda categoria (o que Hitler era antes de liderar o movimento nazista).

BANIR TODAS AS DOENÇAS

O filme profético *Daqui a cem anos* baseou-se num romance de H. G. Wells e previa o futuro da civilização, quando a Segunda Guerra Mundial desencadeou um ciclo interminável de sofrimentos e misérias. No final, todas as conquistas da raça humana estavam reduzidas a escombros, com gangues de senhores da guerra governando a população empobrecida, esmagada. Mas, no final do filme, um grupo de cientistas de visão, armados de poderosas superarmas, começa a restaurar a ordem. A civilização finalmente ressurge das cinzas. Em uma cena, ensinam a uma criança a brutal história do século XX, e ela aprende algo chamado resfriado. O que é um resfriado?, pergunta ela. Dizem que resfriados eram algo que foi curado faz muito tempo.

Talvez não.

A cura de todas as doenças tem sido um de nossos objetivos mais antigos. Mas, mesmo em 2100, os cientistas não serão capazes de curar todas as doenças, visto que elas sofrem mutações mais rapidamente do que podemos curá-las, e elas são numerosas. Às vezes esquecemos que vivemos em um oceano de bactérias e vírus, que existiam bilhões de anos antes de os humanos caminharem sobre a Terra e existirão bilhões de anos depois que o *Homo sapiens* se for.

Muitas doenças originalmente vieram de animais. Este é um dos preços que pagamos pela domesticação de animais, que começou há mais ou menos 10 mil anos. Portanto, existe um vasto reservatório de doenças espreitando em animais que provavelmente vão durar mais do que a raça humana. Normalmente estas doenças infectam apenas um punhado de indivíduos. Mas, com o surgimento de grandes cidades, estas doenças comunicáveis poderão se espalhar rapidamente entre a população humana, atingindo massa crítica e criando pandemias.

Por exemplo, quando os cientistas analisaram a sequência genética do vírus da *influenza*, ficaram surpresos ao encontrar a sua origem: aves. Muitas aves podem ser portadoras de variações do vírus da *influenza* sem nenhum efeito. Mas então porcos às vezes agem como tigelas para misturas genéticas, depois de comerem excrementos de aves. E agricultores com frequência vivem perto de ambos. Alguns especulam ser esta a razão para o vírus da *influenza* vir quase sempre da Ásia, porque lá agricultores praticam a poliagricultura, isto é, vivem em íntima proximidade com patos e porcos.

A recente epidemia de gripe H1N1 é apenas a mais recente onda de mutações da *influenza* transmitida por aves e porcos.

Um problema é que os humanos estão continuamente se expandindo em novos ambientes, abatendo florestas, construindo prédios e fábricas, e no processo encontram antigas doenças à espreita entre os animais. Como a população se expande continuamente, isto significa que esperamos encontrar mais surpresas surgindo da floresta.

Por exemplo, existem consideráveis evidências genéticas de que o HIV começou como um vírus de imunodeficiência símia (SIV), que originalmente infectou macacos, mas em seguida pulou para os humanos. Similarmente, o hantavírus afetava pessoas no sudoeste quando elas ultrapassavam os limites do território de roedores. A doença de Lime, que se dissemina em grande parte por carrapatos, invadiu os subúrbios do noroeste porque as pessoas agora constroem casas próximas às florestas onde eles vivem. O vírus Ebola provavelmente afetou tribos de humanos na Antiguidade, mas foi só com o advento das viagens a jato que ele se espalhou para uma população maior e chegou às manchetes dos jornais. Até a dos legionários é uma doença antiga, que se reproduzia na água estagnada; mas foi a proliferação de unidades de ar condicionado o que espalhou esta doença entre os idosos em navios de cruzeiro.

Isto significa que ainda virão muitas surpresas, com novas ondas de doenças exóticas dominando as manchetes do futuro.

Infelizmente, a cura para estas doenças pode demorar.

Por exemplo, até o resfriado comum atualmente não tem cura. A pletora de produtos para curá-lo, encontrados em qualquer drogaria, trata apenas os sintomas, em vez de matar o vírus. O problema é que existem provavelmente mais de 300 variações do rinovírus que causam o resfriado comum, e sai muito caro criar uma vacina para todas as 300.

A situação do HIV é muito pior, visto existirem milhares de variedades. De fato, o HIV sofre mutações tão rápido que, mesmo que você possa desenvolver uma vacina para uma delas, o vírus logo muda. Imaginar uma vacina para o HIV é como tentar atingir um alvo móvel.

Portanto, embora possamos curar muitas doenças no futuro, provavelmente sempre teremos alguma doença que escapará à nossa ciência mais avançada.

ADMIRÁVEL MUNDO NOVO

Em 2100, quando tivermos controle sobre o nosso destino genético, teremos de comparar o nosso destino com a distopia exposta por Aldous Huxley no seu romance profético *Admirável mundo novo*, que se passa no ano 2540. O livro causou choque e consternação universal quando foi publicado pela primeira vez, em 1932.

No entanto, mais de 75 anos depois, muitas das suas previsões já aconteceram. Escandalizou a sociedade britânica ao escrever sobre bebês de proveta, sobre quando recreação e procriação se separariam, e sobre quando as drogas seriam lugar-comum, mas hoje vivemos num mundo em que a fertilização *in vitro* e as pílulas para controle de natalidade são consideradas coisas normais. (A única previsão importante que ele fez e que ainda não aconteceu é a clonagem humana.) Ele imaginou um mundo hierárquico, onde médicos deliberadamente clonavam embriões humanos com lesões cerebrais, que eram criados para ser servos da elite governante. Dependendo do nível de lesão mental, eles podiam ser classificados desde Alfas, que são perfeitos e destinados a governar, até os Ípsilones, que são pouco mais do que escravos mentalmente retardados. Portanto, a tecnologia, em vez de livrar a humanidade da pobreza, da ignorância e das doenças, tornou-se um pesadelo, impondo uma estabilidade artificial e corrupta à custa de escravizar toda uma população.

Embora o romance fosse preciso em muitos aspectos, Huxley não previu a engenharia genética. Se ele tivesse conhecimento desta tecnologia, então poderia ter-se preocupado com outro problema: a espécie humana se dividirá em fragmentos, com pais volúveis e governos desonestos intervindo nos genes de nossos filhos? Os pais já vestem seus filhos com roupas exóticas e os fazem competir em concursos tolos; então, por que não mudar os genes para se adequarem aos caprichos dos pais? Na verdade, os pais são provavelmente programados pela evolução para dar todos os benefícios à sua progênie; então, por que não adulterar seus genes também?

Como um exemplo elementar do que poderia dar errado, considere a ultrassonografia. Embora os médicos inocentemente introduzissem as ultrassonografias para ajudar na gravidez, isto levou a uma epidemia em massa de abortos de fetos femininos, especialmente no interior da China e da Índia. Um estudo em Bombaim descobriu que 7.997 dos 8 mil fetos abortados eram do sexo feminino. Na Coreia do Sul, 65% de todos os terceiros filhos eram do sexo masculino. A geração de crianças cujos pais escolhiam estes abortos baseados no sexo em breve estará em idade de se casar, e milhões descobrirão que não existem mulheres disponíveis. Isto por sua vez poderá causar enorme deslocamento social. Camponeses que quiseram apenas meninos para transmitir seu nome descobrirão que não têm netos.

E, nos Estados Unidos, há um mau uso exagerado do hormônio de crescimento humano (HGH), com frequência anunciado como uma cura do envelhecimento. Originalmente, o HGH tinha a intenção de corrigir deficiências hormonais em crianças que eram baixas demais. Em vez disso, o HGH se transformou numa imensa indústria clandestina baseada em dados questionáveis com relação ao envelhecimento. Com efeito, a internet criou uma enorme população de cobaias humanas para terapias capciosas.

Portanto, tendo oportunidade, as pessoas com frequência usam mal a tecnologia e criam uma quantidade enorme de danos. O que acontecerá se elas se apossarem da engenharia genética?

No pior cenário possível, talvez tenhamos o pesadelo imaginado por H. G. Wells no seu clássico conto de ficção científica *A máquina do tempo*, em que a raça humana, no ano de 802.701 d.C., se divide em duas raças. Ele escreveu: "Aos poucos a verdade começou a se revelar para mim: que o Homem não permaneceu como uma só espécie, mas havia se diferenciado em dois animais distintos; que as minhas graciosas crianças do Mundo Superior não eram os únicos descendentes da nossa geração, mas que esta Coisa noturnal, descorada, obscena, que havia aparecido num relâmpago diante de mim, era também herdeira de todos os tempos."

Para ver que variações da raça humana são possíveis, olhe simplesmente para o cão doméstico. Embora existam milhares de raças de cães, todas originalmente descenderam do *Canis lupus*, o lobo-cinza, que foi domesticado há cerca de 10 mil anos, no final da última Era Glacial. Devido à criação seletiva por seus donos humanos, existem hoje cães numa variedade surpreendente de formas e tamanhos. Formato do corpo, temperamento, cor e habilidades têm sido radicalmente alterados pela reprodução seletiva.

Visto que os cães envelhecem umas sete vezes mais rápido do que os humanos, podemos estimar que cerca de mil gerações de cães existiram desde que eles se separaram dos lobos. Se aplicarmos isto aos humanos, então a reprodução sistemática de humanos poderia dividir a raça humana em milhares de linhagens em apenas 70 mil anos, embora elas fossem da mesma espécie. Com a engenharia genética, este processo poderia concebivelmente ser imensamente acelerado, numa só geração.

Felizmente, há razões para acreditar que a especiação da raça humana não acontecerá, pelo menos não no próximo século. Na evolução, uma única espécie em geral se divide se ela se separa geograficamente em duas populações que se reproduzam separadamente. Isto aconteceu, por exemplo, na Austrália, onde a separação física de muitas espécies levou à evolução de animais que não se encontram em nenhum outro lugar da Terra, como, por exemplo, marsupiais, como o canguru. As populações humanas, em contraste, são extremamente móveis, sem gargalos evolucionários, e extremamente misturadas entre si.

Como disse Gregory Stock, da UCLA: "A evolução darwinista tradicional agora quase não produz mudanças nos humanos e tem poucas perspectivas de fazer isso no futuro previsível. A população humana é grande e emaranhada demais, e as pressões seletivas são muito localizadas e transitórias."

Também não há restrições originárias do Princípio do Homem das Cavernas.

Como mencionamos antes, é frequente as pessoas rejeitarem os avanços da tecnologia (por exemplo, o escritório sem papel) quando ela contradiz a natureza humana, que tem permanecido relativamente constante ao longo dos últimos 100 mil anos. As pessoas talvez não queiram criar filhos de designer que se desviem da norma e sejam considerados aberrações por seus colegas. Isto diminui as suas chances de sucesso na sociedade. Vestir os filhos com roupas idiotas é uma coisa, mas mudar permanentemente a sua hereditariedade é outra totalmente diferente. (Num mercado livre, provavelmente haverá um lugar para genes excêntricos, mas ele será pequeno, visto que o mercado será movido pela demanda do consumidor.) Mais do que provável, lá pelo final do século, um casal receberá uma biblioteca de genes para escolher, na sua maior parte daqueles para eliminar doenças genéticas, mas também para alguns aprimoramentos genéticos. Entretanto, haverá pouca pressão do mercado para financiar o estudo de genes bizarros porque a demanda deles será muito pequena.

O verdadeiro perigo virá não tanto da demanda do consumidor, mas de governos ditatoriais que queiram usar a engenharia genética para seus próprios interesses, como reproduzir soldados mais fortes, porém mais obedientes.

Outro problema surge no futuro distante, quando tivermos colônias espaciais em outros planetas cuja gravidade e condições climáticas são muito diferentes das da Terra. Nesse ponto, talvez no próximo século seja realista pensar em formar uma nova raça de humanos que possa se ajustar a diferentes campos de gravidade e condições atmosféricas. Por exemplo, uma nova estirpe de humanos talvez seja capaz de consumir diferentes quantidades de oxigênio, adaptar-se a diferentes durações do dia e ter um peso corporal e um metabolismo diferentes. Mas as viagens espaciais serão caras por muito tempo. No final do século, talvez tenhamos um pequeno posto avançado em Marte, mas uma descomunal fração da raça humana ainda estará na Terra. Por décadas e séculos ainda, viagens espaciais serão para os astronautas, os ricos e, quem sabe, um punhado de valentes colonizadores espaciais.

Portanto, a divisão da raça humana em diferentes espécies de viajantes espaciais pelo sistema solar e mais além não acontecerá neste século, ou talvez nem no próximo. No futuro previsível, a não ser que haja avanços extraordinários na tecnologia espacial, estaremos em boa parte presos à Terra.

Por fim, existe outra ameaça por enfrentar antes de chegarmos a 2100: a de que esta tecnologia possa ser intencionalmente virada contra nós, na forma de guerra de germes de designer.

GUERRA DE GERMES

A guerra de germes é tão velha quanto a Bíblia. Os antigos guerreiros costumavam lançar corpos de pessoas enfermas por sobre as muralhas de cidades inimigas ou envenenar seus poços com animais doentes. Dar intencionalmente roupas infectadas com varíola a um adversário era outro jeito de destruí-los. Mas, com a tecnologia moderna, é possível criar germes geneticamente para varrer do mapa milhões de pessoas.

Em 1972, os Estados Unidos e a antiga União Soviética assinaram um tratado histórico que proibia o uso de guerra de germes para propósitos ofensivos. Entretanto, a tecnologia da bioengenharia está tão avançada hoje que o tratado já não faz sentido.

Primeiro, não existe isso de tecnologia ofensiva e defensiva quando se trata de pesquisa de DNA. A manipulação de genes pode ser usada para um ou outro propósito.

Segundo, com a engenharia genética é possível criar germes transformados em armas, aqueles que têm sido intencionalmente modificados para aumentar a sua letalidade ou capacidade de se espalhar pelo ambiente. Antes, acreditava-se que apenas os Estados Unidos e a Rússia possuíssem os últimos frascos com varíola, a maior assassina da história da raça humana. Em 1992, um desertor soviético afirmou que os russos tinham transformado a varíola em arma e tinham produzido 20 toneladas dela. Com a queda da União Soviética, existe o constante temor de que um dia um grupo terrorista possa pagar para ter acesso à varíola como arma.

Em 2005, biólogos ressuscitaram com sucesso o vírus da gripe espanhola de 1918, que matou mais pessoas do que a Primeira Guerra Mundial. De forma extraordinária, eles conseguiram ressuscitar o vírus analisando uma mulher que morrera e fora enterrada no *permafrost* do Alasca, bem como amostras tiradas de soldados americanos durante a epidemia.

Os cientistas em seguida publicaram o genoma inteiro do vírus pela internet, revelando-o ao mundo todo. Muitos cientistas ficaram inquietos com isso, visto que um dia até um colega estudante com acesso a um laboratório de universidade poderia ser capaz de ressuscitar um dos maiores assassinos da história da raça humana.

A curto prazo, a publicação do genoma da gripe espanhola foi uma mina para os cientistas, que puderam em seguida examinar os genes para solucionar um enigma existente havia muito tempo: como uma minúscula mutação causou tantos danos à população humana? A resposta foi logo encontrada. O vírus da gripe espanhola, ao contrário de outras variedades, faz o sistema imunológico do corpo reagir de forma exagerada, liberando grandes quantidades de fluido que acabam matando o paciente. A pessoa literalmente se afoga nos seus próprios fluidos. Uma vez compreendido isto, o genes que causam este efeito mortal puderam ser comparados com os da gripe H1N1 e de outros vírus. Felizmente, nenhum deles possuía este gene letal. Além disso, foi possível calcular quanto um vírus estava perto de alcançar esta alarmante capacidade, e a gripe H1N1 ainda estava longe de conseguir isto.

Mas, a longo prazo, existe um preço a pagar. A cada ano, fica mais fácil manipular os genes de organismos vivos. Os custos continuam caindo vertiginosamente, e as informações estão amplamente disponíveis na internet.

Dentro de poucas décadas, alguns cientistas acreditam que será possível inventar uma máquina que permitirá que você crie qualquer gene simplesmente digitando os componentes desejados. Ao digitar os símbolos A-T-C-G, que compõem um gene, a máquina em seguida, automaticamente, divide e pica o DNA para criar esse gene. Se isso acontecer, então talvez até estudantes de nível médio possam um dia fazer manipulações avançadas de formas de vida.

Um cenário de pesadelo é a AIDS transmitida pelo ar. Os vírus da gripe, por exemplo, possuem uns poucos genes que lhes permitem sobreviver em gotículas de aerossóis, de modo que espirrar pode infectar outras pessoas. Hoje, o vírus da AIDS é bastante vulnerável quando exposto ao ambiente. Mas, se os genes do vírus da gripe forem implantados no vírus da AIDS, então é concebível que o tornem capaz de sobreviver fora do corpo humano. Isto então faria com que o vírus da AIDS se espalhasse como o resfriado comum, infectando, por conseguinte, uma grande porção da raça humana. Sabe-se também que vírus e bactérias trocam genes, e portanto existe também a possibilidade de que a AIDS e a gripe comum possam trocar genes naturalmente, embora isto seja menos provável.

No futuro, um grupo terrorista ou um Estado-nação talvez consigam transformar a AIDS em arma. A única coisa que os impediria de desencadear isto seria o fato de que eles também morreriam se o vírus se dispersasse no ambiente.

Esta ameaça se tornou real depois da tragédia do 11 de setembro. Um desconhecido enviou pacotes com um pó branco contendo esporos de antraz, pelo correio, a políticos famosos do país inteiro. Uma cuidadosa análise microscópica do pó branco mostrou que os esporos de antraz tinham sido transformados em arma para causar o máximo de mortes e destruição. De repente, o país inteiro estava assustadíssimo, temendo que um grupo terrorista tivesse acesso a armas biológicas avançadas. Embora o antraz seja encontrado no solo e por todo o nosso ambiente, só uma pessoa com treinamento avançado e intenções loucas poderia tê-lo purificado e transformado em arma, e realizar esta façanha.

Mesmo depois de uma das maiores caçadas humanas da história dos Estados Unidos, até hoje não se encontrou o culpado (embora um dos principais suspeitos tenha se suicidado recentemente). A questão aqui é que até um único indivíduo com algum treinamento biológico avançado pode aterrorizar uma nação inteira.

Um fator limitante que tem mantido a guerra de germes em xeque é o simples interesse pessoal. Durante a Primeira Guerra Mundial, a eficácia do gás venenoso no campo de batalha foi relativa. Muitas vezes era impossível prever as condições do vento, e assim o gás podia ser soprado de volta para as nossas próprias tropas. O seu valor militar foi em grande parte o de aterrorizar o inimigo, em vez de derrotá-lo. Nem uma só batalha decisiva foi vencida usando-se gás venenoso. E, mesmo no auge da Guerra Fria, ambos os lados sabiam que gás venenoso e armas biológicas poderiam ter efeitos imprevisíveis no campo de batalha, e podiam facilmente resultar num confronto nuclear.

Todos os argumentos mencionados neste capítulo, como vimos, envolveram a manipulação de genes, proteínas e moléculas. A próxima pergunta surge naturalmente: até onde podemos manipular átomos individuais?

Os princípios da física, até onde posso ver, não negam a possibilidade de manipular coisas átomo por átomo.
– RICHARD FEYNMAN, PRÊMIO NOBEL

A nanotecnologia nos deu os instrumentos para brincar com a última caixa de brinquedos da natureza – átomos e moléculas. Tudo é feito com eles, e as possibilidades de criar novas coisas parecem ilimitadas.
– HORST STORMER, PRÊMIO NOBEL

O papel do infinitamente pequeno é infinitamente grande.
– LOUIS PASTEUR

4 NANOTECNOLOGIA *Tudo do nada?*

O domínio de ferramentas é a conquista suprema que distingue a humanidade dos animais. Segundo as mitologias grega e romana, este processo começou quando Prometeu, apiedando-se das dificuldades dos humanos, roubou o precioso dom do fogo das fornalhas de Vulcano. Mas este roubo enraiveceu os deuses. Para punir a humanidade, Júpiter (ou Zeus) imaginou um truque. Pediu a Vulcano que forjasse uma caixa e uma bela mulher de metal. Vulcano criou esta estátua, chamando-a Pandora, e em seguida lhe deu vida dizendo-lhe que jamais abrisse a caixa. Curiosa, um dia ela a abriu e liberou todos os ventos do caos, da miséria e do sofrimento no mundo, ficando apenas a esperança dentro da caixa.

Portanto, das forjas de Vulcano emergiram tanto os sonhos como os sofrimentos da raça humana. Hoje, estamos projetando novas máquinas revolucionárias, que são as ferramentas por excelência, forjadas a partir de átomos individuais. Mas elas desencadearão o fogo do esclarecimento e do conhecimento, ou os ventos do caos?

Ao longo de toda a história humana, o domínio de ferramentas vem determinando o nosso destino. Quando o arco e a flecha foram aperfeiçoados há milhares de anos, isso significou que podíamos disparar projéteis muito mais longe do que com as mãos, aumentando a eficiência da caçada e aumentando o suprimento de comida. Quando a metalurgia foi inventada há cerca de 7 mil anos, pudemos substituir cabanas de barro e palha e finalmente criar prédios altíssimos, acima da superfície da Terra. Em breve, impérios começaram a surgir da floresta e do deserto, construídos pelas ferramentas forjadas a partir de metais.

E agora estamos à beira de dominar mais um tipo de ferramenta, muito mais poderosa que qualquer coisa que já vimos antes. Desta vez, seremos capazes de dominar os próprios átomos de que tudo é criado. Neste século, poderemos possuir a ferramenta mais importante jamais imaginada – a nanotecnologia, que nos permitirá manipular átomos individuais. Isto poderá iniciar uma segunda revolução industrial, na medida em que a fabricação molecular cria novos materiais com os quais só podemos sonhar hoje, que são superfortes, superleves, com incríveis propriedades elétricas e magnéticas.

O ganhador do prêmio Nobel Richard Smalley disse: "O maior sonho da nanotecnologia é ser capaz de construir usando o átomo como bloco de construção." Philip Kueles, da Hewlett-Packard, disse: "Futuramente, o objetivo não é apenas fazer computadores do tamanho de partículas de poeira. A ideia é fazer computadores simples do tamanho de bactérias. Então você poderá colocar algo tão poderoso como o que está agora no seu *desktop* dentro de uma partícula de poeira."

Isto não é só a esperança de visionários deslumbrados. O governo dos Estados Unidos leva isso a sério. Em 2009, devido ao imenso potencial da nanotecnologia para aplicações médicas, industriais, aeronáuticas e comerciais, a National Nanotechnology Initiative distribuiu 1,5 bilhão de dólares para pesquisas. O National Science Foundation Nanotechnology Report afirma: "A nanotecnologia tem potencial para aperfeiçoar o desempenho humano, trazer desenvolvimento sustentável para materiais, água, energia e alimentos, proteger de bactérias e vírus desconhecidos..."

Em última análise, a economia mundial e o destino de nações talvez dependam disto. Por volta de 2020 ou logo depois, a lei de Moore começará a falhar e talvez entrar em colapso. A economia mundial poderá se desestabilizar, a não ser que os físicos consigam descobrir substitutos adequados para transistores de silício para acionar nossos computadores. A solução para o problema poderá vir da nanotecnologia.

A nanotecnologia poderá também, talvez lá pelo final deste século, criar uma máquina que apenas os deuses possam empunhar, uma máquina que possa fazer tudo quase que do nada.

O MUNDO QUÂNTICO

O primeiro a chamar a atenção para este novo reino da física foi o prêmio Nobel Richard Feynman, que fez uma pergunta ilusoriamente simples: até que ponto é possível reduzir o tamanho de uma máquina? Não foi uma pergunta acadêmica. Os computadores estavam ficando cada vez menores, mudando a face da indústria, e portanto estava se tornando evidente que a resposta a esta pergunta poderia ter um enorme impacto sobre a sociedade e a economia.

Na sua profética palestra de 1959 na American Physical Society, intitulada "Há bastante espaço no fundo", Feynman disse: "É interessante que, a princípio, será possível (eu penso) para um físico sintetizar qualquer substância química que o químico anotar. Dê as ordens, e o físico sintetiza. Como? Coloque os átomos onde o químico diz, e assim você terá a substância." Feynman concluiu que máquinas feitas de átomos eram possíveis, porém essas novas leis da física tornariam difícil criá-las, mas não impossível.

Portanto, em última análise, a economia mundial e o destino das nações talvez dependam dos princípios bizarros e contraintuitivos da teoria quântica. Normalmente, pensamos que as leis da física permanecem as mesmas se você descer a escalas menores. Mas isto não é verdade. Em filmes como *Querida, encolhi as crianças* e *O incrível homem que encolheu*, da Disney, temos a impressão errada de que pessoas em miniatura experimentariam as leis da física do mesmo modo que nós. Por exemplo, em uma cena no filme da Disney, nossos heróis encolhidos cavalgam uma formiga durante uma tempestade. As gotas de chuva caem no chão e fazem pequenas poças, exatamente como no nosso mundo. Mas, na realidade, gotas de chuva podem ser maiores do que formigas. Assim, quando uma formiga encontra uma gota de chuva, ela vê um imenso hemisfério de água. O hemisfério de água não se desmancha porque a tensão superficial age como uma rede que mantém unida a gotícula. No nosso mundo, a tensão superficial da água é muito pequena, e por isso não a notamos. Mas, na escala de uma formiga, a tensão superficial é proporcionalmente imensa, e portanto a chuva forma gotículas.

(Além do mais, se você tentasse aumentar proporcionalmente a formiga para ficar do tamanho de uma casa, teria mais um problema: as pernas dela se quebrariam. Conforme você aumenta o tamanho da formiga, o peso dela aumenta muito mais rápido do que a força das suas pernas. Se você aumenta

10 vezes o tamanho de uma formiga, o seu volume e, portanto, o seu peso é 10 x 10 x 10 = 1.000 vezes mais pesada. Mas a força dela está relacionada com a espessura de seus músculos, que é de apenas 10 x 10 = 100 vezes mais forte. Daí que a formiga gigante seja 10 vezes mais fraca, relativamente falando, do que uma formiga comum. Isto também significa que King Kong, em vez de aterrorizar a cidade de Nova York, viraria farelo se tentasse escalar o Empire State Building.)

Feynman observou que outras forças também dominam na escala atômica, tais como a combinação de hidrogênio e a força de Van der Waals, causada por minúsculas forças elétricas que existem entre átomos e moléculas. Muitas das propriedades físicas das substâncias são determinadas por estas forças.

(Para visualizar isto, considere o simples problema dos buracos nas autoestradas do noroeste dos Estados Unidos. A cada inverno, a água se infiltra por pequenas fendas no asfalto; ela se expande ao congelar, fazendo o asfalto se fragmentar e abrir uma panela. Mas é absurdo pensar que a água se expande quando congela. A água se expande por causa da combinação de hidrogênio. A molécula de água tem a forma de um V, com o átomo de oxigênio na base. A molécula de água tem uma carga ligeiramente negativa no fundo e uma carga positiva no topo. Portanto, quando você congela água e empilha suas moléculas, elas se expandem, formando uma estrutura entrelaçada de gelo com espaço suficiente entre as moléculas. As moléculas são ordenadas como hexágonos. Assim, a água se expande quando congela, visto que existe mais espaço entre os átomos num hexágono. Esta também é a razão pela qual os flocos de neve possuem seis lados, e explica por que o gelo flutua na água, quando, por direito, deveria afundar.)

ATRAVESSAR PAREDES

Além da tensão superficial, combinação de hidrogênio e forças de Van der Waals, existem também efeitos quânticos bizarros na escala atômica. Normalmente, não vemos forças quânticas em funcionamento no dia a dia. Mas elas estão por toda parte. Por exemplo, por direito, visto que átomos são em grande parte vazios, deveríamos ser capazes de caminhar através de paredes. Entre o núcleo do átomo e os escudos de elétrons, existe apenas um vácuo. Se o átomo fosse do tamanho de um estádio de futebol, então o estádio estaria vazio, visto que o núcleo seria mais ou menos do tamanho de um grão de areia.

(Às vezes surpreendemos nossos alunos com uma simples demonstração. Pegamos um contador Geiser, o posicionamos na frente de um aluno e colocamos uma bolinha radioativa inofensiva atrás dele. O aluno se espanta porque algumas partículas atravessam o seu corpo e detonam o contador Geiser, como se ele fosse em grande parte vazio, o que ele é.)

Mas, se somos em grande parte vazios, então por que não podemos atravessar paredes? No filme *Ghost – do outro lado da vida*, o personagem de Patrick Swayze é morto por um rival e retorna como um fantasma. Ele fica frustrado sempre que tenta tocar na ex-noiva, representada por Demi Moore. Suas mãos atravessam a matéria comum; ele descobre que não tem substância material e simplesmente flutua através de objetos sólidos. Numa cena, ele enfia a cabeça num vagão de metrô em movimento. O trem passa correndo com a cabeça dele enfiada dentro, mas ele não sente nada. (O filme não explica por que a gravidade não o puxa para dentro do chão, de modo que ele caia no centro da Terra. Fantasmas, pelo visto, podem atravessar tudo, menos o chão.)

Então por que não podemos atravessar objetos sólidos como os fantasmas? A resposta está num curioso fenômeno quântico. O princípio de exclusão de Pauli afirma que dois elétrons não podem existir no mesmo estado quântico. Por conseguinte, quando dois elétrons quase idênticos se aproximam demais, eles se repelem. É por isso que os objetos parecem ser sólidos, o que é uma ilusão. A realidade é que a matéria é basicamente vazia.

Quando nos sentamos numa cadeira, pensamos que a estamos tocando. Na verdade, estamos pairando sobre ela, flutuando menos de um nanômetro acima dela, repelidos pelas forças elétricas e quânticas da cadeira. Isto significa que, sempre que "tocamos" alguma coisa, não estamos fazendo nenhum contato direto, mas estamos separados por estas minúsculas forças atômicas. (Isto também significa que, se pudéssemos de alguma forma neutralizar o princípio de exclusão, então seríamos capazes de atravessar paredes. Entretanto, ninguém sabe como fazer isto.)

Não só a teoria quântica impede os átomos de colidirem uns com os outros, mas também os unem em moléculas. Imagine agora que um átomo seja como um minúsculo sistema solar, com planetas girando em torno de um Sol. Ora, se esses dois sistemas solares colidissem, então os planetas se espatifariam uns contra os outros ou escapariam em todas as direções, causando o colapso do sistema solar. Sistemas solares jamais são estáveis quando colidem com outro sistema solar, razão por que, de direito, átomos deveriam se desintegrar quando trombam uns com os outros.

Na realidade, quando dois átomos ficam muito próximos, ou eles ricocheteiam ou se combinam para formar uma molécula estável. Os átomos podem formar moléculas estáveis porque elétrons podem ser compartilhados por dois átomos. Normalmente, a ideia de um elétron sendo compartilhado entre dois átomos é absurda. Ela é impossível se o elétron obedecesse às leis do bom-senso de Newton. Mas, por causa do princípio da incerteza de Heisenberg, não se sabe exatamente onde está o elétron. Em vez disso, ele é espremido entre dois átomos, o que os mantém unidos.

Em outras palavras, se você desligar a teoria quântica, então as suas moléculas se desintegram ao colidirem umas com as outras, e você se dissolve num gás de partículas. Portanto, a teoria quântica explica por que átomos podem se unir para formar matéria sólida, em vez de se desintegrarem.

(Esta também é a razão pela qual você não pode ter mundos dentro de mundos. Algumas pessoas imaginam que o nosso sistema solar ou galáxia pode ser um átomo num universo gigantesco de outra pessoa. Esta, na verdade, é a cena final do filme *Homens de preto*, no qual todo um universo conhecido era de fato apenas um átomo num jogo de bola alienígena. Mas de acordo com a física isto é impossível, dado que as leis da física mudam conforme mudamos de escala. As regras que governam os átomos são bem diferentes das que governam as galáxias.)

Estes são alguns dos princípios da teoria quântica que nos fazem pensar diferente:

- não se pode saber a velocidade e a localização exatas de nenhuma partícula – existe sempre incerteza
- partículas podem em certo sentido estar em dois lugares ao mesmo tempo
- todas as partículas existem como misturas de diferentes estados simultaneamente; por exemplo, partículas girando podem ser misturas de partículas cujos eixos giram para cima e para baixo ao mesmo tempo
- você pode desaparecer e aparecer em outro lugar

Todas estas afirmativas soam absurdas. De fato, Einstein certa vez disse: "Quanto mais sucesso tem a teoria quântica, mais tola ela parece." Ninguém sabe de onde vieram estas leis bizarras. Elas são simplesmente postulados, sem nenhuma explicação. A teoria quântica tem apenas uma coisa a seu favor: está correta. A sua precisão foi medida em uma parte em 10 bilhões, tornando-a a teoria física de maior êxito em todos os tempos.

A razão pela qual não vemos estes incríveis fenômenos na vida diária é que eles são compostos de trilhões e trilhões de átomos, e estes efeitos, em certo sentido, fazem média.

MOVER ÁTOMOS INDIVIDUAIS

Richard Feynman sonhava com o dia em que um físico poderia manufaturar qualquer molécula, átomo por átomo. Isso parecia impossível em 1959, mas parte desse sonho hoje é uma realidade.

Eu tive a oportunidade de testemunhar isto de perto, quando visitei o Almaden Research Center da IBM, em San José, Califórnia. Pude observar um instrumento extraordinário, o microscópio de varredura de tunelamento, que permite aos cientistas ver e manipular átomos individuais. Este aparelho foi inventado por Gerd Binning e Heinrich Rohrer, da IBM, que com ele ganharam o prêmio Nobel em 1986. (Eu me lembro, quando criança, do meu professor nos dizendo que jamais seríamos capazes de ver átomos. Eles são pequenos demais, disse ele. Naquela época, eu já havia decidido ser um cientista atômico. Percebi que teria de passar o resto da vida estudando algo que jamais seria capaz de observar diretamente. Mas hoje não somente podemos ver os átomos, mas também podemos brincar com eles, com pinças atômicas.)

O microscópio de varredura de tunelamento na verdade não é um microscópio. Ele parece um antigo fonógrafo. Uma agulha fina (com uma ponta que tem apenas um único átomo de diâmetro) passa lentamente sobre o material analisado. Uma pequena corrente elétrica sai da agulha e atravessa o material até a base do instrumento. Conforme a agulha passa sobre o objeto, a corrente elétrica muda ligeiramente sempre que passa sobre um átomo. Após múltiplas passagens, a máquina imprime o espantoso contorno do próprio átomo. Usando uma agulha idêntica, o microscópio então é capaz não apenas de gravar estes átomos, mas também de movê-los de um lado para o outro. Assim, podem-se pronunciar as letras, como as inicias IBM, e de fato até desenhar máquinas primitivas construídas a partir de átomos.

(Outra invenção recente é o microscópio de força atômica, que pode nos dar espantosas fotos em 3-D de séries de átomos. O microscópio de força atômica também usa a agulha com uma ponta muito fina, mas ela dispara um raio laser. Conforme a agulha passa sobre o material analisado, ela vai e vem, e este movimento é registrado pela imagem do feixe de raios laser.)

Achei muito simples mover átomos individuais de um lado para o outro. Sentei-me diante de uma tela de computador, olhando para uma série de esferas brancas, cada uma parecendo uma bola de pingue-pongue com uns 2,5 cm de diâmetro. Na verdade, cada bola era um átomo individual. Coloquei o cursor sobre um átomo e em seguida o movi para outra posição. Apertei um botão, que ativou a agulha para movimentar o átomo. O microscópio fez uma nova varredura da substância. A tela mudou, mostrando que a bola havia se movido exatamente para onde eu queria.

Todo o processo de mover cada átomo para qualquer posição que eu quisesse levou apenas um minuto. De fato, em cerca de 30 minutos descobri que podia soletrar algumas letras na tela, feitas de átomos individuais. Em uma hora, pude fazer padrões bastante complexos envolvendo 10 ou mais átomos.

Tive de me recuperar do choque de ter realmente movimentado átomos individuais, algo que um dia se pensava impossível.

MEMS E NANOPARTÍCULAS

Embora a nanotecnologia ainda esteja na infância, ela já gerou uma explosão na indústria comercial de revestimentos químicos. Pulverizando-se finas camadas de substâncias químicas com apenas algumas moléculas de espessura sobre um produto comercial é possível torná-lo mais resistente à ferrugem ou mudar suas propriedades ópticas. Outras aplicações comerciais hoje são as roupas à prova de manchas, telas de computador aperfeiçoadas, ferramentas para cortar metais mais fortes e revestimentos que não arranham. Nos próximos anos, cada vez mais produtos comerciais novos serão colocados no mercado com microrrevestimentos que melhorem o seu desempenho.

Na sua maior parte, a nanotecnologia ainda é uma ciência muito jovem. Mas um dos seus aspectos está agora começando a afetar a vida de todo o mundo e já floresceu numa lucrativa indústria universal no valor de 40 bilhões de dólares – os sistemas microeletromecânicos (MEMS) –, que inclui desde cartuchos de jato de tinta, sensores de air bag e mostradores até giroscópios para carros e aviões. Os MEMS são minúsculas máquinas que podem facilmente se encaixar na ponta de uma agulha. Elas são criadas usando-se a mesma tecnologia de gravação usada para os computadores. Em vez de gravar transistores, os engenheiros gravam minúsculos componentes mecânicos, criando peças de máquina tão pequenas que você precisa de um microscópio para vê-las.

Cientistas fizeram uma versão atômica do ábaco, o venerável aparelho de calcular asiático, que consiste em várias colunas verticais de fios com contas de madeira. Em 2000, cientistas da IBM Zurich Research Laboratory fizeram uma versão atômica do ábaco manipulando átomos individuais com um microscópio de varredura. Em vez de contas de madeira que se movimentam nos fios para cima e para baixo, o ábaco atômico usava *buckyballs*, que são átomos de carbono dispostos para formar uma molécula parecida com uma bola de futebol, 5 mil vezes menor que o diâmetro de um fio de cabelo humano.

Em Cornell, cientistas criaram uma guitarra atômica. Ela tem seis cordas, cada uma com apenas 100 átomos de diâmetro. Dispostas de ponta a ponta, 20 destas guitarras caberiam dentro de um fio de cabelo humano. A guitarra é real, com cordas reais que podem ser tangidas (embora a frequência desta guitarra atômica seja alta demais para ser percebida pelo ouvido humano.)

Mas a aplicação prática mais divulgada desta tecnologia é a que se faz nos air bags, que contêm minúsculos acelerômetros MEM capazes de detectar a súbita freada do seu carro. O acelerômetro MEM consiste em uma bola minúscula presa a uma mola ou alavanca. Quando você pisa forte no freio, a súbita desaceleração sacode a bola, cujo movimento cria uma minúscula carga elétrica. Esta carga então detona uma explosão química que libera grandes quantidades de gás nitrogênio em 1/25 de segundo. Esta tecnologia já salvou milhares de vidas.

PRÓXIMO PERÍODO (DO PRESENTE A 2030)

NANOMÁQUINAS EM NOSSO CORPO

No futuro próximo, devemos esperar uma nova variedade de nanoequipamentos que poderão revolucionar a medicina, tais como nanomáquinas correndo pelo fluxo sanguíneo. No filme *Viagem fantástica*, uma tripulação de cientistas e sua nave são reduzidas ao tamanho de uma hemácia. Em seguida eles embarcam numa viagem pelo fluxo sanguíneo e pelo cérebro de um paciente, encontrando uma série de angustiantes perigos dentro do corpo. Um dos objetivos da nanotecnologia é criar caçadores moleculares que entrem nas células cancerosas e as destruam asseadamente, deixando intactas as células normais. Escritores de ficção científica há muito sonham com naves moleculares de busca e destruição flutuando no sangue, constantemente em busca de células cancerosas. Mas críticos do passado consideraram isto impossível, um sonho vão de autores de livros de ficção.

Parte deste sonho está sendo realizada hoje. Em 1992, Jerome Schentag, da Universidade de Buffalo, inventou a pílula inteligente, que mencionamos antes, um instrumento minúsculo do tamanho de uma pílula que você engole e que pode ser acompanhada eletronicamente. Ela pode então ser instruída a levar remédios ao local certo. Pílulas inteligentes foram criadas contendo câmeras de TV para fotografar o seu interior conforme elas descem para o estômago e os intestinos. Podem-se usar ímãs para guiá-las. Desse modo, o equipamento pode procurar tumores e pólipos. No futuro, talvez seja possível realizar cirurgias simples com estas pílulas inteligentes, removendo possíveis anormalidades e fazendo biópsias internamente, sem ter de cortar a carne.

Um dispositivo bem menor é a nanopartícula, uma molécula capaz de levar drogas de combate ao câncer a um alvo específico, revolucionando assim o tratamento da doença. Estas nanopartículas podem ser comparadas com uma bomba inteligentes molecular, projetada para atingir um alvo específico com uma carga útil química, reduzindo assim, imensamente, danos colaterais no processo. Enquanto uma bomba burra atinge tudo, incluindo células saudáveis, as inteligentes são seletivas e miram apenas as células cancerosas.

Quem já experimentou os terríveis efeitos colaterais da quimioterapia compreenderá o vasto potencial destas nanopartículas para reduzir o sofrimento humano. A quimioterapia funciona inundando o corpo inteiro de toxinas morais, matando células cancerosas com um pouquinho mais de eficiência do que células normais. O dano colateral da quimioterapia é bem conhecido. Os efeitos secundários – incluindo náusea, perda de cabelo, de força etc. – são tão graves que alguns pacientes de câncer preferem morrer da doença a se submeter a esta tortura.

As nanopartículas podem mudar tudo isso. Remédios, tais como drogas quimioterápicas, serão colados dentro de uma molécula com a forma de uma cápsula. A nanopartícula então poderá circular no fluxo sanguíneo, até encontrar determinado destino, onde ela libere o seu remédio.

O segredo destas nanopartículas está no seu tamanho: entre 10 e 100 nanômetros, grande demais para penetrar numa célula sanguínea. Portanto, nanopartículas ricocheteiam inofensivamente nas células sanguíneas normais. Mas as células cancerosas são diferentes; suas paredes são crivadas de poros grandes e irregulares. As nanopartículas podem entrar livremente nas células cancerosas e entregar o seu remédio, mas deixar o tecido saudável intacto. Por isso os médicos não precisarão de sistemas de orientação complicados para guiar essas nanopartículas até o seu alvo. Elas se acumularão naturalmente em certos tipos de tumores cancerosos.

A vantagem disto é que não requer métodos complicados e perigosos, que poderiam ter sérios efeitos colaterais. Estas nanopartículas são simplesmente do tamanho certo: grandes demais para atacar células normais, mas ótimas para penetrar uma célula cancerosa.

Outro exemplo são as nanopartículas criadas pelos cientistas da BIND Biosciences, de Cambridge, Massachusetts. Suas nanopartículas de ácido polilático e ácido copolilático/ácido glicoico podem conter um emaranhado molecular. Isto cria a carga útil da nanopartícula. O sistema de orientação da nanopartícula são os peptídeos que revestem a partícula e que se aglutinam na célula-alvo.

O que é muito atraente neste trabalho é que estas nanopartículas se formam sozinhas, sem fábricas complicadas e laboratórios químicos. As várias substâncias químicas misturam-se lentamente, na sequência certa, sob condições muito controladas, e as nanopartículas se agrupam por si mesmas.

"Como o autoagrupamento não requer múltiplas etapas químicas complicadas, as partículas são muito fáceis de manufaturar... E nós podemos fazê-las na escala de um quilograma, o que ninguém mais fez", diz Omid Farokhzad da BIND, um físico da Harvard Medical School. Estas nanopartículas já se provaram úteis contra tumores cancerosos na próstata, na mama e no pulmão de ratos. Usando pigmentos coloridos, pode-se mostrar que estas nanopartículas estão se acumulando no órgão em questão, liberando a sua carga útil do modo desejado. Experiências clínicas em pacientes humanos terão início dentro de poucos anos.

ATACANDO CÉLULAS CANCEROSAS

Não só estas nanopartículas podem procurar células cancerosas e entregar substâncias químicas para matá-las, como elas na verdade podem ser capazes de matá-las na hora. O princípio por trás disto é simples. Estas nanopartículas podem absorver luz em determinada frequência. Focalizando-se nelas um raio laser, elas se aquecem, ou vibram, destruindo qualquer célula cancerosa nas vizinhanças ao romperem suas paredes. O segredo, portanto, é fazer estas nanopartículas se aproximarem o suficiente das células cancerosas.

Vários grupos já desenvolveram protótipos. Cientistas do Argonne National Laboratory e da Universidade de Chicago criaram nanopartículas de dióxido de titânio (dióxido de titânio é uma substância química comum encontrada em protetores solares). Este grupo descobriu que podia ligar estas nanopartículas a um anticorpo que naturalmente procura certas células cancerosas chamadas glioblastomas multiformes (GBM). Portanto estas nanopartículas, pegando carona neste anticorpo, são transportadas para as células cancerosas. Em seguida uma luz branca é acesa por cinco minutos, e aquece e acaba por matar as células cancerosas. Estudos mostraram que 80% das células cancerosas podem ser destruídas assim.

Estes cientistas também inventaram um segundo modo de matar células cancerosas. Criaram minúsculos discos magnéticos que podem vibrar violentamente. Quando estes discos são conduzidos até as células cancerosas, um pequeno campo magnético externo pode ser passado sobre elas, fazendo-as se sacudir e rasgar as paredes celulares do câncer. Em testes, 90% das células cancerosas morreram depois de apenas 10 minutos de vibração.

Este resultado não é um feliz acaso. Cientistas na Universidade da Califórnia em Santa Cruz inventaram um sistema semelhante usando nanopartículas de ouro. Estas partículas têm apenas 20 a 70 nanômetros de diâmetro e só uns poucos átomos de espessura, dispostos em forma de esfera. Os cientistas usaram determinado peptídeo que é conhecido por ser atraído para células de câncer de pele. Este peptídeo foi conectado às nanopartículas de ouro, que em seguida foram transportadas para as células de câncer de pele de camundongos. Direcionando um laser infravermelho, estas partículas de ouro poderiam destruir as células do tumor ao aquecê-las. "É basicamente como colocar uma célula cancerosa em água quente e deixar fervendo até morrer. Quanto mais calor as nanoesferas geram, melhor", diz Jin Zhang, um dos pesquisadores.

Portanto, no futuro, a nanotecnologia detectará colônias cancerosas de anos a décadas antes de poderem formar um tumor, e nanopartículas circulando no nosso sangue poderão ser usadas para destruir estas células. A ciência básica está sendo feita hoje.

NANOCARROS NO NOSSO SANGUE

Um passo adiante da nanopartícula é o nanocarro, um dispositivo que pode ser guiado nas suas viagens dentro do corpo. Enquanto se permite que a nanopartícula circule livremente no fluxo sanguíneo, estes nanocarros são como aviõezinhos com controle remoto que podem ser comandados e pilotados.

James Tour e seus colegas da Rice University fizeram um desses nanocarros. Em vez de rodas, ele tem quatro *buckyballs*. Um objetivo futuro desta pesquisa é projetar um carro molecular que possa empurrar um minúsculo robô pelo fluxo sanguíneo, atacando células cancerosas pelo caminho ou entregando drogas salva-vidas a locais precisos no corpo.

Mas o problema do carro molecular é que ele não tem motor. Os cientistas criaram máquinas moleculares cada mais vez mais sofisticadas, mas criar uma fonte de energia molecular tem sido um dos principais obstáculos. A Mãe Natureza solucionou este problema usando a molécula adenosina-trifosfato (ATP) como sua fonte de energia. A energia da ATP torna a vida possível; ela energiza cada segundo dos nossos movimentos musculares. Esta energia da ATP é armazenada dentro de um elo atômico entre seus átomos. Mas criar uma alternativa sintética tem se mostrado difícil.

Thomas Mallouk e Ayusman Sen, da Pennsylvania State University, descobriram uma potencial solução para este problema. Eles criaram um nanocarro que pode realmente movimentar dezenas de mícrons por segundo, o que é a velocidade da maioria das bactérias. (Primeiro eles criaram uma nanovareta, feita de ouro e platina, do tamanho de uma bactéria. A nanovareta foi colocada numa mistura de água e água oxigenada. Isto criou uma reação química nas duas extremidades da vareta que fez os prótons se moverem de uma ponta da vareta para a outra. Visto que os prótons empurram as cargas elétricas da molécula de água, isto impele a nanovareta para a frente. A vareta continua a se mover para a frente desde que haja água oxigenada na água.)

Comandar estas nanovaretas também é possível usando-se o magnetismo. Cientistas inseriram discos de níquel nestas nanovaretas para que agissem como agulhas de bússola. Ao mover um ímã comum de refrigerador perto destas nanovaretas, você pode comandá-las para onde quiser.

Mas outra maneira de guiar uma máquina molecular é usar uma lanterna. A luz pode quebrar moléculas em íons positivos e negativos. Estes tipos de íons se espalham no meio a diferentes velocidades, o que define um campo elétrico. As máquinas moleculares são então atraídas por estes campos elétricos. Portanto, apontando uma lanterna, é possível guiar as máquinas moleculares nessa direção.

Tive uma demonstração disto quando visitei o laboratório de Sylvain Martel, da Polytechnic Montréal, no Canadá. A sua ideia era usar a cauda de bactérias comuns para impulsionar um minúsculo chip para a frente no fluxo sanguíneo. Até agora os cientistas não foram capazes de fabricar um motor atômico, como o encontrado nas caudas de bactérias. Martel se perguntou: se a nanotecnologia não pôde fazer estas minúsculas caudas, por que não usar as caudas de bactérias vivas?

Primeiro ele criou um chip de computador menor que o ponto final desta frase. Em seguida, cultivou um lote de bactérias. Ele conseguiu colocar cerca de 80 destas bactérias atrás do chip, de modo que agissem como uma hélice, empurrando-o para a frente. Visto que estas bactérias são ligeiramente magnéticas, Martel pôde usar ímãs externos para conduzi-las para onde quisesse.

Eu mesmo tive a chance de guiar estes chips movidos a bactérias. Olhei num microscópio e pude ver um minúsculo chip de computador que estava sendo empurrado por várias bactérias. Quando apertei um botão, um ímã girou e o chip se moveu para a direita. Quando soltei o botão, o chip parou e em seguida se moveu aleatoriamente. Desse modo, eu podia realmente guiar o chip. Enquanto fazia isto, percebi que um dia um médico talvez apertasse um botão semelhante, mas desta vez direcionando um nanorrobô nas veias de um paciente.

Pode-se imaginar um futuro em que a cirurgia seja totalmente substituída por máquinas moleculares movendo-se pelo fluxo sanguíneo, guiadas por ímãs, mirando um órgão doente, e em seguida liberando remédio ou realizando cirurgias. Isto tornaria os cortes de pele totalmente obsoletos. Ou ímãs poderiam guiar estas nanomáquinas até o coração para remover um bloqueio das artérias.

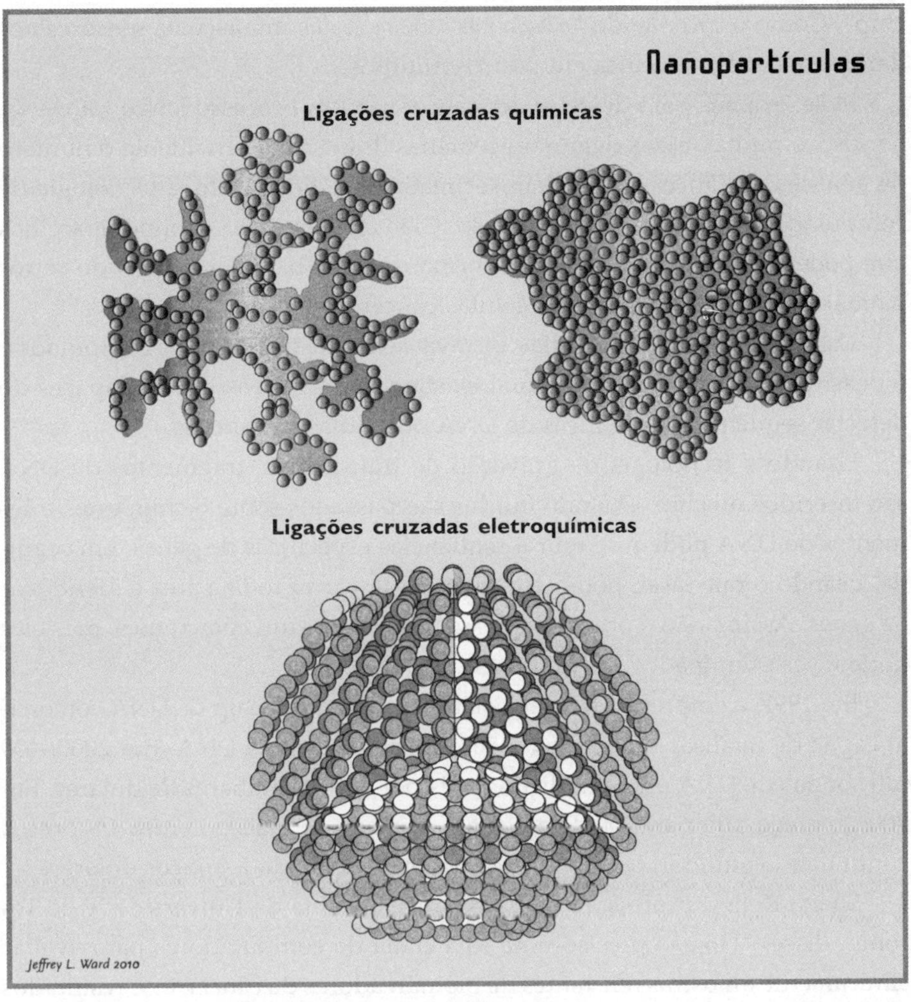

Robôs moleculares patrulharão nossos fluxos sanguíneos, identificando e atacando células cancerosas e patogênicas. Eles podem revolucionar a medicina.

CHIPS DE DNA

Como mencionamos no capítulo 3, no futuro teremos minúsculos sensores em nossas roupas, corpo e banheiro, constantemente monitorando nossa saúde e detectando doenças, como o câncer, antes de se tornarem um perigo. O segredo para isto está no chip de DNA, que promete um "laboratório num chip". Como o *tricorder* de *Jornada nas estrelas,* estes minúsculos sensores nos darão uma análise médica em poucos minutos.

Hoje, exames para detectar um câncer são um processo longo, caro e laborioso, e muitas vezes demoram semanas. Isso limita seriamente o número de análises de câncer que podem ser realizadas. Entretanto, a tecnologia de computador está mudando tudo isso. Cientistas já estão criando aparelhos que podem detectar um câncer de forma rápida e barata, procurando certos biomarcadores produzidos por células cancerosas.

Usando a mesma tecnologia de gravação usada nos chips de computador, é possível gravar um chip no qual existam áreas microscópicas capazes de detectar sequências específicas de DNA ou células cancerosas.

Usando a tecnologia de gravação de transistores, fragmentos de DNA são inseridos no chip. Quando fluidos são passados sobre o chip, estes fragmentos de DNA podem se unir a sequências específicas de genes. Em seguida, usando o raio laser, pode-se rapidamente varrer toda a área e identificar os genes. Assim, não é preciso ler os genes um por um como antes, mas eles podem ser examinados aos milhares de uma só vez.

Em 1997, a empresa Affymetrix lançou o primeiro chip de DNA comercial capaz de analisar rapidamente 50 mil sequências de DNA. Em 2000, 400 mil sondas de DNA estavam disponíveis por alguns milhares de dólares. Em 2002, o preço caiu para 200 dólares para chips ainda mais potentes. Os preços continuam a afundar devido à lei de Moore, chegando a poucos dólares.

Shana Kelley, professora da Escola de Medicina da Universidade de Toronto, disse: "Hoje, é preciso uma sala cheia de computadores para avaliar clinicamente amostras relevantes de biomarcadores de câncer, e os resultados não estão disponíveis com rapidez. Nossa equipe foi capaz de medir biomoléculas num chip eletrônico do tamanho da ponta de um dedo." Ela também prevê o dia em que todo o equipamento para analisar este chip encolherá ficando do tamanho de um telefone celular. Este laboratório num chip significará que podemos encolher um laboratório químico encontrado num hospital ou universidade em até um único chip que podemos usar em nosso próprio banheiro.

Médicos do Massachusetts General Hospital criaram o seu próprio biochip feito sob medida, 100 vezes mais potente do que qualquer coisa no mercado hoje. Normalmente, células de tumor circulantes (CTCs) somam menos de um em 1 milhão de células no nosso sangue, mas estas CTCs vão acabar nos matando se proliferarem. O novo biochip é sensível o suficiente para encontrar um em 1 bilhão de CTCS circulando no nosso sangue. Consequentemente este chip provou detectar células de câncer do pulmão, da próstata, do pâncreas, de mama e colorretal analisando-se uma pequena quantidade, como uma colher de chá, de sangue.

A tecnologia de gravação-padrão esculpe chips com 78 mil pinos microscópicos (cada um com 100 mícrons de altura). Sob um microscópio de elétrons, eles parecem uma floresta de pinos redondos. Cada pino é revestido de um anticorpo para a molécula de adesão celular epitelial (EpCAM) que é encontrada em muitas células de câncer, mas está ausente em células comuns. A EpCAM é vital para as células cancerosas se comunicarem umas com as outras ao formarem um tumor. Passando-se sangue pelo chip, as células CTC grudam nos pinos redondos. Em testes clínicos, o chip detectou com sucesso 115 cânceres em 116 pacientes.

A proliferação destes laboratórios num chip também afetará radicalmente o custo dos diagnósticos de doenças. No presente, talvez custe várias centenas de dólares fazer uma biópsia ou análise química, que leva algumas semanas. No futuro, talvez custe alguns poucos centavos e demore alguns minutos. Isto poderia revolucionar a velocidade de diagnósticos de câncer e o acesso a eles. Todas as vezes que escovarmos os dentes, teremos um check-up completo para uma variedade de doenças, incluído o câncer.

Leroy Hood e seus colegas da Universidade de Washington criaram um chip de cerca de 4 cm de diâmetro, que pode obter resultados para proteínas específicas a partir de uma única gota de sangue. Proteínas são os blocos de construção da vida. Nossos músculos, pele, cabelos, hormônios e enzimas são todos feitos de proteínas. Detectar proteínas de doenças como o câncer pode levar a um sistema de alerta precoce para o corpo. No presente, o chip custa apenas 10 centavos e pode identificar uma proteína específica em 10 minutos, e portanto é milhões de vezes mais eficiente do que o sistema anterior. Hood prevê o dia em que um chip será capaz de analisar rapidamente centenas de milhares de proteínas, alertando-nos para uma ampla variedade de doenças anos antes de se tornarem sérias.

NANOTUBOS DE CARBONO

Uma pré-estreia do poder da nanotecnologia são os nanotubos de carbono. A princípio, nanotubos de carbono são mais fortes do que o aço e podem também conduzir eletricidade, razão por que computadores baseados em carbono são uma possibilidade. Embora fortíssimos, o problema é que eles devem estar na forma pura, e a fibra de carbono puro mais longa tem apenas uns poucos centímetros de comprimento. Mas um dia computadores inteiros poderão ser feitos de nanotubos de carbono e outras estruturas moleculares.

Nanotubos de carbono são feitos de átomos de carbono individuais ligados para formar um tubo. Imagine uma tela de galinheiro, na qual cada união é um átomo de carbono. Agora enrole a tela num tubo, e você tem a geometria de um nanotubo de carbono. Nanotubos de carbono são formados sempre que se cria fuligem comum, mas os cientistas jamais perceberam que átomos de carbono poderiam se ligar de um modo tão novo.

As propriedades quase milagrosas de nanotubos de carbono devem o seu poder à sua estrutura atômica. Em geral, quando você analisa um pedaço sólido de matéria, como uma pedra ou madeira, na verdade está analisando um imenso composto de muitas estruturas sobrepostas. É fácil criar minúsculas fraturas dentro deste composto, que fazem com que ele se quebre. Portanto, a resistência de um material depende de imperfeições na sua estrutura molecular. Por exemplo, grafite é feita de carbono puro, mas é extremamente macia porque é feita de camadas que podem deslizar umas pelas outras. Cada camada consiste em átomos de carbono, e cada uma delas está ligada a três outros átomos de carbono.

Os diamantes também são feitos de carbono puro, mas são o mineral mais resistente da natureza. Os átomos de carbono nos diamantes são dispostos numa estrutura de cristal interligada, firme, que lhes dá a sua fenomenal força. Similarmente, nanotubos de carbono devem suas incríveis propriedades à sua estrutura atômica regular.

Nanotubos de carbono já estão encontrando o seu caminho na indústria. Devido à sua condutividade, eles podem ser usados para criar cabos que transportem grandes quantidades de energia elétrica. Por causa da sua força, podem ser usados para criar substâncias mais resistentes do que Kevlar.

Mas talvez a aplicação mais importante do carbono seja na indústria de computadores. O carbono é um dos muitos candidatos que talvez sucedam ao silício como base da tecnologia de computadores. O futuro da economia mundial pode acabar dependendo da resposta a esta pergunta: o que vai substituir o silício?

ERA PÓS-SILÍCIO

Como mencionamos antes, a lei de Moore, uma das bases da revolução da informação, não pode durar para sempre. O futuro da economia mundial e o destino de nações podem no final depender de que nação desenvolva um substituto adequado para o silício.

A questão – quando a lei de Moore vai desabar? – causa arrepios na economia mundial. Perguntaram ao próprio Gordon Moore em 2007 se ele achava que a famosa lei com o seu nome poderia durar para sempre. Claro que não, disse ele, e previu que ela terminaria dentro de 10 a 15 anos.

Esta estimativa aproximada concordou com outra anterior, feita por Paolo Gargini, um Intel Fellow, que é responsável por todas as pesquisas externas da Intel. Visto que a Intel Corporation define o ritmo de toda a indústria de semicondutores, suas palavras foram cuidadosamente analisadas. Na conferência Semicon West anual, em 2004, ele disse: "Vemos que pelo menos nos próximos 15 a 20 anos poderemos continuar contando com a lei de Moore."

A atual revolução nos computadores baseados em silício tem sido movida por um fato importantíssimo: a capacidade de a luz UV gravar transistores cada vez menores numa pastilha de silício. Hoje, um chip Pentium pode ter centenas de milhares de transistores numa pastilha do tamanho da unha do polegar. Como o comprimento de onda da luz UV pode ser de apenas 10 nanômetros, é possível usar técnicas de gravação para esculpir componentes que tenham só 30 átomos de diâmetro. Mas este processo não pode continuar para sempre. Mais cedo ou mais tarde, ele desaba, por várias razões.

Primeiro, o calor gerado por chips potentes acabará por derretê-los. Uma solução ingênua é empilhar as pastilhas umas sobre as outras, criando um chip cúbico. Isto aumentaria a capacidade de processamento do chip, mas à custa de gerar mais calor. O calor destes chips cúbicos é tão intenso que se poderia fritar um ovo em cima deles. O problema é simples: não há área de superfície suficiente num chip cúbico para resfriá-lo. Em geral, se você passar água fria ou ar por um chip quente, o resfriamento é maior se você tiver mais contato superficial com o chip. Mas, se você tem um chip cúbico, a área superficial não basta. Por exemplo, se você puder duplicar o tamanho do chip cúbico, o calor que ele gera cresce oito vezes (visto que o cubo contém oito vezes mais componentes elétricos), mas a sua área de superfície aumenta apenas quatro vezes. Isto significa que o calor gerado num chip cúbico aumenta mais rápido do que a capacidade de resfriá-lo. Portanto, chips cúbicos oferecerão apenas uma solução parcial, temporária para o problema.

Algumas pessoas sugeriram que usássemos simplesmente raios X em vez de luz UV para gravar os circuitos. A princípio isto poderia funcionar, visto que raios X podem ter um comprimento de onda 100 vezes menor do que a luz UV. Mas existe uma compensação. Ao passar de luz UV para raios X, você também aumenta a energia do feixe 100 vezes, mais ou menos. Isto significa que gravando com raios X você pode destruir a pastilha que está tentando gravar. Pode-se comparar a litografia com raios X a um artista que tente usar um maçarico para criar uma escultura delicada. A litografia com raios X tem de ser cuidadosamente controlada, e portanto é apenas uma solução a curto prazo.

Segundo, existe um problema fundamental apresentado pela teoria quântica: o princípio de incerteza, que diz que não se podem saber com certeza a localização e a velocidade de um átomo ou partícula. O chip Pentium de hoje talvez tenha uma camada de uns 30 átomos de espessura. Em 2020, essa camada poderá ter cinco átomos de diâmetro, e portanto a posição do elétron é incerta, e ele começa a vasar pela camada, provocando um curto-circuito. Assim, há um limite quântico para a pequenez de um transistor de silício.

Como mencionei antes, uma vez fiz a introdução de uma importante conferência com os 3 mil principais engenheiros da Microsoft na sua sede em Seattle, quando ressaltei o problema de retardar a lei de Moore. Estes engenheiros de software topo de linha me confidenciaram que estão agora levando muito a sério este problema, e processamento paralelo é uma das suas principais respostas para aumentar a capacidade de processamento dos computadores. A maneira mais fácil de solucionar este problema é enfileirar uma série de chips em paralelo, de modo que o problema de um computador é quebrado em pedaços e depois remontado no final.

Processamento paralelo é uma das chaves para o funcionamento do nosso próprio cérebro. Se você fizer uma varredura MRI do cérebro quanto a como ele pensa, descobrirá que várias regiões do cérebro se acendem simultaneamente, significando que ele parte uma tarefa em pequenos pedaços e processa cada um deles simultaneamente. Isto explica por que os neurônios (que transportam mensagens elétricas a uma velocidade excruciantemente lenta de 322 quilômetros por hora) podem ter um desempenho superior ao de um supercomputador, no qual mensagens viajam quase à velocidade da luz. O que falta em velocidade ao nosso cérebro ele mais do que o compensa fazendo bilhões de pequenos cálculos simultaneamente e, em seguida, somando-os.

A dificuldade do processamento paralelo é que todos os problemas têm de ser partidos em vários pedaços. Cada pedaço é em seguida processado por diferentes chips, e o problema é remontado no final. A coordenação deste rompimento pode ser complicadíssima, e depende especificamente de cada problema, tornando-o um procedimento geral muito difícil de encontrar. O cérebro humano faz isto sem nenhum esforço, mas a Mãe Natureza teve milhões de anos para solucionar este problema. Engenheiros de software tiveram apenas uma década, mais ou menos.

TRANSISTORES ATÔMICOS

Uma substituição possível para os chips de silício são os transistores feitos de átomos individuais. Se os transistores de silício falham porque fios e camadas num chip estão diminuindo de tamanho até a escala atômica, então por que não começar tudo de novo e computar em átomos?

Um jeito de realizar isto é fazê-lo com transistores moleculares. Transistor é um interruptor que permite que você controle o fluxo de eletricidade por um fio. É possível substituir um transistor de silício por uma única molécula, feita de substâncias químicas, como rotaxano e benzenethiol. Quando você vê uma molécula de benzenethiol, ela parece um longo tubo, com uma "maçaneta" ou válvula feita de átomos no meio. Normalmente, a eletricidade está livre para fluir pelo tubo, tornando o condutor. Mas também é possível girar a "maçaneta", interrompendo o fluxo de eletricidade. Dessa maneira, a molécula inteira age como um interruptor que pode controlar o fluxo de eletricidade. Em uma posição, a maçaneta permite que a eletricidade flua, o que pode representar o número "1". Se a maçaneta é girada, então o fluxo elétrico é interrompido, o que representa o número "0". Assim, mensagens digitais podem ser enviadas usando-se moléculas.

Transistores moleculares já existem. Várias corporações anunciaram que tinham criado transistores feitos de moléculas individuais. Mas, antes que possam ser comercialmente viáveis, alguém precisa ser capaz de ligá-los corretamente e produzi-los em massa.

Um promissor candidato a transistor molecular vem de uma substância chamada grafeno, que foi isolada pela primeira vez do grafite em 2004 por Andre Geim e Kostya Novoselov, da Universidade de Manchester, que ganharam um prêmio Nobel pelo seu trabalho. É como uma única camada de grafite. Ao contrário dos nanotubos de carbono, que são folhas de átomos de carbono enroladas em tubos longos, estreitos, o grafeno é uma única folha de carbono, com não mais que um átomo de espessura. Como os nanotubos de carbono, o grafeno representa um novo estado da matéria, e por isso cientistas estão desemaranhando suas extraordinárias propriedades, incluída a de conduzir eletricidade. "Do ponto de vista da física, o grafeno é uma mina de ouro. Você pode passar séculos estudando-o", observa Novoselov. (O grafeno também é o material mais forte jamais testado em ciência. Se você colocasse um elefante sobre um lápis, e equilibrasse o lápis sobre uma folha de grafeno, o grafeno não se rasgaria.)

O grupo de Novoselov empregou técnicas-padrão usadas na indústria de computadores para esculpir alguns dos menores transistores jamais feitos. Feixes estreitos de elétrons podem esculpir canais no grafeno, fazendo o menor transistor do mundo: um átomo de espessura e 10 átomos de diâmetro. (Atualmente os menores transistores moleculares têm cerca de 30 nanômetros de tamanho. Os menores transistores de Novoselov são 30 vezes menores que isso.)

Estes transistores de grafeno são tão pequenos, de fato, que talvez representem o limite definitivo para transistores moleculares. Menor que isso, e o princípio de incerteza assume e elétrons vasam do transistor, destruindo as suas propriedades. "É mais ou menos o menor tamanho a que se pode chegar", diz Novoselov.

Embora existam vários candidatos promissores a transistores moleculares, o verdadeiro problema é mais mundano: como ligá-los e montá-los num produto comercialmente viável. Criar um único transistor molecular não basta. Transistores moleculares são notoriamente difíceis de manipular, visto poderem ser milhares de vezes mais finos do que um cabelo humano. É um pesadelo pensar como produzi-los em massa. No presente, ainda não existe tecnologia para isso.

Por exemplo, o grafeno é um material tão novo que os cientistas não sabem como produzir grandes quantidades dele. Eles podem produzir apenas cerca de 0,1 milímetro de grafeno puro, pequeno demais para uso comercial.

Uma esperança é que seja possível encontrar um processo que monte o transistor molecular por si mesmo. Na natureza, às vezes encontramos séries de moléculas que se condensam num padrão preciso, como num passe de mágica. Até agora, ninguém foi capaz de recriar com segurança esta mágica.

COMPUTADORES QUÂNTICOS

A proposta mais ambiciosa é usar computadores quânticos, que dependem de átomos individuais para computar. Há quem diga que computadores quânticos são o computador definitivo, visto que o átomo é a menor unidade com que se pode calcular.

Um átomo é como um pião girando. Normalmente, pode-se armazenar informações em piões girando atribuindo o número 0 se o pião está girando para cima, ou 1 se o pião está girando para baixo. Se você inverter rapidamente a posição do pião, então converteu um 0 em um 1 e fez um cálculo.

Mas, no bizarro mundo do *quantum*, um átomo está em certo sentido girando para cima e para baixo simultaneamente. (No mundo quântico, estar em vários lugares ao mesmo tempo é comum.) Um átomo, portanto, pode conter muito mais informações do que um 0 e um 1. Ele pode descrever uma mistura de 0 e 1. Assim, computadores quânticos usam "*qubits*" e não bits. Por exemplo, ele pode estar girando 25% para cima e 75% para baixo. Deste modo, um átomo girando pode armazenar uma quantidade muitíssimo maior de informações do que um único bit.

Computadores quânticos são tão potentes que a CIA tem examinado seu potencial para quebra de códigos. Quando a CIA tenta quebrar o código de outra nação, busca a chave. Nações inventaram meios engenhosos de construir a chave que codifica suas mensagens. Por exemplo, a chave pode estar baseada na fatoração de um número grande. É fácil fatorar o número 21 como o produto de 3 e 7. Agora digamos que você tenha um número inteiro de 100 dígitos, e pede a um computador digital que o reescreva como o produto de dois outros números inteiros. Um computador digital talvez leve um século para conseguir fatorar este número. Um computador quântico, entretanto, é tão potente que a princípio pode facilmente quebrar qualquer desses códigos. Um computador quântico supera rapidamente em desempenho um computador-padrão nessas tarefas imensas.

Computadores quânticos não são ficção científica, mas existem de verdade hoje. De fato, tive oportunidade de ver de perto um computador quântico quando visitei o laboratório do MIT, de Seth Lloyd, um dos pioneiros no campo. O seu laboratório é cheio de computadores, bombas a vácuo e sensores, mas o coração do seu experimento é uma máquina que parece uma máquina MRI-padrão, só que muito menor. Como a máquina MRI, o seu equipamento tem duas bobinas de fios que criam um campo magnético uniforme no espaço entre elas. Neste campo magnético uniforme, ele coloca o seu material de amostra. Os átomos dentro da amostra se alinham, como piões girando. Se o átomo aponta para cima, corresponde a um 0. Se aponta para baixo, corresponde a um 1. Em seguida, ele envia um pulso eletromagnético para dentro da amostra, o que muda o alinhamento dos átomos. Alguns átomos se viram ao contrário, de modo que um 1 se torna 0. Assim, a máquina realizou um cálculo.

Então, por que não temos computadores quânticos sobre as nossas mesas, solucionando os mistérios do universo? Lloyd admitiu para mim que o verdadeiro problema que obstruía o progresso da pesquisa sobre computadores quânticos são os distúrbios do mundo exterior que destroem as delicadas propriedades destes átomos.

Quando átomos são "coerentes" e vibram em fase uns com os outros, os mínimos distúrbios do mundo exterior podem arruinar este delicado equilíbrio e fazer os átomos "perderem a coerência", e eles já não vibram em uníssono. Até a passagem de um raio cósmico ou o ronco de um caminhão do lado de fora do laboratório podem destruir o delicado alinhamento giratório destes átomos e a computação.

O problema da descoerência é a única barreira dificílima para criar computadores quânticos. Quem conseguir solucionar o problema da descoerência não só ganhará um prêmio Nobel, mas também será a pessoa mais rica da Terra.

Como você pode imaginar, criar computadores quânticos a partir de átomos coerentes individuais é um processo árduo, porque estes átomos entram em descoerência rapidamente e saem de fase. Até agora o cálculo mais complexo do mundo feito num computador quântico é 3 x 5 = 15. Embora isto possa não parecer grande coisa, lembre-se de que este cálculo foi feito com base em átomos individuais.

Além disso, existe mais uma complicação bizarra que surge da teoria quântica, de novo baseada no princípio de incerteza. Todos os cálculos feitos num computador quântico são incertos, e por isso você tem de repetir o experimento muitas vezes. Assim, 2 + 2 = 4, pelo menos às vezes. Se você repetir o cálculo de 2 + 2 várias vezes, a resposta final, em média, é 4. Portanto, até a aritmética fica imprecisa num computador quântico.

Ninguém sabe quando será possível solucionar este problema de descoerência. Vint Cerf, um dos criadores originais da internet, prevê: "Em 2050, certamente teremos encontrado meios de realizar a computação quântica em temperatura ambiente."

Devemos também observar que é muito provável que uma variedade de projetos de computador tenha sido explorada por cientistas. Alguns destes projetos em concorrência incluem:

- **Computadores ópticos:** estes computadores calculam com raios laser em vez de elétrons. Visto que raios laser podem passar através uns dos outros, computadores ópticos têm a vantagem de poder ser cúbicos, sem fios. Também lasers podem ser fabricados usando as mesas técnicas litográficas dos transistores comuns, e assim, em teoria, você pode amontoar milhões de lasers num chip.

- **Computadores de pontos quânticos:** semicondutores usados em chips podem ser gravados em minúsculos pontos, tão pequenos que consistem numa coleção de 100 átomos, talvez. Nesse ponto, estes átomos podem começar a vibrar em uníssono. Em 2009, o menor ponto quântico do mundo foi construído a partir de um único elétron. Estes pontos quânticos já provaram o seu valor com díodos emissores de luz e telas de computador. No futuro, se estes pontos quânticos forem arrumados adequadamente, poderão até criar um computador quântico.

- **Computadores de DNA:** em 1994, o primeiro computador feito de moléculas de DNA foi criado na Universidade do Sul da Califórnia. Visto que uma fita de DNA codifica informações em aminoácidos representados pelas letras A, T, C e G em vez de 0s e 1s, o DNA pode ser visto como uma fita de computador comum, ainda que ele possa armazenar mais informações. Assim como um grande número digital pode ser manipulado e rearranjado por um computador, também se podem realizar manipulações análogas misturando tubos de fluidos que contenham DNA, que podem ser cortados e emendados de várias maneiras. Embora o processo seja lento, são tantos trilhões de moléculas de DNA atuando simultaneamente que um computador de DNA pode solucionar determinados cálculos melhor do que um computador digital. Embora um computador digital seja bastante conveniente e possa ser colocado dentro do seu telefone celular, computadores de DNA são mais desconfortáveis, envolvendo a mistura de tubos com líquido que contém DNA.

MEADOS DO SÉCULO [DE 2030 A 2070]

MUDANÇA DE FORMA

No filme *O exterminador do futuro 2: o dia do Juízo Final*, Arnold Schwarzenegger é atacado por um robô avançado do futuro, um T-1000, feito de metal líquido. Parecendo uma massa palpitante de mercúrio, ele pode mudar de forma e escorregar por entre qualquer obstáculo. Pode escorrer por fendas minúsculas e moldar armas mortais alterando a forma de suas mãos e pés. E, em seguida, de repente pode retornar à sua forma original para levar avante o seu ataque assassino. O T-1000 parecia impossível de deter, a máquina de matar perfeita.

Tudo isso era ficção científica. A tecnologia de hoje não permite que você modifique um objeto sólido à vontade. Mas em meados do século uma forma desta tecnologia para alterar aparências pode se tornar lugar-comum. De fato, uma das principais empresas a dar impulso a esta tecnologia é a Intel.

Ironicamente, em 2050, a maioria dos frutos desta tecnologia estará por toda parte, mas ninguém verá. Quase todos os produtos serão aperfeiçoados mediante técnicas de manufatura molecular, de modo que eles serão superfortes, resistentes, condutivos e flexíveis. A nanotecnologia também nos dará sensores que nos protejam e ajudem constantemente, distribuídos no ambiente, ocultos sob a superfície da nossa consciência. Caminharemos pela rua e tudo parecerá o mesmo, razão por que jamais saberemos como a nanotecnologia mudou o mundo à nossa volta.

Mas uma consequência da nanotecnologia será óbvia.

O robô assassino T-1000 de *O exterminador do futuro* talvez seja o exemplo mais dramático de um objeto do campo chamado matéria programável, que poderá nos permitir um dia mudar a aparência externa, a cor e a forma física de um objeto tocando num botão. Em um nível primitivo, até um cartaz de neon é uma forma de matéria programável, visto que você pode dar um piparote num interruptor de luz e enviar eletricidade por um tubo de gás. A eletricidade excita os átomos de gás, que em seguida decaem de volta ao seu estado normal, liberando luz no processo. Uma versão mais sofisticada disto é a tela de LCD encontrada em monitores de computador por toda parte. O LCD contém um líquido que se torna opaco quando se aplica uma pequena corrente elétrica. Assim, regulando a corrente elétrica que flui dentro de um cristal líquido, podem-se criar cores e formatos numa tela, bastando apertar um botão.

Os cientistas da Intel são muito mais ambiciosos. Visualizam o uso da matéria programável para mudar o formato de um objeto sólido, exatamente como na ficção científica. A ideia é simples: criar um chip de computador com a forma de um minúsculo grão de areia. Estes grãos de areia inteligentes permitem que você mude a carga elétrica estática na superfície, de modo que os grãos possam se atrair e repelir uns aos outros. Com um conjunto de cargas, estes grãos podem se alinhar para formar determinada série. Mas você pode programar os grãos para que suas cargas elétricas mudem. Instantaneamente, eles se reorganizam, num arranjo totalmente diferente. Estes grãos são chamados "*catoms*" (de *claytronic atoms*, ou átomos claytrônicos), visto que podem formar uma ampla variedade de objetos simplesmente mudando as suas cargas, de modo muito parecido com os átomos. (A matéria programável tem muito em comum com os robôs modulares que vimos no capítulo 2. Enquanto os robôs modulares contêm blocos inteligentes, com cerca de cinco centímetros, que podem se reorganizar, a matéria programável encolhe estes blocos de construção para um tamanho submilimétrico, ou menos.)

Um dos promotores desta tecnologia é Jason Campbell, um pesquisador sênior da Intel. Ele diz: "Pense num aparelho móvel. Meu telefone celular é grande demais para caber no meu bolso e pequeno demais para os meus dedos. Piora se eu tentar assistir a filmes ou escrever e-mails. Mas, se eu tivesse 200 a 300 mililitros de *catoms*, poderia fazer com que ele assumisse o formato do aparelho que eu precisasse no momento." Portanto, num momento, eu tenho um telefone celular na mão. No momento seguinte, ele se transforma em outra coisa. Assim, não preciso carregar tantas engenhocas eletrônicas.

Nos seus laboratórios, a Intel já criou uma série de *catoms* que têm o tamanho aproximado de uma polegada. O *catom* se parece com um cubo com vários minúsculos eletrodos espalhados uniformemente nas suas superfícies. O que torna o *catom* excepcional é que você pode mudar a carga em cada um dos seus eletrodos, e assim os *catoms* se unem uns aos outros em diferentes orientações. Com um conjunto de cargas, estes cubos poderiam se combinar para criar um cubo grande. Mude as cargas de cada eletrodo do cubo, e os *catoms* se desmontam e logo se reorganizam num formato totalmente diferente, tal como um barco.

A ideia é encolher cada *catom* até o tamanho de um grão de areia, ou até menor. Se um dia as técnicas de gravação de silício nos permitirem criar *catoms* que sejam tão pequenos quanto uma célula, então talvez sejamos capazes de mudar realisticamente uma forma em outra com o simples toque de um botão. Justin Rattner, pesquisador sênior da Intel, diz: "Em algum momento nos próximos 40 anos, isto se tornará tecnologia do cotidiano." Uma aplicação imediata seria para os desenhistas de automóveis, engenheiros de linhas aéreas, artistas, arquitetos e quem quer que tenha de desenhar modelos tridimensionais de seus projetos e em seguida modificá-los continuamente. Se alguém tiver o molde de um sedã de quatro portas, por exemplo, pode pegá-lo, esticá-lo e, de repente, transformá-lo num modelo compacto de três portas. Comprima o molde um pouquinho mais e ele se torna um carro esporte. Isto é muito superior à argila, que não tem memória ou inteligência. A matéria programável tem inteligência, pode lembrar formas anteriores, adaptar novas ideias e responder aos desejos dos designers. Uma vez finalizado o molde, o desenho pode simplesmente ser enviado por e-mail para milhares de outros designers, que em seguida criam cópias exatas.

Isto poderia ter um profundo efeito sobre os produtos de consumo. Brinquedos, por exemplo, podem ser programados para mudar de forma inserindo-se um novo software com instruções. Portanto, no Natal, basta baixar o software para um novo brinquedo, reprogramar o velho, e um brinquedo totalmente novo surge. As crianças poderiam comemorar o Natal não abrindo presentes debaixo da árvore, mas baixando softwares para o seu brinquedo preferido que Papai Noel lhes mandou por e-mail, e os *catoms* reformando brinquedos do ano passado se tornam a coisa mais excitante no mercado. Isto significa que uma ampla série de produtos de consumo poderia no final ser reduzida a softwares enviados pela internet. Em vez de contratar um caminhão para entregar seus novos móveis e eletrodomésticos, você pode simplesmente baixar o software da rede e reciclar seus produtos antigos. Reformar casas e apartamentos não será um trabalhão com a matéria programável. Na sua cozinha, substituir ladrilhos, tampos de mesa, utensílios e armários poderá significar simplesmente apertar um botão.

Além do mais, isto pode reduzir o lixo. Você não precisa jogar fora muitas das coisas que não quer mais, se puder simplesmente reprogramá-las. Se um utensílio ou um móvel quebrar, você só tem de reprogramá-lo e ele estará novo outra vez.

Apesar da sua enorme promessa, existem também inúmeros problemas que a equipe da Intel precisa enfrentar. Um é como orquestrar os movimentos de todos estes milhões de *catoms*. Haverá problemas de banda larga, se tentarmos transferir toda esta informação para a matéria programável. Mas existem também atalhos que se podem pegar.

Por exemplo, nos filmes de ficção científica é comum ver "transformações", isto é, uma pessoa de repente se torna um monstro. Isto costumava ser um processo muito entediante, complexo para se criar num filme, mas agora pode ser feito facilmente com computador. Primeiro, você identifica certos vetores que marcam pontos-chave diferentes no rosto, como o nariz e os olhos, para o humano e o monstro. Cada vez que o vetor é movimentado, o rosto muda gradualmente. Em seguida, computadores são programados para mover estes vetores, de um rosto para o seguinte, transformando lentamente um rosto em outro. Da mesma maneira, talvez seja possível usar atalhos quando se muda a forma de um objeto em 3-D.

Outro problema é que as forças elétricas estáticas entre os *catoms* são fracas quando comparadas com as forças interatômicas robustas que mantêm os sólidos inteiros. Como vimos, forças quânticas podem ser bastante poderosas, responsáveis pelas propriedades fortes de metais e pelas propriedades elásticas do plástico. Duplicar estas forças quânticas com forças elétricas estáticas para garantir que estes produtos permaneçam estáveis será um problema no futuro.

Tive oportunidade de testemunhar em primeira mão os extraordinários e rápidos avanços na matéria programável quando levei uma equipe de filmagem do Science Channel para visitar Seth Goldstein, na Carnegie Mellon

University. No seu laboratório, podiam ser vistas grandes pilhas de cubos espalhados sobre a mesa em vários tamanhos, cada um com chips dentro. Eu vi dois desses cubos ligados firmemente por forças elétricas, e ele me pediu que os separasse com a mão. Surpreendentemente, não consegui. Descobri que as forças elétricas que uniam estes dois cubos eram bastante poderosas. Em seguida, ele observou que estas forças elétricas seriam proporcionalmente maiores se você miniaturizasse os cubos. Ele me levou para outro laboratório, onde me mostrou como estes *catoms* podem ficar pequenos. Utilizando as mesmas técnicas empregadas para esculpir milhões de transistores em pastilhas de silício, ele esculpiu *catoms* microscópicos que tinham apenas milímetros de diâmetro. De fato, eram tão pequenos que eu tive de olhá-los sob um microscópio para vê-los com nitidez. Ele espera que, no futuro, ao controlar suas forças elétricas, possa organizá-los em qualquer formato, bastando apertar um botão, quase como um feiticeiro fazendo surgir como por encanto o que ele quer.

Em seguida eu lhe perguntei: Como você pode dar instruções detalhadas para bilhões e bilhões de *catoms*, para que uma geladeira, digamos, se transforme de repente num fogão? Parece um pesadelo de programação, eu disse. Mas ele respondeu que não era necessário dar instruções detalhadas a cada *catom* isolado. Cada *catom* tem de saber apenas a que vizinhos ele precisa se unir. Se cada *catom* é instruído para se ligar apenas a um conjunto minúsculo de *catoms* vizinhos, então os *catoms*, como num passe mágica, se reorganizam em estruturas complexas (de modo muito parecido a como os neurônios do cérebro de um bebê precisam saber apenas como devem se ligar a neurônios vizinhos à medida que o cérebro se desenvolve).

Supondo que o problema de programação e estabilidade possa ser solucionado, então, no final do século, existe a possibilidade de que prédios inteiros ou até cidades possam surgir apertando-se um botão. Basta traçar a localização dos prédios, cavar suas fundações e permitir que trilhões de *catoms* criem cidades inteiras erguendo-se do deserto ou floresta.

Entretanto, estes engenheiros da Intel preveem o dia em que os *catoms* possam até assumir a forma humana. "Por que não? É interessante especular a respeito disso", diz Rattner. (Então, talvez o robô T-1000 possa se tornar uma realidade.)

FUTURO LONGÍNQUO [DE 2070 A 2100]

SANTO GRAAL: O REPLICADOR

Em 2100, defensores da nanotecnologia preveem uma máquina ainda mais possante: um montador molecular, ou "replicador", capaz de criar qualquer coisa. Ele seria uma máquina talvez do tamanho de uma lavadora de roupas. Você colocaria os materiais brutos básicos na máquina e em seguida apertaria um botão. Trilhões e trilhões de nanobôs então convergiriam para os materiais brutos, cada um programado para desmontá-los molécula por molécula e em seguida remontá-los num produto totalmente novo. Esta máquina seria capaz de fabricar qualquer coisa. O replicador seria a maior vitória da engenharia e da ciência, o auge de nossos esforços desde que pegamos a primeira ferramenta na Pré-História.

Um dos problemas com o replicador é o número de átomos que precisam ser reorganizados a fim de copiar um objeto. O corpo humano, por exemplo, tem mais de 50 trilhões de células e mais de 10^{26} átomos. É um número espantoso, que requer uma quantidade de espaço na memória só para armazenar as localizações de todos estes átomos.

Mas um jeito de superar este problema é criar um nanobô, um robô molecular ainda hipotético. Estes nanobôs têm várias propriedades-chave. Primeiro, eles podem se reproduzir. Se podem se reproduzir uma vez, então podem, a princípio, criar um número ilimitado de cópias deles mesmos. Portanto, o truque é criar apenas o primeiro nanobô. Segundo, eles são capazes de identificar moléculas e cortá-las em pontos exatos. Seguindo um código mestre, são capazes de remontar esses átomos em diferentes combinações. Portanto, a tarefa de reorganizar 10^{26} átomos fica reduzida a fazer um número similar de nanobôs, cada um projetado para manipular átomos individuais. Dessa maneira, o número enorme de átomos do corpo deixa de ser um obstáculo tão assustador. O verdadeiro problema é criar apenas o primeiro destes nanobôs míticos e deixá-lo se reproduzir sozinho.

Entretanto, a comunidade científica está dividida na questão de o sonho plenamente realizado de um nanofabricante ser ou não fisicamente possível. Uns poucos, como Eric Drexler, pioneiro na nanotecnologia e autor de *The Engines of Creation,* prevê um futuro no qual todos os produtos sejam manufaturados em nível molecular, criando uma cornucópia de mercadorias com as quais só podemos sonhar hoje. Cada aspecto da sociedade será virado de cabeça para baixo pela invenção de uma máquina que pode criar tudo o que você quiser. Outros cientistas, entretanto, são céticos.

O já falecido ganhador de um prêmio Nobel Richard Smalley, por exemplo, levantou o problema de "dedos pegajosos" e "dedos gordos" num artigo publicado na revista *Scientific American* em 2001. A pergunta-chave é: é possível construir um nanobô que tenha agilidade suficiente para reorganizar moléculas à vontade? Ele disse que a resposta é não.

Este debate se tornou público quando Smalley enfrentou Drexler numa série de cartas, reproduzidas nas páginas de *Chemical and Engineering News* em 2003 e 2004. As repercussões desse debate são sentidas até hoje. A posição de Smalley era a de que os "dedos" de uma máquina molecular não seriam capazes de executar esta delicada tarefa, por duas razões.

Primeira, os "dedos" enfrentariam minúsculas forças de atração que fariam com que eles grudassem em outras moléculas. Átomos grudam uns nos outros, em parte por causa de minúsculas forças elétricas, como a força de Van der Waals, que existem entre seus elétrons. Pense em tentar consertar um relógio se os ponteiros estiverem cobertos de mel. Montar qualquer coisa tão delicada quanto componentes de um relógio seria impossível. Agora imagine montar algo ainda mais complicado do que um relógio, como uma molécula, que gruda constantemente nos dedos.

Segunda, estes dedos poderiam ser "gordos" demais para manipular átomos. Pense em tentar consertar um relógio usando luvas de algodão grossas. Visto que os "dedos" são feitos de átomos individuais, como são os objetos sendo manipulados, os dedos podem simplesmente ser grossos demais para executar as delicadas operações necessárias.

Smalley concluiu: "Da mesma forma que não se pode fazer um menino e uma menina se apaixonarem um pelo outro simplesmente forçando-os a ficar juntos, não se pode fazer com que ocorra a química exata como desejado entre dois objetos moleculares com o simples movimento mecânico... A química, como o amor, é mais sutil do que isso."

Este debate vai à própria essência de se um replicador um dia revolucionará a sociedade ou será tratado como uma curiosidade e relegado à lata de lixo da tecnologia. Como vimos, as leis da física no nosso mundo não se traduzem facilmente na física do nanomundo. Efeitos que podemos ignorar, tais como a força de Van de Waals, a tensão superficial, o princípio de incerteza, o princípio de exclusão de Pauli etc., tornam-se dominantes no nanomundo.

Para avaliar este problema, imagine que o átomo seja do tamanho de uma bola de gude e que você tenha uma piscina repleta destes átomos... Cair nessa piscina seria bem diferente de mergulhar numa piscina de água. Estas "bolas de gude" estariam constantemente vibrando e atingindo você de todas as direções, por causa do movimento browniano. Tentar nadar nesta piscina seria quase impossível, visto que seria como tentar nadar em melaço. Sempre que você tentasse agarrar uma das bolinhas, ela se afastaria de você ou grudaria nos seus dedos, devido a uma complexa combinação de forças.

No final, ambos os cientistas concordaram em discordar. Embora Smalley fosse incapaz de dar um nocaute no replicador molecular, várias coisas ficaram claras depois que a poeira assentou. Primeira, ambos concordaram que a ideia ingênua de um nanobô armado de pinças moleculares cortando e grudando moléculas tinha de ser modificada. Novas forças quânticas tornaram-se dominantes na escala atômica.

Segunda, embora este replicador, ou fabricador universal, seja ficção científica hoje, já existe uma versão dele. A Mãe Natureza, por exemplo, pode pegar hambúrgueres e vegetais e transformá-los num bebê em apenas nove meses. Este processo é executado por moléculas de DNA (que codificam a planta para o bebê) que guiam as ações de ribossomos (que cortam e fatiam as moléculas na ordem correta) usando as proteínas e aminoácidos presentes no que você come.

E, terceira, um montador molecular poderia funcionar, mas numa versão mais sofisticada. Por exemplo, como observou Smalley, unir dois átomos não garante uma reação. A Mãe Natureza com frequência contorna este problema empregando uma terceira parte, uma enzima numa solução aquosa, para facilitar uma reação química. Smalley observou que muitas substâncias químicas encontradas em computadores e na indústria de eletrônicos não podem ser dissolvidas na água. Mas Drexler retrucou dizendo que nem todas as reações químicas envolvem água ou enzimas.

Uma possibilidade, por exemplo, chama-se automontagem, ou abordagem de baixo para cima. Desde a Antiguidade, os humanos têm usado a abordagem de cima para baixo para construir. Com ferramentas como um martelo e um serrote, começa-se a cortar a madeira para depois unir as tábuas e criar estruturas maiores, como uma casa, de acordo com um plano. É preciso guiar com cuidado este processo de cima a cada etapa do caminho.

Na abordagem de baixo para cima, as coisas se montam por si mesmas. Na natureza, por exemplo, belos flocos de neve cristalizam-se por si mesmos numa tempestade. Trilhões e trilhões de átomos se reorganizam para criar novas formas. Ninguém tem de desenhar cada floco de neve. Isto ocorre com frequência em sistemas biológicos também. Ribossomos bacterianos, que são sistemas moleculares complexos que contêm pelo menos 55 moléculas de proteína diferentes e várias moléculas RNA, podem espontaneamente se automontar num tubo de ensaio.

A automontagem também é usada na indústria de semicondutores. Componentes usados em transistores às vezes se montam por si mesmos. Aplicando-se várias técnicas e processos complexos numa sequência precisa (tais como resfriamento, cristalização, polimerização, deposição de vapor, solidificação etc.), é possível produzir uma variedade de componentes de computador com valor comercial. Como vimos antes, determinado tipo de nanopartícula usado contra células de câncer pode ser produzido usando-se este método.

Entretanto, as coisas na sua maioria não se criam sozinhas. Em geral, somente uma fração mínima de nanomateriais demonstraram se automontar da forma adequada. Não se pode encomendar uma nanomáquina usando automontagem como se pede um prato de um cardápio. Portanto, o progresso na criação de nanomáquinas desta maneira será constante, mas lento.

Em resumo, montadores moleculares aparentemente não violam nenhuma lei da física, mas serão dificílimos de construir. Nanobôs não existem agora, e não existirão no futuro próximo, mas, quando (e se) o primeiro nanobô for produzido com sucesso, ele poderá alterar a sociedade como nós a conhecemos.

CONSTRUINDO UM REPLICADOR

Como seria um replicador? Ninguém sabe exatamente, visto que estamos de décadas a um século distantes de realmente construir um, mas tive uma amostra de como poderia ser um replicador quando examinaram a minha cabeça (literalmente). Para um especial do Science Channel, criaram uma cópia em 3-D realista do meu rosto feita de plástico, varrendo horizontalmente o meu rosto com um feixe de raios laser. Conforme o feixe ricocheteava na pele, o reflexo era registrado por um sensor que transferia a imagem para um computador. Em seguida o feixe fez a segunda passagem pelo rosto, porém um pouquinho mais embaixo. No final, ele fez a varredura do rosto inteiro, dividindo-o em muitas fatias horizontais. Olhando numa tela de computador, você podia ver uma imagem em 3-D da superfície do meu rosto emergir, com a precisão de talvez um décimo de milímetro, consistindo nestas fatias horizontais.

Em seguida, estas informações foram transferidas para um equipamento grande, do tamanho aproximado de uma geladeira, que pode criar uma imagem em 3-D de quase tudo. O equipamento tem um minúsculo bico que se move horizontalmente, fazendo muitas passagens. A cada passagem, ele pulveriza uma quantidade minúscula de plástico derretido, duplicando a imagem a laser original do meu rosto. Depois de uns 10 minutos e numerosas passagens, o molde emergiu desta máquina, com uma sinistra semelhança com o meu rosto.

As aplicações comerciais desta tecnologia são enormes, visto que você pode criar uma cópia realista de qualquer objeto em 3-D, como peças de máquinas complicadas, em questão de minutos. Entretanto, pode-se imaginar um equipamento que, de décadas a séculos a partir de agora, talvez seja capaz de criar uma cópia em 3-D de um objeto real, até os níveis celular e atômico.

No nível seguinte, é possível usar este escâner em 3-D para criar órgãos vivos do corpo humano. Na Wake Forest University, cientistas foram pioneiros num novo modo de criar tecidos vivos do coração, com uma impressora a jato de tinta. Primeiro, eles têm de programar com todo o cuidado um software que pulverize sucessivamente células do coração vivas a cada passagem do bico. Para isso, eles usam uma impressora a jato de tinta comum, mas cujo cartucho de tinta está cheio de uma mistura de fluidos que contêm células do coração vivas. Desse modo, eles têm controle sobre a exata colocação em 3-D de cada célula. Depois de múltiplas passagens, eles podem criar as camadas de tecido cardíaco.

Existe outro instrumento que talvez um dia registre a localização de cada átomo do nosso corpo: o MRI, o aparelho de imagens por ressonância magnética. Como observamos antes, a precisão do MRI é de cerca de um décimo de milímetro. Isto significa que cada *pixel* de um aparelho MRI sensível pode conter milhares de células. Mas, se você examinar a física por trás do MRI, descobrirá que a precisão da imagem está relacionada com a uniformidade do campo magnético dentro da máquina. Por conseguinte, tornando o campo magnético cada vez mais uniforme, pode-se até ir a menos de um décimo de milímetro.

Os cientistas já estão prevendo uma máquina do tipo do MRI com resolução reduzida ao tamanho de uma célula, e até menor, que seja capaz de examinar até as moléculas individuais e átomos.

Em resumo, um replicador não desrespeita as leis da física, mas seria difícil criá-lo usando-se a automontagem. No final deste século, quando as técnicas de automontagem estiverem finalmente dominadas, poderemos pensar em aplicações comerciais de replicadores.

GOSMA CINZENTA?

Algumas pessoas, incluindo Bill Joy, um dos fundadores da Sun Microsystems, expressaram reservas quanto à nanotecnologia, escrevendo que é só uma questão de tempo para a tecnologia perder o controle, devorar todos os minerais da Terra e cuspir "gosma cinzenta" inútil em vez disso. Até o príncipe Charles da Inglaterra se manifestou contra a nanotecnologia e o cenário de gosma cinzenta.

O perigo está na propriedade-chave destes nanobôs: eles podem se reproduzir. Como um vírus, não podem ser recolhidos depois de estarem soltos no ambiente. No futuro, eles poderiam proliferar furiosamente, tomando conta do ambiente e destruindo a Terra.

A minha própria crença é que vão se passar muitas décadas, até séculos, antes que esta tecnologia esteja madura o suficiente para criar um replicador; portanto, as preocupações com a gosma cinzenta são prematuras. Com o passar das décadas, haverá bastante tempo para projetar defesas contra nanobôs desvairados. Por exemplo, pode-se desenhar um sistema à prova de erros, de modo que, ao apertar um botão de pânico, todos os nanobôs se tornem inúteis. Ou alguém poderia projetar "robôs assassinos", criados especificamente para procurar e destruir nanobôs que escaparam ao controle.

Outro modo de lidar com isto é estudar a Mãe Natureza, que teve bilhões de anos de experiência com este problema. Nosso mundo está cheio de formas de vida moleculares autorreplicando-se, chamadas vírus e bactérias, que podem proliferar descontroladamente e passar por mutações também. Entretanto, nosso corpo também criou o seu próprio "nanobô", anticorpos e leucócitos no nosso sistema imunológico que buscam e destroem formas de vida alienígenas. O sistema certamente não é perfeito, mas oferece um modelo para lidar com este problema de nanobôs descontrolados.

IMPACTO SOCIAL DE REPLICADORES

Para um especial da BBC/Discovery Channel que certa vez apresentei, Joel Garreau, autor de *Radical Evolution*, disse: "Se um dia for possível um automontador, será um dos grandes momentos 'p... m...!' da história. Então você está realmente falando de mudar o mundo em algo que jamais reconhecemos antes."

Existe um velho ditado: cuidado com o que você pede, porque pode conseguir. O santo graal da nanotecnologia é criar o montador molecular, ou replicador, mas, uma vez inventado, ele poderia alterar as próprias base da sociedade. Todas as filosofias e sistemas sociais se fundamentam essencialmente na escassez e na pobreza. Ao longo de toda a história humana, este tem sido o tema dominante na sociedade, moldando a nossa cultura, a nossa filosofia e religião. Em algumas religiões, a prosperidade é vista como uma recompensa divina e a pobreza, apenas como punição. O budismo, ao contrário, baseia-se na natureza universal do sofrimento e como nós o suportamos. No cristianismo, o Novo Testamento diz: "É mais fácil um camelo passar pelo buraco de uma agulha do que um rico entrar no reino dos céus."

A distribuição de riqueza também define a sociedade em si. O feudalismo baseia-se em preservar a riqueza de um punhado de aristocratas contra a pobreza dos camponeses. O fundamento do capitalismo é a ideia de que pessoas enérgicas, produtivas são recompensadas pelos seus esforços ao abrirem empresas e ficarem ricas. Mas, se indivíduos preguiçosos, não produtivos podem conseguir tudo o que querem quase de graça, bastando apertar um botão, então o capitalismo já não funciona. Um replicador entorna toda a carroça de maçãs, virando os relacionamentos humanos de cabeça para baixo. As distinções entre os que têm e os que não têm podem desaparecer, e junto com elas a noção de status e de poder político.

Esta charada foi explorada num episódio de *Jornada nas estrelas: a geração seguinte*, no qual uma cápsula do século XX é encontrada flutuando no espaço. Dentro dela estão os corpos congelados de pessoas que sofriam de doenças incuráveis daquela época primitiva, esperando retornar à vida no futuro. Os médicos da nave estelar *Enterprise* rapidamente curam estes indivíduos de suas doenças e os ressuscitam. Estes felizes indivíduos se surpreendem porque a sua aventura deu certo. Mas um deles é um astuto capitalista. A primeira coisa que ele pergunta é: "Em que época estamos?" Quando descobre que agora está vivo e no século XXIV, percebe logo que seus investimentos devem estar valendo uma fortuna. Imediatamente exige entrar em contato com seu banqueiro na Terra. Mas a tripulação da *Enterprise* fica confusa. Dinheiro? Investimentos? Essas coisas não existem no futuro. No século XXIV, você simplesmente pede alguma coisa e lhe dão.

Isso também levanta a questão da busca da sociedade perfeita, ou utopia, palavra cunhada no romance *Utopia,* de Sir Thomas More, escrito em 1516. Estarrecido com o sofrimento e imundície que via à sua volta, imaginou um paraíso numa ilha fictícia no oceano Atlântico. No século XIX, houve muitos movimentos sociais na Europa que buscavam várias formas de utopia, e muitos deles, no final, encontraram proteção escapando para os Estados Unidos, onde vemos evidências de seus povoamentos até hoje.

Por um lado, um replicador poderia nos dar a utopia que um dia visionários do século XIX imaginaram. Experiências anteriores em utopia falharam devido à escassez, que levava a desigualdades, depois disputas e finalmente colapso. Mas, se replicadores solucionarem o problema de escassez, então quem sabe a utopia esteja ao nosso alcance. Arte, música e poesia florescerão, e as pessoas estarão livres para explorar seus mais acalentados sonhos e desejos.

Por outro lado, sem o fator motivador da escassez e do dinheiro, ela poderia levar a uma sociedade degenerada, preguiçosa, que afunda no mais baixo nível. Apenas um pequeno punhado, os mais artisticamente motivados, se esforçará para escrever poesia. O restante de nós, afirmam os críticos, vai se transformar em inúteis vagabundos e preguiçosos.

Até a definição usada pelos utópicos é questionada. O mantra do socialismo, por exemplo, é: "De cada um segundo a sua capacidade, a cada um segundo a sua contribuição." O mantra do comunismo, o mais alto estágio do socialismo, é: "De cada um segundo a sua capacidade, a cada um segundo a sua necessidade."

Mas, se replicadores são possíveis, então o mantra se torna simplesmente: "A cada um segundo o seu desejo."

Existe, entretanto, uma terceira forma de examinar esta questão. Segundo o Princípio do Homem das Cavernas, a personalidade básica das pessoas não mudou muito nos últimos 100 mil anos. Naquela época, não havia essa coisa chamada emprego. Antropólogos dizem que as sociedades primitivas eram em grande parte comunais, dividindo bens e dificuldades igualmente.

Os ritmos diários não eram governados por um emprego e um salário, visto que nenhum deles existia.

Mas as pessoas lá atrás não se tornaram vagabundas, por várias razões. Primeira, elas morreriam de fome. Quem não cumprisse a sua parte do trabalho era simplesmente expulso da tribo, e logo morria. Segunda, as pessoas se orgulhavam do seu trabalho, e até achavam sentido em suas tarefas. Terceira, havia enorme pressão social para a pessoa permanecer um membro produtivo da sociedade. Indivíduos produtivos podiam casar para transmitir seus genes à geração seguinte, enquanto os genes dos vagabundos em geral morriam com eles.

Então, por que as pessoas viverão uma vida produtiva quando replicadores forem inventados e todos puderem ter o que quiserem? Antes de tudo, replicadores garantem que ninguém vai morrer de fome. Mas, em segundo lugar, a maioria das pessoas provavelmente ainda continuará trabalhando porque se orgulha de suas habilidades e acha sentido no seu esforço. A terceira razão, a pressão social, é mais difícil de manter sem infringir liberdades pessoais. Em vez de pressão social, provavelmente haveria uma grande reviravolta na educação para mudar as atitudes das pessoas com relação ao trabalho e à recompensa, para que não se abusasse do replicador.

Felizmente, visto que o progresso será lento e o replicador está a um século ou mais de distância, a sociedade terá bastante tempo para debater os méritos e implicações desta tecnologia e se ajustar a esta nova realidade de modo que não se desintegre.

Mais que provavelmente, os primeiros replicadores serão caros. Como Rodney Brooks, especialista em robótica do MIT, diz: "A nanotecnologia vai prosperar, assim como a fotolitografia prospera – em situações controladas, muito caras, em vez de como uma tecnologia de mercado de massa independente." O problema de bens ilimitados gratuitos não será um grande problema. Em vista da sofisticação destas máquinas, muitas décadas podem se passar depois de criadas antes que o custo baixe.

Uma vez tive uma interessante conversa com Jamais Cascio, importante futurista com uma longa carreira de contemplar pensativamente os contornos do amanhã. Primeiro ele me contou que duvidava da teoria da singularidade, mencionada no capítulo 2, observando que a natureza humana e a dinâmica social são confusas demais, complicadas e imprevisíveis para se encaixarem numa única teoria elegante. Mas ele também admitiu que avanços extraordinários na nanotecnologia talvez acabassem por criar uma sociedade na qual houvesse uma superabundância de bens, especialmente com replicadores e robôs. Então eu lhe perguntei: Como a sociedade vai se comportar quando os bens forem quase de graça, quando a sociedade for finalmente tão rica que não seja preciso trabalhar?

Duas coisas aconteceriam, disse ele. Primeira, ele achava que haveria riqueza suficiente para garantir uma renda mínima decente para todos, mesmo que não trabalhassem. Portanto, provavelmente uma fração da população seria composta de vagabundos permanentes. Ele previa uma rede de segurança permanente para a sociedade. Isto talvez não seja desejável, mas é inevitável, especialmente se replicadores e robôs satisfizerem todas as nossas necessidades materiais. Segunda, isto seria contrabalançado, pensava ele, pelo desencadear de uma revolução no espírito empresarial. Livres do medo de cair na pobreza e na ruína, os indivíduos mais esforçados teriam mais iniciativa e assumiriam riscos adicionais para criar novas indústrias e novas oportunidades para outras pessoas. Ele previa um novo renascimento da sociedade, na medida em que o espírito criativo fosse libertado do temor da falência.

Na minha própria área, a física, vejo que a maioria de nós se envolve com ela não pelo dinheiro, mas pelo simples prazer da descoberta e da inovação. Com frequência, recusamos empregos lucrativos em outras áreas porque desejamos ir atrás de um sonho, não de dinheiro. Os artistas e intelectuais que conheço também sentem do mesmo modo – que o seu objetivo não é acumular a maior conta bancária possível, mas ser criativo e enobrecer o espírito humano.

Pessoalmente, se em 2100 a sociedade se tornar tão rica a ponto de nos vermos cercados de riqueza material, acho que ela talvez reaja de modo semelhante. Uma parte da população formará uma classe permanente de pessoas que simplesmente se recusam a trabalhar. Outras talvez se libertem dos constrangimentos da pobreza e saiam em busca de conquistas científicas e artísticas criativas. Para elas, a simples alegria de ser criativo, inovador e artístico superará o fascínio de um mundo materialista. Mas a maioria continuará trabalhando e sendo útil simplesmente porque isto faz parte da nossa herança genética, o Princípio do Homem das Cavernas dentro de nós.

Mas há um problema que até replicadores não podem solucionar. E este é o problema da energia. Todas estas milagrosas tecnologias precisam de imensas quantidades de energia para movê-las. De onde virá esta energia?

A Idade da Pedra não terminou por falta de pedra. E a Idade do Petróleo vai terminar bem antes de o mundo ficar sem petróleo.

– JAMES CANTON

Na minha mente, (a fusão) encontra-se no mesmo nível da dádiva original do fogo nas brumas da Pré-História.

– BEN BOVA

5 O FUTURO DA ENERGIA *A energia das estrelas*

As estrelas eram a fonte de energia dos deuses. Quando Apolo atravessava os céus numa carruagem puxada por cavalos soltando fogo pelas ventas, ele iluminava os céus e a Terra com o infinito poder do Sol. Seu poder era rivalizado apenas pelo do próprio Zeus. Certa vez, quando Semele, uma das inúmeras amantes mortais de Zeus, implorou que a deixasse vê-lo na sua verdadeira forma, ele concordou relutante. A consequente explosão de ofuscante energia cósmica carbonizou-a na mesma hora.

Neste século, vamos utilizar o poder das estrelas, a fonte de energia dos deuses. A curto prazo, isto significa anunciar uma era de energia solar/de hidrogênio para substituir combustíveis fósseis. Mas, a longo prazo, significa utilizar a energia da fusão e até a solar que vem do espaço. Mais avanços na física poderiam introduzir a era do magnetismo, em que carros, trens e até pranchas de skate flutuariam no colchão de magnetismo. Nosso consumo de energia poderia ser drasticamente reduzido, visto que quase toda a energia usada em carros e trens é usada simplesmente para vencer o atrito da estrada.

FIM DO PETRÓLEO?

Hoje nosso planeta está totalmente casado com os combustíveis fósseis em forma de petróleo, gás natural e carvão. No todo, o mundo consome cerca de 14 trilhões de watts de energia, dos quais 33% vêm do petróleo, 25% do carvão, 20% do gás, 7% da energia nuclear, 15% da biomassa e hidroelétricas, e um reles 0,5% da solar e renováveis.

Sem combustíveis fósseis, a economia mundial poderia brecar.

Um homem que viu claramente o final da era do petróleo foi M. King Hubbert, um engenheiro de petróleo da Shell Oil. Em 1956, Hubbert deu uma palestra de grande projeção no American Petroleum Institute, fazendo uma perturbadora previsão que foi universalmente ridicularizada por seus colegas na época. Ele previu que as reservas de petróleo dos Estados Unidos estavam se esgotando tão rápido que em breve 50% do petróleo teria sido retirado do solo, dando início a uma era irreversível de declínio que se estabeleceria entre 1965 e 1971. Viu que a quantidade total de petróleo nos Estados Unidos podia ser traçada numa curva em sino, e que nós estávamos então perto do topo dessa curva. A partir daí, as coisas só poderiam piorar, previu. Isto significava que seria cada vez mais difícil extrair petróleo; então o impensável aconteceria: os Estados Unidos começariam a importá-lo.

A sua previsão parecia exagerada, até estranha e irresponsável, visto que os Estados Unidos ainda estavam bombeando uma quantidade enorme de petróleo do Texas e de outras partes do país. Mas os engenheiros do petróleo já não estão achando graça. A previsão de Hubbert acertou em cheio. Em 1970, a produção de petróleo dos Estados Unidos atingiu um pico de 10,2 milhões de barris por dia e depois caiu. E jamais se recuperou. Hoje, os Estados Unidos importam 59% do seu petróleo. De fato, se você comparar um gráfico das estimativas de Hubbert feito décadas atrás com outro da produção de petróleo americana durante 2005, as duas curvas são quase idênticas.

Agora a questão fundamental com a qual se defrontam os engenheiros do petróleo é: estamos nós no topo do pico de Hubbert em reservas mundiais de petróleo? Em 1956, Hubbert também previu que a produção global de petróleo atingiria o pico em aproximadamente 50 anos. Ele pode ter acertado de novo. Quando nossos filhos olharem para trás, para esta era, verão os combustíveis fósseis do mesmo modo como vemos o óleo de baleia hoje, como uma infeliz relíquia do passado distante?

Muitas vezes dei palestras na Arábia Saudita e por todo o Oriente Médio, falando de ciência, de energia e do futuro. Por um lado, a Arábia Saudita tem 267 bilhões de barris de petróleo, e por isso esse país parece estar flutuando num imenso lago subterrâneo de óleo cru. Viajando pela Arábia Saudita e pelos Estados do golfo Pérsico, pude ver um exorbitante desperdício de energia, com fontes enormes jorrando no meio do deserto, criando poços e lagos artificiais gigantescos. Em Dubai, há até uma pista de esqui interna com milhares de toneladas de neve artificial, em total desafio ao calor sufocante lá de fora.

Mas agora os ministros do petróleo estão preocupados. Por trás de toda a retórica de "reservas de petróleo comprovadas", cuja intenção é nos garantir que teremos petróleo suficiente por décadas ainda, existe a percepção de que muitos desses números oficiais do petróleo são uma forma ilusória de faz de conta. "Reservas de petróleo comprovadas" soa tranquilizadoramente como autorizadas e definitivas, até você perceber que elas com frequência são produto do excesso de otimismo e da pressão política de um ministro do petróleo local.

Falando para especialistas em energia, pude ver que está surgindo um consenso aproximado: ou estamos no topo do pico de Hubbert para a produção mundial de petróleo, ou talvez uma década distante desse ponto fatídico. Isso significa que, no futuro próximo, podemos entrar num período de declínio irreversível.

Claro, nunca estaremos totalmente sem petróleo. Descobrem-se novos bolsões o tempo todo. Mas o custo de extrair e refiná-lo gradualmente subirá às alturas. Por exemplo, o Canadá tem imensos depósitos de areia betuminosa, o bastante para suprir o petróleo mundial por décadas ainda, mas não vale o custo-benefício de extrair e refinar. Os Estados Unidos provavelmente têm reservas de carvão suficientes para durar 300 anos, mas há restrições legais, e o custo para extrair todas as partículas e poluentes gasosos é oneroso.

Além do mais, o petróleo continua sendo encontrado em regiões politicamente voláteis do mundo, contribuindo para a instabilidade no exterior. Os preços do petróleo, quando mapeados num gráfico durante décadas, são como uma montanha-russa. Atingiram um pico de espantosos US$ 140,00 por barril em 2008 (e mais de quatro dólares o galão num posto de gasolina) e depois mergulharam devido à grande recessão. Embora existam violentas oscilações, devido a intranquilidade política, especulação, boatos etc., uma coisa está clara: o preço médio do petróleo continuará subindo a longo prazo.

Isto terá profundas implicações para a economia mundial. A rápida ascensão da civilização moderna no século XX foi abastecida por duas coisas: o petróleo barato e a lei de Moore. Com os preços da energia subindo, isto pressiona o suprimento de alimentos do mundo, bem como o controle da poluição. Como o romancista Jerry Pournelle disse, "Comida e poluição não são problemas primários: são problemas de energia. Com energia suficiente, podemos produzir a quantidade de comida que desejarmos, se for necessário, por meios de alta intensidade, como hidropônicos e estufas. A poluição é semelhante: com energia suficiente, os poluentes podem ser transformados em produtos administráveis; se necessário, desmontados em seus produtos constituintes."

Enfrentamos também outro problema: a ascensão da classe média na China e na Índia, uma das grandes mudanças demográficas do pós-guerra, que gerou enorme pressão sobre os preços do petróleo e das mercadorias. Vendo hambúrgueres do McDonald's e garagens para dois carros nos filmes de Hollywood, eles também querem viver o sonho americano do consumo de energia perdulário.

FUTURO PRÓXIMO [DO PRESENTE A 2030]

ECONOMIA SOLAR/DE HIDROGÊNIO

Quanto a isto, a história parece estar se repetindo. Lá pelos anos de 1900, Henry Ford e Thomas Edison, dois amigos de longa data, apostaram quanto a que forma de energia abasteceria o futuro. Henry Ford apostou no petróleo como substituto do carvão, com o motor de combustão interna no lugar das máquinas a vapor. Thomas Edison apostou no carro elétrico. Foi uma aposta profética, cujos resultados teriam profundo efeito sobre a história mundial. Por uns tempos, parecia que Edison ganharia a aposta, visto que o óleo de baleia era dificílimo de conseguir. Mas a rápida descoberta de depósitos de petróleo baratos no Oriente Médio e em outras partes do mundo logo fez Ford emergir como vitorioso. O mundo nunca mais foi o mesmo. As baterias não conseguiram acompanhar o fenomenal sucesso da gasolina. (Mesmo hoje, unidade por unidade, a gasolina contém aproximadamente 40 vezes mais energia que uma bateria.)

Mas agora a maré está lentamente virando. Talvez Edison ainda vença, um século depois da aposta.

A pergunta que se faz nos corredores do governo e da indústria é: o que substituirá o petróleo? Não há uma resposta clara. A curto prazo, não existe uma substituição imediata para combustíveis fósseis e provavelmente haverá uma mistura de energias, sem que uma única forma predomine sobre as outras.

Mas a sucessora que mais promete é a energia solar/de hidrogênio (baseada em tecnologias renováveis, como energia solar, energia eólica, energia hidroelétrica e hidrogênio).

Atualmente, o custo da eletricidade produzida a partir de células solares é muitas vezes o preço da produzida a partir do carvão. Mas o custo da solar/de hidrogênio continua baixando graças a constantes avanços tecnológicos, enquanto o dos combustíveis fósseis continua a sua lenta ascensão. Estima-se que dentro de 10 a 15 anos, mais ou menos, as duas curvas se cruzarão. Então as forças do mercado farão o restante.

ENERGIA EÓLICA

A curto prazo, energias renováveis como a eólica são as grandes vencedoras. No mundo inteiro, a capacidade geradora do vento cresceu de 17 bilhões de watts em 2000 para 121 bilhões de watts em 2008. A energia eólica, uma vez considerada uma participante menor, está se tornando cada vez mais proeminente. Avanços recentes em tecnologias de turbinas eólicas aumentaram a eficiência e produtividade dessas usinas, que são um dos setores que mais crescem no mercado.

As usinas eólicas de hoje estão muito longe dos velhos moinhos de vento que costumavam abastecer de energia fazendas e moinhos no final do século XIX. Não poluidor e seguro, um único gerador de energia eólica pode produzir cinco megawatts de energia, o suficiente para um pequeno vilarejo. Uma turbina eólica tem lâminas imensas, esguias, com cerca de 30 cm de comprimento, que giram quase sem atrito. Turbinas eólicas geram eletricidade do mesmo modo que represas hidroelétricas e geradores em bicicletas. O movimento de rotação gira um ímã dentro de uma bobina. O campo magnético, girando, empurra os elétrons dentro da bobina, criando uma corrente de eletricidade. Uma grande usina eólica, consistente em 100 moinhos de vento, pode produzir 500 megawatts, comparáveis aos mil megawatts produzidos por uma única usina de queima de carvão ou nuclear.

Nas últimas décadas, a Europa tem sido a líder mundial de tecnologia eólica. Mas, recentemente, os Estados Unidos superaram a Europa na geração de eletricidade a partir da energia eólica. Em 2009, os Estados Unidos produziram apenas 28 bilhões de watts a partir da energia eólica. Mas o Texas sozinho produz 8 bilhões de watts de energia eólica e tem 1 bilhão de watts em construção, e até mais em desenvolvimento. Se tudo sair como planejado, o Texas vai gerar 50 bilhões de watts de energia elétrica do vento, mais do que o suficiente para satisfazer as 24 milhões de pessoas do estado.

A China em breve superará os Estados Unidos em energia eólica. Seu programa Wind Base criará seis usinas eólicas com capacidade geradora de 127 bilhões de watts.

Embora a energia eólica pareça cada vez mais atraente e sem dúvida vá crescer no futuro, ela não pode suprir o grosso da energia para o mundo. Na melhor das hipóteses, será uma parte integrante de uma mistura de energias maior. E energia eólica enfrenta vários problemas. Ela é gerada apenas intermitentemente, quando o vento sopra, e apenas em algumas regiões do mundo. Também, devido às perdas na transmissão de eletricidade, usinas eólicas precisam ficar perto de cidades, o que limita ainda mais a sua utilidade.

LÁ VEM O SOL

Basicamente, toda a energia vem do Sol. Até petróleo e carvão são, em certo sentido, luz solar concentrada, representando a energia que caiu sobre plantas e animais há milhões de anos. Em consequência disso, a quantidade de luz solar concentrada armazenada dentro de um galão de gasolina é muito maior do que a energia que podemos armazenar numa bateria. Esse foi o problema fundamental que Edison enfrentou no século passado, e continua sendo o de hoje.

Células solares operam convertendo a luz solar diretamente em eletricidade. (Este processo foi explicado por Einstein em 1905. Quando uma partícula de luz, ou um fóton, atinge um metal, ele devolve elétron, criando assim uma corrente.)

Células solares, entretanto, não são eficientes. Mesmo depois de décadas de trabalho árduo por engenheiros e cientistas, a eficiência da célula solar gira em torno de 15%. Assim a pesquisa tem tomado duas direções. A primeira é aumentar a eficiência de células solares, o que é um problema técnico muito difícil. A outra é reduzir o custo da produção, instalação e construção de parques solares.

Por exemplo, seria possível suprir as necessidades elétricas dos Estados Unidos cobrindo todo o estado do Arizona com células solares, o que é impraticável. Entretanto, direitos territoriais a grandes propriedades no Saara de repente se tornaram um assunto excitante, e investidores já estão criando parques solares imensos nesse deserto para satisfazer as necessidades de consumidores europeus.

Ou em cidades seria possível reduzir o custo da energia solar cobrindo casas e prédios com células solares. Isto tem várias vantagens, incluindo a de eliminar as perdas que ocorrem durante a transmissão de energia da usina central. O problema é a redução de custos. Um cálculo rápido mostra que seria necessário espremer cada dólar possível para tornar estes empreendimentos lucrativos.

Embora a energia solar ainda não tenha cumprido a sua promessa, a recente instabilidade dos preços do petróleo tem estimulado esforços para finalmente colocar a energia solar no mercado. A maré poderia estar virando. Recordes são quebrados todos os meses. A produção voltaica solar está crescendo 45% ao ano, quase dobrando a cada dois anos. No mundo inteiro, a instalação fotovoltaica agora é de bilhões de watts, alçando-se a 5,6 bilhões de watts só em 2008.

Em 2008, a Florida Power & Light anunciou o maior projeto de usina solar nos Estados Unidos. O contrato foi cedido pela Sun Power, que planeja gerar 25 megawatts de energia. (A detentora atual do recorde nos Estados Unidos é a Nellis Air Force Base, em Nevada, com uma usina que gera 15 megawatts de energia solar.)

Em 2009, a BrightSource Energy, sediada em Oakland, Califórnia, anunciou planos para bater esse recorde construindo 14 usinas solares, com geração de 2,6 bilhões de watts, de um ponto a outro da Califórnia, Nevada e Arizona.

Um dos projetos da BrightSource é a usina solar Ivanpah, formada por três usinas termais solares com base no sul da Califórnia, que produzirá 440 megawatts de energia. Num projeto conjunto com a Pacific Gas and Eletric, a BrightSource planeja construir uma usina de 1,3 bilhão de watts no deserto de Monjave.

Em 2009, a First Solar, o maior produtor de células solares do mundo, anunciou que criará a maior usina solar do mundo ao norte da Grande Muralha da China. O contrato de 10 anos, cujos detalhes ainda estão sendo elaborados, prevê um imenso complexo solar com 27 milhões de painéis solares de película fina, que vão gerar 2 bilhões de watts de energia, ou o equivalente a duas usinas de carvão, produzindo energia suficiente para suprir três milhões de residências. A usina, que cobrirá 40 quilômetros quadrados, será construída na Mongólia Interior e atualmente faz parte de um parque de energia muito maior. Oficiais chineses afirmam que a energia solar é apenas um componente desta instalação, que no futuro suprirá 12 bilhões de watts de energia do vento, do Sol, da biomassa e das hidroelétricas.

Resta ainda ver se estes ambiciosos projetos vencerão o desafio das inspeções ambientais e os preços excessivos, mas a questão é que a economia solar está gradualmente passando por uma mudança de maré, com grandes empresas solares vendo seriamente a energia solar como competitiva com relação às usinas de combustível fóssil.

CARRO ELÉTRICO

Visto que metade do petróleo do mundo é usada em carros, caminhões, trens e aviões, há um enorme interesse em reformar esse setor da economia. Existe agora uma corrida para ver quem vai dominar o futuro automotivo, à medida que as nações fazem a histórica transição de combustíveis fósseis para eletricidade. Há vários estágios nesta transição. O primeiro é o carro híbrido, já no mercado, que usa uma combinação de eletricidade de uma bateria e gasolina. Este projeto usa um pequeno motor a combustão interno para solucionar os eternos problemas das baterias: é difícil criar uma capaz de operar por longas distâncias e também proporcionar aceleração instantânea.

Mas o híbrido é o primeiro passo. O carro híbrido, ligado na tomada, por exemplo, tem uma bateria com potência suficiente para movimentá-lo com energia elétrica pelos primeiros 80 quilômetros mais ou menos, antes que tenha de passar para o motor a gasolina. Visto que a maioria das pessoas trabalha ou faz suas compras num raio de 40 quilômetros, isto significa que estes carros funcionam apenas com eletricidade durante este tempo.

Um competidor importante na corrida dos híbridos plugados é o Chevy Volt, da General Motors. Sua autonomia é de 65 quilômetros (usando apenas baterias de lítio-íons) e de 480 quilômetros usando o pequeno motor a gasolina.

E há o Tesla Roadster, que não tem nenhum motor a gasolina. Ele é produzido pela Tesla Motors, uma empresa do Vale do Silício que é a única na América do Norte a vender carros totalmente elétricos produzidos em série. O Tesla Roadster é um carro esporte elegante, capaz de competir com qualquer carro movido a gasolina, sepultando a ideia de que baterias elétricas de lítio-íon não podem concorrer com motores a gasolina.

Eu tive a oportunidade de dirigir um Tesla de dois lugares de John Hendricks, fundador da Discovery Communications, a empresa matriz do Discovery Channel. Quando me sentei no lugar do motorista, o sr. Hendricks insistiu que eu pisasse no acelerador com força para testar o carro. Aceitando o seu conselho, pisei fundo. Imediatamente senti o súbito aumento de potência. Meu corpo mergulhou no assento quando atingi 100 quilômetros por hora em apenas 3,9 segundos. Uma coisa é ouvir um engenheiro vangloriar-se do desempenho de carros totalmente elétricos; outra é pisar no acelerador e sentir isso você mesmo.

O êxito do marketing do Tesla forçou os principais fabricantes de automóveis a se atualizarem, depois de décadas de rejeição ao carro elétrico. Robert Lutz, quando era vice-presidente da General Motors, disse: "Todos os gênios aqui da General Motors diziam sempre que a tecnologia íon-lítio era para daqui a 10 anos, e a Toyota concordava conosco – e, bum, lá vem o Tesla." Portanto, eu disse: "Como é que uma minúscula iniciante da Califórnia, dirigida por caras que não conhecem nada da indústria de automóveis, pode fazer isto e nós não?"

A Nissan Motors está liderando o ataque para introduzir o carro totalmente elétrico para o consumidor médio. Chama-se Leaf, tem uma autonomia de 160 quilômetros, velocidade máxima de até 150 quilômetros por hora e é totalmente elétrico.

Depois do carro totalmente elétrico, outro carro que acabará chegando às exposições é o carro com pilha de combustível, às vezes chamado de o carro do futuro. Em junho de 2008, a Honda Motor Company anunciou a estreia do primeiro carro com pilha de combustível comercialmente disponível no mercado mundial, o FCX Clarity. Ele tem uma autonomia de 390 quilômetros, velocidade máxima de 160 quilômetros por hora e todos os confortos de um sedã quatro portas padrão. Usando apenas hidrogênio como combustível, ele não precisa de gasolina e de nenhuma carga elétrica. Entretanto, porque ainda não existe infraestrutura para hidrogênio, está disponível para leasing nos

Estados Unidos apenas no sul da Califórnia. A Honda também está anunciando uma versão esporte deste carro movido a pilha de combustível, chamado FC Sport.

Então, em 2009, a GM, saindo da falência depois que a sua fria administração foi sumariamente despedida, anunciou que o seu carro a pilha de combustível, o Chevy Equinox, havia ultrapassado a marca de 1 milhão de milhas em termos de testes. Nos últimos 25 meses, cinco mil pessoas tinham testado 100 destes carros a pilha de combustível. Detroit, cronicamente atrás do Japão na introdução de tecnologia para carros pequenos e híbridos, está tentando tomar pé no futuro.

Aparentemente, o carro a pilha de combustível é o carro perfeito. Ele funciona combinando hidrogênio e oxigênio, que em seguida se transforma em energia elétrica, deixando apenas água como resíduo. Ele não cria nem um pouquinho de fumaça. É quase assustador olhar para o cano de descarga de um carro a pilha de combustível. Em vez de ficar sufocado com os gases tóxicos saindo de trás, você só vê gotas d'água incolores e inodoras.

"Você coloca a mão no cano de descarga, e a única coisa que sai de lá é água. Essa foi uma sensação agradável", observou Mike Schwabl, que testou o Equinox ao volante durante 10 dias.

A tecnologia da pilha de combustível não é nova. O princípio básico foi demonstrado já em 1839. A NASA usa pilhas de combustível para colocar seus instrumentos no espaço há décadas. A novidade é a determinação dos fabricantes de carros de aumentar a produção e baixar os custos.

Outro problema do carro a pilha de combustível é o mesmo que atormentou Henry Ford quando colocou no mercado o Modelo T. Os críticos diziam que a gasolina era perigosa, que as pessoas morreriam em terríveis acidentes de carro, queimadas vivas numa batida. Também seria necessário ter uma bomba de gasolina quase em todos os quarteirões. Em todos esses pontos, os críticos estavam certos. As pessoas morrem aos milhares todos os anos em pavorosos acidentes de carro, e vemos postos de gasolina por toda parte. Mas a conveniência e utilidade do carro são tamanhas que as pessoas ignoram esses fatos.

Agora as mesmas objeções estão sendo levantadas contra carros a pilha de combustível. O combustível à base de hidrogênio é volátil e explosivo, e bombas de hidrogênio teriam de ser instaladas a poucos quarteirões de distância umas das outras. É bem provável que os críticos estejam certos de novo.

Mas, uma vez existindo a infraestrutura para o hidrogênio, as pessoas acharão tão convenientes os carros movidos a pilha de combustível que não poluem o ar que fecharão os olhos para esses fatos. Hoje, existem apenas 70 postos de reabastecimento para carros a pilha de combustível em todos os Estados Unidos. Visto que carros a pilha de combustível têm uma autonomia de aproximadamente 270 quilômetros até precisarem abastecer de novo, você precisa estar atento ao medidor enquanto dirige. Mas isto vai mudar aos poucos, especialmente se o preço do carro a pilha de combustível começar a cair com a produção maciça e os avanços na tecnologia.

Mas o principal problema do carro elétrico é que a bateria elétrica não cria energia do nada. Você precisa carregar a bateria em primeiro lugar, e essa eletricidade em geral vem de uma usina de queima de carvão. Portanto, mesmo que o carro elétrico não contribua para a poluição, basicamente a fonte de energia para ele são combustíveis fósseis.

O hidrogênio não é um produtor de energia. Pelo contrário, ele é condutor de energia. Você tem de criar gás hidrogênio em primeiro lugar. Por exemplo, você precisa usar eletricidade para separar a água em hidrogênio e oxigênio. Portanto, embora carros elétricos e carros a pilha de combustível prometam um futuro sem fumaça, resta ainda o problema de que a energia que eles usam vem em grande parte da queima de carvão. No final, esbarramos na primeira lei da termodinâmica: a quantidade total de matéria e energia não pode ser destruída ou criada do nada. Não se pode tirar algo do nada.

Isto significa que, ao fazermos a transição da gasolina para a eletricidade, precisamos substituir as usinas de queima de carvão por uma forma totalmente nova de energia.

FISSÃO NUCLEAR

Uma possibilidade de criar energia, em vez de apenas transmiti-la, é cindir o átomo de urânio. A vantagem é que a energia nuclear não produz grandes quantidades de gases estufa, como as usinas de queima de carvão ou de óleo, mas problemas técnicos e políticos há décadas têm amarrado a energia nuclear. A última usina de energia nuclear nos Estados Unidos começou a ser construída em 1977, antes do fatídico acidente em Three Mile Island, que afetou o futuro da energia nuclear comercial. O devastador acidente de 1986, em Chernobyl, selou o destino da energia nuclear durante uma geração. Os projetos de energia nuclear estancaram nos Estados Unidos e na Europa, e foram mantidos em estado de preservação das suas funções vitais na França, no Japão e na Rússia apenas por meio de generosos subsídios do governo.

O problema da energia nuclear é que, ao se cindir o átomo de urânio, se produzem enormes quantidades de lixo nuclear, que é radioativo por milhares e dezenas de milhões de anos. Um reator típico de mil megawatts produz cerca de 30 toneladas de lixo nuclear altamente radioativo depois de um ano. Ele é tão radioativo que literalmente brilha no escuro, e tem de ser armazenado em tanques especiais de resfriamento. Com aproximadamente 100 reatores comerciais nos Estados Unidos, isso significa milhares de toneladas de lixo altamente radioativo sendo produzidas por ano.

Este lixo nuclear causa problemas por duas razões. Primeira, ele continua quente mesmo depois de o reator ter sido desligado. Se a água do resfriamento for desligada acidentalmente, como em Three Mile Island, então o núcleo começa a derreter. Se este metal derretido entrar em contato com a água, pode causar uma explosão de vapor capaz de destruir o reator, cuspindo toneladas de fragmentos altamente radioativos no ar. No pior acidente nuclear classe 9, seria necessário evacuar imediatamente talvez milhões de pessoas de 16 a 80 quilômetros de distância do reator. O reator Indian Point fica a apenas 39 quilômetros ao norte da cidade de Nova York. Um estudo do governo estimou que um acidente em Indian Point poderia custar centenas de bilhões de dólares em danos à propriedade. Em Three Mile Island, o reator chegou a minutos de uma enorme catástrofe que teria prejudicado o noroeste dos Estados Unidos. Por pouco não aconteceu um desastre, porque operadores conseguiram reintroduzir água de resfriamento no núcleo faltando pouco menos de 30 minutos para o núcleo chegar a ponto de derretimento do dióxido de carbono.

Em Chernobyl, nos arredores de Kiev, a situação foi bem pior. O mecanismo de segurança (as varetas de controle) foi desativado manualmente pelos operários. Ocorreu um pequeno surto de energia, descontrolando o reator. Quando a água fria atingiu de repente o metal derretido, criou uma explosão de vapor que mandou pelos ares toda a parte de cima do reator, liberando no ar uma grande parte do núcleo. Muitos dos trabalhadores enviados para controlar o acidente acabaram morrendo com queimaduras provocadas pela radiação. Com o incêndio do reator sem controle, foi preciso chamar a Força Aérea Vermelha. Helicópteros com blindagem especial foram enviados para borrifar água boratada no reator em chamas. Finalmente, o núcleo teve de ser encerrado em concreto sólido. Até hoje o núcleo ainda é instável e continua gerando calor e radiação.

Além dos problemas de derretimentos e explosões, existe também o do que fazer com o lixo. Onde vamos colocá-lo? Constrangedoramente, 50 anos de era atômica e ainda não se tem resposta. No passado, houve uma série de erros onerosos com relação ao descarte do lixo. No princípio, uma parte era simplesmente jogada no oceano pelos Estados Unidos e pela Rússia, ou queimada em poços pouco profundos. Nos montes Urais, um depósito de lixo de plutônio até explodiu catastroficamente em 1957, exigido uma evacuação em massa e causando danos radiológicos a uma área de 643 quilômetros quadrados entre Sverdlovskl e Chelyabinsk.

Originalmente, na década de 1970 os Estados Unidos tentaram enterrar o lixo com alto nível de radioatividade em Lyons, no Kansas, em minas de sal. Mas, depois, descobriu-se que as minas de sal eram inúteis, pois já estavam crivadas de inúmeros buracos cavados por exploradores de petróleo e gás. Os Estados Unidos foram obrigados a fechar o local em Lyons, um contratempo constrangedor.

Nos 25 anos seguintes, os Estados Unidos gastaram 9 bilhões de dólares estudando e construindo o gigantesco centro de descarte de lixo na montanha Yucca, em Nevada, só para vê-lo cancelado pelo presidente Barack Obama em 2009. Geólogos atestaram que o local na montanha Yucca talvez seja incapaz de conter lixo nuclear por 10 mil anos. O local nessa montanha jamais será aberto, deixando operadores comerciais de usinas de energia nuclear sem uma instalação para descarte de lixo permanente.

No presente, o futuro da energia nuclear é duvidoso. Wall Street continua hesitando em investir vários bilhões de dólares em cada nova usina de energia nuclear. Mas a indústria alega que a última geração de usinas é mais segura do que antes. O Departamento de Energia, enquanto isso, mantém suas opções em aberto no que diz respeito à energia nuclear.

PROLIFERAÇÃO NUCLEAR

Mas com o grande poder também vem o grande perigo. Na mitologia nórdica, por exemplo, os vikings adoravam Odin, que governava Asgard com sabedoria e justiça. Odin presidia uma legião de deuses, incluído o heroico Tor, cuja dignidade e valor eram as qualidades mais apreciadas de qualquer guerreiro. Entretanto, havia também Loki, o deus da malícia, que era consumido pelo ódio e pela inveja. Ele estava sempre tramando e primava pelas fraudes e trapaças. Um dia, Loki conspirou com os gigantes para provocar a batalha épica final entre a luz e a escuridão, o Ragnarok, o crepúsculo dos deuses.

O problema hoje é que os ódios e as invejas entre as nações poderiam detonar um Ragnarok nuclear. A história mostrou que, quando uma nação domina a tecnologia comercial, pode, se desejar e tiver vontade política, fazer a transição para armas nucleares. O perigo é que a tecnologia de armas nucleares vai proliferar em algumas das regiões mais instáveis do mundo.

Durante a Segunda Guerra Mundial, só as maiores nações do mundo tinham recursos, *know-how* e capacidade para criar uma bomba atômica. Mas, no futuro, o limiar poderá baixar drasticamente à medida que o preço do enriquecimento do urânio cair devido à introdução de novas tecnologias. Este é o perigo que enfrentamos: tecnologias mais novas e mais baratas podem colocar a bomba atômica em mãos instáveis.

O segredo para construir a bomba atômica é conseguir grandes quantidades de urânio e depois purificá-lo. Isto significa separar o urânio 238 (que compõe 99,3% do urânio na natureza) do urânio 235, que é adequado para uma bomba atômica, mas compõe apenas 0,7%. Estes dois isótopos são quimicamente idênticos, e por isso a única maneira de separar os dois de forma confiável é explorar o fato de que o urânio 235 pesa cerca de 1% menos que o seu primo.

Durante a Segunda Guerra Mundial, a única maneira de separar os dois isótopos de urânio era com o trabalhoso processo de difusão gasosa: o urânio era transformado num gás (hexafluoreto de urânio) e, em seguida, forçado a percorrer centenas de quilômetros de tubos e membranas. No final desta longa jornada, o urânio 235, mais veloz (isto é, mais leve), ganhava a corrida, deixando o urânio 238 mais pesado para trás. Depois que o gás contendo urânio 235 era extraído, repetia-se o processo até que o nível de enriquecimento do urânio 235 subisse de 0,7% para 90%, que é urânio com grau para bomba. Mas para empurrar o gás era preciso uma quantidade enorme de eletricidade. Durante a guerra, uma significativa fração do total de suprimento elétrico dos Estados Unidos foi desviada para o Oak Bridge National Laboratory com este propósito. As instalações para enriquecimento eram gigantescas, ocupando 610 mil metros quadrados e empregando 12 mil trabalhadores.

Depois da guerra, só as superpotências, os Estados Unidos e a Rússia, podiam acumular estoques imensos de armas nucleares, até 30 mil cada uma, porque dominavam a arte da difusão gasosa. Mas hoje apenas 33% do urânio enriquecido do mundo vem da difusão gasosa.

Usinas de enriquecimento de segunda geração usam uma tecnologia mais sofisticada, mais barata: as ultracentrífugas, que causaram, como resultado, uma dramática mudança na política mundial. As ultracentrífugas giram uma cápsula com urânio a uma velocidade de até 100 mil revoluções por minutos. Isto acentua a diferença de 1% na massa entre o urânio 235 e o urânio 238. No final, o urânio 238 afunda. Depois de muitas revoluções, pode-se remover o urânio 235 da parte de cima do tubo.

As ultracentrífugas são 50 vezes mais eficientes em energia do que a difusão gasosa. Cerca de 54% do urânio do mundo são purificados desse modo.

Com a tecnologia da ultracentrifugação, bastam mil ultracentrífugas operando continuamente durante um ano para produzir o equivalente a uma bomba atômica de urânio enriquecido. A tecnologia da ultracentrifugação pode facilmente ser roubada. Em uma das piores brechas da segurança nuclear da história, um obscuro engenheiro atômico, A. Q. Khan, conseguiu roubar os projetos para a ultracentrífuga e os componentes da bomba atômica e vendê-los com lucro. Em 1975, quando trabalhava em Amsterdã para a URENCO, fundada pela Grã-Bretanha, pela Alemanha Ocidental e pelos Países Baixos para suprir reatores europeus com urânio, ele deu estes projetos secretos ao governo paquistanês, que o saudou como um herói nacional. E ele também é suspeito de vender esta informação sigilosa para Saddam Hussein e para os governos do Irã, da Coreia do Norte e da Líbia.

Usando esta tecnologia roubada, o Paquistão conseguiu criar uma pequena reserva de armas nucleares, que começou a testar em 1998. A decorrente rivalidade nuclear entre o Paquistão e a Índia, com cada um explodindo uma série de bombas atômicas, quase levou a um confronto nuclear entre estas duas nações rivais.

Talvez devido à tecnologia comprada de A. Q. Khan, o Irã, pelo que dizem, acelerou o seu programa nuclear, construindo 8 mil ultracentrífugas em 2010, com a intenção de construir mais 30 mil. Isso pressionou outros Estados do Oriente Médio a criar suas próprias bombas atômicas, aumentando ainda mais a instabilidade.

A segunda razão pela qual a geopolítica do século XXI poderia ser alterada é que outra geração de tecnologia de enriquecimento – enriquecimento por laser – está entrando em operação, ainda mais barata do que as ultracentrífugas.

Examinando-se as órbitas eletrônicas destes dois isótopos de urânio, aparentemente elas são iguais, visto que o núcleo tem a mesma carga. Mas, se você analisar bem as equações para as órbitas eletrônicas, verá que existe uma minúscula diferença de energia entre as órbitas eletrônicas do urânio 235 e do urânio 238. Apontando um raio laser que seja extremamente bem sintonizado, é possível nocautear elétrons da órbita do urânio 235, mas não da órbita do urânio 238. Uma vez ionizados os átomos de urânio 235, eles podem ser facilmente separados do urânio 238 por um campo magnético.

Mas a diferença de energia entre os dois isótopos é tão pequena que muitas nações tentaram explorar este fato e fracassaram. Nas décadas de 1980 e 1990, os Estados Unidos, a França, a Grã-Bretanha, a Alemanha, a África do Sul e o Japão tentaram dominar esta difícil tecnologia e não tiveram êxito. Nos Estados Unidos, uma tentativa na verdade envolveu 500 cientistas e 2 bilhões de dólares.

Mas, em 2006, cientistas australianos anunciaram que não só tinham solucionado o problema, como pretendiam comercializá-la. Visto que 30% do custo do combustível de urânio vêm do processo de enriquecimento, a empresa australiana Silex pensou que poderia haver um mercado para esta tecnologia. A Silex até assinou um contrato com a General Electric para iniciar a comercialização. No final, eles esperaram produzir até um terço do urânio do mundo com este método. Em 2008, a GE Hitachi Nuclear Energy anunciou planos para construir a primeira usina de enriquecimento a laser comercial em Wilmington, Carolina do Norte, em 2012. A usina ocupará 200 acres de uma área de 1.600.

Para a indústria de energia nuclear, isto é uma boa notícia, visto que irá baixar o custo de urânio enriquecido ao longo dos próximos anos. Entretanto, outros estão preocupados porque é apenas uma questão de tempo para esta tecnologia proliferar em regiões instáveis do mundo. Em outras palavras, temos uma janela de oportunidades para assinar tratados que restrinjam e regulem o fluxo de urânio enriquecido. Se não controlarmos esta tecnologia, a bomba continuará a proliferar, talvez até para grupos terroristas.

Uma pessoa das minhas relações foi o já falecido Theodore Taylor, que teve a rara distinção de desenhar algumas das maiores e menores ogivas nucleares para o Pentágono. Um dos seus projetos foi o Davy Crockett, de apenas 22 quilos, mas capaz de lançar sobre o inimigo uma pequena bomba atômica. Taylor era um defensor tão entusiástico das bombas nucleares que trabalhou no projeto Orion, que usaria bombas nucleares para impulsionar uma nave espacial até as estrelas próximas. Ele calculou que, ao lançar bombas sucessivamente pela cauda, a onda de choque resultante impulsionaria uma nave espacial quase à velocidade da luz.

Certa vez eu lhe perguntei por que se decepcionara com o projeto de bombas nucleares e passara a trabalhar com energia solar. Ele me confidenciou que tinha um pesadelo recorrente. O seu trabalho com armas nucleares, sentia ele, estava conduzindo a uma coisa: produzir ogivas atômicas de terceira geração. (Ogivas de primeira geração, da década de 1950, eram pequenas, compactas, e 10 delas caberiam na ogiva de um míssil. Mas bombas de terceira geração são "bombas de designer", feitas sob medida, especialmente para funcionar em vários ambientes, como florestas, desertos e até no espaço cósmico.) Uma dessas bombas de terceira geração é a bomba atômica em miniatura, tão pequena que um terrorista poderia carregá-la numa maleta e usá-la para destruir uma cidade inteira. A ideia de que o trabalho da sua vida um dia talvez fosse usado por um terrorista o perseguiu pelo resto dos seus dias.

MEADOS DO SÉCULO [DE 2030 A 2070]

AQUECIMENTO GLOBAL

Em meados do século, o impacto total de uma economia baseada em combustíveis fósseis deverá estar em plena ação: o aquecimento global. Hoje é inegável que a Terra está aquecendo. No século passado, a temperatura da Terra subiu 1,3° F, e o ritmo está acelerando. Os sinais são inconfundíveis para onde quer que olhemos:

- A espessura do gelo ártico diminuiu surpreendentes 50% apenas nos últimos 50 anos. Uma boa parte deste gelo ártico está apenas abaixo do ponto de congelamento, flutuando na água. Por conseguinte, ele é muito sensível às pequenas variações de temperatura dos oceanos, atuando como um canário num poço de mina, um sistema de alarme precoce. Hoje, partes das calotas glaciais do polo Norte desaparecem durante os meses de verão, e talvez desapareçam totalmente já no verão de 2015.

A calota de gelo polar talvez suma para sempre no final do século, afetando o clima do mundo ao alterar o fluxo de oceanos e correntes de ar em todo o planeta.

- Os bancos de gelo da Groenlândia encolheram 39 quilômetros quadrados em 2007. Este número saltou para 114 quilômetros quadrados em 2008. (Se todo o gelo da Groenlândia derretesse, os níveis do mar subiriam uns 6 metros no mundo inteiro.)

- Grandes pedaços de gelo da Antártida, que estiveram estáveis por dezenas de milhares de anos, estão aos poucos se partindo. Em 2000, um pedaço do tamanho de Connecticut se soltou, com 6.800 quilômetros quadrados. Em 2002, um pedaço de gelo do tamanho de Rhode Island desprendeu-se do Thwaites Glacier. (Se todo o gelo da Antártida derretesse, os níveis do mar subiriam uns 55 metros no mundo todo.)

- Para cada 30 centímetros verticais que o oceano sobe, sua extensão na horizontal é de cerca de 30 metros. Os níveis do mar já subiram 20 cm no século passado, principalmente por causa da expansão da água do mar quando se aquece. Segundo as Nações Unidas, os níveis do mar podem subir de 18 a 59 cm em 2100. Alguns cientistas disseram que o relatório da ONU foi muito cauteloso na interpretação dos dados. Segundo cientistas do Institute of Artic and Alpine, da Universidade do Colorado, em 2100 os níveis do mar podem subir de 90 cm a 1,80 m. Portanto, gradualmente o mapa dos litorais da Terra vai mudar.

- As temperaturas começaram a ser registradas com segurança no final do século XVIII; 1995, 2005 e 2010 estão entre os anos mais quentes já registrados; de 2000 a 2009 foi a década mais quente. Do mesmo modo, os níveis de dióxido de carbono estão subindo dramaticamente. São os mais altos em 100 mil anos.

- À medida que a Terra esquenta, doenças tropicais vão gradualmente migrando para o Norte. A recente disseminação do vírus West Nile, transmitido por mosquitos, talvez seja um prenúncio do que está para acontecer. Oficiais das Nações Unidas estão muito preocupados com a disseminação da malária para o Norte. Em geral, os ovos de muitos insetos nocivos morrem no inverno, quando o solo congela. Mas, com invernos mais curtos, isso significa a inexorável expansão de insetos perigosos para o Norte.

DIÓXIDO DE CARBONO – GÁS ESTUFA

Segundo o Intergovernmental Panel on Climate Change das Nações Unidas, cientistas concluíram com 90% de segurança que o aquecimento global é causado por atividade humana, especialmente a produção de dióxido de carbono com a queima de petróleo e carvão. A luz do sol passa facilmente através do dióxido de carbono. Mas, ao aquecer a Terra, ela cria radiação infravermelha, que não atravessa tão facilmente o dióxido de carbono. A energia da luz solar não pode escapar de volta para o espaço e fica presa.

Nós também vemos um efeito um tanto similar em estufas ou carros. A luz do sol aquece o ar, que é impedido de escapar pelo vidro.

De forma assustadora, a quantidade de dióxido de carbono gerada aumentou explosivamente, em especial no último século. Antes da Revolução Industrial, o teor de dióxido de carbono no ar era de 270 partes por milhão (ppm). Hoje, subiu para 387 ppm. (Em 1900, o mundo consumiu 150 milhões de barris de petróleo. Em 2000, pulou para 28 bilhões de barris, um salto de 185 vezes mais. Em 2008, 9,4 bilhões de toneladas de dióxido de carbono foram enviados para o ar pela queima de combustível fóssil e também pelo desmatamento, mas apenas 5 bilhões foram reciclados nos oceanos, no solo e na vegetação. O restante permanecerá no ar por décadas ainda, aquecendo a Terra.)

VISITA À ISLÂNDIA

O aumento de temperatura não se dá por acaso, como podemos ver analisando núcleos de gelo. Com perfurações profundas nas camadas mais antigas de gelo do Ártico, os cientistas conseguiram extrair bolhas de ar que têm milhares de anos de idade. Analisando quimicamente o ar destas bolhas, os cientistas podem reconstruir a temperatura e o teor de dióxido de carbono da atmosfera datado de mais de 600 mil anos. Em breve eles serão capazes de determinar as condições climáticas de milhões de anos.

Tive uma oportunidade de ver isto em primeira mão. Uma vez dei uma palestra em Reykjavik, capital da Islândia, e tive o privilégio de visitar a Universidade da Islândia, onde núcleos de gelo estavam sendo analisados. Quando o avião aterrissa em Reykjavik, de início só vê neve e rochas pontudas, parecendo a paisagem sombria da Lua. Embora estéril e agreste, o terreno faz do Ártico um lugar ideal para analisar o clima da Terra há centenas de milhares de anos.

Quando visitei o laboratório deles, que é mantido a temperaturas congelantes, tive de passar por grossas portas de refrigerador. Uma vez lá dentro, pude ver prateleiras e mais prateleiras contendo longos tubos de metal, cada um com cerca de uma polegada e meia de diâmetro e uns três metros de comprimento. Cada tubo oco fora enfiado bem fundo no gelo de um glaciar. Conforme ele penetrava no gelo, ia colhendo amostras de neve de milhares de anos. Quando os tubos foram removidos, pude examinar com atenção o conteúdo gelado de cada um deles. No início, havia apenas uma longa coluna de gelo branco. Mas, examinando melhor, vi que o gelo tinha listras formadas por minúsculas faixas de cores diferentes.

Os cientistas têm de usar uma variedade de técnicas para datá-las. Algumas das camadas de gelo contêm marcadores que indicam eventos importantes, como a fuligem emitida por uma erupção vulcânica. Visto que as datas dessas erupções são conhecidas com muita precisão, é possível usá-las para determinar a idade da camada.

Estes núcleos de gelo foram então cortados em várias fatias para que pudessem ser examinadas. Quando espiei uma delas sob o microscópio, vi minúsculas bolhas microscópicas. Fiquei arrepiado ao perceber que estava vendo bolhas de ar que foram depositadas há dezenas de milhares de anos, antes mesmo do surgimento da civilização humana.

O teor de dióxido de carbono dentro de cada bolha de ar é fácil de medir. Mas calcular a temperatura do ar quando o gelo foi depositado é mais difícil. (Para fazer isso, os cientistas analisam a água na bolha. Moléculas de água podem conter diferentes isótopos. Conforme a temperatura cai, isótopos de água mais pesados se condensam mais rápido que moléculas de água comuns. Por conseguinte, medindo-se a quantidade de isótopos mais pesados, é possível calcular a temperatura em que a molécula de água condensou.)

No final, depois de analisar arduamente o conteúdo de milhares de núcleos de gelo, estes cientistas chegaram a algumas conclusões importantes. Descobriram que os níveis de temperatura e dióxido de carbono oscilaram em paralelo, como duas montanhas-russas movendo-se juntas, em sincronia ao longo de muitos milhares de anos. Quando uma curva sobe ou desce, a outra faz o mesmo.

Mais importante, descobriram um pico súbito de temperatura e conteúdo de dióxido de carbono acontecendo exatamente durante o último século. Isso é muito incomum, visto que a maioria das flutuações ocorre lentamente ao longo de milênios. Este pico incomum não faz parte deste processo natural de aquecimento, alegam os cientistas, mas é um indicador direto de atividade humana.

Há outras maneiras de mostrar que este pico repentino é causado por atividade humana e não por ciclos naturais. As simulações por computador são agora tão avançadas que podemos simular a temperatura da Terra com a presença de atividade humana e sem ela. Sem a civilização produzindo dióxido de carbono, descobrimos uma curva de temperatura relativamente plana. Mas, com a adição de atividade humana, podemos mostrar que deve ter havido um pico repentino tanto de temperatura como de dióxido de carbono. O pico previsto se encaixa perfeitamente no pico real.

Por fim, pode-se medir a quantidade de luz solar que atinge cada metro quadrado da superfície da Terra. Os cientistas também podem calcular a quantidade de calor que é refletido da Terra para o espaço cósmico. Normalmente esperamos que estas quantidades sejam iguais, com a entrada igualando-se à saída. Mas, na realidade, descobrimos a quantidade líquida de energia que está atualmente aquecendo a Terra. Então, se calcularmos a quantidade de energia sendo produzida por atividade humana, encontramos uma combinação perfeita. Por conseguinte, a atividade humana está causando o atual aquecimento da Terra.

Infelizmente, mesmo que fôssemos deixar de repente de produzir dióxido de carbono, o gás que já foi liberado na atmosfera é o suficiente para continuar o aquecimento global por décadas ainda.

Como resultado, lá por meados do século a situação pode ser calamitosa.

Cientistas criaram imagens de como serão nossas cidades litorâneas em meados do século, e mais além, se os níveis do mar continuarem a subir. Cidades costeiras podem desaparecer. Grandes partes de Manhattan talvez tenham de ser evacuadas, com Wall Street dentro d'água. Os governos terão de decidir quais das suas grandes cidades e capitais valerá a pena salvar e quais não terão nenhuma esperança. Algumas cidades poderão ser salvas por uma combinação de sofisticados diques e represas. Outras poderão ser consideradas sem esperança e abandonadas para desaparecer dentro d'água, criando migrações em massa de pessoas. Visto que a maioria dos centros comerciais e de população do mundo fica perto do mar, isso poderia ter um efeito desastroso na economia mundial.

Mesmo que algumas cidades possam ser salvas, ainda existe o perigo de que enormes tempestades soprem vagalhões na direção de uma cidade, paralisando a sua infraestrutura. Por exemplo, em 1992, um ciclone inundou Manhattan, interrompendo o funcionamento do sistema de metrô e os trens para Nova Jersey. Com o transporte inundado, a economia para.

INUNDANDO BANGLADESH E O VIETNÃ

Um relatório do Intercontinental Panel on Climate Change isolou três pontos críticos para um potencial desastre: Bangladesh, o Delta do Mekong, no Vietnã, e o Delta do Nilo, no Egito.

A situação pior é a de Bangladesh, um país que costuma ser inundado por tempestades mesmo sem aquecimento global. A maior parte da região é plana e fica ao nível do mar. Embora tenha feito progressos significativos nas últimas décadas, ainda é uma das nações mais pobres da Terra e com uma das maiores densidades populacionais. (Tem uma população de 161 milhões de pessoas, comparável à da Rússia, mas com 1/120 de área terrestre desta.) Cerca de 50% do seu território ficará permanentemente inundado se o nível do mar subir 90 cm. Calamidades naturais ocorrem ali quase todos os anos, mas em setembro de 1998 o mundo assistiu horrorizado a uma prévia do que talvez se torne lugar-comum. Uma forte inundação submergiu dois terços da nação, deixando 30 milhões de pessoas desabrigadas quase da noite para o dia; mil morreram, e 9.600 quilômetros de estradas ficaram destruídos. Foi um dos piores desastres naturais da história moderna.

Outro país que será devastado se o nível do mar subir muito é o Vietnã, onde o Delta do Mekong é bastante vulnerável. Em meados do século, este país de 87 milhões de habitantes poderá enfrentar um colapso da sua principal área produtora de alimentos. Metade do arroz do Vietnã é cultivado no Delta do Mekong, ondem vivem 17 milhões de pessoas, e uma grande parte ficará permanentemente inundada por níveis do mar elevando-se. Segundo o Banco Mundial, 11% de toda a população será deslocada se os níveis do mar subirem 90 cm em meados do século. O Delta do Mekong também ficará inundado de água salgada, destruindo para sempre o fértil solo da área. Se milhões de pessoas forem expulsas de suas casas pelas inundações no Vietnã, muitas buscarão refúgio na cidade de Ho Chi Minh. Mas um quarto da cidade também estará dentro d'água.

Em 2003, o Pentágono encomendou um estudo, feito pela Global Business Network, que mostrou que, no pior cenário, o caos se espalharia pelo mundo devido ao aquecimento global. À medida que milhões de refugiados cruzarem fronteiras nacionais, os governos poderão perder toda a autoridade e entrar em colapso, e portanto países poderão cair no pesadelo de saques, rebeliões e caos. Nesta situação angustiante, as nações, diante da perspectiva do influxo de milhões de pessoas desesperadas, talvez recorram a armas nucleares.

"Imaginem o Paquistão, a Índia e a China – todos armados com armas nucleares – brigando nas suas fronteiras por causa de refugiados, acessos a rios compartilhados e terra arável", dizia o relatório. Peter Schwartz, fundador da Global Business Network e principal autor do estudo do Pentágono, confidenciou-me os detalhes deste cenário. Ele me contou que o pior ponto crítico seria a fronteira entre a Índia e Bangladesh. Numa grande crise em Bangladesh, até 160 milhões de pessoas seriam expulsas de suas casas, iniciando uma das maiores migrações da história humana. As tensões aumentariam rapidamente conforme as fronteiras fossem derrubadas, os governos locais ficassem paralisados e explodissem rebeliões em massa. Schwartz vê que as nações talvez usassem armas nucleares como último recurso.

Na pior das circunstâncias, poderíamos ter um efeito estufa que se alimenta de si mesmo. Por exemplo, o derretimento da tundra nas regiões do Ártico pode liberar milhões de toneladas de gás metano da vegetação apodrecida. A tundra cobre quase 15 milhões de quilômetros quadrados no hemisfério Norte, contendo vegetação congelada desde a última Era Glacial, há dezenas de milhares de anos. Esta tundra contém mais dióxido de carbono e metano do que a atmosfera, e isso significa uma enorme ameaça ao clima do mundo. O gás metano, além disso, é um gás de estufa muito mais letal do que o dióxido de carbono. Ele não fica na atmosfera tanto tempo, mas causa muito mais danos do que o dióxido de carbono. A liberação de tanto gás metano da tundra derretendo-se pode fazer com que as temperaturas subam rapidamente, o que fará com que mais gás metano seja liberado, provocando um ciclo galopante de aquecimento global.

SOLUÇÕES TÉCNICAS

A situação é gravíssima, mas ainda não chegamos ao ponto sem volta. O problema do controle dos gases estufa agora é, em grande parte, econômico e político, não técnico. A produção de dióxido de carbono coincide com a atividade econômica e, por conseguinte, com a riqueza. Por exemplo, os Estados Unidos geram aproximadamente 25% do dióxido de carbono do mundo. Isso porque têm cerca de 25% da atividade econômica do mundo. E, em 2009, a China superou os Estados Unidos na criação de gases estufa, principalmente por causa do explosivo crescimento da sua economia. Esta é a principal razão para as nações relutarem tanto em lidar com o aquecimento global: ele interfere na atividade econômica e na prosperidade.

Vários projetos foram imaginados para lidar com esta crise global, mas, pensando bem, uma solução rápida talvez não baste. Somente uma grande mudança no modo como consumimos energia resolverá o problema. Algumas medidas técnicas têm sido defendidas por cientistas sérios, mas nenhuma ganhou ampla aceitação. As propostas incluem:

- **Lançar elementos poluidores na atmosfera.** Uma proposta é enviar foguetes para a atmosfera superior, onde liberariam agentes poluidores, como o dióxido de enxofre, a fim de refletir a luz solar para o espaço e, por conseguinte, resfriar a Terra. De fato, o ganhador de um prêmio Nobel, Paul Crutzen, defendeu o lançamento de poluição no espaço como um "plano do Juízo Final", proporcionando uma rota de fuga final para a humanidade parar com o aquecimento global. Esta ideia tem suas raízes em 1991, quando cientistas monitoraram atentamente a imensa explosão vulcânica do monte Pinatubo, nas Filipinas, que lançou 10 bilhões de toneladas métricas de poeira e fragmentos na atmosfera superior. Com isso o céu escureceu e a temperatura baixou 1 grau F na Terra inteira. Assim foi possível calcular quantos agentes poluidores seriam necessários para reduzir a temperatura no mundo. Embora esta seja uma proposta séria, alguns críticos duvidam que, sozinha, ela possa solucionar o problema. Pouco se sabe sobre como uma quantidade enorme de agentes poluidores afetará a temperatura do mundo. Talvez os benefícios não durem muito, ou talvez os efeitos colaterais indesejados sejam piores que o problema. Por exemplo, houve uma súbita queda na precipitação global depois da erupção no monte Pinatubo; se a experiência não der certo, poderia similarmente causar secas enormes. Estimativas de custo mostram que seriam necessários 100 milhões de dólares para realizar testes de campo. Visto que o efeito de aerossóis de sulfato é temporário, custaria 8 bilhões de dólares por ano, no mínimo, para injetar regularmente imensas quantidades deles na atmosfera.

- **Criar algas.** Outra sugestão é despejar substâncias químicas à base de ferro nos oceanos. Estes nutrientes minerais farão com que as algas floresçam no oceano, o que por sua vez aumentará a quantidade de dióxido de carbono que elas absorvem. Entretanto, depois que a Planktos, uma empresa sediada na Califórnia, anunciou que iniciaria unilateralmente um esforço privado para fertilizar parte do Atlântico Sul com ferro – esperando intencionalmente criar plânctons que absorvessem o dióxido de carbono do ar –, países ligados pela Convenção de Londres, que regula despejos no mar, emitiram uma "declaração de preocupação" a respeito desse esforço. Também, um grupo das Nações Unidas exigiu uma moratória temporária para esses experimentos. O experimento foi encerrado quando a Planktos exauriu os seus recursos.

- **Remoção de carbono.** Outra possibilidade é usar a remoção de carbono, um processo pelo qual o dióxido de carbono emitido pelas usinas de energia a partir da queima de carvão é liquidificado e, em seguida, retirado do ambiente, talvez enterrado no subsolo. Embora, a princípio, isto pudesse funcionar, é um processo muito caro e não pode retirar o dióxido de carbono que já foi lançado na atmosfera. Em 2009, alguns engenheiros estavam monitorando atentamente o primeiro grande teste de separação de carbono. A imensa usina de energia Mountaineer, construída na Virgínia Ocidental, foi reformada com novos equipamentos para separar dióxido de carbono do ambiente, tornando-se a primeira usina de queima de carvão geradora de eletricidade dos Estados Unidos a fazer experiências com separação. O gás liquefeito será injetado a 2.400 m no subsolo, finalmente dentro de uma camada de dolomita. O líquido, no final, formará uma massa de 9.112 m de altura e centenas de jardas de comprimento. A dona da usina, a American Electric Power, planeja injetar 100 mil toneladas de dióxido de carbono anualmente durante dois a cinco anos. Isto é apenas 1,5% da emissão anual da usina, mas no final o sistema poderia capturar até 90%. Os custos iniciais são de aproximadamente 73 milhões de dólares. Mas, se tiver êxito, então este modelo poderá rapidamente ser disseminado para outros locais, como as quatro gigantescas usinas de queima de carvão vizinhas, que geram 6 bilhões de watts de energia (tanto que esta área é apelidada de Megawatt Valley). Existem grandes incógnitas: não está claro se o dióxido de carbono acabará migrando ou se o gás se combinará com a água, talvez criando ácido carbônico, que poderia envenenar a água do subsolo. Entretanto, se o projeto for um sucesso, poderá muito bem ser parte de um misto de tecnologias usadas para lidar com o aquecimento global.

- **Engenharia genética.** Outra proposta é usar a engenharia genética para criar especificamente formas de vida que possam absorver grandes quantidades de dióxido de carbono. Outro entusiástico defensor desta abordagem é J. Craig Venter, que conquistou fama e fortuna desbravando técnicas de alta velocidade que levaram com sucesso ao sequenciamento do genoma humano anos antes do programado. "Nós vemos o genoma como o software, ou mesmo o sistema operacional, da célula", diz ele. O seu objetivo é reescrever esse software, de modo que micróbios possam ser geneticamente modificados, ou mesmo construídos quase desde o início, para que absorvam o dióxido de carbono gerado pelas usinas de queima de carvão e o convertam em substâncias úteis, como gás natural. Observa: "Já existem milhares, talvez milhões de organismos no nosso planeta que sabem como fazer isto." O truque é modificá-los para que possam aumentar a sua produção e também se desenvolver numa usina acionada a carvão. "Nós pensamos que este campo tem um tremendo potencial para substituir a indústria petroquímica, possivelmente dentro de uma década", disse ele, otimista.

O físico Freeman Dyson, de Princeton, defendeu outra variação, criando uma variedade geneticamente modificada de árvores que seriam especializadas em absorver dióxido de carbono. Ele afirmou que talvez 1 trilhão dessas árvores bastem para controlar o dióxido de carbono no ar. No seu ensaio "Podemos controlar o dióxido de carbono na atmosfera?", defendeu a criação de um "banco de carbono" de "árvores de crescimento rápido" para regular os níveis de dióxido de carbono.

Não obstante, como acontece com qualquer plano para usar a engenharia genética em grande escala, é preciso ter cuidado com os efeitos colaterais. Não podemos fazer o recall de uma forma de vida como fazemos com um carro defeituoso. Uma vez liberada no ambiente, a forma de vida geneticamente modificada pode ter consequências indesejadas para outras, especialmente se desalojar espécies locais de plantas e desequilibrar a cadeia alimentar.

Infelizmente tem havido uma visível falta de interesse entre os políticos em financiar qualquer desses planos. Entretanto, um dia, o aquecimento global se tornará tão penoso e destruidor que os políticos serão obrigados a implementar alguns deles.

O período crítico serão as próximas décadas. Em meados do século, deveremos estar na era do hidrogênio, quando uma combinação de fusão, energia solar e renováveis deverá nos dar uma economia que seja bem menos dependente do consumo de combustível fóssil. Uma combinação de forças de mercado e avanços na tecnologia de hidrogênio deverá nos dar uma solução de longo prazo para o aquecimento global. A fase perigosa é a atual, antes de existir a economia de hidrogênio. A curto prazo, combustíveis fósseis ainda são a forma mais barata de gerar energia, e, por conseguinte, o aquecimento global será um perigo por várias décadas ainda.

ENERGIA DA FUSÃO

Em meados do século surge uma nova opção que vai mudar o jogo: fusão. A tal altura dos acontecimentos, ela deverá ser a mais viável das soluções técnicas, talvez resolvendo para sempre o problema. Enquanto a energia da fissão depende da cisão do átomo de urânio, gerando portanto energia (e uma grande quantidade de lixo nuclear), a energia da fusão depende de fundir átomos de hidrogênio com forte calor, liberando, por conseguinte, muito mais energia (com muito pouco resíduo).

Ao contrário da energia da fissão, a energia da fusão desencadeia a energia nuclear do Sol. Enterrada bem no fundo do átomo de hidrogênio está a fonte de energia do universo. A energia da fusão ilumina o Sol e os céus. É o segredo das estrelas. Quem conseguir dominar a energia da fusão terá desencadeado energia eterna ilimitada. E o combustível para estas usinas de fusão vem da água do mar. Pouco a pouco, a fusão libera 10 milhões de vezes mais energia do que a gasolina. Um copo de água de 226 ml é igual ao conteúdo de energia de 500 mil barris de petróleo.

A fusão (não fissão) é o jeito preferido da natureza de energizar o universo. Na formação de estrelas, uma bola de gás enriquecida com hidrogênio é gradualmente comprimida pela gravidade, até que ela começa a se aquecer a enormes temperaturas. Quando o gás atinge cerca de 50 milhões de graus (que varia dependendo de condições específicas), os núcleos de hidrogênio dentro do gás são lançados uns contra os outros. Até que se fundem para formar hélio. No processo, enormes quantidades de energia são liberadas, o que faz o gás se inflamar. (Mais precisamente, a compressão deve satisfazer algo chamado critério Lawson, que diz que você tem de comprimir o gás hidrogênio de determinada densidade até determinada temperatura por determinada quantidade de tempo. Se estas três condições que envolvem densidade, temperatura e tempo forem satisfeitas, você terá uma reação de fusão, seja ela uma bomba de hidrogênio, uma estrela ou uma fusão num reator.)

Portanto, este é o segredo: aquecer e comprimir o gás hidrogênio até que os núcleos se fundam, liberando quantidades cósmicas de energia.

Mas tentativas anteriores de utilizar esta energia cósmica fracassaram. É uma tarefa diabolicamente difícil aquecer gás hidrogênio a dezenas de milhões de graus, até que os prótons se fundam para formar gás hélio e liberar imensas quantidades de energia.

Além do mais, o público não acredita nessas afirmativas, visto que a cada 20 anos os cientistas afirmam que a energia da fusão ainda vai demorar mais 20. Mas, depois de décadas de afirmações excessivamente otimistas, os físicos estão cada vez mais convencidos de que a energia da fusão está finalmente chegando, talvez já em 2030. Em algum momento, lá por meados do século, talvez vejamos usinas de fusão espalhadas pelo interior do país.

O público tem direito a se mostrar cético quanto à fusão, visto ter havido tantas mistificações, fraudes e fracassos no passado. Em 1951, quando os Estados Unidos e a União Soviética estavam atracados no frenesi da Guerra Fria e desenvolvendo febrilmente a primeira bomba de hidrogênio, o presidente Juan Perón, da Argentina, anunciou, com muito estardalhaço na mídia, que os cientistas do seu país tinham feito um grande progresso no controle da energia solar. O caso deflagrou um bombardeio de publicidade. Parecia inacreditável, mas foi manchete na primeira página do *New York Times*. A Argentina, vangloriava-se Perón, havia feito um importante avanço científico em algo que as superpotências tinham fracassado. Um cientista desconhecido que falava alemão, Ronald Richter, tinha convencido Perón a financiar o seu "termotron", que prometia energia ilimitada e glória eterna para a Argentina.

A comunidade científica americana, que ainda estava às voltas com a fusão na feroz corrida com a Rússia para produzir a bomba H, afirmou que a declaração era um despropósito. O cientista atômico Ralph Lapp disse: "Eu sei qual é o outro material que os argentinos estão usando. É conversa fiada."

A imprensa logo a apelidou de Bomba Conversa Fiada. Perguntaram ao cientista atômico David Lilientham se havia a "mais leve possibilidade" de os argentinos estarem certos. Ele respondeu na mesma hora: "Menos do que isso."

Sob forte pressão, Perón simplesmente insistiu, sugerindo que as superpotências estavam com inveja porque a Argentina passara à frente delas. O momento da verdade finalmente chegou no ano seguinte, quando os delegados de Perón visitaram o laboratório de Richter. Criticado, Richter agia de forma cada vez mais imprevisível e bizarra. Quando os inspetores chegaram, ele explodiu a porta do laboratório usando tanques de oxigênio e em seguida rabiscou num pedaço de papel as palavras "energia atômica". Mandou injetar pólvora no reator. O veredicto foi que ele devia estar louco. Quando os inspetores colocaram um pedaço de rádio perto dos "contadores de radiação" de Richter, nada aconteceu, e portanto ficou claro que o seu equipamento era uma fraude. Richter depois foi preso.

Mas o caso mais famoso foi o de Stanley Pons e Martin Fleischmann, dois respeitáveis químicos da Universidade de Utah que, em 1989, declararam ter dominado a "fusão a frio", isto é, a fusão à temperatura ambiente. Eles afirmaram ter colocado paládio na água, que em seguida, como num passe de mágica, comprimiu átomos de hidrogênio até se fundirem em hélio, liberando a energia solar sobre a mesa.

O choque foi imediato. Quase todos os jornais do mundo colocaram esta descoberta na primeira página. Da noite para o dia, os jornalistas falavam do fim da crise de energia e do começo de uma nova era de energia ilimitada. Um frenesi de notícias atingiu a mídia mundial. O estado de Utah aprovou de imediato uma verba de 5 milhões de dólares para criar um Instituto Nacional para Fusão a Frio. Até fábricas de automóveis japonesas começaram a doar milhões de dólares para promover pesquisas nesta nova área interessantíssima. Um culto começou a se formar em torno da fusão a frio.

Ao contrário de Richter, Pons e Fleischmann eram muito respeitados na comunidade científica e estavam felizes por dividir seus dados com os outros. Eles cuidadosamente expuseram o seu equipamento e seus dados para o mundo ver.

Mas então as coisas se complicaram. Sendo a aparelhagem tão simples, grupos do mundo inteiro tentaram copiar estes surpreendentes resultados. Infelizmente a maioria não conseguiu encontrar nenhuma liberação de energia, declarando a fusão a frio um beco sem saída. Entretanto, a história se manteve viva porque havia declarações esporádicas de que alguns grupos haviam duplicado com êxito a experiência.

Finalmente a comunidade física se manifestou. Analisaram as equações de Pons e Fleishmann e descobriram que eram deficientes. Primeiro, se as suas afirmativas estivessem corretas, um tiroteio de nêutrons teria irradiado do copo d'água, matando Pons e Fleischmann. (Numa reação de fusão típica, dois núcleos de hidrogênio se chocam um contra o outro e se fundem, gerando energia, um núcleo de hélio e também um nêutron.) Portanto, o fato de Pons e Fleischmann ainda estarem vivos significava que a experiência não tinha funcionado. Se as suas experiências tivessem produzido fusão a frio, eles estariam morrendo com queimaduras provocadas por radiação. Segundo, era mais que provável que Pons e Fleischmann tivessem descoberto uma reação química e não uma reação termonuclear. E, por fim, concluíram os físicos, o metal paládio não pode ligar átomos de hidrogênio suficientemente para fazer com que o hidrogênio se funda em hélio. Isto iria contra as leis da teoria quântica.

Mas a controvérsia não acabou, até hoje. Ainda há declarações ocasionais de que alguém conseguiu a fusão a frio. O problema é que ninguém foi capaz de obter de forma confiável a fusão a frio por encomenda. Afinal de contas, de que serve fazer um motor de automóvel se ele funciona só de vez em quando? A ciência baseia-se em resultados reproduzíveis, testáveis e comprováveis que funcionam sempre.

FUSÃO A QUENTE

Mas as vantagens da energia de fusão são tão grandes que muitos cientistas caíram na tentação.

Por exemplo, a fusão gera poluição mínima. É relativamente limpa e é como a natureza energiza o universo. Um subproduto da fusão é o gás hélio, que tem valor comercial. Outro é o aço radioativo da câmara de fusão, que no final tem de ser enterrado. Ele é ligeiramente perigoso apenas por algumas décadas. Mas a usina de fusão produz uma quantidade insignificante de lixo nuclear em comparação com uma usina-padrão de fissão de urânio (que produz 30 toneladas de lixo nuclear altamente radioativo por ano e dura entre milhares e dezenas de milhões de anos).

Além disso, usinas de fusão não podem sofrer um derretimento catastrófico. Usinas de fissão de urânio, exatamente porque contêm toneladas de lixo nuclear altamente radioativo no seu núcleo, produzem quantidades voláteis de calor mesmo depois de paralisadas. É este calor residual que pode acabar derretendo o aço sólido e entrando nos lençóis subterrâneos, criando uma explosão de vapor e o pesadelo do acidente chamado Síndrome da China.

Usinas de fusão são inerentemente seguras. "Derretimento de fusão" é uma contradição de termos. Por exemplo, se alguém paralisasse o campo magnético de um reator de fusão, o plasma quente bateria nas paredes da câmara e o processo de fusão pararia imediatamente. Portanto, uma usina de fusão, em vez de sofrer uma reação em cadeia descontrolada, se desligaria espontaneamente no caso de um acidente.

"Mesmo que a usina ficasse totalmente destruída, o nível de radiação um quilômetro além da cerca seria tão pequeno que não seria preciso proceder a uma evacuação", diz Farrock Najmabadi, que dirige o Center for Energy Research da Universidade da Califórnia, em San Diego.

Embora a energia de fusão comercial tenha todas essas maravilhosas vantagens, há ainda um detalhe: ela não existe. Ninguém até agora construiu uma usina de fusão que funcionasse.

Mas os físicos estão cautelosamente otimistas. "Há dez anos, alguns cientistas questionavam se a fusão era possível, mesmo em laboratório. Agora sabemos que a fusão vai funcionar. A questão é se ela é prática do ponto de vista econômico", diz David E. Baldwin, da General Atomics, que supervisiona um dos maiores reatores nucleares dos Estados Unidos, o DIII-D.

NIF – FUSÃO A LASER

Tudo isso pode mudar muito nos próximos anos.

Várias abordagens estão sendo testadas ao mesmo tempo, e, depois de décadas de tentativas fracassadas, os físicos estão convencidos de que finalmente vão conseguir a fusão. Na França, existe o International Thermonuclear Experimental Reactor (ITER), sustentado por muitas nações europeias, pelos Estados Unidos, pelo Japão e por outros países. E, nos Estados Unidos, há o National Ignition Facility (NIF).

Tive a oportunidade de visitar a máquina de fusão a laser NIF, e é uma visão colossal. Devido à íntima conexão com bombas de hidrogênio, o reator NIF está baseado no Lawrence Livermore National Laboratory, onde as Forças Armadas projetam ogivas de hidrogênio. Tive de passar por muitos níveis de segurança para finalmente obter acesso.

Mas, quando cheguei ao reator, a experiência foi incrível. Estou acostumado a ver lasers em laboratórios de universidades (de fato, um dos maiores no estado de Nova York fica bem debaixo do meu gabinete na City University), mas ver as instalações do NIF foi assombroso. Ele está alojado num prédio de 10 andares do tamanho de três campos de futebol, com 152 gigantescos feixes de raios laser sendo disparados por um longo túnel. É o maior sistema de laser do mundo, produzindo 60 vezes mais energia do que qualquer outro anterior.

Depois que estes raios laser são disparados por este longo túnel, atingem uma série de espelhos que concentram cada feixe num minúsculo alvo do tamanho de uma cabeça de alfinete, consistente em deutério e trítio (dois isótopos de hidrogênio). Incrivelmente, 500 trilhões de watts de energia laser são concentrados numa bolinha quase invisível a olho nu, esturricando-a a 100 milhões de graus, muito mais quente do que o centro do Sol. (A energia dessa colossal pulsação é equivalente à produção de meio milhão de usinas de energia nuclear em um breve instante.) A superfície desta bolinha microscópica é rapidamente convertida em vapor, o que desencadeia uma onda de choque que desintegra a bolinha e libera a energia de fusão.

Essa máquina terminou de ser construída em 2009 e atualmente passa por testes. Se tudo der certo, talvez seja a primeira máquina a gerar tanta energia quanto consome. Embora ela não tenha sido projetada para produzir energia elétrica comercial, destina-se a mostrar que é possível concentrar feixes de raios laser para aquecer materiais ricos em hidrogênio e produzir energia.

Falei com um dos diretores da NIF, Edward Moses, sobre as suas esperanças e sonhos com relação ao seu projeto. Usando um capacete, ele parecia mais um operário de obra do que um dos melhores físicos nucleares encarregados do maior laboratório de laser do mundo. Ele admitiu que no passado houve inúmeras tentativas fracassadas. Mas desta vez, acreditava ele, era para valer: ele e a sua equipe estavam para realizar uma importante conquista, que entraria para os livros de história, a primeira a captar pacificamente a energia solar na Terra. Falando com ele, percebe-se como projetos como o NIF se mantêm ativos pela paixão e energia daqueles que realmente acreditam nisso. Ele saboreava o dia em que, me disse, poderia convidar o presidente dos Estados Unidos a este laboratório para anunciar que acabara de se fazer história.

Mas o NIF já começou mal. (Até coisas estranhas aconteceram, como quando o diretor associado anterior do NIF, E. Michael Campbell, foi obrigado a renunciar ao cargo em 1999 ao se revelar que mentira sobre ter terminado um Ph.D em Princeton.) Depois a data do final das obras, definida originalmente para 2003, começou a atrasar. Os custos subiram, de 1 bilhão de dólares para 4 bilhões de dólares. Finalmente elas terminaram em março de 2009, seis anos depois.

O diabo, diziam eles, são os detalhes. Na fusão a laser, por exemplo, estes 192 feixes de raios laser têm de atingir a superfície de uma minúscula bolinha com o máximo de precisão, para que ela imploda uniformemente. Os feixes devem atingir este minúsculo alvo em 30 trilionésimos de segundo de distância um do outro. Com o mais leve desalinhamento dos feixes de laser ou irregularidade da bolinha, ela se aquecerá de forma assimétrica, explodindo para um lado, em vez de implodir esfericamente.

Se a irregularidade da bolinha for maior que 50 nanômetros (ou cerca de 150 átomos), ela também não implodirá de modo uniforme. (É como tentar lançar uma bola de beisebol dentro da área a uma distância de 560 quilômetros.) Portanto, o alinhamento dos feixes de laser e a uniformidade da bolinha são os principais problemas que a fusão a laser enfrenta.

Além da NIF, a União Europeia está financiando a sua própria fusão a laser. O reator será construído na High Power Laser Energy Research Facility (HiPER), que é menor, porém talvez mais eficiente do que a NIF. A construção do HiPER começa em 2011.

As esperanças de muitos estão na NIF. Entretanto, se a fusão não funcionar como esperado, existe mais uma, até mais avançada, proposta para fusão controlada: colocar o sol numa garrafa.

ITER – FUSÃO NUM CAMPO MAGNÉTICO

Outro projeto está sendo explorado na França. O International Thermonuclear Experimental Reactor (ITER) usa imensos campos magnéticos para conter gás de hidrogênio quente. Em vez de usar lasers para desintegrar instantaneamente uma bolinha minúscula de material rico em hidrogênio, o ITER usa um campo magnético para ir comprimindo devagar o gás hidrogênio. A máquina se parece muito com uma imensa rosquinha oca feita de aço, com bobinas magnéticas cercando o buraco da rosquinha. O campo magnético impede que o gás de hidrogênio dentro da câmara em forma de rosca escape. Em seguida, uma corrente elétrica ondulante é enviada através do gás, aquecendo-o. A combinação de espremer o gás com o campo magnético e enviar uma corrente ondulando através dele faz com que o gás aqueça a muitos milhões de graus.

A ideia de usar uma "garrafa magnética" para criar fusão não é novidade. Já existe desde a década de 1950, de fato. Mas por que se levou tanto tempo, com tantos atrasos, para comercializar a energia de fusão?

O problema é que o campo magnético tem de estar sintonizado com precisão para que o gás seja comprimido de modo uniforme, sem protuberâncias ou irregularidades. Imagine pegar um balão e tentar comprimi-lo com as mãos de modo que ele fique comprimido uniformemente. Você verá que o balão escapa dos dedos formando bolsões, tornando uma compressão uniforme quase impossível. Portanto, o problema é a instabilidade, e não é um problema de física, mas de engenharia.

Isso parece estranho porque as estrelas comprimem gás hidrogênio com facilidade, criando os trilhões de estrelas que vemos no nosso universo. A natureza, pelo visto, cria sem nenhum esforço as estrelas no céu; então, por que não podemos fazer isso na Terra? A resposta está numa simples, porém profunda diferença entre gravidade e eletromagnetismo.

A gravidade, como demonstrado por Newton, é estritamente atrativa. Portanto, numa estrela, a gravidade do gás hidrogênio a comprime uniformemente numa esfera. (É por isso que estrelas e planetas são esféricos e não cúbicos ou triangulares.) Mas existem dois tipos de cargas elétricas: positiva e negativa. Se alguém reunir uma esfera de cargas negativas, elas se repelirão umas às outras e se espalharão em todas as direções. Mas, juntando uma carga negativa e uma positiva, você terá o que se chama "dipolo", com um complicado conjunto de linhas de campos elétricos parecendo uma teia de aranha. Do mesmo modo, campos elétricos formam um dipolo; por conseguinte, comprimir gás quente uniformemente dentro de uma câmara no formato de uma rosquinha é uma tarefa dificílima. É preciso um supercomputador, de fato, para representar graficamente os campos magnéticos e elétricos que emanam de uma simples configuração de elétrons.

Tudo se reduz a isto. A gravidade é atrativa e pode comprimir gás uniformemente numa esfera. As estrelas se formam sem nenhum problema. Mas o eletromagnetismo é ao mesmo tempo atrativo e repulsivo, e portanto os gases formam protuberâncias de modos complexos quando comprimidos, tornando extremamente difícil a fusão controlada. Este é o problema fundamental que persegue os físicos há 50 anos.

Até agora. Os físicos agora dizem que o ITER finalmente desfez os nós do problema da estabilidade com confinamento magnético.

O ITER é um dos maiores projetos científicos internacionais jamais tentados. O coração da máquina consiste em uma câmera de metal com forma de rosquinha. No todo, pesará 23 toneladas, superando em muito o peso da Torre Eiffel, que pesa 7.300 toneladas.

Os componentes são tão pesados que é preciso fazer alterações especiais nas estradas para transportar o equipamento. Um grande comboio de caminhões transportará os componentes, tendo o mais pesado 900 toneladas, e o mais alto, a altura de quatro andares. O prédio do ITER terá a altura de 19 andares e se apoiará numa imensa plataforma do tamanho de 60 campos de futebol. Está projetado para custar 10 bilhões de euros, um custo dividido por sete Estados-membros (União Europeia, Estados Unidos, China, Índia, Japão, Coreia e Rússia).

Quando for ligado finalmente, aquecerá gás hidrogênio a 270 milhões de graus F, superando de longe os 27 milhões de graus F encontrados no centro do Sol. Se tudo der certo, ele gerará 500 megawatts de energia, que é 10 vezes a quantidade de energia que originalmente entra no reator. (O recorde atual para energia de fusão é de 16 megawatts, gerados pelo reator European JET [Joint European Torus], no Culham Science Center, em Oxfordshire, Reino Unido.) Depois de alguns atrasos, a data-alvo para os lucros se igualarem aos custos está agora programada para 2019.

A ITER ainda é apenas um projeto científico. Não foi projetado para produzir energia comercial. Mas os físicos já estão lançando as bases para a próxima etapa: colocar a energia de fusão no mercado. Farrock Najmabadi, que

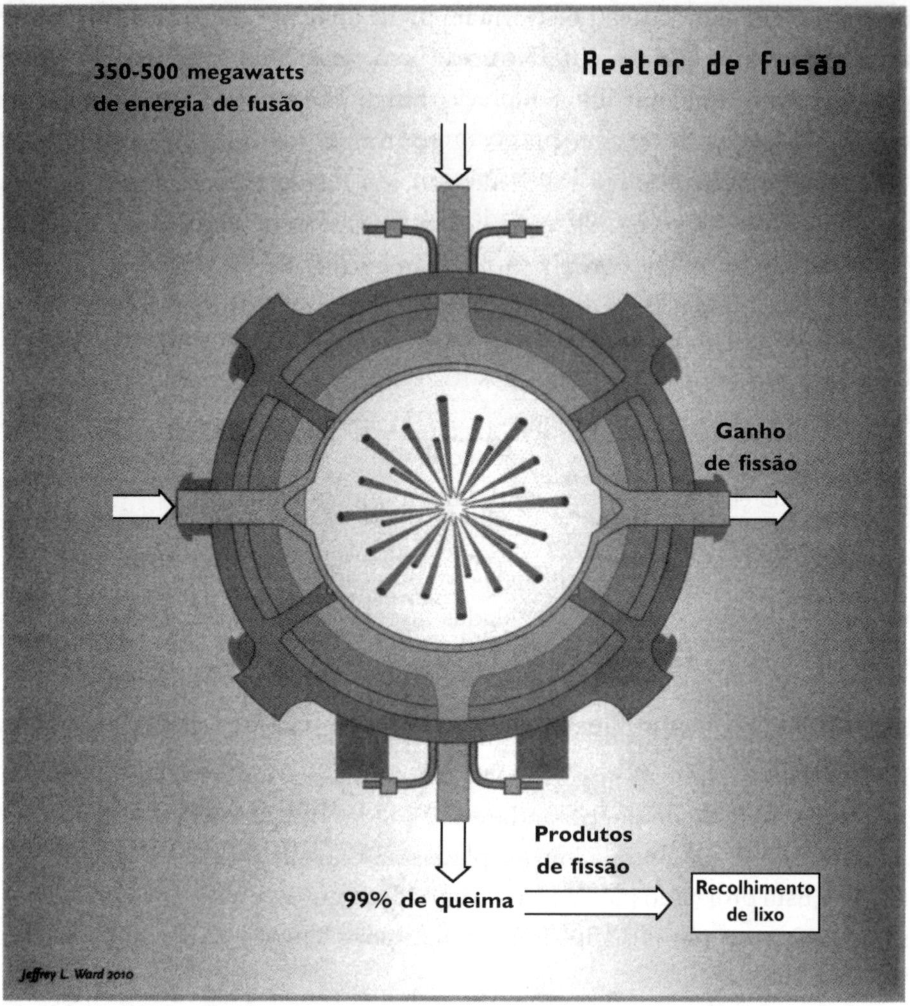

lidera um grupo de trabalho que estuda projetos comerciais para usinas de fusão, propôs a ARIES-AT, uma máquina menor que a ITER, que produziria 1 bilhão de watts a uns cinco centavos de dólar por quilowatts-hora, tornando-a competitiva com relação aos combustíveis fósseis. Mas até Najmabadi, que está otimista quanto à fusão, admite que ela não estará pronta para ampla comercialização antes de meados do século.

Outro projeto comercial é o reator a fusão DEMO. Enquanto o ITER é projetado para produzir 500 megawatts por, no mínimo, 500 segundos, o DEMO

Dois tipos de fusão. À esquerda, lasers comprimem uma bolinha de materiais ricos em hidrogênio. À direita, campos magnéticos comprimem um gás contendo hidrogênio. Em meados do século, o mundo poderá extrair a sua energia da fusão.

será projetado para produzir energia continuamente. O DEMO acrescenta mais uma etapa que falta no ITER. Quando a fusão ocorre, forma-se um nêutron extra, que rapidamente escapa da câmara. Entretanto, é possível cercar a câmara com um revestimento especial, chamado cobertor, desenhado especificamente para absorver a energia deste nêutron. O cobertor então aquece, e as tubulações dentro dele transportam água que, em seguida, ferve. Este vapor é enviado contra as lâminas de uma turbina que gera eletricidade.

Se tudo der certo, o DEMO entrará em operação em 2033. Ele será 15% maior que o reator ITER. O DEMO produzirá 25 vezes mais energia do que consome. No todo, espera-se que o DEMO produza 2 bilhões de watts, tornando-o comparável a uma usina de energia convencional. Se a usina DEMO tiver êxito, poderá levar a uma rápida comercialização desta tecnologia.

Mas ainda restam muitas incertezas. O reator ITER já garantiu o financiamento necessário para a construção. E, como o reator DEMO ainda está em estágio de planejamento, é de esperar que haja atrasos.

Cientistas da fusão acreditam que finalmente venceram a crise. Depois de décadas de exageros e fracassos, creem que a fusão está perto de ser alcançada. Não um, mas dois projetos (NIF e ITER) podem acabar trazendo a eletricidade por fusão para a sala de estar. Mas, visto que nem o NIF nem o ITER estão fornecendo energia de fusão comercial no momento, ainda há espaço para o inesperado, como a fusão de tampo de mesa e a fusão de bolha.

FUSÃO DE TAMPO DE MESA

Como os riscos são tão grandes, é importante também reconhecer a possibilidade de solucionar o problema por uma direção bem diferente, inesperada. Como a fusão é um processo bem definido, existem várias propostas que fogem ao usual sistema de financiamento em larga escala, mas que ainda têm algum mérito. Em particular, algumas delas talvez um dia consigam a fusão portátil.

Na cena final do filme *De volta para o futuro*, Doc Brown, o cientista louco, é visto revolvendo lixo para conseguir combustível para a sua máquina do tempo DeLorean. Em vez de abastecê-la com gasolina, ele procura cascas de banana e refugos, e depois joga tudo dentro de uma lata chamada Mr. Fusion.

Passados 100 anos, é possível que algum projeto novo consiga reduzir máquinas imensas como campos de futebol ao tamanho de uma cafeteira, como no filme?

Uma séria possibilidade para a fusão portátil chama-se sonoluminescência, que usa a súbita desintegração de bolhas para liberar temperaturas altíssimas. Às vezes é chamada fusão sônica ou fusão de bolha. Este curioso efeito é conhecido há décadas, desde 1934, quando cientistas da Universidade de Colônia fizeram experiências com ultrassom e filmes fotográficos, na esperança de acelerar o processo de revelação. Notaram minúsculos pontinhos no filme, causados por flashes de luz gerados pelo ultrassom, criando bolhas no fluido. Depois, os nazistas notaram que as bolhas que as pás de suas hélices emitiam costumavam brilhar, indicando que dentro das bolhas se produziam, de alguma forma, altas temperaturas.

Depois, demonstrou-se que estas bolhas brilhavam muito porque colapsavam uniformemente, comprimindo, por conseguinte, o ar na bolha a temperaturas altíssimas. A fusão a quente, como vimos antes, sofre pela compressão desigual de hidrogênio, seja porque os feixes de raios laser que atingem a bolota de combustível estão desalinhados ou porque o gás está sendo espremido de modo não uniforme. Conforme a bolha encolhe, o movimento das moléculas é tão rápido que a pressão do ar dentro da bolha logo se torna uniforme ao longo das paredes da bolha. A princípio, se é possível colapsar uma bolha em condições tão perfeitas, é possível conseguir a fusão.

Experiências com a sonoluminescência produziram com sucesso temperaturas de dezenas de milhares de graus. Usando gases nobres, pode-se aumentar a intensidade da luz emitida destas bolhas. Mas existem algumas controvérsias sobre a possibilidade, ou não, de alcançar temperaturas quentes o bastante para produzir fusão nuclear. A controvérsia surge do trabalho de Rusi Taleyarkhan, antes do Oak Ridge National Laboratory, o qual declarou em 2002 ser capaz de conseguir a fusão com o seu aparelho sônico de fusão. Afirmou ter detectado nêutrons com o seu experimento, um indício seguro de que a fusão nuclear estava acontecendo. Entretanto, depois de anos de trabalho por outros pesquisadores, que não conseguiram reproduzir o dele, este resultado, por enquanto, tem sido desacreditado.

Mas outro coringa é a máquina de fusão de Philo Farnsworth, o não celebrado coinventor da TV. Quando criança, Farnsworth teve a ideia da TV pensando em como um agricultor ara os seus campos, fileira por fileira. Ele até esboçou os detalhes do seu protótipo aos 14 anos de idade. Foi o primeiro a transferir esta ideia para um equipamento totalmente eletrônico capaz de capturar imagens em movimento numa tela. Infelizmente, ele não conseguiu capitalizar com a sua histórica invenção e se viu atolado em longas e confusas brigas por patentes com a RCA. Suas batalhas na justiça até o levaram à loucura, e ele se internou num manicômio por sua livre vontade. Sua obra pioneira na TV passou em grande parte despercebida.

Depois, ele voltou a atenção para o fusor, um aparelho portátil capaz de gerar nêutrons via fusão. Ele é formado por esferas, uma dentro da outra, cada uma composta de um emaranhado de fios. O emaranhado externo tem carga positiva, enquanto o interno tem carga negativa, e, assim, prótons injetados através deste emaranhado são repelidos pelo emaranhado de fora e atraídos para o de dentro. Os prótons em seguida colidem com uma pelota rica em hidrogênio no meio, criando fusão e uma explosão de nêutrons.

O projeto é tão simples que até estudantes do ensino secundário fizeram o que Richter, Pons e Fleischmann não conseguiram: gerar nêutrons com êxito. Entretanto, é pouco provável que este aparelho produza um dia energia utilizável. O número de prótons que são acelerados é extremamente pequeno, e, por conseguinte, a energia resultante deste equipamento é muito pouca.

De fato, também é possível produzir fusão portátil usando um colisor de átomos ou acelerador de partículas. Um colisor de átomos é mais complicado do que um fusor, mas também pode ser usado para acelerar prótons para que possam colidir com um alvo rico em hidrogênio e criar fusão. Mas, de novo, o número de prótons que são fundidos é tão pequeno que este é um equipamento pouco prático. Assim, tanto o fusor como o colisor de átomos podem obter fusão, mas são simplesmente muito ineficazes, e seus feixes são delgados demais para produzir energia utilizável.

Diante dos enormes interesses em jogo, sem dúvida outros cientistas e engenheiros empreendedores terão sua oportunidade de fazer de suas engenhocas de porão a próxima megainvenção.

FUTURO REMOTO [DE 2070 A 2100]

ERA DO MAGNETISMO

O século passado foi a era da eletricidade. Como os elétrons são muito fáceis de manipular, isso abriu campo para tecnologias totalmente novas, tornando possível o rádio, a televisão, os computadores, os lasers, os exames de ressonância magnética etc. Mas, em algum momento deste século, é provável que os físicos encontrem o seu santo graal: supercondutores a temperatura ambiente. Isso dará início a uma era totalmente nova, a era do magnetismo.

Imagine viajar num carro magnético, pairando acima do solo e correndo a várias centenas de quilômetros usando quase nenhum combustível. Imagine trens e até pessoas viajando no ar, flutuando no magnetismo.

Esquecemos que boa parte da gasolina que usamos em nossos carros é para vencer o atrito. A princípio, quase não é preciso energia para ir de San Francisco até a cidade de Nova York. A principal razão para este percurso consumir centenas de dólares de gasolina é que é preciso vencer o atrito das rodas na estrada e o atrito do ar. Mas, se fosse possível de algum modo cobrir a estrada de San Francisco a Nova York com uma camada de gelo, o carro deslizaria a maior parte do caminho quase de graça. Também nossas sondas espaciais podem subir além de Plutão com apenas pouco combustível porque navegam no vácuo do espaço. Do mesmo modo, um carro magnético flutuaria acima do solo; basta assoprar e o carro começa a se mover.

A chave para esta tecnologia são os supercondutores. Sabe-se, desde 1922, que o mercúrio, quando resfriado 4 graus (Kelvin) acima do zero absoluto perde toda a resistência elétrica. Isso significa que fios supercondutores não têm nenhuma perda de energia, visto que não sofrem nenhuma resistência. (Isso porque elétrons movendo-se por um fio perdem energia ao colidirem com átomos. Mas, próximo ao zero absoluto, estes átomos estão quase em repouso, e portanto os elétrons podem facilmente escorregar por eles sem perder energia.)

Estes supercondutores têm estranhas, mas maravilhosas propriedades. A grave desvantagem, porém, é que é preciso resfriá-los até perto do zero absoluto com hidrogênio líquido, o que é muito caro.

Portanto, os cientistas ficaram chocados em 1986, quando se anunciou ter sido encontrada uma nova classe de supercondutores que não precisavam ser resfriados a estas temperaturas fantasticamente baixas. Ao contrário de materiais anteriores, como mercúrio e chumbo, estes supercondutores eram de cerâmica, que antes se pensava fossem candidatos improváveis para supercondutores, e se tornavam supercondutores 92 graus (Kelvin) acima do zero absoluto. Constrangedoramente, eles se tornavam supercondutores a uma temperatura que se pensava, na teoria, impossível.

Até agora o recorde mundial para estes novos supercondutores de cerâmica é de 138 graus (Kelvin) acima do zero absoluto (ou -211° F). Isso é significativo, visto que o nitrogênio líquido (que custa tanto quanto o leite) se forma a 77° K (-321° F) e, por conseguinte, pode ser usado para resfriar esta cerâmica. Só este fato já cortou drasticamente os custos dos supercondutores. Portanto, estes supercondutores a alta temperatura têm aplicações práticas imediatas.

Mas estes supercondutores de cerâmica despertaram o apetite dos físicos. Eles representam um passo gigantesco na direção certa, mas isso ainda não basta. Primeiro, embora o nitrogênio líquido seja relativamente barato, você ainda precisa ter algum equipamento de refrigeração para esfriar o nitrogênio. Segundo, estas cerâmicas são difíceis de moldar em fios. Terceiro, os físicos ainda estão perplexos com a natureza destas cerâmicas. Depois de várias décadas, eles não sabem com certeza como elas funcionam. A teoria quântica destas cerâmicas é complicada demais para ser solucionada atualmente, e por isso ninguém sabe por que elas se tornam supercondutores. Os físicos estão desorientados. Há um prêmio Nobel esperando pelo indivíduo empreendedor capaz de explicar estes supercondutores a altas temperaturas.

Mas todos os físicos sabem o tremendo impacto que um supercondutor a temperatura ambiente poderia causar. Ele poderia deflagrar outra revolução industrial. Supercondutores a temperatura ambiente não exigiriam nenhum equipamento de refrigeração, e portanto poderiam criar campos magnéticos permanentes de enorme energia.

Por exemplo, se a eletricidade está fluindo dentro de um arco de cobre, a sua energia se dissipa numa fração de segundo por causa da resistência do fio. Entretanto, experimentos mostraram que a eletricidade dentro de um arco supercondutor pode permanecer constante durante anos. A evidência experimental aponta para uma duração de vida de 100 mil anos para correntes dentro de uma bobina supercondutora. Algumas teorias sustentam que o limite máximo para essa corrente elétrica num supercondutor é o tempo de vida do próprio universo conhecido.

No mínimo, supercondutores assim poderiam reduzir o desperdício encontrado em cabos elétricos de alta voltagem, baixando, por conseguinte, o custo da eletricidade. Uma das razões para uma usina elétrica precisar estar tão perto de uma cidade são as perdas nas linhas de transmissão. É por isso que usinas de energia nuclear ficam tão perto de cidades, o que representa um risco para a saúde, e é por isso que as usinas de energia eólica não podem ser colocadas em áreas com o máximo de vento.

Até 30% da eletricidade gerada por uma usina elétrica podem ser desperdiçados na transmissão. Fios supercondutores a temperatura ambiente poderiam mudar tudo isso, significando uma grande economia em custos com eletricidade e poluição. Isto poderia também ter um profundo impacto sobre o aquecimento global. Visto que a produção mundial de dióxido de carbono está intimamente relacionada ao uso de energia, e visto que grande parte dessa energia é desperdiçada para vencer o atrito, a era do magnetismo poderia reduzir para sempre o consumo de energia e a produção de dióxido de carbono.

O CARRO E O TREM MAGNÉTICOS

Sem qualquer aporte extra de energia, supercondutores à temperatura ambiente poderiam produzir superímãs capazes de erguer trens e carros e fazê-los pairar acima do solo.

Uma simples demonstração desta energia poderia ser feita em qualquer laboratório. Eu mesmo fiz isso diversas vezes para a BBC-TV e para o Science Channel. É possível encomendar um pequeno pedaço de supercondutor de cerâmica a alta temperatura numa empresa de suprimentos científicos. É cerâmica dura, cinza, de cerca de uma polegada. Em seguida, você pode comprar um pouco de nitrogênio líquido numa empresa de suprimentos para leiterias. Coloque a cerâmica num prato de plástico e derrame com muito cuidado o nitrogênio líquido em cima. O nitrogênio começa a ferver furiosamente ao atingir a cerâmica. Espere até que o nitrogênio pare de ferver, e então coloque um ímã minúsculo no topo da cerâmica. Como num passe de mágica, o ímã flutua no ar. Se você bater de leve no ímã, ele começará a girar sozinho. Nesse disco minúsculo, você poderá estar olhando para o futuro dos transportes no mundo inteiro.

A razão para o ímã flutuar é simples. Linhas magnéticas de força não podem penetrar num supercondutor. Este é o efeito Meissner. (Quando se aplica um campo magnético a um supercondutor, forma-se uma pequena corrente elétrica na superfície e o anula, e assim o campo magnético é expulso do supercondutor.) Quando você coloca o ímã no topo da cerâmica, suas linhas de campo se aglomeram, dado que não podem atravessá-la. Isso cria um "colchão" de linhas de campo magnéticas, que ficam todas espremidas, empurrando o ímã para longe da cerâmica e fazendo-a flutuar.

Supercondutores à temperatura ambiente também poderiam introduzir uma era de superímãs. Máquinas de Imagens por Ressonância Magnética, como vimos, são extremamente úteis, mas exigem grandes campos magnéticos. Supercondutores à temperatura ambiente permitirão aos cientistas criar enormes campos magnéticos baratos. Isto permitirá a futura miniaturização de máquinas de Imagens por Ressonância Magnética. Já é possível, usando-se campos magnéticos não uniformes, criar máquinas de ressonância magnética de cerca de 30 cm de altura. Com supercondutores a temperatura ambiente, talvez possamos reduzi-las ao tamanho de botões.

No filme *De volta para o futuro*, Michael J. Fox foi filmado viajando num *hoverboard*, uma prancha de surfe que flutua no ar. Quando o filme estreou, choveram pedidos da garotada nas lojas, querendo comprar o *hoverboard*. Infelizmente, *hoverboards* não existem; talvez, porém, se tornem possíveis com supercondutores a temperatura ambiente.

TRENS E CARROS MAGLEV

Uma aplicação simples dos supercondutores a temperatura ambiente é a de revolucionar o transporte, introduzindo carros e trens que flutuam acima do solo e, por conseguinte, se movem sem nenhum atrito.

Imagine viajar num carro que usa supercondutores a temperatura ambiente. As estradas seriam feitas de supercondutores, em vez de asfalto. O carro teria um ímã permanente ou geraria um campo magnético por meio do seu próprio supercondutor. O carro flutuaria. Até ar comprimido seria o suficiente para colocar o carro em movimento. Uma vez em movimento, ele deslizaria quase para sempre se a estrada fosse plana. Um motor elétrico ou jato de ar comprimido seria necessário apenas para vencer o atrito do ar, que seria a única resistência enfrentada pelo carro.

Mesmo sem supercondutores a temperatura ambiente, várias nações produziram trens magnéticos levitadores (Maglev), que pairam sobre um conjunto de trilhos que contêm ímãs. Visto que o polo norte dos ímãs repele outros polos norte, eles são ordenados de modo que a base do trem contenha ímãs que lhes permitam flutuar logo acima dos trilhos.

A Alemanha, o Japão e a China são líderes nesta tecnologia. Os trens Maglev até registraram alguns recordes mundiais. O primeiro trem Maglev comercial foi o de baixa velocidade que fazia o percurso de ida e volta entre o Birmingham International Airport e a Birmingham International Railway Station, em 1984. A maior velocidade do Maglev de que se tem registro foi de 580 quilômetros por hora, registrada no Japão com o trem MLX01, em 2003. (Aviões a jato podem voar mais rápido, em parte porque a resistência do ar em altas altitudes é menor. Visto que um trem Maglev flutua no ar, boa parte da sua perda de energia está em forma de atrito com o ar. Entretanto, se um trem Maglev estivesse operando numa câmara a vácuo, poderia viajar até a 6.430 quilômetros por hora.) Infelizmente a economia dos trens Maglev os impediu de se espalhar pelo mundo. Supercondutores a temperatura ambiente

Os supercondutores a temperatura ambiente um dia talvez nos deem carros e trens voadores. Estes flutuariam sobre trilhos ou sobre pavimentos supercondutores, sem atrito.

poderiam mudar tudo isso. Também seria possível revitalizar o sistema ferroviário nos Estados Unidos, reduzindo a emissão de gases estufa dos aviões. Estima-se que 2% dos gases estufa originam-se de motores a jato; portanto, trens Maglev reduziriam essa quantidade.

ENERGIA DO CÉU

No final do século, abre-se outra possibilidade para a produção de energia: energia do espaço. Chama-se energia solar espacial (ESE) e implica enviar centenas de satélites espaciais na órbita da Terra, absorvendo a radiação do Sol, e em seguida direcionar esta energia para a Terra em forma de radiação de micro-ondas. Os satélites estariam baseados a 35 mil quilômetros acima da Terra, onde se tornariam geostacionários, orbitando a Terra tão rápido quanto as rotações dela. Como existe oito vezes mais luz solar no espaço do que na superfície da Terra, isto representa uma possibilidade real.

Hoje, o principal obstáculo para a ESE é o custo, principalmente o de lançamento destes coletores espaciais. Não há nada nas leis da física que impeça de coletar energia diretamente do Sol, mas é um imenso problema econômico e de engenharia. No final do século, entretanto, novos meios de reduzir os custos de viagens espaciais talvez coloquem estes satélites espaciais ao nosso alcance, como veremos no capítulo 6.

A primeira proposta séria para uma usina solar no espaço foi feita em 1968, quando Peter Laser, presidente da International Solar Energy Society, sugeriu enviar satélites do tamanho de uma cidade moderna para irradiar energia para a Terra. Em 1979, cientistas da NASA examinaram com atenção a sua proposta e estimaram que o custo seria de centenas de bilhões de dólares, o que matou o projeto.

Mas, devido aos constantes aperfeiçoamentos da tecnologia espacial, a NASA continuou financiando estudos em pequena escala sobre a ESE de 1995 a 2003. Seus proponentes sustentam que é só uma questão de tempo para que a tecnologia e a economia da ESE a tornem uma realidade. "A ESE oferece uma fonte de eletricidade sustentável, em escala global e livre de emissões", diz Martin Hoffert, um físico anteriormente da New York University.

Existem problemas enormes enfrentando um projeto tão ambicioso, reais e imaginários. Algumas pessoas temem este projeto porque a energia irradiada do espaço poderia acidentalmente atingir uma área povoada, criando mortes em massa. Entretanto, este medo é exagerado. Calculando-se a irradiação real que atinge a Terra vinda do espaço, ela é pequena demais para causar qualquer risco à saúde. Portanto, visões de um satélite espacial maroto enviando raios mortais para a Terra a fim de fritar cidades inteiras é matéria para pesadelos hollywoodianos.

O autor de ficção científica Ben Bova, escrevendo no *Washington Post*, em 2009, expôs a assustadora economia de um satélite de energia solar. Estimou que cada satélite geraria de 4 a 10 megawatts de potência, muito mais do que uma usina de carvão convencional, e custaria cerca de 8 a 10 centavos de dólar por quilowatt-hora, tornando-o competitivo. Cada satélite seria imenso, com cerca de um quilômetro e meio de diâmetro, e custaria cerca de 1 bilhão de dólares, mais ou menos o custo de uma usina nuclear.

Para dar início logo a esta tecnologia, ele pediu que a atual administração criasse um projeto de demonstração, lançando um satélite que poderia gerar de 10 a 100 megawatts. Hipoteticamente, ele poderia ser lançado no final do segundo mandato do presidente Obama se os planos começassem agora.

Ecoando estes comentários, houve uma importante iniciativa promovida pelo governo japonês. Em 2009, o Ministério do Comércio do Japão anunciou um plano para investigar a exequibilidade de um sistema de energia espacial por satélite. A Mitsubishi Electric e outras empresas japonesas se unirão num programa de 10 bilhões de dólares para talvez lançar uma estação de energia solar no espaço que gere 1 bilhão de watts de potência. Cada satélite será imenso, com cerca de dois quilômetros quadrados e meio de área, coberto de células solares.

"Parece um desenho animado de ficção científica, mas a geração de energia solar no espaço talvez seja uma fonte de energia alternativa significativa no século à nossa frente, quando o combustível fóssil desaparecer", disse Kensuke Kanekiyi, do Institute of Energy Economics, uma organização de pesquisas do governo.

Tendo em vista a magnitude deste ambicioso projeto, o governo japonês está cauteloso. Um grupo de pesquisa, antes, passará os próximos quatro anos estudando a exequibilidade científica e econômica do projeto. Se este grupo der o sinal verde, então o Ministério do Comércio Japonês e a Agência de Exploração Aeroespacial Japonesa planejam lançar um pequeno satélite em 2015 para testar a irradiação da energia do espaço cósmico para a Terra.

A primeira grande barreira provavelmente não será científica, mas econômica. Hiroshi Yoshida, da Excalibur KK, uma empresa de consultoria espacial de Tóquio, alertou: "Estes custos precisam ser reduzidos a um centésimo das atuais estimativas." Um dos problemas é que estes satélites precisam estar a 35 mil quilômetros no espaço, muito mais distantes do que satélites em órbitas de 500 quilômetros próximas da Terra, e portanto as perdas na transmissão poderiam ser imensas.

Mas o principal problema é o custo de foguetes auxiliares. Este é o mesmo gargalo que atrapalhou os planos para retornar à Lua e explorar Marte.

Se o custo dos lançamentos de foguetes não baixar significativamente, este plano morrerá lentamente.

Com uma visão otimista, o plano dos japoneses poderia entrar em operação em meados do século. Entretanto, em vista dos problemas com foguetes auxiliares, é mais provável que o plano tenha de esperar até o final do século, quando novas gerações de foguetes façam baixar os custos. Se o principal problema dos satélites solares é o custo, então a pergunta seguinte é: é possível reduzirmos os custos de viagens espaciais de modo que um dia possamos alcançar as estrelas?

Nós nos demoramos tempo suficiente nas praias do oceano cósmico. Estamos prontos finalmente para içar velas até as estrelas.

– CARL SAGAN

6 O FUTURO DAS VIAGENS ESPACIAIS *Até às estrelas*

Em poderosas carruagens, os deuses da mitologia perambulavam pelos campos celestiais do monte Olimpo. Em poderosas embarcações vikings, os deuses nórdicos velejavam pelos mares cósmicos de Asgard.

Similarmente, em 2100, a humanidade estará à beira de uma nova era de explorações espaciais: chegar até as estrelas. As estrelas à noite, que parecem tão provocantemente próximas, porém tão distantes, serão focalizadas com nitidez por cientistas especializados em foguetes no final do século.

Mas a estrada para a construção de naves espaciais será pedregosa. A humanidade é como alguém cujos braços estendidos alcançam as estrelas, mas cujos pés afundam na lama. Por um lado, este século verá uma nova era para explorações espaciais robóticas, conforme enviarmos satélites para localizar gêmeos semelhantes à Terra no espaço, explorar as luas de Júpiter e até tirar fotos de bebê do próprio *big bang*. Entretanto, a exploração do espaço cósmico tripulada, que fascinou muitas gerações de sonhadores e visionários, gerará algumas frustrações.

FUTURO PRÓXIMO [DO PRESENTE A 2030]

PLANETAS EXTRASSOLARES

Umas das conquistas mais surpreendentes do programa espacial tem sido a exploração robótica do espaço cósmico, que expandiu imensamente o horizonte da humanidade.

Em primeiro lugar entre essas missões robóticas estará a busca de planetas semelhantes à Terra no espaço e que sejam capazes de abrigar vida. Esse é o santo graal da ciência espacial. Até agora, telescópios em solo identificaram cerca de 500 planetas orbitando em sistemas estelares distantes, e novos planetas estão sendo descobertos ao ritmo de um a cada uma ou duas semanas. A grande decepção, entretanto, é que nossos instrumentos podem identificar apenas planetas gigantescos, do tamanho de Júpiter, que não podem sustentar vida da forma como a conhecemos.

Para descobrirem planetas, os astrônomos procuram minúsculas oscilações no caminho de uma estrela. Estes sistemas solares estrangeiros podem ser comparados a um haltere girando, no qual as duas bolas giram em torno uma da outra; uma extremidade representa a estrela, claramente visível ao telescópio, enquanto a outra seria um planeta do tamanho de Júpiter, cujo brilho é mais ou menos 1 bilhão de vezes mais fraco. Conforme o Sol e o planeta do tamanho de Júpiter giram em torno do centro do haltere, os telescópios podem ver claramente a estrela oscilando. Este método identificou com sucesso centenas de gigantes gasosas no espaço, mas é rude demais para detectar a presença de planetas minúsculos, semelhantes à Terra.

O menor planeta encontrado por estes telescópios de solo foi identificado em 2010 e tem de três a quatro vezes o tamanho da Terra. Extraordinariamente esta "superterra" é o primeiro a estar na zona habitável do seu sol – isto é, a uma distância certa para ter água líquida.

Tudo isso mudou com o lançamento do telescópio da Missão Kepler, em 2009, e do satélite COROT, em 2006. Estas sondas espaciais procuram minúsculas flutuações de luz estelar, causadas quando um pequeno planeta se move na frente da sua estrela, bloqueando a sua luz só um pouquinho. Examinando atentamente milhares de estrelas em busca destas minúsculas flutuações, as sondas espaciais serão capazes de detectar também centenas de planetas semelhantes à Terra. Uma vez identificados, estes planetas podem ser rapidamente analisados para ver se contêm água líquida, talvez o artigo mais precioso no espaço. Água líquida é o solvente universal, o cadinho de onde provavelmente surgiu o primeiro DNA. Se oceanos de água líquida forem encontrados nesses planetas, isso poderá alterar a nossa compreensão da vida no universo.

Jornalistas em busca de um escândalo dizem: "Sigam o dinheiro", mas astrônomos em busca de vida no espaço dizem: "Sigam a água."

O satélite *Kepler*, por sua vez, será substituído por outros, mais sensíveis, como o *Terrestrial Planet Finder*. Embora a data de lançamento do *Terrestrial Planet Finder* tenha sido adiada várias vezes, ele continua sendo o melhor candidato a levar adiante os objetivos do *Kepler*.

O *Terrestrial Planet Finder* usará instrumentos ópticos bem melhores para encontrar gêmeos semelhantes à Terra no espaço. Primeiro, ele terá um espelho quatro vezes maior e 100 vezes mais sensível do que o do Telescópio Espacial Hubble. Segundo, terá sensores infravermelhos capazes de anular a intensa radiação de uma estrela 1 milhão de vezes, revelando assim a presença do planeta pálido que possa estar orbitando-a. (Ele faz isso pegando duas ondas de radiação da estrela e em seguida combinando-as com cuidado, de modo que se anulem mutuamente, removendo, portanto, a presença indesejada da estrela.)

Assim, no futuro próximo, deveremos ter uma enciclopédia de vários milhares de planetas, dos quais talvez algumas centenas sejam muito semelhantes à Terra em tamanho e composição. Isto, por sua vez, gerará mais interesse em, no futuro, enviar uma sonda a esses planetas distantes. Haverá um intenso esforço para ver se esses gêmeos semelhantes à Terra têm oceanos de água líquida e se existem emissões de rádio de formas inteligentes de vida.

EUROPA – FORA DA ZONA GOLDILOCK

Existe também outro tentador alvo para nossas sondas dentro do nosso sistema solar: Europa. Durante décadas, acreditou-se que a vida no sistema solar só pode existir na "zona Goldilock" ao redor do Sol, onde planetas não são quentes demais ou frios demais para sustentar vida. A Terra é abençoada com água líquida porque orbita a uma certa distância do Sol. A água líquida ferverá num planeta como Mercúrio, que está perto demais do Sol, e congelará num planeta como Júpiter, que está longe demais. Visto que água líquida provavelmente é o fluido no qual o DNA e as proteínas se formaram pela primeira vez, por muito tempo se acreditou que a vida no sistema solar só pode existir na Terra, ou, quem sabe, em Marte.

Mas os astrônomos estavam errados. Depois que a nave espacial *Voyager* foi além das luas de Júpiter, ficou evidente que havia outro lugar para a vida se desenvolver: sob a capa de gelo das luas de Júpiter. Europa, uma das luas de Júpiter, descoberta por Galileu em 1610, chamou logo a atenção dos astrônomos. Embora a sua superfície esteja permanentemente coberta de gelo, sob esse gelo há um oceano líquido. Como o oceano é muito mais profundo em Europa do que na Terra, estima-se que o volume total do oceano de Europa seja duas vezes o volume dos oceanos da Terra.

Foi um choque perceber que existe uma fonte abundante de energia no sistema solar além do Sol. Por baixo do gelo, a superfície de Europa é continuamente aquecida por forças de maré. Conforme Europa tomba na sua órbita em torno de Júpiter, a enorme gravidade desse planeta espreme a lua em diferentes direções, criando atrito no seu núcleo. Este atrito gera calor, que por sua vez derrete o gelo e cria um oceano estável de água líquida.

Esta descoberta significa que talvez as luas de gigantes gasosas distantes sejam mais interessantes do que os próprios planetas. (Esta provavelmente é uma das razões pelas quais James Cameron escolheu uma lua de um planeta do tamanho de Júpiter para cenário do seu filme de 2009, *Avatar*.) A vida, que já se pensou ser bastante rara, poderia na verdade se desenvolver na escuridão do espaço nas luas de gigantes gasosas distantes. De repente, o número de lugares onde poderia existir vida aumentou muitas vezes.

Como uma consequência desta extraordinária descoberta, a *Europa Jupiter System Mission* (EJSM) está provisoriamente programada para lançamento em 2020. Está projetada para orbitar Europa e possivelmente aterrissar nela. Além disso, cientistas sonharam em explorar Europa enviando maquinário ainda mais sofisticado. Consideraram uma variedade de métodos para procurar vida debaixo do gelo. Uma possibilidade é a *Europa Ice Clipper Mission*, que deixaria cair esferas na superfície congelada. O penacho e a nuvem de fragmentos que emergissem do local de impacto seriam então cuidadosamente analisados por uma nave espacial atravessando-os. Um programa ainda mais ambicioso é colocar um hidrobô submarino acionado por controle remoto sob o gelo.

O interesse por Europa também tem sido alimentado por novas revelações sobre os oceanos aqui na Terra. Até a década de 1970, a maioria dos cientistas acreditava que o Sol era a única fonte de energia que poderia tornar a vida possível. Mas, em 1977, o submarino *Alvin* encontrou evidências de novas formas de vida desenvolvendo-se onde ninguém suspeitava antes. Sondando a Falha de Galápagos, encontrou gigantescos *tube worms*, mexilhões, crustáceos, amêijoas e outras formas de vida usando a energia térmica de chaminés de vulcões para sobreviver. Onde há energia pode haver vida; e estas chaminés de vulcões submarinos proporcionam uma nova fonte de energia na escuridão total do fundo do mar. De fato, alguns cientistas sugeriram que o primeiro DNA foi formado não em alguma poça de maré na costa da Terra, mas no fundo do mar, perto de uma chaminé de vulcão. Algumas das formas mais primitivas de DNA (e talvez a mais antiga) foram encontradas no fundo do oceano. Se for assim, então talvez as chaminés de vulcões em Europa possam proporcionar energia para dar origem a algo parecido com DNA.

Pode-se apenas especular sobre as possíveis formas de vida que poderiam ser formar sob o gelo de Europa. Se elas existem, provavelmente serão criaturas nadadoras que usam sonar, em vez de luz, para navegar, e portanto a sua visão do universo será limitada à vida sob o "céu" de gelo.

LISA – ANTES DO *BIG BANG*

Mas outro satélite espacial que poderia criar uma convulsão no conhecimento científico é o *Laser Interferometer Space Antenna* (LISA) e seus sucessores. Estas sondas talvez consigam fazer o impossível: revelar o que aconteceu antes do *big bang*.

Atualmente temos conseguido medir a velocidade com que galáxias distantes estão se afastando de nós. (Isso é devido ao efeito Doppler, no qual a luz sofre uma distorção se a estrela se aproxima ou se afasta de você.) Isso nos dá o ritmo da expansão do universo. Em seguida "invertemos o videoteipe", e calculamos quando ocorreu a explosão original. Isto se parece muito com o modo como se podem analisar os fragmentos flamejantes emanados de uma explosão, a fim de determinar quando ela aconteceu. Foi como determinamos que o *big bang* ocorreu há 13,7 bilhões de anos. O que é frustrante, entretanto, é que a visão do atual satélite espacial, o WMAP (*Wilkinson Microwave Anisotropy Probe*), só é capaz de voltar a menos de 400 mil anos depois da explosão original. Portanto, nossos satélites só podem nos dizer que houve uma explosão, mas não podem nos dizer por que explodiu, o que explodiu e o que causou a explosão.

É por isso que o LISA está criando tamanha excitação. O LISA medirá um tipo de radiação totalmente novo: ondas de gravidade do instante do *big bang*.

Sempre que uma nova forma de radiação foi utilizada, ela mudou a nossa visão de mundo. Quando telescópios ópticos foram usados pela primeira vez por Galileu para mapear planetas e estrelas, revelaram a ciência da astronomia. Quando radiotelescópios foram aperfeiçoados logo depois da Segunda Guerra Mundial, revelaram um universo de estrelas explodindo e buracos negros. Agora, a terceira geração de telescópios capazes de detectar ondas gravitacionais pode desvendar uma paisagem ainda mais sensacional, o mundo de buracos negros colidindo, dimensões superiores e até um multiverso.

Provisoriamente a data de lançamento está programada para entre 2018 e 2020. O LISA consiste de três satélites que formarão um gigantesco triângulo com 5 milhões de quilômetros de diâmetro, conectados por três feixes de raios laser. Será o maior instrumento espacial já colocado em órbita. Qualquer onda de gravidade do *big bang* ainda reverberando pelo universo sacudirá um pouco os satélites. Esta perturbação mudará os raios laser, e, em seguida, os sensores registrarão a frequência e as características da perturbação. Desse modo os cientistas deverão ser capazes de chegar a 1 trilionésimo de segundo depois do *big bang* original. (Segundo Einstein, o espaço-tempo é como um tecido que pode ser curvado e esticado. Se há uma grande perturbação, como buracos negros colidindo ou o *big bang*, em seguida ondulações poderão se formar e viajar sobre este tecido. Estas ondulações, ou ondas de gravidade, são pequenas demais para ser detectadas usando-se instrumentos comuns, mas o LISA é sensível e grande o bastante para detectar vibrações causadas por essas ondas de gravidade.)

O LISA não só será capaz de detectar radiação de buracos negros colidindo, como também de espiar a era pré-*big bang*, coisa que antes se julgava impossível.

No presente, há várias teorias sobre a era pré-*big bang* surgindo da teoria das cordas, que é a minha especialidade. Em um cenário, nosso universo é uma espécie de bolha imensa que está continuamente se expandindo. Vivemos sobre a película desta bolha gigantesca (estamos grudados na bolha como moscas no papel pega-moscas). Mas o nosso universo-bolha coexiste num oceano com outros universos-bolha, formando um multiverso de universos, como um banho de espuma. Ocasionalmente, estas bolhas poderiam colidir (dando-nos o que se chama teoria da grande colisão) ou fissionar em bolhas menores e em seguida expandir-se (dando-nos o que se chama inflação eterna). Cada uma dessas teorias pré-*big bang* prevê como o universo deveria liberar radiação de gravidade momentos após a explosão inicial. O LISA pode então medir a radiação de gravidade emitida após o *big bang* e compará-la com as várias previsões da teoria das cordas. Desse modo, o LISA talvez seja capaz de descartar algumas dessas teorias.

Mas, ainda que o LISA não seja sensível o suficiente para executar esta delicada tarefa, talvez a próxima geração de detectores além do LISA (como o *Big Bang Observer*) esteja à altura da tarefa.

Se tiverem êxito, estas sondas espaciais talvez respondam à pergunta que tem desafiado explicações há séculos: de onde veio o universo? Portanto, a curto prazo, desvendar a origem do *big bang* talvez seja uma possibilidade efetiva.

MISSÕES ESPACIAIS TRIPULADAS

Enquanto missões robóticas continuarão abrindo novas perspectivas para explorações espaciais, as missões tripuladas enfrentarão obstáculos maiores. Isso porque, comparadas com as missões tripuladas, as missões robóticas são baratas e versáteis, podem explorar ambientes perigosos, não exigem equipamentos de sobrevivência caros, e, o mais importante, não precisam retornar à Terra.

Em 1969, parecia que os nossos astronautas estavam prontos para explorar o sistema solar. Neil Armstrong e Buzz Aldrin tinham acabado de caminhar na Lua, e as pessoas já sonhavam em ir até Marte e além. Era como se estivéssemos no limiar das estrelas. Era o alvorecer de uma nova era para a humanidade.

E aí o sonho veio abaixo.

Como o autor de livros de ficção científica Isaac Asimov escreveu, marcamos um gol, pegamos a nossa bola de futebol e fomos para casa. Hoje, os velhos foguetes auxiliares *Saturno* estão ociosos em museus ou apodrecendo em depósitos de sucata. Uma geração inteira dos melhores cientistas de foguetes se dispersou. O impulso da corrida espacial lentamente se desfez. Hoje, você só encontra referências à famosa caminhada na Lua em livros de história empoeirados.

O que aconteceu? Muitas coisas, incluindo a Guerra do Vietnã, o Escândalo Watergate etc. Mas, no fim, tudo se reduz a uma só palavra: custo.

Às vezes esquecemos que as viagens espaciais são caras, muito caras. São 10 mil dólares para colocar meio quilo de qualquer coisa logo ali, numa órbita perto da Terra. Imagine John Glenn feito de ouro puro e você entenderá quanto custa uma viagem espacial. Para chegar até a Lua, seriam necessários cerca de 200 mil dólares por quilo. E, para chegar até Marte, uns 2 milhões de dólares por quilo (mais ou menos o seu peso em diamantes).

Tudo isso, entretanto, estava encoberto pela excitação e pelo drama da competição com os russos. Acrobacias espetaculares de corajosos astronautas tiravam de vista o verdadeiro custo das viagens espaciais, já que as nações estavam dispostas a pagar caro se o que estava em jogo era a honra nacional. Mas até as superpotências não podem sustentar esses custos por muitas décadas.

Infelizmente, passaram-se mais de 300 anos desde que Sir Isaac Newton anotou pela primeira vez as leis do movimento, e ainda estamos atormentados por um simples cálculo. Para lançar um objeto numa órbita próxima da Terra, você tem de enviá-lo a 29 mil quilômetros por hora. E, para enviá-lo para o espaço cósmico além do campo de gravidade da Terra, você precisa impulsioná-lo a 40 mil quilômetros por hora. (E, para chegarmos a este número mágico de 50 mil quilômetros por hora, temos de usar a terceira lei do movimento de Newton: para cada ação há uma reação igual e oposta. Isso significa o foguete avançar rapidamente para a frente porque expele gases quentes na direção oposta, do mesmo modo que um balão sai voando pela sala quando você o infla e depois solta.) Portanto, é um simples passo das leis de Newton para o cálculo do custo de uma viagem espacial. Não há lei de engenharia ou física que nos impeça de explorar o sistema solar; é uma questão de custo.

Pior, o foguete tem de transportar o seu próprio combustível, o que aumenta o seu peso. Os aviões contornam este problema em parte porque podem tirar oxigênio do ar externo e em seguida queimá-lo em seus motores. Mas, visto não haver ar no espaço, o foguete tem de carregar os seus próprios tanques de oxigênio e hidrogênio.

Não só é esta a razão de a viagem espacial ser tão cara, mas é também por isso que não temos mochilas a jato e carros voadores. Escritores de ficção científica (não cientistas de verdade) glamorizaram o dia em que todos nós colocaremos mochilas a jato nas costas e voaremos até o escritório, ou sairemos em disparada para um passeio no domingo com o carro voador da família. Muita gente se decepcionou com os futuristas porque estas previsões jamais se realizaram. (Por isso vemos uma série de artigos e livros com títulos sarcásticos, como "*Cadê a minha mochila voadora?*".) Mas um cálculo rápido mostra por quê. Mochilas a jato já existem; de fato, os nazistas as usaram por um breve período durante a Segunda Guerra Mundial. Mas o peróxido de hidrogênio, o combustível comum usado em mochilas a jato, esgota-se rápido, e portanto um voo típico com uma mochila a jato dura apenas poucos minutos. Também carros voadores que usam hélices de helicópteros queimam uma enorme quantidade de combustível, tornando-os caros demais para a média dos moradores dos subúrbios que vão para o trabalho todos os dias.

CANCELANDO O PROGRAMA LUNAR

Devido ao enorme custo da viagem espacial, atualmente o futuro da exploração tripulada do espaço está em contínua mudança. O ex-presidente George W. Bush apresentou um plano claro, porém ambicioso, para o programa espacial. Primeiro, o ônibus espacial seria aposentado em 2010 e substituído por um novo sistema de foguetes chamado Constellation. Segundo, astronautas retornariam à Lua em 2020, e no final montariam uma base tripulada permanente lá. Terceiro, isso facilitaria o caminho para uma subsequente missão tripulada a Marte.

Entretanto, a economia da viagem espacial mudou significativamente desde então, em especial por causa da grande recessão que esgotou os fundos para futuras missões espaciais. O relatório da Comissão Augustine, entregue ao presidente Barack Obama em 2009, concluiu que o plano anterior era insustentável diante dos atuais níveis de financiamento. Em 2010, o presidente Obama endossou as constatações do relatório Augustine, e cancelou o ônibus espacial e a sua substituição que devia definir a base para o retorno à Lua. A curto prazo, sem os foguetes para enviar nossos astronautas ao espaço, a NASA será obrigada a depender dos russos. Nesse ínterim, isso dá oportunidade a empresas privadas de criar os foguetes necessários para seguir com o programa espacial tripulado. Em um nítido desvio do passado, a NASA não mais fabricará foguetes para o programa espacial tripulado. Defensores do plano dizem que ele dará início a uma nova era de viagens espaciais, quando a empresa privada assumir. Críticos dizem que o plano reduzirá a NASA a "uma agência para lugar nenhum".

ATERRISSANDO NUM ASTEROIDE

O relatório Augustine expôs o que se chama caminho flexível, contendo vários objetivos modestos, que não exigiam tanto combustível de foguete; por exemplo, viajar até um asteroide próximo que por acaso esteja flutuando por aqui ou viajar até as luas de Marte. Esse asteroide, observou-se, talvez nem esteja nos nossos mapas celestiais ainda; pode ser um asteroide errante que será descoberto no futuro próximo.

O problema, disse o relatório Augustine, é que o combustível de foguete para a aterrissagem e a missão de retorno da Lua, ou principalmente de Marte, teria um custo proibitivo. Mas, como os asteroides e as luas de Marte possuem campos gravitacionais muito baixos, estas missões não exigiriam tanto combustível de foguete. O relatório Augustine também mencionou a possibilidade de visitar pontos Lagrange, que são onde as atrações gravitacionais da Terra e da Lua se anulam mutuamente no espaço cósmico. (Estes pontos podem servir de depósito de lixo cósmico, onde antigos fragmentos de rocha do início do sistema solar foram coletados, e por isso, ao visitá-los, os astronautas poderiam encontrar rochas interessantes datadas da formação do sistema Terra-Lua.)

Aterrissar num asteroide certamente seria uma missão de baixo custo, visto que os asteroides possuem campos gravitacionais muito fracos. (É por isso também que eles têm formas irregulares, em vez de ser redondos. No universo, objetos grandes – como estrelas, planetas e luas – são todos redondos porque a gravidade exerce uma atração uniforme. Qualquer irregularidade no formato de um planeta gradualmente desaparece conforme a gravidade comprime a crosta. Mas o campo de gravidade de um asteroide é tão fraco que não pode comprimir o asteroide numa esfera.)

Uma possibilidade é o asteroide Apophis, que fará uma passagem desconfortavelmente próxima em 2029. Apophis tem cerca de 300 metros de diâmetro, o tamanho de um estádio de futebol grande, e passará tão perto da Terra que na verdade passará sob alguns de nossos satélites. Dependendo de como a órbita do asteroide ficar distorcida por esta passagem próxima, ele poderá ricochetear de volta para a Terra em 2036, quando há uma possibilidade mínima (uma em 100 mil) de atingir a Terra. Se isso acontecer, a colisão terá a força de 100 mil bombas de Hiroshima, o suficiente para destruir uma área do tamanho da França com tempestades de fogo, ondas de choque e fragmentos de rocha incendiados. (Em comparação, um objeto bem menor, provavelmente do tamanho de um prédio de apartamentos, colidiu com a Terra em Tunguska, na Sibéria, em 1908, com a força de aproximadamente mil bombas de Hiroshima, arrasando 1.600 quilômetros de florestas e criando uma onda de choque sentida a milhares de quilômetros de distância. Criou também um estranho fulgor visto sobre a Ásia e a Europa, e as pessoas em Londres podiam ler os jornais de noite.)

Visitar Apophis não exigiria demais do orçamento da NASA, já que o asteroide estaria, de qualquer modo, passando perto da Terra, mas aterrissar no asteroide poderia ser um problema. Visto que ele tem um campo de gravidade fraco, na verdade seria possível atracar no asteroide, em vez de aterrissar nele no sentido tradicional. Além disso, o asteroide provavelmente está girando de modo irregular, razão por que é necessário fazer medições precisas antes de aterrissar. Seria interessante testar a solidez do asteroide. Há quem acredite que um asteroide pode ser uma coleção de rochas frouxamente unidas por um campo de gravidade fraco. Outros acreditam que seja sólido. Determinar a consistência de um asteroide poderá ser importante um dia, se tivermos de usar armas nucleares para explodir um deles. Um asteroide, em vez de ser pulverizado numa poeira fina, poderia ser quebrado em muitos pedaços grandes. Sendo assim, então o perigo representado por estes pedaços poderia ser muito maior do que a ameaça original. Uma ideia melhor talvez seja tirar o asteroide do caminho com um empurrão antes que se aproxime da Terra.

ATERRISSANDO NUMA LUA DE MARTE

Embora o relatório Augustine não defendesse uma missão tripulada a Marte, uma possibilidade intrigante é enviar astronautas para visitar as luas de Marte: Phobos e Deimos. Estas luas são bem menores do que a lua da Terra e, por conseguinte, possuem um campo gravitacional muito baixo. Há muitas vantagens em aterrissar nas luas de Marte, além de economizar nos custos:

1. Primeiro, essas luas poderiam ser usadas como estações espaciais. Seria uma forma barata de analisar o planeta do espaço sem ter de visitá-lo.

2. Segundo, elas poderiam no final proporcionar um fácil acesso a Marte. Phobos está a menos de 10 mil quilômetros do centro de Marte, e portanto uma viagem rápida até o Planeta Vermelho pode ser feita em poucas horas.

3. Essas luas provavelmente têm cavernas que podem ser usadas como uma base tripulada permanente para proteger de meteoros e radiação. Phobos, em particular, tem uma imensa cratera, Stickney, na sua lateral, indicando que ela provavelmente foi atingida por um enorme meteoro e quase explodiu em pedaços. Entretanto, a gravidade lentamente trouxe de volta os pedaços e remontou a lua. É bem provável que existam cavernas e fendas em abundância deixadas depois dessa antiga colisão.

DE VOLTA À LUA

O relatório Augustine também mencionou um Programa Moon First, no qual nós retornaríamos à Lua, mas somente havendo financiamento disponível – pelo menos 30 bilhões de dólares durante 10 anos. Como isso é improvável, o Programa Lua, com efeito, está cancelado, pelo menos pelos próximos anos.

A missão à Lua cancelada chamou-se Programa Constelação, que consistia em vários componentes importantes. Primeiro foi o foguete auxiliar, o *Ares*, o primeiro foguete auxiliar americano desde que o velho foguete *Saturno* foi mandado para a reserva na década de 1970. No topo de *Ares* ficava o módulo *Orion*, que poderia transportar seis astronautas para a estação espacial ou quatro astronautas até a Lua. Depois havia a nave de aterrissagem *Altair*, que devia realmente aterrissar na Lua.

O velho ônibus espacial, onde o foguete de ida e volta era colocado na lateral do foguete de impulso, tinha várias falhas de projeto, incluindo a tendência a largar pedaços de espuma. Isso teve consequências desastrosas para o ônibus espacial *Columbia*, que se partiu na reentrada em 2003, matando sete bravos astronautas porque um pedaço de espuma do foguete de impulso atingiu o ônibus e fez um buraco na sua asa durante a decolagem. Na reentrada, gases quentes penetraram no casco do *Columbia*, matando todos lá dentro e fazendo a nave se partir. No Constellation, com o módulo da tripulação colocado diretamente no topo do foguete de impulso, isto já não seria um problema.

O Programa Constellation fora chamado "um Programa Apollo sobre asteroides" pela imprensa, porque se parecia muito com o programa de foguete lunar da década de 1970. O foguete *Ares I* teria 99 metros de altura, comparado com os 110 m do foguete *Saturno V*. Ele deveria transportar o módulo Orion até o espaço, substituindo o velho ônibus espacial. Mas, para içar cargas muito pesadas, a NASA usaria o foguete *Ares V*, que tinha 116 m de altura e era capaz de carregar 207 toneladas de carga útil para o espaço. O foguete *Ares* teria sido a espinha dorsal de qualquer missão à Lua ou a Marte. (Apesar de o *Ares* ter sido cancelado, fala-se de talvez salvar alguns destes componentes para futuras missões.)

BASE LUNAR PERMANENTE

Embora o Programa Constellation tenha sido cancelado pelo presidente Obama, ele deixou em aberto várias opções. O módulo *Orion*, que teria levado nossos astronautas de volta à Lua, está sendo agora considerado como um *escape pod* para a Estação Espacial Internacional. Em algum momento do futuro, quando a economia se recuperar, outra administração talvez queira voltar os olhos para a Lua outra vez, e até para uma base lunar.

A tarefa de estabelecer uma presença permanente na Lua enfrenta muitos obstáculos. O primeiro são os micrometeoritos. Como na Lua não tem ar, ela é atingida frequentemente por rochas que vêm do espaço. Podemos ver isso observando a sua superfície, toda marcada de cicatrizes de colisões de meteoritos, algumas datadas de bilhões de anos.

Tive uma visão pessoal deste perigo quando fazia uma pós-graduação na Universidade da Califórnia, em Berkeley. Rochas lunares trazidas do espaço no início da década de 1970 estavam causando sensação na comunidade científica. Fui convidado para um laboratório que estava analisando rochas lunares ao microscópio. A que vi parecia comum, visto que uma rocha lunar se parece muito com as rochas da Terra, mas, ao olhar pelo microscópio, tive um choque. Vi minúsculas crateras de meteoros na rocha e, dentro delas, crateras ainda menores. Crateras dentro de crateras dentro de crateras, algo que eu nunca tinha visto. Percebi logo que, sem uma atmosfera, até o menor pedaço microscópico de poeira que acerte você a 64 mil quilômetros por hora podia matá-lo facilmente ou pelo menos penetrar na sua roupa espacial. (Cientistas compreendem o enorme dano causado por esses micrometeoritos, porque podem simular tais impactos, e criaram canhões enormes em seus laboratórios capazes de disparar bolinhas de metal para estudá-los.)

Uma solução possível é construir uma base lunar subterrânea. Devido à antiga atividade vulcânica da Lua, existe uma oportunidade de nossos astronautas encontrarem um túnel de lava do tamanho aproximado de um arranha-céu que poderia servir de base permanente na Lua.

Esta caverna natural poderia oferecer proteção para nossos astronautas contra a radiação de raios cósmicos e explosões solares. Até uma viagem transcontinental de Nova York a Los Angeles nos expõe a um millirem de radiação por hora (equivalente a um raios X dentário). Para os nossos astronautas na Lua, a radiação poderia ser tão intensa que eles teriam de viver em bases no subsolo. Sem atmosfera, uma chuva mortal de explosões solares e raios cósmicos representaria um risco imediato para os astronautas, provocando envelhecimento prematuro e até câncer.

A ausência de peso também é um problema, especialmente para longas missões no espaço. Tive a oportunidade de visitar o centro de treinamento da NASA, em Cleveland, Ohio, onde extensos testes são realizados com nossos astronautas. Em um deles que observei, o sujeito ficava suspenso num arnês de modo que o seu corpo permanecia paralelo ao chão. Em seguida, ele começava a correr numa esteira, colocada na vertical. Correndo nesta esteira, os cientistas podiam simular a ausência de peso testando ao mesmo tempo a resistência do sujeito.

Quando falei com os médicos da NASA, soube que a ausência de peso era mais prejudicial do que eu pensava. Um médico me explicou que, depois de várias décadas submetendo astronautas americanos e russos à ausência de peso prolongada, os cientistas agora entendem que o corpo sofre mudanças significativas: ocorre degradação nos músculos, nos ossos e no sistema cardiovascular. Nosso corpo evoluiu ao longo de milhões de anos vivendo no campo gravitacional da Terra. Quando colocado num campo gravitacional mais fraco por longos períodos de tempo, todos os nossos processos biológicos ficam perturbados.

Os astronautas russos que passaram cerca de um ano no espaço estavam tão fracos que mal podiam rastejar. Mesmo exercitando-se diariamente no espaço, seus músculos atrofiam, seus ossos perdem cálcio e seu sistema cardiovascular começa a enfraquecer. Alguns dos astronautas levaram meses para se recuperar dessas perdas, e algumas podem se tornar permanentes. Uma viagem a Marte, que poderia levar uns dois anos, pode enfraquecer nossos astronautas de tal modo que eles não serão capazes de realizar a sua missão ao chegar. (Uma solução para o problema é girar a espaçonave, o que gera gravidade artificial no seu interior. É por essa mesma razão que você pode girar um balde de água sobre a sua cabeça sem que ela respingue. Mas o custo é proibitivo por causa do maquinário pesado necessário para girar a nave. Cada quilo extra de peso acrescenta 10 mil dólares ao custo da missão.)

ÁGUA NA LUA

O que pode mudar a situação é a descoberta de gelo antigo na Lua, provavelmente restos de antigos impactos de cometas. Em 2009, a sonda-satélite de detecção e observação de crateras lunares (LCROSS) e seu foguete de propulsão *Centauro* colidiram com a região do polo Sul lunar. Eles se chocaram com a Lua a 9 mil quilômetros por hora, criando um penacho de quase um quilômetro e meio de altura, e uma cratera de aproximadamente 18 m de diâmetro. Embora o público que assistia pela televisão tenha ficado decepcionado porque o impacto da LCROSS não causou a explosão prevista, ele rendeu abundantes informações científicas. Cerca de 24 galões de água foram encontrados nesse penacho. Em seguida, em 2010, os cientistas fizeram o chocante anúncio de que 5% dos fragmentos continham água; portanto, a Lua era na verdade mais molhada do que partes do deserto do Saara.

Isso poderia ser importante, porque talvez significasse que os astronautas do futuro seriam capazes de colher gelo em depósitos no subsolo para combustível de foguete (extraindo hidrogênio da água), para respirar (extraindo o oxigênio), para usar como blindagem (visto que a água pode absorver radiação) e para beber depois de purificada. Portanto, esta descoberta poderia abater centenas de milhões de dólares do custo de qualquer missão à Lua.

Esta descoberta talvez signifique que será possível para nossos astronautas viver do solo, coletando gelo e minerais na Lua para criar e suprir uma base permanente.

MEADOS DO SÉCULO [DE 2030 A 2070]

MISSÃO A MARTE

O presidente Obama, ao viajar à Flórida em 2010 para anunciar o cancelamento do programa lunar, manteve, em vez disso, as perspectivas de uma missão a Marte. Ele defendeu o financiamento para um foguete propulsor pesado ainda não especificado que um dia poderá enviar astronautas ao espaço profundo além da Lua. Ele pensava na possibilidade de um dia, talvez em meados da década de 2030, ver nossos astronautas caminharem em Marte. Alguns astronautas, como Buzz Aldrin, têm sido defensores entusiásticos do plano de Obama, porque deixaria a Lua para trás. Aldrin certa vez me disse que os Estados Unidos já tinham estado na Lua e, por conseguinte, a verdadeira aventura era ir até Marte.

De todos os planetas do sistema solar, só Marte parece se assemelhar à Terra o suficiente para abrigar alguma forma de vida. (Mercúrio, esturricado pelo Sol, provavelmente é hostil demais para ter vida como a conhecemos. E os gigantes gasosos – Júpiter, Saturno, Urano e Netuno – são frios demais para sustentar vida. Vênus é gêmeo da Terra, mas um efeito estufa descontrolado criou um lugar infernal: as temperaturas sobem a 480° C, sua atmosfera, quase toda de dióxido de carbono, é 100 vezes mais densa do que a nossa, e chove ácido sulfúrico. Caminhando pela superfície venusiana, você sufocaria, morreria esmagado e seus restos seriam incinerados pelo calor e dissolvidos pelo ácido sulfúrico.)

Marte, por outro lado, já foi um planeta molhado, como a Terra, com oceanos e leitos de rios que há muito desapareceram. Hoje é um deserto congelado, sem vida. Talvez vida microbiana tenha se desenvolvido ali há bilhões de anos ou, quem sabe, ainda exista no subsolo em fontes quentes.

Uma vez tendo a nossa nação assumido o firme compromisso de ir até Marte, talvez levemos mais 20 ou 30 anos para realmente completar a missão. Mas chegar a Marte será muito mais difícil do que chegar à Lua. Em contraste com a Lua, Marte representa um salto quântico em dificuldade. Leva-se apenas três dias para se chegar à Lua. De seis meses a um ano para chegar a Marte.

Em julho de 2009, cientistas da NASA deram um raro olhar para o que poderia ser uma missão a Marte realista. Os astronautas levariam aproximadamente seis meses ou mais para chegar a Marte, depois passariam 18 meses no planeta, em seguida levariam outros seis meses para retornar à Terra.

Ao todo, uns 680 mil quilos de equipamentos teriam de ser enviados a Marte, mais do que a quantidade necessária para a estação espacial de 100 bilhões de dólares. Para economizar água e comida, os astronautas teriam de purificar seus próprios excrementos e usá-los para fertilizar plantas durante a viagem e enquanto estivessem em Marte. Sem ar, solo fértil ou água, tudo teria de ser levado da Terra. Seria impossível viver dos produtos agrícolas, visto não haver oxigênio, água líquida, animais ou plantas em Marte. A atmosfera é quase dióxido de carbono puro, com uma pressão atmosférica de apenas 1% da pressão na Terra. Qualquer rasgão numa roupa espacial causaria rápida despressurização e morte.

A missão seria tão complexa que teria de ser dividida em várias etapas. Já que transportar combustível de foguete para a missão de retorno à Terra sairia muito caro, um foguete separado poderia ser enviado a Marte com antecedência, transportando combustível de foguete para ser usado no reabastecimento da espaçonave. (Ou, se fosse possível extrair suficientes oxigênio e hidrogênio do gelo em Marte, eles poderiam ser usados como combustível de foguete também.)

Uma vez em Marte, os astronautas poderiam levar semanas para se adaptar à vida em outro planeta. O ciclo dia/noite é mais ou menos o mesmo que na Terra (um dia em Marte tem 24,6 horas). Mas um ano dura quase duas vezes mais. A temperatura em Marte jamais sobe acima do ponto de derretimento do gelo. As tempestades de areia em Marte são ferozes. A areia em Marte tem a consistência de pó de talco, e tempestades de areia que abrangem todo o planeta são comuns.

TERRAFORMANDO MARTE?

Supondo-se que astronautas visitem Marte em meados do século e estabeleçam um ponto avançado primitivo marciano, existe a possibilidade de que eles pensem em terraformar Marte, isto é, transformar o planeta para torná-lo mais hospitaleiro à vida. Isso começaria no final do século XXI, assim que seja possível, ou mais provavelmente no início do século XXII.

Cientistas analisaram várias maneiras de como Marte poderia ser terraformado. Talvez a mais simples fosse injetar gás metano ou outros gases estufa na atmosfera. Visto que o gás metano é um gás estufa ainda mais potente do que o dióxido de carbono, ele seria capaz de captar a luz do sol, elevando a temperatura da superfície de Marte acima do ponto de derretimento do gelo. Além do metano, outros gases estufa foram analisados para possíveis experiências de terraformação, tais como amônia e clorofluorcarbonos.

Assim que a temperatura começar a subir, o *permafrost* subterrâneo talvez comece a descongelar, pela primeira vez em bilhões de anos. Conforme o *permafrost* fosse derretendo, os leitos dos rios começariam a se encher de água. No fim, lagos e até oceanos poderiam se formar outra vez em Marte à medida que a atmosfera se tornasse mais densa. Isso liberaria mais dióxido de carbono, dando início a um ciclo positivo de feedback.

Em 2009, descobriu-se que o gás metano escapa naturalmente da superfície marciana. A origem deste gás ainda é um mistério. Na Terra, a maior parte do gás metano se deve à decomposição de materiais orgânicos. Em Marte, porém, ele talvez seja um subproduto de processos geológicos. Se alguém conseguir localizar a origem deste gás metano, então talvez seja possível aumentar a sua produção e, por conseguinte, alterar a atmosfera.

Outra possibilidade é desviar um cometa para a atmosfera de Marte. Se for possível interceptar um cometa bem distante, então até uma pequena cutucada de um motor de foguete, o impacto de uma sonda, ou até o puxão da gravidade de uma nave espacial poderia ser o suficiente para desviá-lo. Cometas são feitos principalmente de água congelada e periodicamente atravessam o nosso sistema solar. (O cometa Halley, por exemplo, consiste em um núcleo – que parece um amendoim – de uns 32 quilômetros de diâmetro, feito basicamente de gelo e rochas.) Conforme o cometa aos poucos se aproximasse da superfície de Marte, encontraria o atrito da atmosfera fazendo com que ele lentamente se desintegrasse, liberando água na atmosfera em forma de vapor.

Se não há cometas disponíveis, poderia também ser possível desviar uma das luas de gelo de Júpiter ou quem sabe um asteroide que contenha gelo, como Ceres, que se acredita ser 20% água. (Estas luas e asteroides seriam mais difíceis de desviar, já que costumam ter órbitas estáveis.) Em vez de fazer o cometa, lua ou asteroide lentamente decair nas suas órbitas em torno de Marte, liberando vapor d'água, outra opção seria manobrá-los para um impacto controlado nas calotas de gelo marcianas. As regiões polares de Marte são feitas de dióxido de carbono congelado, que desaparece durante os meses de verão, e gelo, que compõe a parte permanente das calotas glaciais. Se o cometa, lua ou asteroide atingir as calotas glaciais, pode liberar uma quantidade tremenda de calor e evaporar o gelo seco. Visto que o dióxido de carbono é um gás estufa, isso tornaria a atmosfera densa e ajudaria a acelerar o aquecimento global em Marte. Poderia também criar um ciclo de feedback positivo. Quanto mais dióxido de carbono for liberado das calotas glaciais, mais quente o planeta ficará, o que por sua vez libera ainda mais dióxido de carbono.

Outra sugestão é detonar bombas nucleares diretamente sobre as calotas glaciais. A desvantagem é que a água líquida resultante poderia conter precipitação radioativa. Ou poderíamos tentar criar um reator de fusão capaz de derreter as calotas polares de gelo. Usinas de fusão usam água como combustível básico, e há bastante água congelada em Marte.

Quando a temperatura de Marte subir até o ponto de derretimento, piscinas de água podem se formar, e certos tipos de algas que se desenvolvem na Terra, na Antártida, podem ser introduzidos em Marte. Elas poderiam realmente se desenvolver na atmosfera de Marte, que é 95% dióxido de carbono. Poderiam também ser geneticamente modificadas para maximizar o seu crescimento no planeta. Estas piscinas de algas poderiam acelerar a terraformação de várias maneiras. Primeiro, converteriam o dióxido de carbono em oxigênio. Segundo, escureceriam a cor da superfície de Marte, para absorver mais calor do sol. Terceiro, já que elas crescem sozinhas sem nenhum incentivo externo, seria um jeito relativamente barato de mudar o ambiente do planeta. Quarto, as algas podem ser colhidas para alimento. No final, essas poças de algas criariam solo e nutrientes que talvez sejam adequados para plantas, que por sua vez acelerariam a produção de oxigênio.

Cientistas examinaram a possibilidade de construir satélites solares em volta do planeta, refletindo a luz do sol para Marte. Satélites solares por si mesmos poderiam ser capazes de aquecer a superfície de Marte acima do congelamento. Acontecendo isto e começando o *permafrost* a derreter, o planeta continuaria naturalmente a se aquecer sozinho.

BENEFÍCIO ECONÔMICO?

Não devemos nos iludir achando que, ao colonizar a Lua e Marte, vamos nos beneficiar imediatamente com um período de calmaria econômica. Quando Colombo içou velas para o Novo Mundo em 1492, abriu as portas para uma inesperada fartura econômica histórica. Logo, os conquistadores mandavam de volta para casa imensas quantidades de ouro que pilhavam dos índios americanos, e os colonizadores enviavam valiosas matérias-primas e safras para o Velho Mundo. O custo de enviar expedições para o Novo Mundo era mais do que compensado pelas fabulosas fortunas que se podiam conquistar.

Mas colônias na Lua ou em Marte são bem diferentes. Não há ar, água líquida ou solo fértil, razão por que tudo teria de ser levado por uma nave-foguete, o que é proibitivamente caro.

Além do mais, há pouco valor militar em colonizar a Lua, pelo menos no futuro próximo. Isso porque são necessários, em média, três dias para ir da Terra à Lua ou vice-versa, mas uma guerra nuclear pode ser travada em apenas 90 minutos com mísseis balísticos intercontinentais. Uma cavalaria espacial na Lua não chegaria a tempo para uma batalha na Terra para fazer diferença. Por conseguinte, o Pentágono não financiou nenhum programa intensivo para armar a Lua.

Isso significa que, se iniciarmos operações de mineração em grande escala em outros mundos, será em benefício de colônias espaciais, não da Terra. Colonos extrairão os metais e minerais para uso próprio, visto que seria caro demais transportá-los para a Terra. Operações de mineração no cinturão de asteroides se tornarão econômicas apenas quando tivermos colônias autossustentáveis que possam usar, elas mesmas, estas matérias-primas, o que não vai acontecer antes do final deste século ou, o que é mais provável, depois.

TURISMO ESPACIAL

Mas quando o cidadão comum poderia ir ao espaço? Alguns visionários, como o falecido Gerard O'Neill, da Universidade de Princeton, sonharam com uma colônia espacial parecida com uma roda gigantesca, incluindo unidades de sobrevivência, usinas de purificação de água, unidades de reciclagem do ar etc., criadas para solucionar a superpopulação na Terra. Mas, no século XXI, a ideia de que colônias espaciais aliviariam o problema populacional é, na melhor das hipóteses, uma fantasia. Para a maior parte da raça humana, a Terra será o nosso único lar pelo menos por um século, ou mais.

Entretanto, há um jeito de a pessoa comum poder ir literalmente ao espaço: como turista. Alguns empreendedores, que criticam o enorme desperdício e burocracia da NASA, acham que podem fazer baixar o custo das viagens espaciais usando as forças de mercado. Burt Rutan e seus investidores já ganharam o prêmio Ansari X, no valor de 10 milhões de dólares, no dia 4 de outubro de 2004, por terem lançado o SpaceShipOne duas vezes em duas semanas, pouco mais de 99 quilômetros acima da Terra. O SpaceShipOne é a primeira nave espacial usando foguete a ter completado com sucesso uma aventura espacial patrocinada por fundos privados. Os custos de desenvolvimento ficaram por volta dos 25 milhões de dólares. O milionário da Microsoft Paul Allen ajudou a subscrever o projeto.

Agora, com o SpaceShipTwo, Rutan espera iniciar testes para tornar o voo espacial comercial uma realidade. O bilionário Richard Branson, da Virgin Atlantic, criou a Virgin Galactic, com um espaçoporto no Novo México e uma longa lista de pessoas que vão desembolsar 200 mil dólares para realizar o seu sonho de voar no espaço. A Virgin Galactic, que será a primeira grande empresa a oferecer voos comerciais para o espaço, já encomendou cinco foguetes SpaceShipTwo. Se tiver êxito, isso poderá baixar 10 vezes o custo das viagens espaciais.

O SpaceShipTwo usa vários métodos para cortar os custos. Em vez de imensos foguetes propulsores para carregar a carga útil para o espaço, Rutan coloca a sua nave espacial no topo de um avião, de modo que ele possa ir na garupa de um avião comum que utiliza ar. Desse modo, você simplesmente consome o oxigênio da atmosfera para alcançar altas altitudes. Em seguida, uns 16 quilômetros acima da Terra, a espaçonave se separa do avião e liga seus motores de foguete. Embora a espaçonave não possa orbitar a Terra, ela tem combustível suficiente para chegar quase 112 quilômetros acima do planeta, acima da maior parte da atmosfera, de modo que os passageiros possam ver o céu ficar púrpura e depois negro. Seus motores têm potência suficiente para atingir Mach 3, ou três vezes a velocidade do som (aproximadamente 3.500 quilômetros por hora). Certamente não é rápido o bastante para colocar um foguete em órbita (é preciso atingir 29 mil quilômetros por hora para isso), mas é o suficiente para levar você à beira da atmosfera e ao limiar do espaço cósmico. No futuro próximo, talvez uma viagem ao espaço não custe mais do que um safári na África.

(Entretanto, para dar uma volta completa na Terra, você teria de pagar bem mais do que isso, por uma viagem a bordo da Estação Espacial. Certa vez perguntei ao bilionário da Microsoft Charles Simonyil quanto ele pagara por um bilhete para a Estação Espacial. Reportagens na mídia estimaram em

20 milhões de dólares. Ele respondeu que relutava em dar o custo exato, mas que a mídia não ficara muito distante. Ele se divertiu tanto que na verdade foi duas vezes ao espaço. Portanto, viagens espaciais, mesmo no futuro próximo, ainda serão província daqueles que se deram bem na vida.)

O turismo espacial, entretanto, tomou uma injeção no braço em setembro de 2010, quando a Boeing Corporation anunciou que ela também estava entrando no negócio com voos comerciais para turistas planejados para 2015. Isso reforçaria a decisão do presidente Obama de deixar o programa de voos espaciais tripulados nas mãos da iniciativa privada. O plano da Boeing requer lançamentos para a Estação Espacial Internacional a partir de Cabo Canaveral, na Flórida, cada um com quatro tripulantes, o que deixaria livres até três assentos para turistas espaciais. A Boeing, entretanto, foi franca a respeito de financiar empreendimentos privados espaciais: o contribuinte teria de pagar boa parte da conta. "Este é um mercado incerto", diz John Elbon, gerente de programas do esforço de equipe comercial. "Se tivéssemos de fazer isso com investimentos da Boeing apenas e os fatores de risco estivessem ali, não seríamos capazes de fechar o negócio."

CORINGAS

O custo excessivamente alto das viagens espaciais travou o progresso tanto comercial quanto científico, e por isso precisamos de um novo projeto revolucionário. Em meados do século, cientistas e engenheiros aperfeiçoarão novas tecnologias de foguete de propulsão para baixar o custo das viagens espaciais.

O físico Freeman Dyson restringiu algumas técnicas experimentais que podem um dia abrir os céus para a pessoa comum. Estas propostas são todas de alto risco, mas podem reduzir drasticamente o custo. A primeira é o motor de propulsão a laser; ele dispara um feixe de raios laser de alta potência na base de um foguete, provocando uma miniexplosão cuja onda de choque o empurra para cima. O fluxo constante de rajadas a laser evapora a água, que impulsiona o foguete para o espaço. A grande vantagem do sistema de propulsão a laser é que a energia vem de um sistema que fica no solo. O foguete a laser não contém nenhum combustível. (Foguetes químicos, ao contrário, desperdiçam boa parte da sua energia carregando o peso do seu combustível para o espaço.)

A tecnologia para o sistema de propulsão a laser já foi demonstrada, e o primeiro teste com sucesso de um modelo foi realizado em 1997. Leik Myrabo, do Instituto Politécnico Rensselaer, de Nova York, criou protótipos viáveis deste foguete, que chama de demonstrador de tecnologia Lightcraft. Um projeto inicial tinha 15 cm de diâmetro e pesava 56 g. Um laser de 10 quilowatts gerava uma série de explosões de laser na base do foguete, criando um som de metralhadora à medida que as explosões de ar empurravam o foguete a uma aceleração de 2 g's (duas vezes a aceleração gravitacional da Terra, ou 19 m por segundo ao quadrado). Ele conseguiu construir foguetes Lightcraft que subiram a mais de 30 m no ar (como os primeiros foguetes de combustível líquido de Robert Goddard na década de 1930.)

Dyson sonha com o dia em que sistemas de propulsão a laser possam colocar cargas úteis pesadas em órbita da Terra por apenas 10 dólares o quilo, o que realmente revolucionaria as viagens espaciais. Imagina um gigantesco laser de mil megawatts capaz de colocar em órbita um foguete de duas toneladas. (Essa é a potência efetiva de uma usina-padrão de energia nuclear.) O foguete consiste em carga útil e em um tanque de água na base, que vasa a água lentamente através de minúsculos poros. A carga útil e o tanque de água pesam uma tonelada cada um. Quando o feixe de raios laser atinge a base do foguete, a água evapora instantaneamente, criando uma série de ondas de choque que empurram o foguete para o espaço. O foguete atinge uma aceleração de 3 g's e deixa a atração gravitacional em seis minutos.

Como o foguete não transporta nenhum combustível, não há risco de uma explosão catastrófica do foguete propulsor. Foguetes químicos, mesmo depois de 50 anos de era espacial, ainda têm um índice de fracassos de aproximadamente 1%. E tais fracassos são espetaculares, com o combustível à base de oxigênio e hidrogênio volátil criando imensas bolas de fogo e fazendo chover fragmentos por toda a área de lançamento. Este sistema, ao contrário, é simples, seguro e pode ser usado repetidamente com um tempo de manutenção muito pequeno, usando apenas água e um laser.

Além do mais, o sistema no final se pagaria. Se ele pode lançar meio milhão de naves espaciais por ano, o retorno destes lançamentos poderia facilmente pagar os custos de operação, assim como os de desenvolvimento. Dyson, entretanto, percebe que este sonho ainda vai demorar muitas décadas para se realizar. A pesquisa básica para estes imensos lasers requer um financiamento muito além do de uma universidade. Se a pesquisa não for patrocinada por uma grande corporação ou pelo governo, o sistema de propulsão a laser jamais será construído.

É aqui que o prêmio Ansari X pode ajudar. Uma vez falei com Peter Dimandis, que criou o prêmio Ansari X em 1996, e ele estava bem consciente das limitações dos foguetes químicos. Até o SpaceShipTwo, reconheceu, enfrentava o problema de que foguetes químicos são um modo caro de escapar da gravidade da Terra. Por isso, um futuro prêmio desses será concedido a quem conseguir criar um foguete impulsionado por um feixe de energia. (Mas, em vez de usar um feixe de raios laser, ele usaria uma fonte similar de energia eletromagnética, um feixe de micro-ondas.) A publicidade do prêmio Ansari X e o fascínio de um prêmio multimilionário talvez fossem o bastante para despertar o interesse de empreendedores e inventores para criar foguetes não químicos, como o foguete a micro-ondas.

Existem outros projetos de foguetes experimentais, mas envolvem riscos diferentes. Uma possibilidade é a pistola a gás, que dispara projéteis de uma pistola enorme, algo semelhante ao foguete no romance de Júlio Verne *Da Terra à Lua*. O foguete de Verne, entretanto, jamais voaria, porque a pólvora não faz disparar um projétil a 40 mil quilômetros por hora, a velocidade necessária para escapar da gravidade da Terra. A pistola a gás, ao contrário, usa gás sob alta pressão num longo tubo para explodir projéteis a altas velocidades. O falecido Abraham Hertzberg, da Universidade de Washington, em Seattle, construiu o protótipo de uma pistola que tem 10 centímetros de diâmetro e 9 metros de comprimento. O gás dentro da pistola é uma mistura de metano e ar 25 vezes mais pressurizado do que a pressão atmosférica. Quando o gás inflama, a carga útil viaja junto com a explosão a extraordinários 30 mil g's, uma aceleração tão grande que pode achatar a maioria dos objetos metálicos.

Herztberg provou que a pistola a gás pode funcionar. Mas, para lançar uma carga útil ao espaço cósmico, o tubo precisa ser muito mais longo, de uns 228 m, e usar gases diferentes ao longo da trajetória. Até cinco estágios diferentes com gases diferentes são necessários para impulsionar a carga útil até a velocidade de escape.

O custo da pistola a gás talvez seja ainda menor que o do sistema de propulsão a laser. Entretanto, é perigosíssimo lançar seres humanos deste modo; apenas cargas úteis sólidas capazes de suportar a intensa aceleração serão lançadas.

Um terceiro projeto experimental é o Slingatron, que, como uma bola numa corda, movimenta cargas úteis num círculo e depois as lança ao ar.

Um protótipo foi construído por Derek Tidman, que construiu um modelo de mesa que, em poucos segundos, lançava um objeto a 91 m por segundo. O Slingatron é um tubo em forma de rosquinha com 90 cm de diâmetro. O tubo em si tem 2,50 cm de diâmetro e contém uma pequena bola de aço. Conforme a bola rola pelo tubo, pequenos motores a empurram para que se mova cada vez mais rápido.

Um Slingatron real capaz de lançar uma carga útil ao espaço cósmico precisa ser bem maior – com centenas ou milhares de metros de diâmetro, capaz de bombear energia para a bola até que ela alcance a velocidade de 11 quilômetros por segundo. A bola deixaria o Slingatron com uma aceleração de 1.000 g's, ainda o bastante para achatar a maioria dos objetos. Existem várias questões técnicas que precisam ser resolvidas, e a mais importante é o atrito entre a bola e o tubo, que deve ser mínimo.

Todos esses três projetos precisarão de décadas para ser aperfeiçoados, mas apenas se houver financiamentos do governo ou da indústria privada. Do contrário, não sairão nunca da prancheta.

FUTURO DISTANTE [DE 2070 A 2100]

ELEVADOR ESPACIAL

No final deste século, a nanotecnologia pode ainda tornar possível o fabuloso elevador espacial. Como Joãozinho e o pé de feijão, poderemos ser capazes de subir até além das nuvens. Entraríamos em um elevador, apertaríamos o botão de subir e ascenderíamos por uma fibra com nanotubos de carbono com milhares de quilômetros de comprimento. Isso poderia virar de cabeça para baixo a economia das viagens espaciais.

Em 1895, o físico russo Konstantin Tsiolkovsky inspirou-se na construção da Torre Eiffel, na época a estrutura mais alta do seu tipo no mundo. Ele se fez uma pergunta simples: Por que não se pode construir uma Torre Eiffel até o espaço cósmico? Se fosse bastante alta, calculou, não cairia nunca, sustentada pelas leis da física. Ele a chamou de "castelo celestial".

Pense em uma bola numa corda. Girando a bola, a força centrífuga é o bastante para impedi-la de cair. Do mesmo modo, se o cabo for suficientemente longo, então a força centrífuga o impedirá de cair de novo na Terra. A rotação da Terra seria suficiente para mantê-lo no céu. Uma vez estendido até o céu, qualquer cabine de elevador que corresse por ele poderia fazer uma viagem ao espaço.

No papel, este truque parece funcionar. Mas, infelizmente, aplicando as leis de movimento de Newton para calcular a tensão sobre o cabo, você descobrirá que ela é maior do que a resistência à tração do aço: o cabo se partirá, inviabilizando o elevador espacial impossível.

Durante décadas, a ideia de um elevador espacial foi periodicamente ressuscitada, só para ser rejeitada por esta razão. Em 1957, o cientista russo Yuri Artsutanov propôs um aperfeiçoamento, sugerindo que o elevador espacial fosse construído de cima para baixo, e não de baixo para cima, isto é, primeiro uma espaçonave seria colocada em órbita e depois um cabo desceria até a Terra, onde seria ancorado. Também a ficção científica popularizou a ideia de elevadores espaciais no romance de Arthur C. Clarke *The Fountains of Paradise*, de 1979, e no de Robert Heinlein, *Frida*, de 1982.

Nanotubos de carbono ajudaram a ressuscitar esta ideia. Estes nanotubos, como vimos, têm maior resistência à tração do que qualquer outro material. São mais fortes do que o aço, com força suficiente para suportar a tensão encontrada em um elevador espacial.

O problema, entretanto, é criar um cabo com nanotubos de carbono puro que tenha 80 mil quilômetros de comprimento. Isso é um obstáculo imenso, visto que até agora os cientistas só foram capazes de criar uns poucos centímetros de nanotubos de carbono puro. É possível tecer bilhões de fios de nanotubos de carbono para criar lâminas e cabos, mas estas fibras de nanotubos de carbono não são puras; são fibras que foram prensadas e tecidas juntas. O desafio é criar um nanotubo de carbono no qual cada átomo de carbono esteja corretamente no lugar.

Em 2009, cientistas da Rice University anunciaram uma descoberta. Suas fibras não são puras, mas compostas (isto é, não são adequadas para um elevador espacial). Mas o método é versátil o suficiente para criar nanotubos de carbono de qualquer comprimento. Eles descobriram, por tentativa e erro, que estes nanotubos de carbono podem ser dissolvidos numa solução de ácido clorossulfônico e depois disparados de um bocal, similar a um crivo. Este

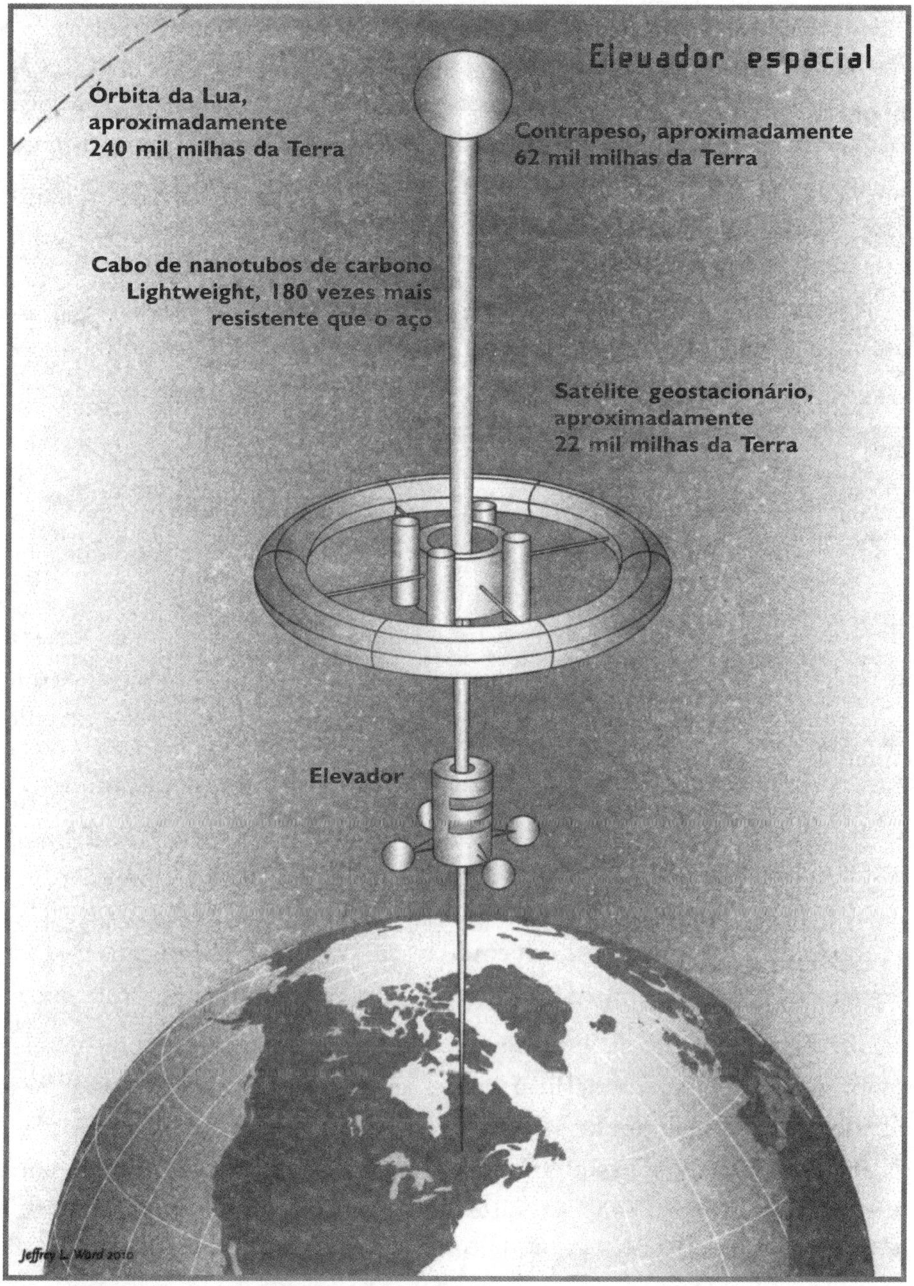

Um elevador até o céu talvez possa um dia reduzir imensamente o custo das viagens espaciais. O segredo do elevador espacial pode estar na nanotecnologia.

método pode produzir fibras de nanotubos de carbono com 50 micrometros de espessura e centenas de metros de comprimento.

E se poderia ter uma aplicação comercial nas linhas de energia elétrica, visto que nanotubos de carbono conduzem eletricidade melhor que o cobre, são mais leves e falham com menos frequência. O professor de engenharia da Rice Matteo Pasquali diz: "Para linhas de transmissão você precisa fazer toneladas, e não existem métodos agora para fazer isso. Só por um milagre."

Embora estes cabos não sejam puros o suficiente para se qualificar para uso num elevador espacial, esta pesquisa aponta para o dia em que seremos capazes de produzir fios puros de nanotubos de carbono, fortes o bastante para nos levar até o céu.

Supondo que no futuro seja possível criar longos fios de nanotubos de carbono puro, ainda existem problemas práticos. Por exemplo, o cabo se estenderá muito além da órbita da maioria dos satélites, significando que eles, depois de muitas passagens ao redor da Terra, acabarão por interceptar o elevador espacial e causar um desastre. Visto que satélites costumam viajar a 28 mil quilômetros por hora, um impacto seria catastrófico. Isso significa que o elevador tem de estar equipado com foguetes especiais para tirar o cabo do caminho dos satélites que passam por ali.

Outro problema são as turbulências meteorológicas, como furacões, tempestades de raios e ventanias. O elevador espacial precisa estar ancorado na Terra, talvez num porta-aviões ou plataforma de petróleo estacionados no Pacífico, mas deve ser flexível para evitar ser danificado pelas poderosas forças da natureza.

Precisa também haver um botão de pânico e foguete salva-vidas no caso de um rompimento no cabo. Se alguma coisa bater no cabo, a cabine do elevador deve ser capaz de deslizar ou descer de paraquedas de volta para a superfície da Terra, a fim de salvar os passageiros.

Para iniciar logo a pesquisa sobre elevadores espaciais, a NASA incentivou vários concursos. Um total de 2 milhões de dólares em prêmios é concedido por intermédio do Espace Elevator Games, da NASA. Segundo as regras definidas pela NASA, para ganhar o Beam Power Challenge, você precisa criar uma engenhoca que pese não mais que 90 quilos e que possa subir por uma corda à velocidade de 2 m por segundo por uma distância de um quilômetro. O que torna este desafio tão difícil é que o aparelho não pode ter combustível, baterias ou cabo de eletricidade. A energia deve ser refletida de fora para o aparelho.

Tive a oportunidade de ver pessoalmente o entusiasmo e a energia de engenheiros que trabalham no elevador espacial e sonham em ganhar o prêmio. Voei até Seattle para conhecer engenheiros jovens e empreendedores de um grupo chamado LaserMotive. Eles ouviram o canto da sereia do concurso da NASA e começaram a criar protótipos que um dia poderão ativar o elevador espacial.

Entrei num grande armazém que eles haviam alugado para testar suas ideias. Em um dos lados do armazém, vi um poderoso laser capaz de disparar um intenso feixe de energia. No outro, vi o elevador espacial deles. Era uma caixa de uns 90 cm de largura, com um espelho grande. O raio laser atingiria o espelho e seria desviado para uma série de células solares que converteriam a energia a laser em eletricidade. Isto acionaria um motor, e o carro do elevador subiria gradualmente por um cabo curto. Deste modo, você não precisaria de cabos elétricos pendurados do elevador espacial para fornecer a sua energia. Apenas dispararia um laser da Terra para o elevador, e ele subiria sozinho.

O laser era muito potente, tivemos todos de proteger os olhos com óculos especiais. Foram necessárias numerosas tentativas, mas finalmente eles conseguiram disparar o laser e fazer o aparelho subir pelo cabo. Pelo menos na teoria, um aspecto do elevador espacial estava resolvido.

No início, a tarefa era tão difícil que ninguém venceu. Mas, em 2009, a LaserMotive reclamou o prêmio. O concurso aconteceu na Base da Força Aérea Edwards, no deserto de Monjave, na Califórnia. Um helicóptero sobrevoou o deserto, sustentando um cabo comprido. A equipe da LaserMotive conseguiu fazer o seu elevador subir pelo cabo quatro vezes em dois dias, sendo o melhor tempo o de 3 minutos e 48 segundos. Portanto, todo o esforço destes jovens engenheiros que eu tinha presenciado finalmente teve a sua compensação.

NAVES ESPACIAIS

No final do século, mesmo a despeito de contratempos recentes no financiamento de missões espaciais tripuladas, os cientistas provavelmente terão montado postos avançados em Marte e talvez no cinturão de asteroides. Em seguida, voltarão os olhos para uma estrela de verdade. Embora uma sonda interestelar esteja fora do alcance hoje, daqui a 100 anos ela poderá se tornar uma realidade.

O primeiro desafio é encontrar um novo sistema de propulsão. Um foguete químico convencional levaria cerca de 70 mil anos para chegar até a estrela mais próxima. Por exemplo, as duas naves espaciais *Voyager*, lançadas em 1977, estabeleceram um recorde mundial para um objeto enviado ao espaço profundo. Elas estão atualmente a uns 16 bilhões de quilômetros de distância no espaço, mas apenas a uma fração mínima do caminho até as estrelas.

Vários projetos e sistemas de propulsão foram propostos para uma nave interestelar:

- Vela solar
- Foguete nuclear
- Fusão de reator
- Nanonaves

Tive a oportunidade de conhecer um dos visionários da vela solar quando visitei a Plum Brook Station, da NASA, em Cleveland, Ohio. Ali, os engenheiros construíam a maior câmara a vácuo do mundo para testar satélites espaciais. A câmara é verdadeiramente cavernosa: tem 100 pés de diâmetro e 122 pés de altura, espaço suficiente para conter muitos prédios de apartamentos com vários andares e testar peças de satélites e de foguetes no vácuo espacial. Ao entrar na câmara, fiquei impressionado com a enormidade do projeto. Mas também me senti privilegiado por estar andando na mesma câmara onde muitos satélites, sondas e foguetes históricos dos Estados Unidos tinham sido testados.

Ali conheci um dos principais proponentes da vela solar, o cientista da NASA Les Johnson. Ele me contou que desde criança, lendo livros de ficção científica, sonhava em construir foguetes que alcançassem as estrelas. Johnson até escreveu um livro didático básico sobre velas solares. Embora ache que isso poderia se realizar dentro de poucas décadas, ele está resignado com o fato de que uma nave espacial de verdade não será construída senão muito tempo depois da sua morte. Como os maçons que construíram as grandes catedrais da Idade Média, Johnson percebe que talvez sejam necessárias muitas gerações humanas para construir uma nave capaz de alcançar as estrelas.

A vela solar explora o fato de que, embora não tendo massa, a luz tem *momentum* e, por conseguinte, pode exercer pressão. Embora a pressão que a luz sofre do sol seja extremamente minúscula, pequena demais para ser sentida por nossas mãos, ela é o bastante para mover uma nave espacial se a vela for suficientemente grande e esperarmos bastante tempo. (A luz do sol é oito vezes mais intensa no espaço do que na Terra.)

Johnson me contou que o seu objetivo é criar uma gigantesca vela solar, feita de plástico muito fino, mas resistente. A vela teria muitos quilômetros de diâmetro e seria construída no espaço cósmico. Uma vez montada, ela giraria lentamente em torno do Sol, ganhando cada vez mais impulso ao se mover. Depois de vários anos orbitando o Sol, a vela se afastaria do sistema solar num movimento em espiral e na direção das estrelas. Essa vela solar, disse-me ele, poderia enviar uma sonda a 0,1% da velocidade da luz para talvez chegar à estrela mais próxima em 400 anos.

A fim de reduzir o tempo necessário para chegar até as estrelas, Johnson estudou como acrescentar um impulso extra à vela solar. Uma possibilidade é colocar uma enorme bateria de lasers na Lua. Os raios laser atingiriam a vela e lhe dariam mais *momentum* conforme ela viajasse até as estrelas.

O problema da nave espacial movida a vela solar é que ela é difícil de parar e voltar atrás, visto que a luz se move afastando-se do Sol. Uma possibilidade é inverter a direção da vela e usar a pressão da luz da estrela de destino para diminuir a velocidade da espaçonave. Outra é velejar em torno da estrela distante usando a sua gravidade para criar um efeito estilingue para a viagem de volta. E outra ainda é aterrissar numa lua, construir baterias a laser e depois velejar de volta na luz da estrela e nos raios laser daquela lua.

Embora Johnson tenha sonhos estelares, ele sabe que a realidade é bem mais modesta. Em 1933, os russos utilizaram um refletor Mylar de 18 m no espaço da estação espacial Mir, mas foi só para demonstrar sua utilização. Uma segunda tentativa falhou. Em 2004, os japoneses lançaram com sucesso dois protótipos de vela solar, mas outra vez foi para testar a utilização, não a propulsão. Em 2005, houve uma ambiciosa tentativa da Sociedade Planetária, do Cosmos Studios e da Academia de Ciências russa de utilizar uma vela solar autêntica, chamada Cosmos 1. Ela foi lançada de um submarino russo. Mas o foguete, o Volna, falhou e não entrou em órbita. E, em 2008, uma equipe da NASA tentou lançar uma vela solar chamada NanoSail-D, mas ela se perdeu quando o foguete, o Falcon 1, falhou.

Finalmente, em maio de 2010, a Agência de Exploração Aeroespacial japonesa lançou com sucesso a IKAROS, a primeira nave espacial a usar a tecnologia da vela solar no espaço interplanetário. Ela tem uma vela quadrada, 20 m na diagonal, e usa propulsão de vela solar para viajar até Vênus. Os japoneses têm a esperança de enviar outra nave até Júpiter usando a propulsão de vela solar.

FOGUETE NUCLEAR

Os cientistas também pensaram em usar a energia nuclear para acionar uma espaçonave. Desde 1953, a Comissão de Energia Atômica passou a ver com seriedade foguetes transportando reatores atômicos, a começar pelo Projeto Rover. Nas décadas de 1950 e 1960, experimentos com foguetes nucleares terminaram quase sempre em fracasso. Eles tendiam a ser instáveis e complexos demais para lidar com eles da forma adequada. Igualmente, um reator de fissão comum, como é fácil demonstrar, simplesmente não produz energia suficiente para acionar uma espaçonave. Uma usina de energia nuclear típica produz cerca de 1 bilhão de watts de energia, o que não basta para chegar até as estrelas.

Mas na década de 1950 cientistas propuseram usar bombas atômicas e de hidrogênio, não reatores, para impulsionar uma espaçonave. O Projeto Orion, por exemplo, propôs um foguete impulsionado por uma sucessão de ondas de explosão nuclear de uma série de bombas atômicas. Uma nave estelar deixaria cair uma sequência de bombas atômicas da sua cauda, gerando uma série de fortes explosões de raios X. Esta onda de choque então empurraria a nave estelar para a frente.

Em 1959, físicos da General Atomics estimaram que uma versão avançada de Orion pesaria 8 milhões de toneladas, com um diâmetro de 400 metros, e seria alimentada por mil bombas de hidrogênio.

Um entusiasmado proponente do Projeto Orion foi o físico Freeman Dyson: "Para mim, o Projeto Orion significava dar vida a todo o sistema solar. Ele poderia ter mudado a história", diz ele. Teria sido também um modo conveniente de nos vermos livres de bombas atômicas. "Com uma viagem, nós nos livraríamos de 2 mil bombas", diz ele.

O que matou o Projeto Orion, entretanto, foi o Tratado de Proibição de Testes Nucleares de 1963, que proibiu testes de superfície com armas nucleares. Sem testes, os físicos não puderam aprimorar o Projeto Orion e a ideia morreu.

FUSÃO *RAMJET*

Outra proposta para um foguete nuclear foi de Robert W. Bussard em 1960; ele imaginou um motor a fusão similar a um motor a jato comum. Um motor *ramjet* puxa o ar na frente e o mistura em seguida ao combustível internamente. Ao se inflamar a mistura de ar e combustível, ocorre uma explosão química que gera impulso. Ele imaginou aplicar o mesmo princípio básico a um motor de fusão. Em vez de puxar o ar, o motor de fusão *ramjet* puxa o gás de hidrogênio, que se encontra por toda parte no espaço interestelar. O gás de hidrogênio seria comprimido e aquecido por campos elétricos e magnéticos até o hidrogênio se fundir em hélio, liberando quantidades enormes de energia no processo. Isso provocaria uma explosão, que em seguida geraria impulso. Visto haver um suprimento inexaurível de hidrogênio no espaço profundo, pode-se imaginar que o motor de fusão *ramjet* funcione para sempre.

Os projetos para o foguete de fusão *ramjet* parecem um cone de sorvete. A concha prende o gás de hidrogênio, que em seguida é enviado para o motor, onde é aquecido e fundido com outros átomos de hidrogênio. Bussard calculou que, se um motor *ramjet* de mil toneladas for capaz de manter a aceleração de 32 pés por segundo quadrado (ou a gravidade sentida na Terra), então ele chegará perto de 77% da velocidade da luz em apenas um ano. Visto que o motor *ramjet* pode funcionar para sempre, teoricamente ele poderia deixar a nossa galáxia e alcançar a galáxia de Andrômeda, a 2 milhões de anos-luz da Terra, em 23 anos, conforme medido por astronautas na nave-foguete. (Como diz a teoria da relatividade de Einstein, o tempo diminui de velocidade num foguete em aceleração, e por isso milhões de anos talvez tenham se passado na Terra, mas os astronautas estarão apenas 23 anos mais velhos.)

O motor *ramjet* enfrenta vários problemas. Primeiro, como no espaço interestelar existem principalmente prótons, o motor de fusão precisa queimar combustível de hidrogênio puro, que não produz tanta energia assim. (Há muitas maneiras de fundir o hidrogênio. O método preferido na Terra é fundir deutério e trítio, que produz muita energia. Mas no espaço cósmico o hidrogênio é encontrado como um único próton e, por conseguinte, motores *ramjet* só podem fundir prótons com prótons, o que não produz tanta energia quanto a fusão deutério-trítio.) Entretanto, Bussard mostrou que, modificando-se a mistura de combustível com um tanto de carbono, este age como um catalisador e gera quantidades enormes de energia, o suficiente para dirigir uma nave estelar.

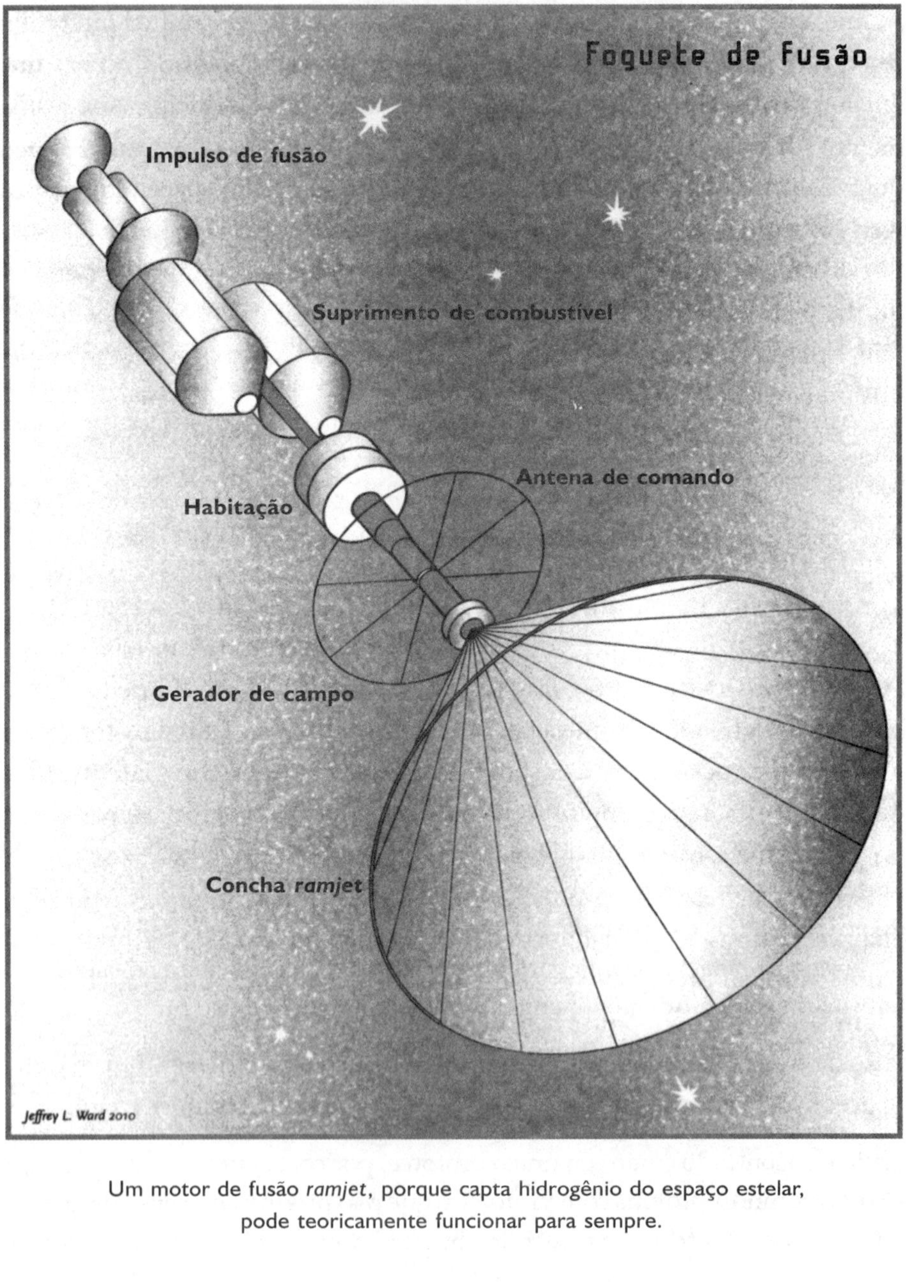

Um motor de fusão *ramjet*, porque capta hidrogênio do espaço estelar, pode teoricamente funcionar para sempre.

Segundo, a concha teria de ser imensa – da ordem de 160 quilômetros – para coletar hidrogênio suficiente, razão por que teria de ser montada no espaço.

Existe outro problema que ainda não foi resolvido. Em 1985, os engenheiros Robert Zubrin e Dana Andrews mostraram que o puxão sentido pelo motor *ramjet* seria grande o suficiente para impedi-lo de acelerar até próximo da velocidade da luz. O puxão é causado pela resistência que a nave estelar encontra ao se mover num campo de átomos de hidrogênio. Entretanto, o seu cálculo baseia-se fortemente em certas hipóteses que talvez não se apliquem a projetos *ramjet* do futuro.

No momento, até compreendermos melhor o processo de fusão (e também os efeitos da resistência de íons no espaço), ainda não se decidiu nada a respeito dos motores de fusão *ramjet*. Mas, se esses problemas de engenharia puderem ser solucionados, então o foguete de fusão *ramjet* estará definitivamente na lista preferencial de candidatos.

FOGUETES ANTIMATÉRIA

Outra possibilidade é usar a maior fonte de energia do universo, a antimatéria, como combustível para a sua espaçonave. A antimatéria é o oposto da matéria, com a carga oposta; por exemplo, um elétron tem carga negativa, mas um elétron de antimatéria (o pósitron) tem carga positiva. Ele também se anulará em contato com matéria comum. De fato, uma colher de chá de antimatéria tem energia suficiente para destruir toda a área metropolitana de Nova York.

A antimatéria é tão potente que Dan Brown fez os vilões do seu romance *Anjos e demônios* construírem uma bomba para explodir o Vaticano usando a que foi roubada do CERN, nos arredores de Genebra, na Suíça. Ao contrário da bomba de hidrogênio, que é apenas 1% eficiente, uma bomba de antimatéria seria 10% eficiente, convertendo matéria em energia segundo a equação de Einstein $E = mc^2$.

A princípio a antimatéria é o combustível de foguete ideal para uma nave estelar. Gerald Smith, da Pennsylvania State University, estima que 4 miligramas de antimatéria nos levariam até Marte, e uma centena de gramas nos levariam talvez até as estrelas próximas. Proporcionalmente, ela libera 1 bilhão de vezes mais energia do que o combustível de foguete. Um motor de antimatéria pareceria bastante simples. Basta deixar cair um fluxo constante de partículas de antimatéria pela câmara do foguete, onde ela se combina com matéria ordinária e provoca uma explosão titânica. O gás explosivo em seguida é disparado por uma extremidade da câmara, gerando impulso.

Ainda estamos longe deste sonho. Até agora, os físicos foram capazes de criar antielétrons e antiprótons, bem como átomos de anti-hidrogênio, com antielétrons circulando ao redor de antiprótons. Isto foi feito no CERN e também no Fermi National Accelerator Laboratory (Fermilab), nos arredores de Chicago, no seu Tevatron, o segundo maior colisor de partículas, ou acelerador de partículas, do mundo (atrás apenas do Grande Colisor de Hádrons no CERN). Físicos de ambos os laboratórios dispararam um feixe de partículas de alta energia num alvo, criando uma saraivada de fragmentos que continham antiprótons. Ímãs potentes foram usados para separar a antimatéria da matéria comum. Estes antiprótons foram em seguida desacelerados, e antielétrons puderam se misturar com eles, criando átomos anti-hidrogênio.

Um homem que pensou muito a respeito dos aspectos práticos da antimatéria é Dave McGinnis, um físico da Fermilab. De pé ao lado do Tevatron, ele me explicou a assustadora economia da antimatéria. A única maneira que se conhece de produzir quantidades constantes de antimatéria, enfatizou, é usar um colisor de átomos como o Tevatron; estas máquinas são caríssimas e produzem apenas quantidades minúsculas de antimatéria. Por exemplo, em 2004, o colisor de átomos da CERN produziu vários trilionésimos de grama de antimatéria ao custo de 20 milhões de dólares. Nesse ritmo, ele levaria à falência toda a economia da Terra para produzir antimatéria suficiente para prover de energia uma nave estelar. Motores de antimatéria, acentuou ele, não são um conceito mirabolante. Não há dúvida de que estão dentro das leis da física. Mas o custo para construir um deles seria proibitivo num futuro próximo.

Uma das razões para a antimatéria ser tão cara é que os colisores de átomos necessários para produzi-la são notoriamente caros. Entretanto, estes colisores de átomos são máquinas com múltiplas finalidades, projetadas principalmente para produzir partículas subatômicas exóticas, não as partículas de antimatéria mais comuns. São ferramentas de pesquisa, não máquinas comerciais. É concebível que os custos possam baixar consideravelmente se alguém projetar um novo tipo de colisor de átomos com a função específica de produzir quantidades enormes de antimatéria. E então, com a produção em massa destas máquinas, seria possível criar quantidades bem grandes de antimatéria.

Harold Gerrish, da NASA, acredita que o custo da antimatéria, no final, poderia baixar para 5 mil dólares o micrograma.

Outra possibilidade está na descoberta de um meteorito de antimatéria no espaço cósmico. Se for encontrado um objeto desses, ele poderia suprir energia suficiente para fazer funcionar uma nave estelar. De fato, o satélite europeu PAMELA (Payload for Antimatter Matter Exploration and Light-Nuclei Astrophysics) foi lançado em 2006 com a finalidade específica de procurar antimatéria, que ocorre de forma natural no espaço cósmico.

Se grandes quantidades de antimatéria forem encontradas no espaço, será possível imaginar o uso de grandes redes eletromagnéticas para coletá-las.

Portanto, embora foguetes interestelares de antimatéria estejam certamente dentro das leis da física, talvez só lá pelo final do século o custo baixe. Mas, se isso puder ser feito, então foguetes de antimatéria estarão na lista de preferências de todos para as naves estelares.

NANONAVES

Deslumbrados com os efeitos especiais de *Guerra nas estrelas* ou de *Jornada nas estrelas*, imaginamos logo uma imensa e futurista nave estelar cercada de todas as mais recentes engenhocas high-tech. Mas outra possibilidade é usar a nanotecnologia para criar naves estelares minúsculas, talvez não maiores que um dedal, uma agulha de costura ou até menos que isso. Temos esta ideia preconcebida de que uma nave estelar tem de ser imensa, como a *Enterprise*, e capaz de suportar uma tripulação de astronautas. Mas as funções essenciais de uma nave estelar podem ser miniaturizadas com a nanotecnologia para que seja possível lançar às estrelas próximas talvez milhões de minúsculas nanonaves, das quais na verdade apenas uma fração terá êxito. Uma vez chegadas a uma lua próxima, elas poderiam criar uma fábrica para produzir cópias ilimitadas delas mesmas.

Vint Cerf, um dos criadores originais da internet, visualiza minúsculas nanonaves que possam explorar não só o sistema solar, mas futuramente as próprias estrelas. Ele diz: "A exploração do sistema solar se tornará mais eficaz com a construção de pequenos, mas poderosos aparelhos em nanoescala que serão fáceis de transportar e descarregar na superfície, abaixo da superfície e na atmosfera dos planetas e satélites vizinhos nossos... Pode-se até extrapolar estas possibilidades para a exploração interestelar."

Na natureza, os mamíferos produzem apenas uma pequena prole e cuidam para que todos sobrevivam. Os insetos produzem grandes quantidades de filhos, dos quais apenas uma minúscula fração sobreviverá. Ambas as estratégias podem manter vivas as espécies por milhões de anos. Do mesmo modo, em vez de enviar uma única nave estelar caríssima até as estrelas, podem-se mandar milhões de minúsculas naves estelares, cada uma custando 1 centavo e exigindo muito pouco combustível de foguete.

Este conceito tem como molde uma estratégia de muito sucesso encontrada na natureza: a formação de enxames. Aves, abelhas e outros animais voadores voam em bandos ou enxames. Não só há segurança nos grupos, como o enxame também age como um sistema de alerta precoce. Se uma perturbação perigosa acontece em uma parte do enxame, como o ataque de um predador, a mensagem é rapidamente transmitida ao restante do enxame. Eles também são muito eficientes em energia. Quando as aves voam numa formação em V característica, a esteira e a turbulência criada por este padrão reduzem a energia de que cada pássaro precisa para voar.

Os cientistas caracterizam um enxame como um "superorganismo", que parece ter inteligência própria, independente das habilidades de qualquer indivíduo isolado. As formigas, por exemplo, têm um sistema nervoso muito simples e um cérebro minúsculo, mas juntas conseguem criar formigueiros complexos. Os cientistas têm esperanças de assimilar algumas dessas lições da natureza projetando robôs-enxames que poderiam um dia viajar até outros planetas e estrelas.

Isso é semelhante ao conceito hipotético de poeira inteligente que o Pentágono está perseguindo: bilhões de partículas soltas no ar, cada uma com um minúsculo sensor para fazer reconhecimentos. Isolado, o sensor não é muito inteligente, mas coletivamente eles podem retransmitir montanhas de informações. O DARPA do Pentágono financiou esta pesquisa para possíveis aplicações militares, como monitorar posições inimigas no campo de batalha. Em 2007 e 2009, a Força Aérea divulgou documentos relativos a posições que detalhavam planos para as próximas décadas, esquematizando tudo, desde versões avançadas do Predator (que hoje custa 4,5 milhões de dólares cada um) até enxames de minúsculos sensores menores que uma mariposa ao custo de centavos.

Os cientistas também estão interessados neste conceito. Eles talvez queiram pulverizar poeira inteligente para monitorar instantaneamente milhares de locais durante furacões, tempestades de raios e trovões, erupções vulcânicas, terremotos, enchentes, incêndios florestais e outros fenômenos naturais. No filme *Twister*, por exemplo, vemos um bando de valentes caçadores de tempestades arriscando a vida para cercar um tornado com sensores. Isso não é muito eficaz. Em vez de um punhado de cientistas colocando alguns sensores durante uma erupção vulcânica ou um tornado para medir temperatura, umidade e velocidade do vento, a poeira inteligente daria informações de milhares de posições diferentes na mesma hora em centenas de quilômetros. Quando inseridos num computador, estes dados podem lhe dar informações instantâneas, em tempo real, sobre a evolução de um furacão ou de um vulcão em três dimensões. Especulações comerciais já se armaram para colocar no mercado estes minúsculos sensores, alguns não maiores que uma cabeça de alfinete.

Outra vantagem das nanonaves é que elas precisam de muito pouco combustível para ser enviadas ao espaço. Em vez de usar imensos foguetes propulsores capazes de alcançar apenas 40 mil quilômetros por hora, é relativamente fácil enviar objetos minúsculos ao espaço a velocidades incríveis. De fato, é fácil enviar partículas subatômicas a uma velocidade próxima à da luz usando-se campos elétricos comuns. Estas nanopartículas transportam uma pequena carga elétrica e podem ser facilmente aceleradas por campos elétricos.

Em vez de usar imensos recursos para enviar uma sonda a outra lua ou planeta, uma única sonda poderia ter capacidade de se autorreplicar e assim criar uma fábrica inteira ou até uma base lunar. Estas sondas autorreplicantes podem então se lançar na exploração de outros mundos. (O problema é criar a primeira nanossonda autorreplicante, o que ainda está no futuro distante.)

Em 1980, a NASA levou suficientemente a sério a ideia de sondas-robôs autorreplicantes a ponto de encomendar um estudo especial, chamado Advanced Automation for Space Missions, que foi realizado na Universidade de Santa Clara e avaliou diversas possibilidades. Uma delas, explorada por cientistas da NASA, era enviar pequenos robôs autorreplicantes até a Lua. Ali, o robô usaria o solo e criaria cópias ilimitadas de si mesmo.

A maior parte do relatório foi dedicada aos detalhes da construção de uma fábrica química para processar rochas lunares (chamadas regolitos). O robô, por exemplo, poderia aterrissar na Lua, desmontar-se e em seguida reorganizar suas peças para criar uma nova fábrica, em tudo muito parecido com o robô Transformer de brinquedo. Por exemplo, o robô poderia criar grandes espelhos parabólicos para concentrar a luz solar e começar a derreter os regolitos. Em seguida ele usaria sanguessugas de ácido fluorídrico para começar a processar os regolitos, a fim de extrair minerais e metais utilizáveis. Os metais poderiam então ser fabricados na base lunar. No final, o robô construiria uma pequena fábrica lunar para se reproduzir.

Confiando neste relatório, em 2002, o Instituto para Conceitos Avançados da NASA começou a financiar uma série de projetos baseados nestes robôs autorreplicantes. Um cientista que levou a sério a proposta de nave estelar num chip é Mason Peck, da Cornell University.

Tive a oportunidade de visitar Peck no seu laboratório, onde se podia ver a sua bancada cheia de componentes que no futuro podem ser colocados em órbita. Ao lado havia uma pequena sala limpa, com paredes cobertas de plástico, onde delicados componentes de satélite eram montados.

A sua visão da exploração espacial é bem diferente da que os filmes de Hollywood nos dão. Ele imagina um microchip, de 1 cm e 1 g, que pode ser acelerado a algo entre 1% e 10% da velocidade da luz. Ele aproveita o efeito estilingue que a NASA usa para lançar espaçonaves a enormes velocidades. Esta manobra ajudada pela gravidade implica enviar uma espaçonave ao redor de um planeta, como uma pedra num estilingue, usando, portanto, a gravidade do planeta para aumentar a sua velocidade.

Mas, em vez de gravidade, Peck quer usar forças magnéticas. A sua ideia é enviar uma nave espacial num microchip girando em torno do campo magnético de Júpiter, que é 20 mil vezes maior que o campo da Terra. Ele planeja acelerar a sua nanonave estelar com a força magnética que é usada para lançar partículas subatômicas a trilhões de elétrons-volts nos nossos colisores de átomos.

Ele me mostrou um exemplo de chip que pensava um dia poder ser lançado ao redor de Júpiter. Era um quadrado minúsculo, menor que a ponta de um dedo, abarrotado de circuitos científicos. A sua nave estelar seria simples. De um lado, o chip tem uma célula solar que fornece energia para comunicação. Do outro lado, tem um transmissor de rádio, uma câmera e outros sensores. O dispositivo não tem motor, dado ser impulsionado usando-se apenas o campo magnético de Júpiter. (O Instituto para Conceitos Avançados da NASA, que financiou esta e outras propostas inovadoras para o programa espacial desde 1998, infelizmente foi fechado em 2007 devido a cortes orçamentários.)

Portanto, a visão de Peck de uma nave estelar é um nítido desvio das que se encontram em geral na ficção científica, onde imensas naves estelares se movem pesadamente no espaço, pilotadas por uma tripulação de ousados astronautas. Por exemplo, se uma base for montada numa lua de Júpiter, então uma quantidade enorme destes minúsculos chips poderia ser disparada na órbita desse planeta gigante. Se uma bateria de canhões de laser também fosse construída nesta lua, então estes chips poderiam ser acelerados ao ser atingidos por luz laser, aumentando a sua velocidade até chegar a uma fração da velocidade da luz.

Então eu lhe fiz uma pergunta simples: Você pode reduzir seus chips ao tamanho de moléculas usando a nanotecnologia? Então, em vez de usar os campos magnéticos de Júpiter para acelerar estes chips, você usaria colisores de átomos baseados na nossa própria lua para disparar sondas do tamanho de moléculas a uma velocidade próxima à da luz. Ele concordou que esta seria uma possibilidade real, mas não havia ainda solucionado os detalhes.

Assim, pegamos uma folha de papel e, juntos, começamos a calcular as equações para esta possibilidade. (É assim que nós, os cientistas-pesquisadores, interagimos uns com os outros, indo para o quadro-negro ou pegando uma folha de papel e escrevendo equações.) Anotamos as equações para a força de Lorentz, que Peck usa para acelerar seus chips ao redor de Júpiter, mas em seguida reduzimos os chips ao tamanho de moléculas e os colocamos num acelerador hipotético, similar ao Grande Colisor de Hádrons, do CERN. Pudemos ver logo que as equações permitiam que uma nanonave estelar acelerasse até quase a velocidade da luz, usando apenas um colisor de átomos convencional baseado na Lua. Como estávamos reduzindo a nossa nave estelar de chip ao tamanho de uma molécula, pudemos reduzir o nosso acelerador do tamanho de Júpiter ao de um colisor de átomos convencional. Parecia que esta ideia era uma possibilidade real.

Mas, depois de analisarmos as equações, nós dois concordamos que o único problema era a estabilidade destas delicadas nanonaves estelares. A aceleração acabaria por romper estas moléculas? Como uma bola girando numa corda, estas moléculas experimentariam forças centrífugas conforme fossem aceleradas à velocidade próxima à da luz. Além disso, estas moléculas teriam carga elétrica, de modo que até forças elétricas poderiam rompê-las. Concluímos que as nanonaves eram uma possibilidade inegável, mas talvez sejam necessárias décadas de pesquisas para reduzir os chips de Peck ao tamanho de uma molécula e reforçá-los para que não se desintegrem ao ser acelerados até a velocidade próxima à da luz.

Assim, o sonho de Mason Peck é enviar um enxame de chips à estrela mais próxima, na esperança de que alguns deles realmente consigam cruzar o espaço estelar. Mas o que fazem ao chegar?

É aqui que entra o trabalho de Pei Zhang, da Carnegie Mellon University, no Vale do Silício. Ele criou uma frota de mini-helicópteros que um dia podem ir parar em outro planeta. Mostrou para mim, todo orgulhoso, a sua frota-enxame de robôs, que parecem helicópteros de brinquedo. Mas as aparências enganam. Vi que no centro de cada um deles havia um chip abarrotado de um sofisticado circuito. Apertando um botão, ele soltou no ar quatro enxames de robôs, e eles voaram em todas as direções e enviaram informações de volta. Logo me vi cercado de enxames de robôs.

O propósito destes enxames de robôs, disse-me ele, é oferecer ajuda crucial em situações de emergência, como incêndios e explosões, fazendo reconhecimentos e supervisões. No futuro, estes enxames de robôs poderão ser equipados com câmeras de TV e sensores capazes de detectar temperatura, pressão, direção do vento etc., informações que poderão ser críticas numa emergência. Milhares de enxames de robôs poderiam ser soltos num campo de batalha, num incêndio ou até em terreno extraterrestre. Estes enxames de robôs também se comunicariam uns com os outros. Se um deles bater num obstáculo, irradiará a informação para os outros enxames de robôs.

Portanto, uma visão das viagens espaciais poderia ser a de milhares de chips baratos, descartáveis, projetados por gente como Mason Peck e disparados para a estrela mais próxima quase à velocidade da luz. Quando um punhado deles chegasse ao seu destino, faria brotar asas e hélices, e voaria sobre o terreno alienígena, exatamente como a frota de enxames de robôs de Pei Zhang. Eles então transmitiriam informações por meio de rádio para a Terra. Uma vez encontrados planetas promissores, uma segunda geração de enxames de robôs poderia ser enviada para criar fábricas nestes planetas, que, então, criariam mais cópias destes enxames de robôs, que em seguida voariam para a próxima estrela. Assim o processo continuaria indefinidamente.

TERRA EM ÊXODO?

Em 2100, é provável que tenhamos enviado astronautas a Marte e ao cinturão de asteroides, explorado as luas de Júpiter e iniciado os primeiros passos para enviar uma sonda até as estrelas.

Mas e a humanidade? Teremos colônias espaciais para aliviar a população mundial ao encontrarmos um novo lar no espaço cósmico? A raça humana começará a deixar a Terra em 2100?

Não. Devido ao custo, mesmo em 2100, e depois a maior parte da raça humana não embarcará numa nave espacial para visitar outros planetas. Embora um punhado de astronautas já tenha criado então pequenos postos avançados entre os planetas, a humanidade em si estará presa à Terra.

Visto que a Terra será o lar da humanidade ainda por muitos séculos, surge outra questão: como a própria civilização evoluirá? Como a ciência afetará o nosso estilo de vida, os nossos empregos e a nossa sociedade? A ciência é o motor da prosperidade; então, como ela remodelará a civilização e a riqueza no futuro?

Tecnologia e ideologia estão abalando os alicerces do capitalismo do século XX. A tecnologia está tornando as habilidades e o conhecimento as únicas fontes de vantagem estratégica sustentável.

– LESTER THUROW

7 O FUTURO DA RIQUEZA *Vencedores e perdedores*

Na mitologia, a ascensão e a queda de grandes impérios dependiam da força e esperteza de algum exército. Os grandes generais do Império Romano adoravam o deus Marte no templo dele, o deus da guerra, antes das campanhas militares decisivas. Os feitos lendários de Thor inspiraram os vikings a travar batalhas heroicas. Os antigos construíam templos e monumentos enormes dedicados aos deuses, comemorando vitórias em batalhas contra seus inimigos.

Mas, quando analisamos a real ascensão e declínio de grandes civilizações, encontramos uma história bem diferente.

Se você fosse um alienígena de Marte visitando a Terra nos anos 1500 e visse todas as grandes civilizações, qual delas pensaria que acabaria dominando o mundo? A resposta seria fácil: qualquer uma, menos a europeia.

No Oriente, você veria a grande civilização chinesa, que durou milênios. A longa lista de invenções descobertas pelos chineses não tem paralelo: papel, imprensa, pólvora, bússola etc. Seus cientistas são os melhores do planeta. Seu governo é unificado, e o continente está em paz.

No Sul, você tem o Império Otomano, que esteve por um fio de cabelo para ocupar a Europa. A grande civilização muçulmana inventou a álgebra, produziu avanços na óptica e na física e deu nome às estrelas. Arte e ciência florescem. Seus grandes exércitos não enfrentam oposição digna de crédito. Istambul é um dos grandes centros de estudos científicos do mundo.

Então você tem os lastimáveis países europeus, torturados pelo fundamentalismo religioso, com julgamentos e a Inquisição. A Europa ocidental, em precipitado declínio há mil anos, desde o colapso do Império Romano, está tão atrasada que é uma importadora de tecnologia. É um buraco negro medieval. A maior parte do conhecimento do Império Romano desapareceu faz tempo, substituído por asfixiante dogma religioso. A oposição e a dissidência são frequentemente enfrentadas com tortura ou coisa pior. Além do mais, as cidades-Estado europeias estão constantemente em guerra umas com as outras.

Então, o que aconteceu?

O grande Império Chinês e o Otomano estão ambos entrando num período de 500 anos de estagnação tecnológica, enquanto a Europa inicia uma aceitação sem precedentes da ciência e da tecnologia.

Começando no ano de 1405, o imperador da China, Yongle, encomendou uma enorme armada, a maior que o mundo já vira, para explorar o mundo. (As três franzinas caravelas de Colombo caberiam muito bem no convés de apenas uma dessas naus colossais.) Sete imponentes expedições foram lançadas, cada uma maior que a anterior. Esta frota velejou ao redor da costa do Sudeste da Ásia e chegou até a África, Madagascar e talvez mais além. Ela trouxe de volta uma rica recompensa em mercadorias, iguarias delicadas e animais exóticos lá do fim do mundo. Há notáveis peças de madeira esculpida com girafas africanas desfilando num zoológico da Dinastia Ming.

Mas os governantes da China também estavam desapontados. Era só isso? Onde estavam os grandes exércitos que poderiam rivalizar com os chineses? Comidas exóticas e animais estranhos eram tudo o que o restante do mundo podia oferecer? Perdendo o interesse, os governantes subsequentes da China deixaram a sua grande frota apodrecer e ser destruída pelo fogo. A China aos poucos se isolou do mundo exterior, estagnando enquanto ele prosperava.

Uma atitude similar estabeleceu-se no Império Otomano. Tendo conquistado a maior parte do mundo conhecido, os otomanos voltaram-se para dentro, para o fundamentalismo religioso e séculos de estagnação. Manathir Mohamad, ex-primeiro-ministro da Malásia, disse: "A grande civilização islâmica entrou em declínio quando os eruditos muçulmanos interpretaram a aquisição de conhecimento, conforme aconselhava o Corão, como apenas o da religião, e os demais conhecimentos como não islâmicos. Consequentemente os muçulmanos desistiram do estudo da ciência, da matemática, da medicina e das demais disciplinas chamadas mundanas. Em contrapartida, passavam um bom tempo debatendo ensinamentos e interpretações islâmicos, jurisprudência islâmica e práticas islâmicas, que levaram a um rompimento do Ummah e à fundação de numerosas seitas, cultos e escolas."

Na Europa, entretanto, um grande despertar tinha início. O comércio trouxe novas e revolucionárias ideias, aceleradas pela imprensa de Gutenberg. O poder da Igreja começou a enfraquecer depois de um milênio de dominação. As universidades lentamente voltaram a atenção da interpretação de passagens obscuras da Bíblia para a aplicação da física de Newton e da química de Dalton e outros. O historiador Paul Kennedy, de Yale, acrescenta mais um fator à meteórica ascensão da Europa: o constante estado de guerra entre poderes europeus quase iguais, nenhum dos quais jamais conseguiu dominar o continente. Os monarcas, sempre em guerra uns com os outros, financiavam a ciência e a engenharia para favorecer suas ambições territoriais. A ciência não era apenas um exercício acadêmico, mas um modo de criar novas armas e novos meios de enriquecimento.

Não demorou muito e a ascensão da ciência e da tecnologia na Europa começou a enfraquecer o poder da China e do Império Otomano. A civilização muçulmana, que havia prosperado durante séculos como uma porta de entrada para o comércio entre o Oriente e o Ocidente, vacilava enquanto marinheiros europeus inventavam novas rotas para o Novo Mundo e para o Oriente – especialmente contornando a África, desviando-se do Oriente Médio. E a China se viu dividida por canhoneiras europeias que ironicamente exploravam duas invenções essenciais chinesas, a pólvora e a bússola.

A resposta à pergunta "O que aconteceu?" é clara. Foram a ciência e a tecnologia. Ciência e tecnologia são os motores da prosperidade. Claro, você está livre para ignorar a ciência e a tecnologia, mas por sua própria conta e risco. O mundo não para porque você está lendo um texto religioso. Se você não dominar o que há de mais recente na ciência e na tecnologia, então os seus concorrentes o farão.

DOMÍNIO DAS QUATRO FORÇAS

Mas como exatamente a Europa, o azarão, de repente deixou a China e o mundo muçulmano para trás depois de séculos de ignorância? Há fatores tanto sociais como tecnológicos nesta extraordinária reviravolta.

Ao analisar a história mundial depois de 1500, percebe-se que a Europa estava madura para o próximo grande avanço, com o declínio do feudalismo, a ascensão de uma classe mercantil e os vibrantes ventos do Renascimento. Os físicos, entretanto, veem esta grande transição pelas lentes das quatro forças fundamentais que governam o universo. Estas são as forças fundamentais que podem explicar tudo à nossa volta, desde máquinas, foguetes e bombas até as estrelas e o próprio universo. A mudança nas tendências sociais pode ter montado o cenário para esta transição, mas foi o domínio destas forças na Europa que finalmente a impulsionou para a linha de frente das potências mundiais.

A primeira força é a gravidade, que nos mantém ancorados ao solo, impede o Sol de explodir e conserva unido o universo. A segunda é a força eletromagnética, que ilumina as nossas cidades, energiza nossos dínamos e motores, e coloca em funcionamento nossos lasers e computadores. A terceira e a quarta forças são a nuclear fraca e a nuclear forte, que mantêm unido o núcleo do átomo, iluminam as estrelas no céu e criam o fogo nuclear no centro do nosso Sol. Todas as quatro forças foram descobertas na Europa.

Cada vez que uma dessas forças foi compreendida pelos físicos, a história humana mudou, e a Europa estava perfeitamente adequada para explorar esse novo conhecimento. Quando Isaac Newton viu a maçã cair e olhou para a Lua, fez a pergunta que mudou para sempre a história humana: Se a maçã cai, então a Lua também pode cair? Num brilhante golpe de visão, aos 23 anos de idade, ele percebeu que as forças que agarram uma maçã são as mesmas que se estendem até os planetas e cometas no céu. Isso lhe permitiu aplicar a nova matemática que acabara de inventar, o cálculo, para traçar a trajetória dos planetas e das luas, e pela primeira vez decodificar os movimentos dos céus. Em 1687, ele publicou a sua obra-prima, *Principia*, talvez o livro de ciência mais importante jamais escrito, classificado entre os mais influentes de toda a história humana.

Mais importante ainda, Newton introduziu um novo modo de pensar, uma mecânica com a qual se podia calcular o movimento de corpos movendo-se por meio de forças. Já não estávamos sujeitos aos caprichos de espíritos, demônios e fantasmas; em vez disso, objetos se moviam por causa de forças bem definidas que podiam ser medidas e controladas. Isso levou à mecânica newtoniana, com a qual os cientistas podiam prever com exatidão o comportamento de máquinas; por sua vez, isto pavimentou o caminho para a máquina a vapor e a locomotiva. A intrincada dinâmica de máquinas complexas movidas a vapor podia ser desmontada sistematicamente, parafuso por parafuso, alavanca por alavanca pelas leis de Newton. Portanto, a descrição da gravidade por Newton ajudou a abrir caminho para a Revolução Industrial na Europa.

Então, no século XIX, de novo na Europa, Michael Faraday, James Clerk Maxwell e outros controlaram a segunda grande força, o eletromagnetismo, que anunciava a próxima grande revolução. Quando construiu geradores na Pearl Street Station, na parte baixa de Manhattan, e eletrificou a primeira rua da Terra, Thomas Edison abriu a porta para a eletrificação de todo o planeta. Hoje, do espaço cósmico, podemos ver a Terra de noite, com continentes inteiros iluminados feericamente. Olhando a Terra do espaço, qualquer alienígena perceberia de imediato que os terráqueos dominaram o eletromagnetismo. Avaliamos bem a nossa dependência dele sempre que há um corte de energia. Em um instante, somos de repente jogados de volta a 100 anos no passado, sem cartões de crédito, computadores, luzes, elevadores, televisão, rádio, internet, motores etc.

Por último, as forças nucleares, também dominadas por cientistas europeus, estão mudando tudo à nossa volta. Não só podemos desvendar os segredos dos céus, revelando a fonte de energia que ilumina as estrelas, como também os do espaço interior, usando estes conhecimentos na medicina com aparelhos de MRI, CAT e PET, radioterapia e medicina nuclear. Como as forças nucleares governam a imensa energia armazenada dentro do átomo, as forças nucleares podem no futuro determinar o destino da humanidade, seja prosperando com a utilização de energia de fusão ilimitada ou morrendo num inferno nuclear.

FUTURO PRÓXIMO [DO PRESENTE A 2030]

QUATRO ESTÁGIOS DA TECNOLOGIA

A combinação de novas condições sociais e domínio das quatro forças empurraram a Europa para a linha de frente das nações. Mas tecnologias são dinâmicas, mudam o tempo todo. Elas nascem, evoluem, ascendem e caem. Para ver como tecnologias específicas mudarão o futuro próximo, vale a pena ver como elas obedecem a determinadas leis da evolução.

Tecnologias maciças em geral evoluem em quatro estágios básicos. Pode-se ver isto na evolução do papel, da água corrente, da eletricidade e dos computadores. No primeiro estágio, os produtos de tecnologia são tão preciosos que ficam bem guardados. O papel, quando foi inventado em forma de papiro pelos antigos egípcios e depois pelos chineses há milhares de anos, era tão precioso que um rolo era guardado a sete chaves por vários sacerdotes. Esta humilde tecnologia ajudou a colocar em movimento a civilização antiga.

O papel entrou no estágio II por volta de 1450, quando Gutenberg inventou a imprensa com o tipo móvel. Isto tornou possível o "livro pessoal", e assim uma pessoa era dona de um livro que continha o conhecimento de centenas de rolos manuscritos. Antes de Gutenberg, havia apenas 30 mil livros em toda a Europa. Em 1500, eram 9 milhões, ativando um intenso fermento intelectual e estimulando o Renascimento.

Mas por volta de 1930 o papel chegou ao estágio III, quando o custo caiu para 1 centavo a folha. Isso possibilitou a existência da biblioteca pessoal, permitindo que uma pessoa possuísse centenas de livros. O papel tornou-se uma mercadoria comum, vendida por tonelada. O papel está em toda parte e em lugar nenhum, invisível e ubíquo. Agora estamos no estágio IV, no qual o papel é uma definição de estilo. Decoramos o nosso mundo com papéis de todas as cores, formatos e tamanhos. A maior fonte de lixo urbano é o papel. Portanto, ele evoluiu de algo rigorosamente guardado e foi parar na lata de lixo.

O mesmo se aplica à água corrente. Na Antiguidade, no estágio I, a água era tão preciosa que um único poço era compartilhado por uma aldeia inteira. Foi assim por milhares de anos, até que no início do século XX o sistema pessoal de encanamento foi gradualmente introduzido e entramos no estágio II.

Depois da Segunda Guerra Mundial, a água corrente entrou no estágio III e se tornou barata e disponível para uma classe média em expansão. Hoje, a água corrente está no estágio IV, uma definição de estilo, aparecendo em inúmeros formatos, tamanhos e aplicações. Decoramos o nosso mundo com água, em forma de fontes e exibições.

A eletricidade também passou pelos mesmos estágios. Com o trabalho pioneiro de Thomas Edison e outros, uma fábrica compartilhava uma única lâmpada e um só motor elétrico. Depois da Primeira Guerra Mundial, entramos no estágio II com a lâmpada e o motor pessoais. Hoje, a eletricidade desapareceu; ela está em toda parte e em lugar nenhum. Até a palavra "eletricidade" quase desapareceu da língua inglesa. No Natal, usamos centenas de luzes piscando para decorar nossos lares. Supomos que a eletricidade está escondida nas paredes, ubíqua. A eletricidade é uma definição de estilo, iluminando a Broadway e decorando o nosso mundo.

No estágio IV, tanto a eletricidade como a água corrente se tornaram utilidades públicas. São tão baratas, e as consumimos tanto, que medimos a quantidade de eletricidade e de água que entra nas nossas casas.

O computador segue o mesmo esquema. As empresas que compreenderam isso cresceram e prosperaram. As que não compreenderam foram levadas quase à falência. A IBM dominou o estágio I com o computador de grande porte, na década de 1950. Um computador de grande porte era tão precioso que era compartilhado por 100 cientistas e engenheiros. Entretanto, a administração da IBM não avaliou a lei de Moore, e ela quase foi à falência quando entramos no estágio II na década de 1980, com o advento do computador pessoal.

Mas até os fabricantes de computadores pessoais dormiram no ponto. Eles imaginaram um mundo com computadores independentes em cada mesa. Foram surpreendidos com a chegada do estágio III, de computadores ligados pela internet com os quais uma pessoa podia interagir com milhões de computadores. Hoje, você só encontra um computador independente num museu.

Portanto, o futuro do computador é acabar entrando no estágio IV, quando desaparecerá e ressuscitará como uma definição de estilo. Vamos decorar o nosso mundo com computadores. A própria palavra *computador* vai gradualmente desaparecer da língua inglesa. No futuro, o maior componente do lixo urbano não será o papel, mas o chip. O futuro do computador é desaparecer e tornar-se uma utilidade, vendido como a água e a eletricidade. Os chips de computador aos poucos desaparecerão, à medida que a computação for sendo feita "nas nuvens".

Assim, a evolução dos computadores não é um mistério; está seguindo a trilha batida de seus predecessores, como a eletricidade, o papel e a água corrente.

Mas o computador e a internet ainda estão evoluindo. Perguntaram ao economista John Steele Gordon se esta revolução terminou. "Céus, não. Vão se passar ainda 100 anos para ela chegar ao fim, como a máquina a vapor. Estamos agora com a internet no ponto que estávamos em 1850 com a estrada de ferro. É só o começo."

Nem todas as tecnologias, devemos observar, entram nos estágios III e IV. Por exemplo, considere a locomotiva. O transporte mecanizado entrou no estágio I no início do século XIX com o advento da locomotiva a vapor. Uma centena de pessoas compartilhava uma única locomotiva. Entramos no estágio II com a introdução da "locomotiva pessoal", também conhecida como automóvel, no início do século XX. Mas a locomotiva e o automóvel (basicamente uma caixa sobre trilhos ou rodas) não mudaram muito nas últimas décadas. O que houve foram aprimoramentos, como motores mais potentes e eficientes, bem como inteligência. Portanto, as tecnologias que não podem entrar nos estágios III e IV serão embelezadas; por exemplo, terão chips para se tornar inteligentes. Algumas tecnologias evoluem até o estágio IV, como a eletricidade, os computadores, o papel e a água corrente. Outras ficam presas num estágio intermediário, mas continuam a evoluir ao lhes serem acrescentadas melhorias, como chips e mais eficiência.

POR QUE BOLHAS E DESASTRES FINANCEIROS?

Mas hoje, na esteira da grande recessão de 2008, é possível ouvir algumas vozes dizerem que todo esse progresso foi uma ilusão, que temos de voltar aos dias mais simples, que há algo fundamentalmente errado no sistema.

Quando se observa a história no seu conjunto, é fácil apontar para as inesperadas e colossais bolhas e desastres financeiros que parecem sair do nada. Eles parecem um subproduto aleatório dos caprichos do destino e das loucuras humanas. Historiadores e economistas escreveram volumosamente sobre o desastre de 2008, tentando entender mediante análise uma variedade de causas, como a natureza humana, a ganância, a corrupção, a falta de normas, as fraquezas na fiscalização etc.

Entretanto, vejo a grande recessão de outra forma, olhando pelas lentes da ciência. A longo prazo, a ciência é o motor da prosperidade. Por exemplo, *The Oxford Encyclopedia of Economic History* cita estudos que "atribuem 90% do crescimento da renda na Inglaterra e nos Estados Unidos depois de 1780 às inovações tecnológicas, não ao mero acúmulo de capital".

Sem a ciência, seríamos lançados de volta a milênios no passado sombrio. Mas a ciência não é uniforme, ela vem em ondas. Um avanço seminal (por exemplo, a máquina a vapor, a lâmpada, o transistor) com frequência provoca uma cascata de invenções secundárias, que em seguida gera uma avalanche de inovações e progresso. Por criarem riquezas imensas, estas ondas devem se refletir na economia.

A primeira grande onda foi a energia a vapor, que acabou originando a criação da locomotiva. A energia a vapor alimentou a Revolução Industrial, que viraria a sociedade de cabeça para baixo. Riquezas fabulosas foram geradas pela energia a vapor. Mas, no capitalismo, a riqueza não fica estagnada. Ela tem de ir para algum lugar. Os capitalistas estão sempre na expectativa da próxima queda de preços na Bolsa, e transferem a sua riqueza investindo em esquemas ainda mais especulativos, às vezes com resultados catastróficos.

No início do século XIX, grande parte do excesso de riqueza gerado pela energia a vapor e pela Revolução Industrial foi para as ações de locomotivas na Bolsa de Valores de Londres. De fato, começou a se formar uma bolha, com diversas empresas de locomotivas aparecendo na Bolsa londrina. Virgina Postel, autora de artigos sobre negócios para o *New York Times*, escreve: "Há cem anos, as companhias de estradas de ferro respondiam por metade dos títulos relacionados na Bolsa de Valores de Nova York." Visto que a locomotiva ainda estava na infância, esta bolha era insustentável e finalmente estourou, criando o Craque de 1850, um dos maiores colapsos da história do capitalismo. A este seguiu-se uma série de minicraques que ocorreram quase a cada década, criados pelo excesso de riqueza gerado pela Revolução Industrial.

Existe uma ironia aqui: o apogeu das estradas de ferro se daria na década de 1880 e na de 1890. Portanto, o Craque de 1850 foi devido à febre especulativa e à riqueza criada pela ciência, mas a verdadeira tarefa de colocar o mundo sobre trilhos levaria muito mais décadas para amadurecer.

Thomas Friedman escreve: "No século XIX, a América teve o *boom* da estrada de ferro, a bolha e a explosão... Entretanto, mesmo depois de estourar, essa bolha deixou a América com uma infraestrutura de estradas de ferro que tornou as viagens e remessas transcontinentais muito mais fáceis e mais baratas."

Em vez de os capitalistas aprenderem a lição, o ciclo voltou a se repetir logo depois. Uma segunda grande onda de tecnologia se espalhou, liderada pelas revoluções elétricas e automotivas de Edison e Ford. A eletrificação da fábrica e do ambiente doméstico, bem como a proliferação do Modelo T, mais uma vez geraram riquezas fabulosas. Como sempre, o excesso de riqueza tinha de ir para algum lugar. Neste caso, foi para a Bolsa de Valores dos Estados Unidos, em forma de bolha de ações de empresas de utilidade pública e automotivas. As pessoas ignoraram a lição do Craque de 1859, já que era coisa de há 80 anos, num passado sombrio. De 1900 a 1925, o número de companhias automotivas emergentes chegou a 3 mil, o que o mercado simplesmente não podia suportar. Mais uma vez, esta bolha foi insustentável. Por esta e outras razões, ela estourou em 1929, gerando a Grande Depressão.

Mas a ironia aqui é que a pavimentação e eletrificação da América e da Europa só ocorreram depois do Craque, na década de 1950 e na de 1960.

Mais recentemente, tivemos a terceira grande onda de ciência, o advento da alta tecnologia em forma de computadores, lasers, satélites espaciais, internet e eletrônica. A fabulosa riqueza gerada pela alta tecnologia tinha de ir para algum lugar. Neste caso, ela foi para os bens imobiliários, criando uma imensa bolha. Com o valor dos imóveis explodindo pelo telhado, as pessoas começaram a pedir dinheiro emprestado, dando como lastro o valor de sua casa, usando-a como cofrinho, o que acelerou ainda mais a bolha. Banqueiros inescrupulosos a alimentaram distribuindo hipotecas residenciais como água. Mais uma vez, as pessoas ignoraram a lição dos craques de 1850 e 1929, que aconteceram 160 e 80 anos antes, respectivamente. Finalmente, esta nova bolha não pôde ser sustentada, e tivemos o craque de 2008 e a grande recessão.

Thomas Friedman escreve: "O início do século XXI viu um *boom*, a bolha e agora o estouro dos serviços financeiros. Mas eu temo que de tudo isso reste apenas um bando de condomínios vazios na Flórida que jamais deveriam ter sido construídos, jatinhos particulares que os ricos já não podem sustentar e contratos derivativos mortos que ninguém consegue entender."

Apesar, porém, de toda a tolice que acompanhou o recente craque, a ironia aqui é que o cabeamento e o *networking* do mundo vão acontecer depois do Craque de 2008. O auge da revolução da informação ainda está por vir.

Isso leva à pergunta seguinte: qual é a quarta onda? Ninguém sabe ao certo. Pode ser uma combinação de inteligência artificial, nanotecnologia, telecomunicações e biotecnologia. Como aconteceu em ciclos anteriores, talvez sejam necessários outros 80 anos para estas tecnologias gerarem um tsunami de fabuloso enriquecimento. Por volta do ano 2090, tomara que as pessoas não ignorem a lição de há 80 anos.

MEADOS DO SÉCULO [DE 2030 A 2070]

VENCEDORES E PERDEDORES: EMPREGOS

Mas, com a evolução da tecnologia, surgem mudanças abruptas na economia que às vezes provocam deslocamentos sociais. Em qualquer revolução, há vencedores e perdedores. Isso vai se tornar mais evidente em meados do século. Já não temos ferreiros e construtores de carroças em nenhuma aldeia. Além do mais, não lamentamos o desaparecimento de muitos desses empregos. Mas a questão é: que empregos surgirão em meados do século? Como a evolução da tecnologia mudará o modo como trabalhamos?

Podemos em parte determinar a resposta fazendo uma pergunta simples: quais são as limitações dos robôs? Como vimos, existem pelos menos dois obstáculos à inteligência artificial: reconhecimento de padrões e bom-senso. Portanto, os empregos que sobreviverão no futuro são, basicamente, aqueles que os robôs não executam – aqueles que exigem estas duas habilidades.

Entre os que trabalham de macacão, perderá quem executar tarefas puramente repetitivas (como os operários de fábricas de automóveis na linha de montagem), porque os robôs são excelentes nisto. Computadores dão a ilusão de possuir inteligência, mas só porque podem somar milhões de vezes mais rápido que nós. Esquecemos que são apenas máquinas de somar sofisticadas, e trabalhos repetitivos é o que eles fazem de melhor. É por isso que alguns trabalhadores nas linhas de montagem de automóveis têm estado entre os primeiros a sofrer com a revolução do computador. Isso significa que qualquer trabalho numa fábrica pode ser reduzido a um conjunto de movimentos repetitivos, codificados que acabam por desaparecer.

Surpreendentemente existe uma grande classe de trabalho operário que vai sobreviver à revolução do computador e até prosperar. Os vencedores serão aqueles que executem trabalho não repetitivo que requer reconhecimento de padrões. Catadores de lixo, policiais, trabalhadores da construção, jardineiros e encanadores terão os empregos do futuro. Lixeiros, para recolher o lixo de diferentes casas e apartamentos, precisam reconhecer os sacos, colocá-los no caminhão e transportá-los para o depósito. Mas cada lixo requer um método diferente de descarte. Para os trabalhadores da construção, cada tarefa exige ferramentas diferentes, plantas e instruções. Não há dois canteiros de obras ou duas tarefas iguais. Os policiais têm de analisar uma variedade de crimes em diferentes situações. Além disso, também têm de compreender os motivos e os métodos dos criminosos, o que está muito além da capacidade de qualquer computador. Similarmente cada jardim ou pia é diferente, exigindo as habilidades e ferramentas do encanador.

Entre aqueles que trabalham nos escritórios, os perdedores serão os envolvidos no trabalho de intermediário, fazendo inventários e "contando feijões". Isso significa que agentes de nível inferior, corretores, caixas, contadores etc. serão cada vez mais dispensados conforme seus empregos forem desaparecendo. Estes empregos são chamados "o atrito do capitalismo". Já se pode comprar uma passagem de avião pesquisando o melhor preço na internet, passando por cima do agente de viagens.

Todos sabem, por exemplo, que a Merrill Lynch afirmou que jamais adotaria o comércio de ações on-line. Ela sempre faria compra e venda de ações à moda antiga. John Steffens, corretor-chefe da Merrill, disse: "O modelo 'faça você mesmo' de investir, centrado no comércio pela internet, deveria ser considerado uma séria ameaça às vidas financeiras da América." Portanto, foi humilhante quando ela finalmente foi obrigada, pelas forças do mercado, a adotar a linha de comércio on-line em 1999. "Raras vezes na história, o líder de uma indústria se viu obrigado a voltar atrás e, praticamente da noite para o dia, adotar o que, na sua essência, é um novo modelo de negócios", escreveu Charles Gasparino, do jornal *ZDNet*.

Isso também significa que a pirâmide corporativa desaparecerá. Dado que as pessoas no topo podem interagir diretamente com as forças de venda e representantes na área, há menos necessidade de intermediários para executar ordens que vêm de cima. De fato, essas reduções de emprego ocorreram quando o computador pessoal entrou no escritório.

Então, como os intermediários sobreviverão no futuro? Eles terão de acrescentar valor ao seu trabalho e oferecer o único artigo que os robôs não podem ter: bom-senso.

Por exemplo, no futuro você poderá comprar uma casa pela internet via seu relógio ou suas lentes de contato. Mas ninguém comprará uma casa desse modo, já que esta é uma das transações financeiras mais importantes na vida. Para compras importantes como uma casa, você vai querer falar com um humano, que poderá lhe dizer onde estão as boas escolas, onde o índice de criminalidade é baixo, como funciona o sistema de esgoto etc. Para isso, você precisará falar com um agente especializado que acrescentará valor.

Similarmente, corretores da Bolsa de nível inferior estão sendo afastados do trabalho pelo comércio on-line, mas aqueles que dão conselhos sobre investimentos sensatos e sábios estarão sempre em demanda. Empregos de corretagem continuarão a sumir, a não ser que ofereçam serviços agregados de valor, como a sabedoria dos mais importantes analistas de mercado e economistas e os conhecimentos confidenciais de corretores experientes. Em uma era em que o comércio on-line baixa impiedosamente o custo do comércio de ações, os corretores sobreviverão apenas se puderem também vender suas intangíveis qualidades, como experiência, conhecimento e capacidade de análise.

Portanto, entre os trabalhadores de colarinho-branco vencerão aqueles que puderem oferecer bom-senso útil. Isso significa aqueles que trabalham com a criatividade – arte-final, teatro, piadas, softwares, liderança, análise, ciência, criatividade –, qualidades que "nos tornam humanos".

Quem trabalha com arte terá empregos, visto que a internet tem um apetite insaciável por arte criativa. Computadores são ótimos para copiar arte e ajudar artistas a embelezá-la, mas são tristes para dar origem a novas formas de arte. A arte que inspira, intriga, evoca emoções e nos excita está além da capacidade de um computador, porque tudo isso envolve bom-senso.

Romancistas, roteiristas e dramaturgos terão empregos, já que têm de comunicar cenas realistas, conflitos, triunfos e derrotas humanos. Copiar a natureza humana, o que envolve compreender motivos e intenções, está além da capacidade dos computadores. Estes não são bons para determinar o que nos faz chorar ou rir, já que eles mesmos não choram ou riem, nem compreendem o que é triste ou engraçado.

Pessoas envolvidas em relações humanas, como os advogados, terão emprego.

Embora um advogado-robô possa responder a perguntas rudimentares sobre leis, a própria lei muda constantemente, dependendo de padrões sociais e costumes que mudam. Basicamente, a interpretação da lei se reduz a um julgamento de valor, coisa que o computador não sabe fazer. Se a lei fosse imutável, com interpretações bem definidas, não haveria necessidade de tribunais, juízes e jurados. Um robô não pode substituir um júri, porque juris com frequência representam os costumes de um grupo específico, que mudam constantemente com o passar do tempo. Isso ficou muito evidente quando o juiz do Supremo Tribunal Potter Stewart precisou definir o que é pornografia. Ele não conseguiu, mas concluiu: "Eu a reconheço quando a vejo."

Além do mais, provavelmente será ilegal robôs substituírem o sistema judiciário, visto que nossas leis são preservadas por um princípio fundamental: que os juris sejam compostos de nossos pares. Como os robôs não podem ser nossos pares, será ilegal que eles substituam o sistema judiciário.

Superficialmente as leis podem parecer exigentes e bem definidas, com fraseado preciso e rigoroso, e com títulos e definições que soam misteriosos. Mas isso é só aparência, porque as interpretações destas definições mudam constantemente. A Constituição dos Estados Unidos, por exemplo, parece ser um documento bem definido, e no entanto o Supremo Tribunal está sempre dividido em questões controversas. Ele está sempre reinventando cada palavra e frase da Constituição. É fácil ver a natureza mutável dos valores humanos: basta olhar a história. Por exemplo, o Supremo Tribunal dos Estados Unidos, em 1857, decidiu que os escravos jamais se tornariam cidadãos dos Estados Unidos. Foi necessária uma guerra civil com a morte de milhares de pessoas para derrubar esta decisão.

A liderança também será um artigo valioso no futuro. Em parte, ela consiste em avaliar todas as informações, pontos de vista e opções possíveis e depois escolher os mais apropriados e coerentes com determinados objetivos. A liderança torna-se muito complicada porque significa inspirar e orientar trabalhadores humanos, que têm suas próprias forças e fraquezas pessoais. Todos estes fatores requerem uma sofisticada compreensão da natureza humana, das forças de mercado etc., que está além da capacidade de qualquer computador.

O FUTURO DO ENTRETENIMENTO

Isso também significa que indústrias inteiras, como as de entretenimento, estão passando por uma profunda revolução. Por exemplo, a indústria da música, desde tempos imemoriais, se baseou em músicos individuais que iam de cidade em cidade, fazendo apresentações pessoais. Cantores, dançarinos e comediantes estavam sempre com o pé na estrada, montando sua barraquinha um dia e depois partindo para o vilarejo seguinte. Era uma vida difícil, com pouco retorno financeiro. Este padrão antiguíssimo mudou abruptamente quando Thomas Edison inventou o fonógrafo, alterando para sempre o modo como ouvimos música. De repente, um cantor podia produzir discos vendidos aos milhões e ter uma receita numa escala nunca antes imaginada. Em uma só geração, cantores de rock se tornariam os novos-ricos da sociedade. Astros do rock, que poderiam ter sido garçons numa geração anterior, tornaram-se os ídolos venerados pela sociedade jovem.

Mas infelizmente a indústria da música ignorou os prognósticos de cientistas que previram o dia em que a música seria enviada facilmente pela internet, como e-mail. A indústria da música, em vez de lançar as bases para ganhar dinheiro vendendo on-line, tentou processar empresas iniciantes que ofereciam música a uma fração do custo de um CD. Isso foi o mesmo que varrer de volta as ondas para o mar. Esta negligência está provocando o atual tumulto dentro da indústria da música.

(O bom é que cantores desconhecidos agora podem alcançar a fama, sem terem de enfrentar a censura *de facto* das grandes empresas musicais. No passado, esses autocratas da música podiam quase escolher quem seria o próximo astro do rock. Portanto, no futuro, os músicos de maior sucesso serão escolhidos de forma mais democrática, por forças de mercado e tecnologia abrangente gratuitas, e não por executivos da indústria da música.)

Os jornais também estão enfrentando semelhante dilema. Tradicionalmente, eles podiam depender de uma receita constante de anunciantes, especialmente na seção de anúncios classificados. A receita vinha não tanto da compra dos jornais em si, mas da renda dos anúncios que essas páginas geravam. Mas agora você pode baixar os jornais do dia de graça e anunciar em escala nacional numa variedade de sites on-line de compra e venda. Consequentemente, jornais por todo o país estão encolhendo em tamanho e circulação.

Mas este processo não irá muito longe. Há tanto ruído na internet, com supostos profetas diariamente pregando sermões para a sua audiência e megalomaníacos tentando empurrar ideias bizarras, que as pessoas acabarão por preferir uma nova comodidade: sabedoria. Fatos aleatórios não combinam com sabedoria, e no futuro as pessoas vão se cansar da conversa fiada de bloggers malucos e procurarão sites respeitáveis que ofereçam esse raro artigo que é a sabedoria.

Como o economista Hamish McRae disse, "Na prática, o grosso destas 'informações' é lixo, o equivalente intelectual das propagandas recebidas pelo correio". Mas ele afirma: "O bom-senso continuará sendo altamente valorizado: analistas financeiros de sucesso, como grupo, são os pesquisadores mais bem pagos do mundo."

MATRIX

Mas e os atores e atrizes de Hollywood? Em vez de se tornarem celebridades de bilheteria e assunto da sociedade, eles vão parar na fila dos desempregados? Recentemente, houve um extraordinário progresso nas animações do corpo humano por computador, de modo que parecem quase reais. Personagens animados têm traços e sombras em 3-D. Então os atores e atrizes se tornarão obsoletos em breve?

Provavelmente não. Existem problemas fundamentais na modelagem do rosto humano por computador. Os humanos desenvolveram uma habilidade extraordinária para diferenciar os rostos uns dos outros, visto que a nossa sobrevivência dependia disto. Em um relâmpago, tínhamos de saber se alguém era amigo ou inimigo. Em segundos, tínhamos de determinar rapidamente a idade, o sexo, a força e as emoções de uma pessoa. Quem não conseguisse fazer isso não sobrevivia para transmitir os seus genes à geração seguinte. Daí que o cérebro humano dedique um tempo considerável da sua capacidade de processamento para ler o rosto das pessoas. De fato, durante a maior parte da nossa história evolucionária, antes de aprendermos a falar, nós nos comunicávamos por gestos e linguagem corporal, e boa parte da capacidade do nosso cérebro era dedicada a procurar pistas faciais sutis. Mas os computadores, que têm um trabalho enorme para reconhecer objetos simples à sua volta, têm uma dificuldade ainda maior para recriar um rosto humano animado realista. As crianças reconhecem logo se o rosto que veem na tela de cinema é de um humano real ou uma simulação por computador. (Isso remonta ao Princípio do Homem das Cavernas. Podendo escolher entre um filme de ação ao vivo, um sucesso de bilheteria com o nosso ator preferido e um desenho animado por computador, vamos preferir o primeiro.)

O corpo, em contraste, é muito mais fácil de modelar por computador. Quando Hollywood cria aqueles monstros e figuras de fantasia realistas no cinema, usa um caminho alternativo. Um ator veste uma roupa colada ao corpo e com sensores nas articulações. Conforme o ator se move ou dança, eles enviam sinais para um computador, que então cria uma figura animada executando os movimentos precisos, como no filme *Avatar.*

Falei uma vez numa conferência patrocinada pelo Livermore National Laboratory, onde são projetadas armas nucleares, e no jantar sentei-me ao lado de alguém que trabalhara no filme *Matrix*. Ele confessou que tinham gasto um tempo enorme no computador para criar os surpreendentes efeitos especiais daquele filme. Uma das cenas mais difíceis, disse ele, exigia a reconstrução inteira de uma cidade imaginária enquanto era sobrevoada por um helicóptero. Com tempo suficiente no computador, disse, ele poderia criar uma cidade de fantasia inteira. Mas, admitiu, modelar um rosto humano realista estava além da sua capacidade. Isso porque, ao bater no rosto humano, um feixe de luz se espalha em todas as direções, dependendo da sua textura. Cada partícula de luz tem de ser acompanhada pelo computador. Por conseguinte, cada ponto da pele do rosto de uma pessoa tem de ser descrito por uma função matemática complexa, o que é uma verdadeira dor de cabeça para um programador de computador.

Observei que isso se parecia muito com a física de alta energia, a minha especialidade. Nos nossos aceleradores de partículas, criamos um poderoso feixe de prótons que colidem num alvo, criando uma saraivada de fragmentos que se espalham em todas as direções. Quando, em seguida, introduzimos uma função matemática (chamada fator de forma), ela descreve cada uma das partículas.

Meio de brincadeira, ele perguntou se havia uma relação entre o rosto humano e a física de partículas de alta energia. Sim, respondi. Animadores por computador usam o mesmo formalismo usado na física de alta energia para criar os rostos que você vê na tela de cinema! Eu nunca tinha percebido que as fórmulas arcaicas que nós, físicos teóricos, usamos um dia talvez possam solucionar o problema da modelagem do rosto humano. Assim, o fato de podermos reconhecer o rosto humano é semelhante a como nós, físicos, analisamos partículas subatômicas!

FUTURO DISTANTE [DE 2070 A 2100]

IMPACTO SOBRE O CAPITALISMO

As novas tecnologias que temos discutido neste livro são tão poderosas que, lá pelo final do século, certamente causarão impacto sobre o próprio capitalismo. As leis de oferta e demanda são as mesmas, mas a ascensão da ciência e da tecnologia modificou o capitalismo de Adam Smith de muitas maneiras, desde a forma como os bens são distribuídos até a natureza da riqueza em si. Estes são alguns modos mais imediatos que afetaram o capitalismo:

- **Capitalismo perfeito**

  O capitalismo de Adam Smith é baseado nas leis de oferta e procura: os preços são estabelecidos quando a oferta de um bem equivale à demanda. Se um objeto é escasso e está em demanda, então o seu preço sobe. Mas consumidor e produtor têm apenas uma compreensão parcial, imperfeita, da oferta e da demanda, e, por conseguinte, os preços podem variar muito de lugar para lugar. Assim, o capitalismo de Adam Smith foi imperfeito. Mas isso vai mudar gradualmente no futuro.

  O "capitalismo perfeito" é aquele em que o produtor e o consumidor têm infinito conhecimento do mercado, de modo que os preços são perfeitamente determinados. Por exemplo, no futuro, os consumidores pesquisarão na internet via suas lentes de contato e terão infinito conhecimento de todos os preços e desempenhos comparativos. Já se pode pesquisar na internet para encontrar as melhores tarifas aéreas. Isso acabará por se aplicar a todos os produtos vendidos no mundo. Seja através de lentes de contato, de telas de parede ou de telefones celulares, os consumidores saberão tudo sobre um produto. No mercado, por exemplo, você pesquisará os diversos produtos à mostra e, via suas lentes de contato, avaliará imediatamente se o produto é uma pechincha ou não. A vantagem passa a ser dos consumidores, porque eles sabem na hora tudo sobre um produto – sua história, seu desempenho registrado, o seu preço com relação a outros, seus pontos fortes e riscos.

O produtor também tem suas cartas na manga, tais como usar a pesquisa de dados para compreender os desejos e necessidades do consumidor, e consultar na internet os preços das mercadorias. Isso remove muito da adivinhação na hora de definir os preços. Mas, no todo, a vantagem é do consumidor, que compara instantaneamente os preços de qualquer produto e exige o mais barato. O produtor precisa então reagir às demandas do consumidor, que mudam constantemente.

- **Da produção em massa à customização em massa**
No atual sistema, as mercadorias são criadas pela produção em massa. Henry Ford ficou famoso por dizer certa vez que o consumidor podia ter o Modelo T de qualquer cor, desde que fosse preto. A produção em massa baixou drasticamente os preços, substituindo o ineficiente sistema antigo de guildas e bens feitos à mão. A revolução do computador mudará tudo isso.

Hoje, se um consumidor vê uma roupa perfeita no estilo e na cor, mas não do tamanho que ele quer, então a venda não se faz. Mas, no futuro, nossas medidas exatas em 3-D ficarão armazenadas no nosso cartão de crédito ou carteira de dinheiro. Se um vestido ou outra peça de vestuário não for do tamanho certo, você envia por e-mail as suas medidas para a fábrica e encomenda imediatamente uma do tamanho correto. No futuro, tudo cairá bem.

A customização em massa hoje é impraticável, porque é caro demais criar um novo produto só para um consumidor. Mas, quando todos estiverem conectados à internet, incluída a fábrica, artigos sob medida poderão ser feitos ao mesmo preço de itens produzidos em massa.

- **Tecnologia de massa como uma utilidade**
Quando as tecnologias estiverem amplamente difundidas, como a eletricidade e a água corrente, acabarão por se tornar utilidades. Com o capitalismo baixando os preços e aumentando a concorrência, elas serão vendidas como utilidades, isto é, não importa de onde venham e pagamos por elas somente quando as desejamos. O mesmo se aplica à computação. A "computação nas nuvens", que depende muito da internet para a maior parte das suas funções, conquistará aos poucos a popularidade. A computação nas nuvens reduz a computação a uma utilida-

de, algo pelo qual pagamos apenas quando precisamos, e no qual nem pensamos quando não temos necessidade.

É diferente da situação hoje, quando a maioria de nós faz a sua própria digitação, processa o seu texto ou desenha num computador de mesa ou num notebook e depois se conecta à internet quando quer pesquisar informações. No futuro, poderemos aos poucos tirar o computador totalmente de circulação e acessar todas as nossas informações diretamente pela internet, que depois nos cobra o tempo usado. Portanto, a computação passa a ser uma utilidade que é medida, como a água e a eletricidade. Viveremos num mundo onde nossos aparelhos domésticos, móveis, roupas etc. serão inteligentes, e falaremos com eles quando precisarmos de serviços específicos. Telas de internet estarão escondidas por toda parte, e teclados se materializarão sempre que precisarmos deles. A função substituiu a forma, e, portanto, ironicamente, a revolução do computador acabará fazendo com que ele desapareça nas nuvens.

- **Mirando o seu cliente**

As empresas historicamente anunciavam nos jornais, no rádio, na televisão etc., muitas vezes sem a menor ideia do impacto que causavam. Elas calculavam a eficácia da sua campanha publicitária olhando apenas os pequenos aumentos nas vendas. Mas, no futuro, elas saberão quase imediatamente quantas pessoas baixaram ou viram seus produtos. Se você é entrevistado num site de rádio pela internet, por exemplo, é possível determinar exatamente quantas pessoas estão ouvindo. Isso permite às empresas direcionar a sua audiência para especificações feitas sob medida.

(Isso, entretanto, levanta outra questão: o sensível problema da privacidade, que será uma das grandes controvérsias do futuro. No passado, havia a preocupação de que o computador pudesse tornar possível o Big Brother – o Grande Irmão. No romance de George Orwell, *1984*, um regime totalitário domina a Terra, desencadeando um futuro infernal no qual há espiões por toda parte, todas as liberdades são reprimidas e a vida é uma série interminável de humilhações. Em determinado momento, a internet talvez tivesse evoluído para uma dessas máquinas espiãs espalhadas por toda parte. Entretanto, em 1989, depois da ruptura do bloco soviético, a National Science Foundation, com efeito, se abriu, convertendo-a de mecanismo basicamente militar para uma forma de unir em rede universidades e até entidades comerciais, acabando por levar à explosão da internet na década de 1990. Hoje, o Big Brother não é possível. O verdadeiro problema é o "pequeno irmão", ou seja, os abelhudos, os pequenos criminosos, os tabloides e até corporações que usam a pesquisa de dados para descobrir nossas preferências pessoais. Como discutiremos nos próximo capítulo, este é um problema que não vai desaparecer, mas que evoluirá com o tempo. O mais provável é haver um eterno jogo de gato e rato entre desenvolvedores de softwares criando programas para proteger a nossa privacidade e outros criando programas para quebrá-la.)

DO CAPITALISMO DE *COMMODITIES* AO CAPITALISMO INTELECTUAL

Até agora, perguntamos apenas como a tecnologia está alterando o modo de operar do capitalismo. Mas, com todo o tumulto criado pelos avanços da alta tecnologia, que impacto isto está tendo sobre a natureza do capitalismo em si? Todo esse tumulto pode ser resumido a um conceito: a transição do capitalismo de *commodities* ao capitalismo intelectual.

A riqueza na época de Adam Smith era medida em *commodities*. Os preços das mercadorias flutuam, mas em média eles vêm caindo constantemente nos últimos 150 anos. Hoje, o que você comeu no seu café da manhã nem o rei da Inglaterra teria na sua mesa há 100 anos. Quitutes exóticos do mundo inteiro agora são vendidos habitualmente nos supermercados. A queda dos preços das *commodities* deve-se a diversos fatores, tais como melhor produção em massa, sistema de contêineres, remessas, comunicação e concorrência.

(Por exemplo, estudantes de nível básico acham muito difícil entender por que Colombo arriscou a vida para encontrar um caminho mais curto para as especiarias do Oriente. Por que ele não foi simplesmente pegar um pouco de orégano no supermercado?, perguntam eles. Mas, na época de Colombo, especiarias e ervas eram caríssimas. Eram valorizadas por disfarçarem o gosto da comida que apodrecia, porque naquela época não havia geladeiras. Às vezes, até reis e imperadores tinham de comer comida podre no jantar. Não havia carros refrigerados, contêineres ou navios para transportar especiarias através dos oceanos. É porque estas *commodities* eram tão preciosas que Colombo colocou em risco a vida para consegui-las, embora hoje sejam vendidas por centavos.)

O que está substituindo o capitalismo de *commodities* é o capitalismo intelectual. O capitalismo intelectual implica exatamente aquilo que robôs e IA ainda não podem oferecer: reconhecimento de padrões e bom-senso.

Como disse o economista do MIT Lester Thurow, "Hoje, conhecimento e habilidades são as únicas fontes de vantagem comparativa... O Vale do Silício e a Rota 128 estão onde estão simplesmente porque é lá que está a capacidade mental. Eles não têm mais nada a seu favor".

Por que esta transição histórica está balançando as bases do capitalismo? Muito simples: o cérebro humano não pode ser produzido em massa. Enquanto equipamentos podem ser produzidos em massa e vendidos às toneladas, o cérebro humano não, o que significa que o bom-senso será a moeda do futuro. Ao contrário das *commodities*, para criar capital intelectual é preciso alimentar, cultivar e educar um ser humano, o que exige décadas de esforço individual.

Como diz Thurow, "Com tudo o mais escapando da equação competitiva, o conhecimento se tornou a única fonte de vantagem competitiva sustentável a longo prazo".

Por exemplo, software será mais importante do que hardware. Chips de computador serão vendidos aos montes conforme o seu preço continuar a afundar, mas softwares precisam ser criados à moda antiga, por um humano trabalhando com lápis e papel, sentado tranquilamente numa cadeira. Por exemplo, os arquivos armazenados no seu laptop, que podem conter valiosos planos, manuscritos e dados, talvez valham centenas de milhares de dólares, mas o laptop em si vale apenas algumas centenas. Claro, é fácil copiar e produzir um software em massa, mas criá-lo não o é. Para isso é necessária a mente humana.

Segundo o economista do Reino Unido Hamish McRae, "em 1991 a Grã-Bretanha se tornou o primeiro país a ganhar mais com as exportações invisíveis (serviços) do que com as visíveis".

Enquanto a parte da economia dos Estados Unidos proveniente da produção industrial declinou dramaticamente ao longo de décadas, o setor que envolve o capitalismo intelectual (filmes de Hollywood, a indústria da música, videogames, computadores, telecomunicações etc.) subiu vertiginosamente. Esta mudança de capitalismo de *commodities* para capitalismo intelectual é gradual: tem início no século passado, mas se está acelerando a cada década. Thurow, economista do MIT, escreve: "Depois de corrigidos pela inflação geral, o preços de recursos naturais caíram quase 60% desde meados da década de 1970 até meados da de 1990."

Algumas nações compreendem isso. Considere a lição do Japão no pós-guerra. O Japão não tem grandes recursos naturais, mas a sua economia está entre as maiores do mundo. A riqueza do Japão hoje é testemunha do esforço e da unidade do seu povo, e não da riqueza debaixo dos seus pés.

Infelizmente muitas nações não entendem este fato fundamental e não preparam seus cidadãos para o futuro, dependendo ao contrário principalmente de *commodities*. Isso significa que nações que são ricas em recursos naturais e não compreendem este princípio podem mergulhar na pobreza no futuro.

DIVISOR DIGITAL?

Algumas vozes censuram a revolução da informação, dizendo que teremos um abismo alargando-se entre os "ricos digitais" e os "pobres digitais", isto é, aqueles com acesso ao poder do computador e aqueles sem esse acesso. Esta revolução, afirmam eles, ampliará as linhas de falha da sociedade, abrindo novas disparidades de riqueza e desigualdades que podem romper o tecido da sociedade.

Mas este é um quadro acanhado do verdadeiro problema. Com o poder do computador dobrando a cada 18 meses, até as crianças pobres estão tendo acesso a ele. Em um experimento, investiram-se fundos na compra de um laptop para cada sala de aula. Apesar das boas intenções, o programa foi amplamente considerado um fracasso. Primeiro, o laptop, em geral, ficava num canto, sem utilidade, porque o professor muitas vezes não sabia como usá-lo. Segundo, a maioria dos alunos já estava on-line com seus amigos e simplesmente ignorava o laptop da sala de aula.

Para as nações em desenvolvimento, uma estratégia é usar *commodities* para construir uma base sólida e depois usá-la como degrau para fazer a transição para o capitalismo intelectual. A China, por exemplo, teve sucesso ao adotar este processo em duas etapas: os chineses estão construindo milhares de fábricas que produzem bens para o mercado mundial, mas usam os lucros para criar um setor de serviços baseado no capitalismo intelectual. Nos Estados Unidos, 50% dos alunos de Ph.D. em física são naturais de outros países (em grande parte porque os Estados Unidos não produzem os seus próprios alunos qualificados em quantidade suficiente.) Desses estudantes de Ph.D estrangeiros, a maioria é da China e da Índia. Alguns retornaram aos seus países natais para criar indústrias totalmente novas.

EMPREGOS DE NÍVEL INFERIOR

Uma vítima desta transição serão os empregos de nível inferior. Cada século introduziu novas tecnologias que geraram angustiantes deslocamentos na economia e na vida das pessoas. Por exemplo, em 1850, 65% da força de trabalho americana trabalhava em fazendas. (Hoje, apenas 2,4% estão lá.) O mesmo acontecerá neste século.

No século XIX, novas ondas de imigrantes inundaram os Estados Unidos, cuja economia crescia com rapidez suficiente para absorvê-los. Em Nova York, por exemplo, imigrantes podiam encontrar trabalho na indústria de vestuário ou na de eletricidade. Independentemente do nível de educação, qualquer trabalhador disposto a cumprir uma jornada de trabalho honesto podia encontrar algo para fazer numa economia em expansão. Era como uma esteira rolante que tirava os imigrantes dos guetos e favelas da Europa e os lançava na florescente classe média americana.

O economista James Grant disse: "A prolongada migração de mãos e mentes do campo para a fábrica, escritório e sala de aula implica crescimento de produtividade... O progresso tecnológico é o baluarte da economia moderna. E tem sido assim durante a maior parte dos últimos 200 anos."

Hoje, muitos desses empregos de nível inferior desapareceram. Além do mais, a natureza da economia mudou. Muitos empregos de nível inferior foram mandados para o outro lado do mar por corporações em busca de força de trabalho mais barata. O antigo emprego de operário manual na fábrica desapareceu faz tempo.

Mas há muita ironia nisto. Durante anos, muita gente exigiu um jogo nivelado, sem favoritismos ou discriminações. Mas, se empregos podem ser exportados apertando-se um botão, o campo de jogo nivelado agora se estende até a China e a Índia. Portanto, empregos de nível inferior que costumavam atuar como esteiras rolantes para a classe média agora podem ser exportados para outras partes do mundo. Isso é ótimo para os operários de além-mar, visto que eles podem se beneficiar do nivelamento, mas pode abrir espaço para mais bairros pobres e degradados nos Estados Unidos.

O consumidor também se beneficia com isto. Barateia produtos e serviços, e a produção e a distribuição ficam mais eficientes se houver concorrência global. Tentar simplesmente sustentar negócios obsoletos e empregos com salários exorbitantes gera complacência, desperdício e ineficiência. Subsidiar indústrias enfraquecidas só prolonga o inevitável, retarda a dor do colapso e, na verdade, piora as coisas.

Há outra ironia. Muitos empregos bem remunerados do setor de serviços especializados ficam vagos por falta de candidatos com qualificação. Com frequência, o sistema educacional não produz trabalhadores especializados suficientes, e então as empresas têm de se aguentar com uma força de trabalho menos preparada. As corporações imploram trabalhadores habilitados que o sistema educacional muitas vezes não oferece. Mesmo numa economia em depressão, existem empregos que não são preenchidos por trabalhadores especializados.

Mas uma coisa está clara. Em uma economia pós-industrial, muitos dos empregos para operários de fábrica desapareceram para sempre. Ao longo dos anos, os economistas brincaram com a ideia de "reindustrialização da América", até perceberem que é impossível voltar no tempo. Os Estados Unidos e a Europa sofreram a transição de uma economia em grande parte industrial para outra de serviços faz décadas, e esta mudança histórica não pode ser revertida. O auge da industrialização passou, para sempre.

Em vez disso, têm-se feito esforços para reorientar e reinvestir nesses setores que maximizam o capitalismo intelectual. Esta será uma das tarefas mais difíceis para os governos no século XXI, sem nenhuma solução rápida e fácil. Por um lado, isso significa uma grande reviravolta no sistema educacional, de modo que trabalhadores possam voltar a estudar e também que os alunos do ensino básico não se diplomem nas filas dos desempregados. Capitalismo intelectual não quer dizer empregos apenas para os programadores de softwares e cientistas, mas também para um amplo espectro de atividades que envolvam criatividade, habilidade artística, inovação, liderança e análise – isto é, bom-senso. A força de trabalho tem de ser educada para enfrentar os desafios do século XXI, não para fugir deles. Em particular, os currículos de ciências têm de ser revistos e os professores precisam ser treinados de novo para se tornar relevantes para a sociedade tecnológica do futuro. (É triste que nos Estados Unidos exista a velha expressão: "Quem pode, faz. Quem não pode, ensina".)

Como disse Lester Thurow, economista do MIT, "Sucesso ou fracasso dependem de um país estar ou não conseguindo fazer com êxito a transição para as indústrias de habilidade mental artificial do futuro – não do tamanho de um setor em particular".

Isso significa gerar uma nova maré de empreendedores criativos que vão criar novas indústrias e novas riquezas a partir destas inovações tecnológicas. A energia e a vitalidade destas pessoas precisam ser liberadas. É preciso que elas possam injetar nova liderança no mercado.

VENCEDORES E PERDEDORES: AS NAÇÕES

Infelizmente muitos países não estão indo por este caminho, por confiar exclusivamente no capitalismo de *commodities*. Dado, porém, que os preços das *commodities*, em média, vêm caindo nos últimos 150 anos, suas economias acabarão por encolher com o tempo, à medida que o mundo as ignorar.

Este processo não é inevitável. Veja os exemplos da Alemanha e do Japão em 1945, quando suas populações quase inteiras estavam quase morrendo de fome, suas cidades estavam em ruínas e seus governos tinham desmoronado. Em uma geração, eles conseguiram marchar para a linha de frente da economia mundial. Veja a China hoje, com seus 8% a 10% de índice de crescimento galopante, revertendo 500 anos de declínio econômico. No passado, amplamente ridicularizada como "a doente da Ásia", em mais uma geração ela se unirá às fileiras das nações desenvolvidas.

O que distingue estas três sociedades é que todas foram coesas como nação, tiveram cidadãos esforçados e fizeram produtos que o mundo correu para comprar. Estas nações deram ênfase à educação, à unificação do país e do povo, e ao desenvolvimento econômico.

Como escreve McRae, economista e jornalista do Reino Unido: "Os antigos motores do crescimento – terra, capital, recursos naturais – já não importam. A terra tem pouca importância porque o aumento da produção agrícola possibilitou produzir muito mais alimentos no mundo industrial do que ele precisa. O capital já não importa porque ele está, a certo preço, quase infinitamente disponível nos mercados internacionais para projetos geradores de renda... Estes bens quantitativos, que tradicionalmente enriqueceram os países, estão sendo substituídos por uma série de características qualitativas, que se resumem à qualidade, à organização, à motivação e à autodisciplina do povo que vive ali. Isso se confirma ao vermos como o nível de habilidades humanas está se tornando mais importante nas manufaturas, nos serviços do setor privado e no setor público."

Entretanto, nem todas as nações estão seguindo este caminho. Algumas são dirigidas por líderes incompetentes, são cultural e etnicamente fragmentadas ao ponto da disfunção, e não produzem bens que o restante do mundo quer. Em vez de investirem na educação, investem em exércitos imensos e em armas para aterrorizar o seu povo e manter seus privilégios. Em vez de investirem numa infraestrutura para acelerar a industrialização do país, eles se envolvem em corrupção e na manutenção de si mesmos no poder, criando uma cleptocracia, não uma meritocracia.

Infelizmente esses governos corruptos desperdiçaram grande parte da ajuda oferecida pelo Ocidente, por menor que ela seja. Os futuristas Alvin e Heidi Toffler observam que, entre 1950 e 2000, mais de 1 trilhão de dólares em ajudas foram dados às nações pobres pelas ricas. Mas, chamam eles a atenção, "o Banco Mundial nos diz que quase 2,8 bilhões de pessoas – quase metade da população do planeta – ainda vivem com o equivalente a 2 dólares por dia, ou menos. Destas, cerca de 1,2 bilhão sobrevive em extrema ou absoluta pobreza com menos de 1 dólar".

As nações desenvolvidas, é claro, podem fazer muito mais para aliviar as dificuldades por que passam as nações em desenvolvimento, em vez de tratar do problema só da boca para fora. Mas, depois de tudo dito e feito, basicamente a principal responsabilidade para o desenvolvimento deve vir de uma sábia liderança nas próprias nações em desenvolvimento. Isso faz lembrar o velho ditado "Dê-me um peixe, e terei de comer por um dia. Ensina-me a pescar, e terei sempre o que comer". Isso significa que, em vez de simplesmente ajudar as nações em desenvolvimento, a ênfase deveria ser dada à educação e ao auxílio para o desenvolvimento de novas indústrias, a fim de elas se tornarem autossuficientes.

TIRANDO VANTAGEM DA CIÊNCIA

As nações em desenvolvimento talvez possam tirar vantagem da revolução da informação. Elas podem, a princípio, deixar para as nações desenvolvidas em muitas áreas. No mundo desenvolvido, as companhias telefônicas tiveram de cabear exaustivamente cada casa ou fazenda a grandes custos. Mas uma nação em desenvolvimento não tem de cabear o seu país, visto que telefones celulares são excelentes em áreas rurais sem nenhuma estrada ou infraestrutura.

Ademais, nações em desenvolvimento têm a vantagem de não precisar reconstruir uma infraestrutura velha. Por exemplo, os sistemas de metrô de Nova York e de Londres estão com mais de um século de vida e precisando muito de reparos. Hoje, renovar esses sistemas decrépitos custaria mais do que construir o sistema original. Uma nação em desenvolvimento pode decidir criar um sistema de metrô tinindo com tudo o que há de mais recente na tecnologia, tirando vantagem dos vastos aperfeiçoamentos nos metais, nas técnicas de construção e na tecnologia. Um sistema de metrô novo em folha talvez custe muito menos do que os sistemas de um século atrás.

A China, por exemplo, pôde se beneficiar de todos os erros cometidos no Ocidente ao se construir uma cidade do zero. O resultado é que Beijing e Xangai estão sendo construídas com uma fração do custo original de construção de uma importante cidade do Ocidente. Hoje, Beijing está construindo um dos maiores e mais modernos sistemas de metrô, beneficiando-se de toda a tecnologia de computador criada no Ocidente, a fim de preservar uma população urbana que cresce vertiginosamente.

A internet é outra maneira de as nações em desenvolvimento pegarem um atalho para o futuro, desviando-se de todos os erros cometidos no Ocidente, especialmente nas ciências. Antes, os cientistas do mundo em desenvolvimento tinham de confiar num sistema postal primitivo para entregar revistas científicas, que em geral chegavam meses a um ano depois de publicadas, se chegassem. Essas revistas eram caras e altamente especializadas, de modo que só as maiores bibliotecas tinham recursos para custeá-las. Colaborar com um cientista do Ocidente era quase impossível. Você tinha de ser independentemente rico ou extremamente ambicioso para obter uma posição numa universidade ocidental e trabalhar sob a orientação de um cientista famoso. Agora, o mais obscuro cientista pode obter artigos científicos menos de um segundo depois de serem postados na internet, de quase qualquer lugar do mundo, de graça. E, via internet, é possível colaborar com cientistas do Ocidente com quem você jamais se encontrou.

O FUTURO À DISPOSIÇÃO

O futuro está escancarado. Como mencionamos, o Vale do Silício poderia se tornar o próximo Cinturão de Ferrugem nas próximas décadas, à medida que a era do silício passar e a tocha for transmitida para o próximo inovador. Que nações irão liderar o futuro? Nos tempos da Guerra Fria, as superpotências eram as nações que podiam exercer influência militar no mundo inteiro. Mas a dissolução da União Soviética deixou claro que no futuro as nações que ascenderão ao topo serão as que construírem suas economias, o que por sua vez depende de cultivar e nutrir a ciência e a tecnologia.

Portanto, quem serão os líderes de amanhã? As nações que verdadeiramente entenderem este fato. Por exemplo, os Estados Unidos mantiveram o seu domínio na ciência e na tecnologia, apesar de os estudantes americanos ficarem em último lugar quando se trata de matérias essenciais, como ciência e matemática. Notas em testes de proficiência em 1991, por exemplo, mostraram os estudantes de 13 anos de idade nos Estados Unidos em 15º lugar em matemática e 14º em ciências, logo acima dos estudantes jordanianos, que ficaram em 18º em ambas as categorias. Testes feitos todos os anos desde então confirmam esses números desanimadores. (É preciso também observar que essa classificação corresponde mais ou menos ao número de dias que os alunos passaram na escola. A China, que ficou em primeiro lugar, teve, em média, 251 dias de aula por ano, enquanto nos Estados Unidos estes foram, em média, apenas 178.)

Parece um mistério, apesar desses números horríveis, que os Estados Unidos continuem indo bem internacionalmente em ciências e tecnologia, até se perceber que boa parte da ciência desenvolvida nos Estados Unidos vem lá do outro lado do oceano, em forma de *"brain drain"*, a fuga de capital humano. Os Estados Unidos têm uma arma secreta, o visto H1B, o chamado visa para talentos. Se puder mostrar que tem talentos especiais, recursos ou conhecimento científico, você fura a fila e consegue um visto H1B. Isto tem reabastecido continuamente as nossas fileiras intelectuais. O Vale do Silício, por exemplo, é cerca de 50% composto de nascidos no estrangeiro, muitos vindos de Taiwan e da Índia. Em escala nacional, 50% de todos os estudantes de Ph.D em física são estrangeiros. Na minha universidade, a City University de Nova York, o número está próximo de 100% de nascidos em outros países.

Alguns congressistas tentaram eliminar o visto H1B porque, dizem eles, tira os empregos dos americanos, mas eles não compreendem o verdadeiro papel que este visto representa. Em geral, não existem americanos qualificados para assumir os empregos nos níveis mais altos no Vale do Silício, que vemos com frequência ficar vagos em consequência disso. Este fato se tornou evidente quando o ex-chanceler Gerhard Schroeder tentou passar uma lei de imigração com visto H1B semelhante na Alemanha, mas a medida foi derrotada por aqueles que alegavam que ela tiraria os empregos dos alemães nativos. De novo, os críticos não compreenderam que muitas vezes não há alemães para preencher estes postos de alto nível, que ficam, então, vagos. Os imigrantes H1B não tiram empregos: criam indústrias novas inteiras.

Mas o visto H1B é apenas um tapa-buraco. Os Estados Unidos não podem viver de cientistas estrangeiros, muitos dos quais estão começando a retornar à China e à Índia à medida que a economia de seus países melhora. Portanto, a fuga de capital humano não é sustentável. Isso significa que os Estados Unidos vão acabar tendo de rever o seu arcaico e esclerosado sistema educacional. Atualmente, estudantes do ensino médio despreparados inundam o mercado de trabalho e as universidades, criando um entrave. Os empregadores queixam-se continuamente de ter de passar um ano treinando seus novos contratados para atualizá-los. E as universidades ficam com o ônus de ter de criar novos níveis de cursos supletivos para compensar o fraco sistema educacional do ensino médio.

Felizmente, nossas universidades e empresas, afinal, fazem o trabalho louvável de consertar o dano causado pelo sistema de ensino médio, mas isso é uma perda de tempo e de talento. Para os Estados Unidos se manterem competitivos no futuro, é preciso que haja mudanças fundamentais no sistema de ensino elementar e médio.

Para ser justo, os Estados Unidos ainda têm vantagens significativas. Fui uma vez a um coquetel no Museu de História Natural em Nova York, e conheci um empreendedor interessado em biotecnologia belga. Eu lhe perguntei por que tinha deixado a Bélgica, visto aquele país ter a sua própria vigorosa indústria biotecnológica. Ele disse que, na Europa, com frequência não se tem uma segunda oportunidade. Como as pessoas sabem quem é você e a sua família, se cometer um erro você está acabado. Seus erros tendem a acompanhá-lo, não importa para onde você for. Mas, nos Estados Unidos, disse ele, você pode se reinventar constantemente. As pessoas não se interessam em saber quem foram os seus ancestrais. Para elas só importa o que você pode fazer por elas agora, hoje. Isso é confortante, disse, e é uma das razões para outros cientistas europeus se mudarem para os Estados Unidos.

LIÇÃO DE CINGAPURA

No Ocidente, existe a expressão "A roda que range leva a graxa". Mas no Oriente há outra: "O prego que fica visível leva martelada." Estas duas expressões são diametralmente opostas, mas captam alguns aspectos essenciais do pensamento ocidental e do oriental.

Na Ásia, os estudantes com frequência conseguem pontuações nos testes bem acima das dos seus colegas do Ocidente. Entretanto, uma boa parte desse aprendizado é baseada em livros e decoreba, o que leva você apenas até determinado nível. Para atingir níveis mais altos de ciência e tecnologia, é preciso criatividade, imaginação e inovação, que o sistema oriental não alimenta. Portanto, embora a China no final possa alcançar o Ocidente quando se trata de produzir cópias industrializadas baratas de artigos que são primeiro manufaturados no Ocidente, ela ficará décadas atrás do Ocidente no processo criativo de sonhar com novos produtos e novas estratégias.

Falei uma vez numa conferência na Arábia Saudita em que outro palestrante era Lee Kuan Yew, primeiro-ministro de Cingapura de 1959 a 1990. Ele é uma espécie de astro do rock entre as nações em desenvolvimento, porque ajudou a forjar a moderna nação de Cingapura, que está entre as principais em desenvolvimentos científicos. Cingapura, de fato, é a quinta nação mais rica do mundo, segundo o produto interno bruto *per capita*. A plateia esforçava-se para escutar cada palavra dessa figura legendária.

Ele lembrou o período, logo depois da guerra, em que Cingapura era vista como um porto atrasado conhecido principalmente pela pirataria, pelo contrabando, por marinheiros bêbados e por outras atividades ofensivas. Um grupo dos seus associados, entretanto, sonhava com o dia em que este pequeno porto de mar pudesse rivalizar com o Ocidente. Embora Cingapura não tivesse recursos naturais significativos, o seu maior recurso era o seu próprio povo, muito trabalhador e semiespecializado. O seu grupo embarcou nesta extraordinária jornada, pegando a sonolenta e atrasada nação e transformando-a numa casa de força científica em uma geração. Foi talvez um dos casos mais interessantes de engenharia social da história.

Ele e o seu partido iniciaram um processo sistemático de revolucionar a nação inteira, dando ênfase às ciências e à educação e concentrando-se nas indústrias de alta tecnologia. Em apenas algumas décadas, Cingapura criou um grande manancial de técnicos altamente educados, que fez com que o país pudesse se tornar um dos principais exportadores de aparelhos eletrônicos, produtos químicos e equipamentos biomédicos. Em 2006, produziu 10% da produção mundial de placas de silício fundido para computadores.

Tem havido muitos problemas, confessou ele, ao longo da modernização deste país. Para reforçar a ordem social, eles impuseram leis draconianas, considerando crime desde cuspir nas ruas (punível com chicotadas) até traficar drogas (punível com a morte). Mas ele também observou uma coisa importante. Os melhores cientistas, descobriu, ficavam ansiosos por visitar Cingapura, mas apenas um ou outro ficava no país. Depois, descobriu uma das razões: não havia comodidades e atrações culturais para mantê-los em Cingapura. Então ele teve mais uma ideia: promover deliberadamente todos os benefícios adicionais de uma nação moderna (companhias de balé, orquestras sinfônicas etc.), de modo que os grandes cientistas mergulhassem suas raízes em Cingapura. Quase da noite para o dia, organizações e eventos culturais brotavam por todo o país como uma isca para manter a elite científica ancorada ali.

Em seguida, ele também percebeu que as crianças de Cingapura estavam repetindo às cegas as palavras de seus professores, sem desafiar a sabedoria convencional e criar novas ideias. Percebeu que o Oriente ficaria eternamente no rastro do Ocidente enquanto produzisse cientistas capazes apenas de copiar os outros. Então ele iniciou uma revolução na educação: estudantes criativos seriam separados do grupo e poderiam perseguir seus sonhos no seu próprio ritmo. Entendendo que alguém como um Bill Gates ou um Steve Jobs seria esmagado pelo sufocante sistema educacional de Cingapura, pediu aos professores que identificassem sistematicamente os futuros gênios que poderiam revitalizar a economia com sua imaginação científica.

A lição de Cingapura não é para todo o mundo. Ela é uma pequena cidade-Estado, onde um punhado de visionários pôde praticar a construção controlada de uma nação. E nem todos querem ser chicoteados por cuspir na rua.

Mas isso mostra o que se pode fazer quando se deseja sistematicamente saltar para a linha de frente da revolução da informação.

DESAFIO PARA O FUTURO

Estive uma vez no Instituto para Estudos Avançados, em Princeton, e almocei com Freeman Dyson. Ele começou a recordar a sua longa carreira nas ciências e em seguida mencionou um fato perturbador. Antes da guerra, quando era um jovem estudante universitário no Reino Unido, descobriu que as mentes mais brilhantes da Inglaterra estavam voltando as costas para as ciências complexas, como a física e a química, em favor de carreiras lucrativas nas áreas de finanças e atividades bancárias. Enquanto a geração anterior estava criando riqueza, em forma de usinas elétricas e químicas, e inventando novas máquinas eletromecânicas, a geração seguinte estava curtindo massagens e administrando o dinheiro dos outros. Ele lamentava que isso fosse um sinal do declínio do Império britânico. A Inglaterra não poderia manter o seu status de potência mundial se a sua base científica estivesse desmoronando.

E então ele disse algo que chamou a minha atenção.

Observou que estava vendo isto pela segunda vez na vida. As mentes mais brilhantes de Princeton já não estavam atacando os difíceis problemas da física e da matemática, mas eram atraídas para algumas carreiras, como investimentos bancários. De novo, isso poderia ser um sinal de decadência, quando os líderes de uma sociedade já não podem apoiar as invenções e tecnologias que engrandeceram a sua sociedade.

Este é o nosso desafio para o futuro.

Quem está vivo hoje vive em meio ao que pode ser visto como os três ou quatro séculos mais extraordinários da história.

– JULIAN SIMON

Onde não há visão, o povo perece.

– PROVÉRBIOS 29:18

8 O FUTURO DA HUMANIDADE *Civilização planetária*

Na mitologia, os deuses viviam no esplendor divino do céu, muito acima dos afazeres insignificantes de meros mortais. Os deuses gregos brincavam e se divertiam no domínio celestial do monte Olimpo, enquanto os deuses nórdicos, que lutavam por honra e glória eterna, se banqueteavam nos salões santificados do Valhala com os espíritos de guerreiros tombados. Mas, se o nosso destino é alcançar o poder dos deuses no final do século, como será a nossa civilização em 2100? Para onde todas estas inovações tecnológicas estão levando a nossa civilização?

Todas as revoluções tecnológicas descritas aqui estão conduzindo a um único ponto: a criação de uma civilização planetária. Esta transição talvez seja a maior da história humana. De fato, as pessoas que estão vivendo hoje são as mais importantes que já caminharam pela superfície do planeta, visto que determinarão se vamos atingir esta meta ou cair no caos. Talvez 5 mil gerações de humanos tenham caminhado sobre a face da Terra desde que surgimos na África a uns 100 mil anos, e dessas, as que vivem neste século determinarão o nosso destino.

Se não acontecer uma catástrofe natural ou algum ato de loucura calamitoso, é inevitável entrarmos nesta fase da nossa história coletiva. Podemos ver isto nitidamente analisando a história da energia.

CLASSIFICANDO CIVILIZAÇÕES

Quando os historiadores profissionais escrevem sobre a história, eles a veem pelas lentes da experiência e da loucura humanas, isto é, através das proezas de reis e rainhas, do surgimento de movimentos sociais e da proliferação de ideias. Os físicos, em contraste, veem a historia bem diferentemente.

Os físicos classificam tudo, até civilizações humanas, pela energia consumida. Quando aplicada à história humana, vemos que por incontáveis milênios a nossa energia estava limitada a 1/5 cavalos de força, a força de nossas mãos nuas, e por conseguinte, vivíamos como nômades em pequenas tribos errantes, procurando alimento num ambiente severo e hostil. Durante éons, não nos distinguíamos dos lobos. Não há registros escritos, apenas histórias transmitidas de geração em geração em reuniões solitárias ao redor da fogueira. A vida era breve e brutal, com uma expectativa média de vida de 18 a 20 anos. Toda a sua riqueza consistia naquilo que se pudesse carregar nas costas. Durante a maior parte da vida, sentia-se a dor persistente da fome. Depois de morto, não se deixava nenhum traço de ter vivido um dia.

Mas há 10 mil anos, aconteceu um evento maravilhoso que pôs em movimento a civilização: terminou a Era Glacial. Por motivos que ainda não compreendemos, milhares de anos de glaciação chegaram ao fim. Isso pavimentou a estrada para o surgimento da agricultura. Os cavalos e os bois foram logo domesticados, o que aumentou a nossa energia para um cavalo de força. Agora uma pessoa tinha energia para cultivar vários acres aráveis, produzindo um excedente de energia suficiente para sustentar uma população em rápida expansão. Com a domesticação de animais, os humanos já não precisavam depender principalmente da caça para comer, e as primeiras aldeias e cidades estáveis começaram a surgir das florestas e planícies.

O excesso de riqueza gerado pela revolução agrícola deu origem a novos e engenhosos modos de manter e expandir esta riqueza. A matemática e a escrita foram criadas para contabilizá-la, os calendários se fizeram necessários para acompanhar o momento de plantar e de colher, escribas e contadores foram necessários para registrar este excedente e taxá-lo. Esta riqueza em excesso acabou por levar ao surgimento de grandes exércitos, reinos, impérios, escravidão e civilizações antigas.

A revolução seguinte aconteceu há cerca de 300 anos, com o advento da Revolução Industrial. De repente, a riqueza acumulada por um indivíduo não era apenas produto de suas mãos e de seu cavalo, mas de máquinas que podiam criar riquezas fabulosas com a produção em massa.

Motores a vapor podiam acionar máquinas e locomotivas potentes, e assim essa riqueza podia ser criada em fábricas, moinhos e minas, não apenas nos campos. Camponeses, fugindo da fome periódica e cansados do trabalho estafante nos campos, afluíam em massa para as cidades, criando a classe operária industrial. Ferreiros e construtores de carroças acabaram substituídos por operários de fábricas de automóveis. Com a chegada do motor de combustão interna, uma pessoa podia agora comandar centenas de cavalos-vapor. A expectativa de vida começou a aumentar, atingindo 49 anos nos Estados Unidos em 1900.

Finalmente, estamos na terceira onda, na qual a riqueza é gerada pela informação. A riqueza de nações agora se mede por elétrons que circulam ao redor do mundo em cabos de fibra óptica e satélites, para finalmente dançar em telas de computador em Wall Street e demais capitais financeiras. Ciência, comércio e entretenimento viajam à velocidade da luz, dando-nos informações ilimitadas a qualquer hora, em qualquer lugar.

CIVILIZAÇÕES DOS TIPOS I, II E III

Como este aumento exponencial de energia continuará nos próximos séculos e milênios? Quando nós, físicos, tentamos analisar as civilizações, as classificamos com base na energia que consomem. Esta classificação começou em 1964, com o astrofísico russo Nikolai Kardashev, que estava interessado em sondar o céu noturno em busca de sinais enviados por civilizações avançadas no espaço.

Ele não estava satisfeito com algo tão nebuloso e mal definido como uma "civilização extraterrestre", e então introduziu uma escala quantitativa para orientar o trabalho de astrônomos. Percebeu que as civilizações extraterrestres podem se diferenciar com base em suas culturas, sociedades, governos etc., mas a uma coisa todas tinham de obedecer: às leis da física. E, da Terra, havia uma coisa que podíamos observar e medir e que era capaz de classificar essas civilizações em diferentes categorias: o seu consumo de energia.

Então ele propôs três tipos teóricos: uma civilização do Tipo I é planetária, e consome o fiapo de luz solar que cai sobre o seu planeta, ou cerca de 1.017 watts. Uma civilização do Tipo II é estelar, e consome toda a energia que o Sol emite, ou cerca de 1.027 watts. Uma civilização do Tipo III é galáctica, e consome a energia de bilhões de estrelas, ou cerca de 1.037 watts.

A vantagem desta classificação é que podemos quantificar a potência de cada civilização em vez de fazer generalizações vagas e absurdas. Visto que sabemos a produção de energia desses objetos celestiais, podemos colocar restrições numéricas em cada um deles conforme pesquisamos os céus.

Cada tipo é separado por um fator de 10 bilhões: uma civilização do Tipo III consome 10 bilhões de vezes mais energia que uma civilização do Tipo II (porque existem aproximadamente 10 bilhões ou mais de estrelas numa galáxia), que por sua vez consome 10 bilhões de vezes mais energia que uma civilização do Tipo I.

Segundo esta classificação, nossa civilização atual é do Tipo 0. Nós não entramos nesta escala, porque retiramos a nossa energia de plantas mortas, isto é, do petróleo e do carvão. (Carl Sagan, generalizando esta classificação, tentou fazer uma estimativa mais precisa de onde nos encontramos nesta escala cósmica. O seu cálculo mostrou que somos na verdade uma civilização do Tipo 0,7.)

Nesta escala, podemos também classificar as várias civilizações que vemos na ficção científica. Uma civilização do Tipo I típica seria a de Buck Rogers ou Flash Gordon, na qual os recursos energéticos de um planeta inteiro foram desenvolvidos. Eles podem controlar todos os recursos da energia planetária, de modo que poderiam controlar ou modificar o clima à vontade, controlar a força de furacões ou ter cidades nos oceanos. Embora cruzem os céus em foguetes, a sua produção de energia está em grande parte confinada ao planeta.

Uma civilização do Tipo II poderia incluir a Federação dos Planetas de *Jornada nas estrelas* (sem a dobra espacial), capaz de colonizar cerca de 100 estrelas vizinhas. A sua tecnologia mal dá para manipular toda a produção de energia de uma estrela.

Uma civilização do Tipo III pode ser o Império da saga de *Guerra nas estrelas*, ou talvez o Borg da série de *Jornada nas estrelas*: ambas colonizaram grandes partes de uma galáxia, englobando bilhões de sistemas estelares. Eles podem passear pelas pistas espaciais galácticas à vontade.

(Embora a escala Kardashev se baseie em planetas, estrelas e galáxias para a sua classificação, é preciso chamar a atenção para a possibilidade de uma civilização de Tipo IV, que extrai a sua energia de fontes extragalácticas. A única fonte de energia conhecida além da nossa galáxia é a energia escura, que compõe 73% da matéria e da energia do universo conhecido, enquanto o mundo de estrelas e galáxias compõe apenas 4% do universo. Um candidato possível à civilização de Tipo IV poderia ser o divino Q da série *Jornada nas estrelas*, cuja energia é extragaláctica.)

Podemos usar esta classificação para calcular quando poderíamos chegar a cada um destes tipos. Suponha que a civilização mundial cresça 1% ao ano em termos do PIB coletivo. É uma hipótese razoável se calcularmos a média dos últimos séculos. Segundo esta suposição, são necessários mais ou menos 2.500 anos para ir de uma civilização à seguinte. Uma taxa de crescimento de 2% daria um período de transição de 1.200 anos.

Mas podemos também calcular o quanto o nosso planeta vai demorar até chegar à classificação Tipo II. Apesar de recessões, expansões e explosões econômicas, podemos estimar matematicamente que chegaremos ao status do Tipo I em aproximadamente 100 anos, levando-se em conta uma taxa média do nosso crescimento econômico.

DO TIPO 0 AO TIPO I

Vemos evidências desta transição do Tipo 0 ao Tipo I sempre que abrimos um jornal. Muitas das manchetes podem ser reconhecidas como as dores de parto de uma civilização do Tipo I nascendo bem diante dos nossos olhos.

- A internet é o início de um sistema telefônico planetário do Tipo I. Pela primeira vez na história, uma pessoa em um continente pode com toda a facilidade trocar ilimitadas informações com alguém que está em outro continente. De fato, muita gente já acha que tem mais em comum com alguém do outro lado do mundo do que com o vizinho da porta ao lado. Este processo vai se acelerar conforme as nações estenderem ainda mais cabos de fibra óptica e lançarem mais satélites de comunicações. Este processo também é inevitável. Mesmo que o presidente dos Estados Unidos tentasse proibir a internet, seria recebido apenas com risadas. Existe quase 1 bilhão de computadores pessoais no mundo hoje, e cerca de 1/4 da humanidade já esteve na internet pelo menos uma vez.
- Um punhado de línguas, lideradas pelo inglês e seguidas pelo chinês, está rapidamente emergindo como a futura língua do Tipo I. Na web,

por exemplo, 29% dos visitantes conectam-se em inglês, seguidos de 22% em chinês, 8% em espanhol, 6% em japonês e 5% em francês. O inglês já é a língua planetária *de facto* das ciências, finanças, negócios e entretenimentos. O inglês está em primeiro lugar como a segunda língua no planeta. Para onde quer que eu viaje, descubro que o inglês emergiu como a língua franca. Na Ásia, por exemplo, quando vietnamitas, japoneses e chineses se encontram, usam o inglês para se comunicar. Atualmente, há cerca de 6 mil línguas faladas sobre a Terra, e espera-se que 90% delas se tornem extintas nas próximas décadas, segundo Michael E. Krauss, anteriormente do Centro de Línguas Nativas da Universidade do Alasca. A revolução das telecomunicações está acelerando este processo, quando até pessoas que vivem nas regiões mais remotas da Terra estão expostas ao inglês. Isso também vai acelerar o desenvolvimento econômico, à medida que suas sociedades estiverem mais integradas na economia mundial, elevando, por conseguinte, padrões de vida e atividades econômicas.

Algumas pessoas lamentarão o fato de certas línguas ancestrais não serem mais faladas. Mas, por outro lado, a revolução do computador garantirá que elas não se percam. Falantes nativos acrescentarão a sua língua e a sua cultura à internet, onde viverão para sempre.

- Estamos testemunhando o nascimento de uma economia planetária. O surgimento da União Europeia e de outros blocos comerciais representa a emergência de uma economia do Tipo I. Historicamente, os povos da Europa viveram conflitos sangrentos de inimizade com seus vizinhos durante milhares de anos. Mesmo depois da queda do Império Romano, essas tribos continuariam a se matar umas às outras, acabando por se tornar as nações inimigas da Europa. Mas, hoje, esses virulentos rivais se uniram de repente para formar a União Europeia, representando a maior concentração de riquezas do planeta. A razão para essas nações terem abruptamente deixado de lado as famosas rivalidades é competir com a força econômica esmagadora de nações que assinaram o NAFTA (o Acordo de Livre Comércio Norte-Americano). No futuro, veremos mais blocos econômicos se formarem, conforme as nações perceberem que não podem permanecer competitivas se não se unirem a blocos de comércio lucrativos.

Vemos evidências gráficas disso quando analisamos a grande recessão de 2008. Em questão de dias, as ondas de choque emanadas de Wall Street atravessaram os corredores financeiros de Londres, Tóquio, Hong Kong e Cingapura. Hoje, é impossível compreender a economia de uma única nação sem compreender as tendências que afetam a economia mundial.

- Estamos vendo o surgimento de uma classe média planetária. Centenas de milhões de pessoas na China, na Índia e em outras partes do mundo estão ingressando nas suas fileiras, no que talvez seja a maior convulsão social do último meio século. Este grupo está bem informado a respeito das tendências culturais, educacionais e econômicas que afetam o planeta. O foco desta classe média planetária não é a guerra, a religião ou códigos morais rígidos, mas a estabilidade política e social e os bens de consumo. As paixões tribais e ideológicas que podem ter dominado seus ancestrais pouco significam para ela, se a meta é ter uma casa no subúrbio e dois carros. Enquanto seus ancestrais talvez tivessem celebrado o dia em que os filhos partiram para a guerra, uma de suas principais preocupações é colocá-los numa boa faculdade. E, quanto aos que observam com inveja a ascensão dos outros, vão ficar imaginando quando chegará a sua vez. Kenichi Omahe, ex-sócio sênior da McKinsey & Company, escreve: "Inevitavelmente as pessoas vão começar a olhar ao redor e perguntar por que não têm o que os outros têm. Igualmente importante, elas começarão a perguntar por que não foram capazes de ter isso no passado."

- A economia, não as armas, é o novo critério para uma superpotência. O surgimento da UE e do NAFTA ressalta uma questão importante: com o fim da Guerra Fria, ficou claro que uma potência mundial pode manter a sua predominância principalmente por meio do poder econômico. É simplesmente perigoso demais travar guerras nucleares, e por isso é o poder econômico que determinará em grande parte o destino das nações. Um fator que contribuiu para o colapso da União Soviética foi a tensão econômica gerada pela competição militar com os Estados Unidos. (Como os conselheiros do presidente Ronald Reagan uma vez comentaram, a estratégia dos Estados Unidos foi exaurir a Rússia até a depressão, isto é, aumentar os gastos militares dos Estados Unidos de modo que os russos, com uma economia que era menos da metade do tamanho da dos Estados Unidos, teriam de matar a sua população de fome para acompanhar a estes.) No futuro, é claro que uma superpotência só poderá manter o seu status com o poder econômico, e isso, por sua vez, decorre da ciência e da tecnologia.

- Está surgindo uma cultura planetária, baseada na cultura jovem (rock e moda jovem), cinema (sucessos de bilheteria de Hollywood), alta moda (artigos de luxo) e comida (redes de lanchonetes para o mercado de massa). Não importa para onde você viaje, encontrará evidências das mesmas tendências culturais na música, nas artes e na moda. Por exemplo, Hollywood calcula cuidadosamente o apelo global quando avalia o sucesso de um potencial sucesso de bilheteria. Filmes com temas interculturais (como os de ação ou os românticos), abarrotados de celebridades reconhecidas internacionalmente, são os grandes geradores de dinheiro para Hollywood, evidência de uma cultura planetária emergente.

Vimos isso depois da Segunda Guerra Mundial, quando, pela primeira vez na história humana, toda uma geração de jovens teve à sua disposição renda suficiente para alterar a cultura predominante. Antes, as crianças eram mandadas para a lida nos campos com os pais assim que atingiam a puberdade. (Esta é a origem dos três meses de férias no verão. Durante a Idade Média, as crianças eram requisitadas para fazer trabalhos exaustivos nos campos no verão assim que tinham idade para isso.) Mas, com a ascensão da prosperidade, a geração *baby boom* do pós-guerra deixou os campos para enfrentar as ruas. Hoje, vemos a mesma coisa acontecer em um país após o outro, conforme o desenvolvimento econômico emancipa os jovens com ampla renda à sua disposição. No final, quando a maioria das populações do mundo entrar para a classe média, rendas mais altas filtrarão para a sua juventude, alimentando uma perpetuação desta cultura jovem planetária.

Rock, filmes de Hollywood etc. são de fato os melhores exemplos de como o capitalismo intelectual está substituindo o capitalismo de *commodities*. O robôs ainda serão durante décadas incapazes de criar música e filmes que possam emocionar uma plateia internacional.

Isto também está acontecendo no mundo da moda, onde um punhado de etiquetas de marca está ampliando o seu alcance no mundo inteiro. A alta-costura, antes reservada à aristocracia e aos extremamente ricos, está rapidamente proliferando ao redor do mundo conforme as pessoas entram para a classe média e aspiram a uma parte do glamour dos ricos. A alta-costura já não é exclusividade da elite privilegiada.

Mas a emergência de uma cultura planetária não significa que as culturas ou os costumes locais serão varridos do mapa. Pelo contrário, as pessoas serão biculturais. Por um lado, elas manterão vivas as suas tradições culturais locais (e a internet garante que estes costumes regionais sobrevivam para sempre). A rica diversidade cultural do mundo continuará a prosperar no futuro. De fato, alguns aspectos obscuros da cultura local podem se espalhar pelo mundo via internet, conquistando para si uma plateia mundial. Por outro lado, as pessoas serão fluentes nas novas tendências que afetam a cultura global. Quando as pessoas se comunicarem com outras de uma cultura diferente, usarão para isso a cultura global. Isso já aconteceu com muitas das elites do planeta: elas falam a língua local e obedecem a costumes locais, mas usam o inglês e seguem os costumes internacionais ao lidar com pessoas de outros países. Este é o modelo para a emergente civilização do Tipo I. Culturas locais continuarão a prosperar, coexistindo lado a lado com a cultura global maior.

- As notícias estão se tornando planetárias. Com a televisão por satélite, os telefones celulares, a internet etc., é impossível para uma nação ter controle total das notícias e filtrá-las. Filmagens sem edição surgem de todas as partes do mundo, fora do alcance dos censores. Quando explodem guerras ou revoluções, as imagens violentas são transmitidas instantaneamente para o mundo todo em tempo real. No passado, era relativamente fácil para as Grandes Potências do século XIX impor seus valores e manipular as notícias. Hoje, isto ainda é possível, mas de forma muito reduzida por causa da tecnologia avançada. Além disso, com os níveis educacionais subindo no mundo inteiro, existe uma plateia muito maior para as notícias mundiais. Os políticos hoje precisam incluir a opinião mundial quando pensam nas consequências de seus atos.

- Os esportes, que no passado foram essenciais para forjar uma identidade tribal e depois nacional, agora forjam uma identidade planetária. O futebol e as Olimpíadas estão emergindo para dominar os esportes planetários. As Olimpíadas de 2008, por exemplo, foram amplamente interpretadas como uma festa de debutantes para os chineses, que queriam assumir a sua posição cultural de direito no mundo depois de séculos de isolamento. Isto também é um exemplo do Princípio do Homem das Cavernas, visto que os esportes são *High Touch* [de alto contato], mas estão entrando no mundo do *High Tech* [da alta tecnologia].

- Ameaças ambientais também estão sendo debatidas em escala planetária. As nações percebem que a poluição que geram cruza fronteiras nacionais e, por conseguinte, podem precipitar uma crise internacional. A primeira vez que vimos isto foi quando um gigantesco buraco na camada de ozônio se abriu sobre o polo Sul. Como ela impede que os raios UV e X nocivos emitidos pelo sol cheguem até o solo, as nações se uniram para limitar a produção e o consumo de clorofluorcarbonos usados em refrigeradores e sistemas industriais. O Protocolo de Montreal foi assinado em 1987 e teve bons resultados em reduzir o uso de substâncias químicas que destroem o ozônio. Baseada neste sucesso internacional, a maioria das nações adotou o Protocolo de Quioto em 1997 para tratar da ameaça de aquecimento global, que é ainda maior para o ambiente do planeta.

- O turismo é uma das indústrias que mais crescem no planeta. Durante a maior parte da história humana, era comum as pessoas passarem a vida toda limitadas aos poucos quilômetros do seu lugar de origem. Era fácil para líderes inescrupulosos manipular o seu povo, que tinha pouco ou nenhum contato com outros povos. Mas hoje se pode dar a volta ao mundo com um modesto orçamento. Os jovens mochileiros de hoje, hospedando-se em albergues da juventude baratos do mundo inteiro, serão os líderes de amanhã. Há quem acuse os turistas de ter apenas um conhecimento muito rude das culturas, histórias e políticas locais. Mas temos de comparar isso com o passado, quando o contato entre culturas distantes era quase inexistente, exceto em épocas de guerra, muitas vezes com trágicos resultados.

- Do mesmo modo, o preço das viagens internacionais em queda está acelerando o contato entre povos diversos, tornando as guerras mais difíceis de ser travadas e espalhando os ideais de democracia. Um dos principais fatores que acirrava a animosidade entre as nações era o desentendimento entre os povos. Em geral, é bastante difícil entrar em guerra com uma nação com a qual você está familiarizado.

- A própria natureza da guerra está mudando para refletir esta nova realidade. A história mostrou que duas democracias quase nunca guerreiam uma com a outra. Quase todas as guerras do passado foram entre não democracias, ou entre uma democracia e uma não democracia. Em geral, a febre de guerra pode ser facilmente acirrada por demagogos que demonizam o inimigo. Mas numa democracia, com uma imprensa vibrante, partidos de oposição e uma confortável classe média que tem tudo a perder com a guerra, a febre de guerra é muito mais difícil de cultivar. É difícil estimular uma febre de guerra quando existe uma imprensa cética e mães que exigem saber por que seus filhos estão indo para a guerra.

  Ainda haverá guerras no futuro. Como disse o teórico militar prussiano Carl von Clausewitz, "A guerra é a política por outros meios". Embora ainda tenhamos guerras, a natureza delas mudará conforme a democracia se espalhar pelo mundo.

  (Há outro motivo para as guerras estarem se tornando mais difíceis de ser travadas à medida que o mundo fica mais rico e as pessoas têm mais a perder. O teórico político Edward Luttwark escreveu que é muito mais difícil travar uma guerra porque as famílias são menores hoje em dia. No passado, a família média tinha uns 10 filhos; o mais velho herdava a fazenda, enquanto os irmãos menores entravam para a Igreja ou para o serviço militar, ou buscavam a sorte em outras paragens. Hoje, quando uma família típica tem, em média, 1,5 filho, já não há filhos sobrando para preencher facilmente as Forças Armadas ou o sacerdócio. Por conseguinte, as guerras serão muito mais difíceis de acontecer, especialmente entre democracias e guerrilhas do Terceiro Mundo.)

- As nações vão se enfraquecer, mas ainda existirão em 2100. Ainda serão necessárias para aprovar leis e resolver problemas locais. Entretanto, o seu poder e influência vão diminuir muito conforme as engrenagens de crescimento econômico se tornarem regionais, depois globais. Por exemplo, com a ascensão do capitalismo no final do século XVIII e início do século XIX, as nações eram necessárias para impor uma moeda, uma língua, leis de impostos e regulamentos com relação ao comércio e patentes comuns. Leis feudais e tradições, que impediram o avanço do livre câmbio, o comércio e as finanças, foram rapidamente eliminadas pelos governos nacionais. Normalmente este processo poderia levar um século ou mais, mas vimos uma versão acelerada quando Otto von Bismarck, o Chanceler de Ferro, forjou o moderno Estado alemão em 1871. Do mesmo modo, esta marcha para a civilização do Tipo I está mudando a natureza do capitalismo, e o poder econômico está gradualmente sendo transferido dos governos nacionais para potências regionais e blocos comerciais.

Isso não significa necessariamente um governo mundial. Uma civilização planetária poderia existir de muitas formas. É claro que os governos nacionais perderão um poder relativo, mas o poder que preencherá o vácuo dependerá de muitas tendências históricas, culturais e nacionais que são difíceis de prever.

- As doenças serão controladas em escala planetária. No passado antigo, doenças virulentas não eram na verdade tão perigosas porque a população humana era muito reduzida. O incurável vírus Ebola, por exemplo, provavelmente é uma doença antiga que infectou apenas umas poucas aldeias ao longo de milhares de anos. Mas a rápida expansão da civilização em áreas antes desabitadas e o surgimento de cidades fizeram com que algo como o Ebola tivesse de ser monitorado com muita atenção.

Quando a população das cidades atingiu várias centenas de milhares, e até 1 milhão, as doenças puderam se espalhar rapidamente e gerar autênticas epidemias. O fato de a Peste Negra ter matado talvez metade da população europeia foi, ironicamente, um indício de progresso, porque as populações tinham chegado a uma massa crítica para epidemias, e rotas navegáveis ligavam cidades antigas ao redor do mundo.

O recente surto de gripe H1N1 é, por conseguinte, uma medida do nosso progresso também. Originando-se talvez na Cidade do México, a doença espalhou-se rapidamente pelo globo com as viagens a jato.

Mais importante, foi apenas uma questão de poucos meses para as nações sequenciarem os genes do vírus e, em seguida, criarem uma vacina que ficou disponível para dezenas de milhões de pessoas.

TERRORISMO E DITADURAS

Existem grupos, entretanto, que resistem instintivamente à tendência a uma civilização planetária do Tipo I, porque sabem que ela é progressista, livre, científica, próspera e educada. Essas forças talvez não tenham consciência e não possam expressar isto, mas estão, na verdade, lutando contra a tendência a uma civilização do Tipo I. São elas:

- Os terroristas islâmicos, que prefeririam voltar um milênio atrás, ao século XI, em vez de viver no século XXI. Eles não conseguem expressar o seu descontentamento deste modo, mas, julgando-se por suas próprias declarações, preferem viver numa teocracia, onde ciência, relações pessoais e políticas estão todas sujeitas a rígidos decretos religiosos. (Esquecem que, historicamente, a grandeza e a perícia científica e tecnológica da civilização islâmica só se compararam à sua tolerância com relação às novas ideias. Estes terroristas não compreendem a verdadeira origem da grandeza do passado islâmico.)
- As ditaduras que dependem de manter o seu povo ignorando a riqueza e o progresso do mundo lá fora. Um exemplo surpreendente foram as manifestações que dominaram o Irã em 2009, quando o governo tentou sufocar as ideias dos manifestantes que estavam usando o Twitter e o YouTube num esforço de levar a sua mensagem ao mundo.

No passado, as pessoas diziam que a pena era mais poderosa que a espada. No futuro, o chip é que será mais poderoso que a espada.

Uma das razões para o povo da Coreia do Norte, uma nação terrivelmente empobrecida, não se rebelar é que lhe é negado todo contato com o mundo, onde as pessoas, eles acreditam, também estão morrendo de fome. Em parte, sem perceber que não são obrigados a aceitar o seu destino, suportam incríveis dificuldades.

CIVILIZAÇÕES DO TIPO II

Quando alcançar o status do Tipo II daqui a milhares de anos, a sociedade será imortal. Nada conhecido pela ciência poderá destruir uma civilização do Tipo II. Visto que ela terá dominado o clima há muito tempo, as eras glaciais poderão ser evitadas ou alteradas. Os meteoros e os cometas poderão também ser desviados. Mesmo se o seu Sol se transforme numa supernova, as pessoas poderão fugir para outro sistema estelar, ou talvez impedir que a sua estrela exploda. (Por exemplo, se o Sol delas se tornar uma gigante vermelha, elas poderão fazer girar asteroides em torno do seu planeta num efeito estilingue, a fim de afastar mais o seu planeta do Sol.)

Um modo com o qual uma civilização do Tipo II talvez seja capaz de explorar toda a produção de energia de uma estrela é criar uma esfera gigante ao seu redor para absorver toda a luz solar da estrela. Chama-se esfera Dyson.

Uma civilização do Tipo II provavelmente estará em paz consigo mesma. Como as viagens espaciais são muito difíceis, ela terá permanecido uma civilização do Tipo I por séculos, tempo suficiente para aplainar as divisões dentro da sua sociedade. Quando uma civilização do Tipo I alcançar o status de Tipo II, terá colonizado não só todo o seu sistema solar, mas também as estrelas próximas, talvez até a várias centenas de anos-luz, porém não mais que isso. Ainda estará limitada pela velocidade da luz.

CIVILIZAÇÕES DO TIPO III

Quando uma civilização chegar ao status de Tipo III, ela terá explorado a maior parte da galáxia. O modo mais conveniente de visitar as centenas de milhões de planetas é enviar sondas robôs autorreplicantes por toda a galáxia. Uma sonda de Von Neumann é um robô que tem a habilidade de fazer cópias ilimitadas de si mesmo; ela aterrissa numa lua (visto que não sofre a ação da ferrugem ou da erosão) e constrói uma fábrica com poeira lunar, que cria milhares de cópias de si mesma. Cada cópia dispara para outros sistemas estelares distantes e faz outros milhares de cópias. Começando com uma dessas sondas, criamos rapidamente uma esfera de trilhões destas sondas autorreplicantes expandindo-se próximo à velocidade da luz, mapeando toda a galáxia da Via Láctea em apenas 100 mil anos. Visto que o universo tem 13,7 bilhões de anos de idade, há tempo suficiente para estas civilizações terem surgido (e desaparecido). (Esse rápido crescimento exponencial é também o mecanismo pelo qual os vírus se espalham no nosso corpo.)

Mas existe outra possibilidade. Quando uma civilização tiver chegado ao status de Tipo III, a sua população terá recursos energéticos suficientes para sondar a "energia Planck", ou 1.019 bilhões de elétrons-volts, a energia em que o próprio espaço-tempo se torna instável. (A energia Planck é 1 quatrilhão de vezes maior que a energia produzida pelo nosso maior colisor de átomos, o Grande Colisor de Háldrns, nos arredores de Genebra. É a energia em que a teoria da gravidade de Einstein finalmente se desfaz. Nesta energia, teoriza-se que o tecido de espaço-tempo finalmente se rasga, criando minúsculos portais que poderiam levar a outros universos, ou a outros pontos no espaço-tempo.) Para controlar uma energia tão vasta, seriam necessárias máquinas colossais numa escala inimaginável, mas, tendo êxito, elas poderiam fazer atalhos possíveis pelo tecido de espaço-tempo, seja comprimindo o espaço, seja passando por buracos de minhoca. Supondo-se que consigam superar vários obstáculos teóricos e práticos obstinados (tais como controlar suficiente energia positiva e negativa e remover instabilidades), é concebível que elas sejam capazes de colonizar a galáxia inteira.

Isso levou muita gente a especular por que elas ainda não nos visitaram. "Onde estão?", perguntam os críticos.

Uma resposta possível é que talvez já tenham estado aqui, mas somos primitivos demais para notar. As sondas de Von Neumann autorreplicantes seriam o modo mais prático de explorar a galáxia, e não precisam ser imensas. Podem ter apenas alguns centímetros de comprimento, por causa dos avanços revolucionários em nanotecnologia. Podem estar bem à vista, mas não as reconhecemos porque estamos procurando a coisa errada, esperando uma enorme nave estelar transportando alienígenas do espaço cósmico. É mais provável que a sonda seja totalmente automática, parte orgânica, parte eletrônica, e não contenha nenhum alienígena espacial.

E, quando finalmente encontrarmos os alienígenas do espaço, talvez nos surpreendamos, porque eles podem ter alterado há muito tempo a sua biologia usando a robótica, a nanotecnologia e a biotecnologia.

Outra possibilidade é que elas tenham se autodestruído. Como mencionamos, a transição do Tipo 0 para o Tipo I é a mais perigosa, visto que nós ainda temos toda a selvageria, fundamentalismo, racismo e outras coisas mais do passado. É possível que um dia, quando visitarmos as estrelas, encontremos evidências de civilizações do Tipo 0 que falharam em fazer a transição para o Tipo I (por exemplo, sua atmosfera talvez seja quente demais, ou radioativa demais, para suportar a vida).

SETI (A BUSCA DA INTELIGÊNCIA ARTIFICIAL)

Atualmente, as pessoas do mundo inteiro certamente não têm consciência da marcha para uma civilização planetária do Tipo I. Não existe uma autoconsciência coletiva de que esta transição histórica esteja ocorrendo. Se você fizer uma pesquisa de opinião pública, algumas pessoas poderão estar vagamente a par do processo de globalização, mas, fora isso, não existe uma percepção consciente de que estamos nos encaminhando para um destino específico.

Tudo isto pode mudar de repente se encontrarmos evidências de vida inteligente no espaço cósmico. Então, ficaremos imediatamente inteirados do nível tecnológico desta civilização alienígena. Os cientistas, em particular, ficarão interessadíssimos nos tipos de tecnologia que esta civilização alienígena dominou.

Embora não possamos saber com certeza, provavelmente neste século detectaremos uma civilização avançada no espaço, tendo em vista os rápidos avanços da nossa tecnologia.

Duas tendências tornaram isto possível. Primeira, o lançamento de satélites especificamente projetados para encontrar pequenos planetas rochosos extrassolares, os satélites *COROT* e *Kepler*. Espera-se que o *Kepler* identifique até 600 planetas pequenos, semelhantes à Terra, no espaço. Uma vez identificados estes planetas, o próximo passo é focar a nossa busca de emissões inteligentes vindas destes planetas.

Em 2001, o bilionário da Microsoft Paul Allen começou a doar fundos, agora mais de 30 milhões de dólares, para dar início ao estagnado programa SETI. Isto aumentará imensamente o número de radiotelescópios na instalação de Hat Creek, localizada ao norte de San Francisco. O Allen Telescope Array, quando em pleno funcionamento, terá 350 radiotelescópios, tornando-se o centro de radiotelescópio mais avançado do mundo. Enquanto no passado os astrônomos examinavam mais de mil estrelas em busca de vida inteligente, o novo Allen Array vai aumentar mil vezes este número, até 1 milhão de estrelas.

Embora, durante quase 50 anos, os cientistas tenham procurado em vão sinais de civilizações avançadas, só recentemente estes dois avanços deram o tão necessário impulso ao programa SETI. Muitos astrônomos acreditam que havia muito pouco esforço e escassos recursos dedicados a este projeto. Com este influxo de novos recursos e dados, o programa SETI está se tornando um sério projeto científico.

É concebível que possamos, neste século, detectar sinais de uma civilização inteligente no espaço. (Seth Shostak, diretor do Instituto SETI na Bay Area, contou-me que dentro de 20 anos espera fazer contato com uma dessas civilizações. Pode ser otimismo demais, mas é seguro dizer que neste século seria estranho se não detectássemos sinais de outra civilização no espaço.)

Se forem encontrados sinais de uma civilização avançada, isso poderá ser um dos acontecimentos mais significativos da história humana. Os filmes de Hollywood adoram descrever o caos que este evento poderia deflagrar, com profetas nos dizendo que o fim está próximo, cultos religiosos malucos fazendo hora extra etc.

A realidade, entretanto, é mais insípida. Não haverá necessidade de pânico imediato, visto que essa civilização talvez nem saiba que estamos escutando às ocultas as suas conversas. E, se souberem, conversas diretas entre eles e nós seriam difíceis, por causa da enorme distância que nos separa. Primeiro, poderão ser necessários de meses a anos para decodificar totalmente a mensagem, e depois classificar a tecnologia dessa civilização, para ver se ela se encaixa na classificação de Kardashev. Segundo, a comunicação direta com eles não será provável, visto que a distância até essa civilização será de muitos anos-luz, longe demais para qualquer contato direto. Portanto, seremos capazes apenas de observar essa civilização, em vez de manter uma conversa. Haverá um esforço para construir transmissores de rádio gigantescos que possam enviar mensagens de volta para os alienígenas. Mas, de fato, poderão ser necessários séculos para ser possível qualquer comunicação nos dois sentidos com essa civilização.

NOVAS CLASSIFICAÇÕES

A classificação de Kardashev foi introduzida na década de 1960, quando os físicos estavam preocupados com a produção de energia. Entretanto, com o espetacular aumento da potência dos computadores, as atenções se voltaram para a revolução da informação, na qual o número de bits processados por uma civilização se tornou tão relevante quanto a sua produção de energia.

Pode-se imaginar, por exemplo, uma civilização alienígena num planeta onde computadores sejam impossíveis porque a sua atmosfera conduz eletricidade. Neste caso, qualquer equipamento elétrico entra logo em curto-circuito, criando faíscas, de modo que só as formas mais primitivas de aparelhos elétricos são possíveis.

Qualquer dínamo em larga escala ou computador se queimaria rapidamente. Podemos imaginar que uma civilização assim poderia acabar dominando os combustíveis fósseis e a energia nuclear, mas a sua sociedade seria incapaz de processar grandes quantidades de informação. Seria difícil para eles criar uma internet ou um sistema de telecomunicações planetário, e assim a sua economia e seu progresso científico ficariam interrompidos. Embora conseguissem subir na escala Kardashev, isso seria muito lento e penoso sem computadores.

Portanto, Carl Sagan introduziu outra escala, baseada no processamento de informações. Idealizou um sistema no qual as letras do alfabeto, de A a Z, correspondem a informações. Uma civilização do Tipo A é a que processa apenas 1 milhão de informações, o que corresponde a uma civilização que tem apenas uma língua falada, mas não escrita. Se compilarmos todas as informações que sobreviveram da Grécia antiga, que teve uma língua escrita e uma literatura exuberantes, são cerca de 1 bilhão de bits de informação que a fazem uma civilização do Tipo C. Subindo na escala, podemos então avaliar a quantidade de informações que a nossa civilização processa. Uma suposição bem informada nos coloca numa civilização do Tipo H. Assim, a energia e o processamento de informações da nossa civilização produzem uma civilização do Tipo H 0,7.

Há poucos anos, surgiu outra preocupação: poluição e lixo. Energia e informações não bastam para classificar uma civilização. De fato, quanto mais energia uma civilização consome, e quanto mais informações ela cospe fora, mais poluição e lixo poderá produzir. Esta não é uma questão acadêmica, visto que o lixo de uma civilização do Tipo I ou II pode ser o suficiente para destruí-las.

Uma civilização do Tipo II, por exemplo, consome toda a energia que é produzida por uma estrela. Digamos que seus motores sejam 50% eficientes, o que significa que metade do lixo que ela produz está em forma de calor.

Isso é potencialmente desastroso, porque significa que a temperatura do planeta subirá até ele derreter! Pense em bilhões de usinas de carvão num planeta assim, vomitando quantidades imensas de calor e gases que aquecem o planeta até o ponto em que a vida se torna impossível.

Freeman Dyson, de fato, tentou uma vez encontrar civilizações do Tipo II no espaço cósmico procurando objetos que emitissem basicamente radiação infravermelha, em vez de raios X ou luz visível. Isso porque uma civilização do Tipo II, ainda que quisesse ocultar a sua presença de olhares curiosos criando uma esfera ao seu redor, produziria inevitavelmente calor residual suficiente para brilhar com radiação infravermelha. Portanto, ele sugeriu que astrônomos procurassem sistemas estelares que produzissem principalmente luz infravermelha. (Nenhum, entretanto, foi encontrado.)

Mas isso suscita a preocupação de que uma civilização que deixe a sua energia crescer descontroladamente possa cometer suicídio. Vemos, por conseguinte, que energia e informação não bastam para garantir a sobrevivência da civilização conforme ela sobe na escala. Precisamos de uma nova escala, de uma que leve em consideração a eficiência, o calor residual e a poluição. Uma nova escala que faça isso é baseada em outro conceito, chamado entropia.

CLASSIFICANDO CIVILIZAÇÕES PELA ENTROPIA

Teoricamente, o que nós queremos é uma civilização que cresça em energia e informação, mas faça isso de forma sensata, para que o seu planeta não se torne insuportavelmente quente ou submerso em lixo.

Isso foi ilustrado graficamente no filme da Disney *Wall-E*, em que no futuro distante nós poluímos e degradamos tanto a Terra que simplesmente deixamos para trás a bagunça e vivemos folgadamente em navios de cruzeiro vagando pelo espaço.

É aqui que as leis da termodinâmica se tornam importantes. A primeira lei da termodinâmica diz simplesmente que você não pode tirar alguma coisa do nada, isto é, não existe almoço de graça. Em outras palavras, o total de matéria e energia no universo é constante. Mas, como vimos no capítulo 3, a segunda lei é a mais interessante e, de fato, pode acabar determinando o destino de uma civilização avançada. Resumindo, a segunda lei da termodinâmica diz que a quantidade total de entropia (desordem e caos) sempre aumenta. Isso significa que tudo passa; objetos devem apodrecer, se deteriorar, enferrujar, envelhecer ou se desintegrar. (Não vemos nunca a entropia total *diminuir*. Por exemplo, nunca vemos ovos fritos saltarem da frigideira de volta para a casca. Nunca vemos cristais de açúcar numa xícara de café se desmisturarem e pularem de volta para a colher. Esses eventos são tão excessivamente raros que a palavra "desmisturar" não existe em nenhuma língua.)

Portanto, se civilizações do futuro produzirem energia às cegas conforme ascendem a uma civilização do Tipo II ou III, criarão tanto calor residual que o seu planeta natal se tornará inabitável. A entropia, em forma de calor residual, o caos e a poluição acabarão por destruir a sua civilização. Similarmente, se produzirem informação abatendo florestas inteiras e gerando montanhas de papel usado inútil, ficarão enterradas no seu próprio lixo de informação.

Assim, temos de introduzir mais uma escala para classificar civilizações. Temos de introduzir dois novos tipos de civilização. O primeiro é uma civilização "conservadora de entropia", que usa todos os meios à sua disposição para controlar o excesso de lixo e de calor. Conforme as suas necessidades de energia continuam a crescer exponencialmente, ela percebe que o seu consumo de energia pode mudar o ambiente planetário, tornando a vida impossível. A total desordem ou entropia produzida por uma civilização avançada continuará aumentando; isso é inevitável. Mas a entropia local pode diminuir no seu planeta se usarem a nanotecnologia e a energia renovável para eliminar o lixo e a ineficiência.

A segunda civilização, uma civilização "destruidora de entropia", continua a expandir o seu consumo de energia sem limite. No final, se o planeta natal se tornar inabitável, a civilização poderá tentar fugir dos seus excessos expandindo-se para outros planetas. Mas o custo de criar colônias no espaço cósmico limitará a sua capacidade de expansão. Se a sua entropia crescer mais rápido do que a sua capacidade de se expandir para outros planetas, então ela enfrentará o desastre.

DE SENHORES A CONSERVADORES DA NATUREZA

Como já mencionamos, antigamente éramos observadores passivos da dança da natureza, olhando maravilhados para todos os mistérios à nossa volta. Hoje, somos os coreógrafos da natureza, capazes de torcer as forças da natureza aqui e ali. E, em 2100, seremos senhores da natureza, movendo objetos com a mente, controlando a vida e a morte, e tentando alcançar as estrelas.

Mas, se nos tornarmos senhores da natureza, teremos também de nos tornar conservadores da natureza. Se deixarmos a entropia aumentar sem limites, vamos inevitavelmente perecer pelas leis da termodinâmica. Uma civilização do Tipo II, por definição, consome tanta energia quanto uma estrela, e, por conseguinte, a temperatura da superfície do planeta será causticante se a entropia puder crescer sem parar. Mas há um jeito de controlar o crescimento da entropia.

Por exemplo, quando visitamos um museu e vemos imensas máquinas a vapor do século XIX, com suas enormes caldeiras e vagões de carvão, percebemos como fomos ineficientes, desperdiçando energia e gerando enormes quantidades de calor e poluição. Se as compararmos a um trem elétrico suave e silencioso, vemos como hoje usamos a energia com muito mais eficiência. A necessidade de usinas a carvão gigantescas, vomitando imensas quantidades de calor residual e poluição no ar, pode ser extremamente reduzida se os aparelhos que as pessoas usam não desperdiçarem energia por meio de energia renovável e miniaturização. A nanotecnologia nos dá a oportunidade de reduzir o calor residual ainda mais conforme as máquinas forem miniaturizadas até a escala atômica.

Também, se supercondutores a temperatura ambiente forem descobertos neste século, isso significa uma total revisão de nossas exigências de energia. O calor residual, em forma de atrito, será imensamente reduzido, aumentando a eficiência de nossas máquinas. Como já mencionamos, a maior parte do nosso consumo de energia, especialmente em transporte, é para vencer o atrito. É por isso que enchemos de gasolina o tanque do nosso carro, ainda que quase sem precisar de energia para atravessar o país, não fosse o atrito. Pode-se imaginar que uma civilização avançada seja capaz de realizar muito mais tarefas com menos energia do que usamos hoje. Isso significa que poderemos ser capazes de pôr limites numéricos à entropia produzida por uma civilização avançada.

TRANSIÇÃO MUITO PERIGOSA

A transição entre a nossa atual civilização de Tipo 0 e uma futura civilização de Tipo I talvez seja a maior da história. Ela determinará se vamos continuar prosperando ou se vamos perecer devido à nossa própria insensatez. Esta transição é extremamente perigosa porque ainda possuímos toda a bárbara selvageria que tipificou a nossa penosa saída dos pântanos. Descasque o verniz de civilização, e ainda veremos em ação as forças do fundamentalismo, do sectarismo, do racismo, da intolerância etc. A natureza humana não mudou muito nos últimos 100 mil anos, mas agora temos armas nucleares, químicas e biológicas para acertar velhas contas.

Entretanto, uma vez tendo feito a transição para uma civilização de Tipo I, teremos muitos séculos para acertar nossas diferenças. Como vimos em capítulos anteriores, colônias espaciais continuarão sendo caríssimas no futuro, e assim é pouco provável que uma fração significativa da população mundial parta para colonizar Marte ou o cinturão de asteroides. Até que projetos de foguetes radicalmente novos façam baixar o custo ou até que se construa o elevador espacial, viagens espaciais continuarão sendo província de governos e dos ricos. Para a maioria da população da Terra, isso significa que ela permanecerá no planeta enquanto conquistamos o status de Tipo I. Isso também significa que teremos séculos para resolver nossas diferenças como uma civilização de Tipo I.

A BUSCA DA SABEDORIA

Vivemos tempos excitantes. A ciência e a tecnologia estão abrindo mundos para nós com os quais antes só podíamos sonhar. Ao olhar para a ciência do futuro, com todos os seus desafios e perigos, vejo genuína esperança. Vamos descobrir mais coisas sobre a natureza nas próximas décadas do que em toda a história humana – muitas vezes mais.

Mas nem sempre foi assim.

Considere as palavras de Benjamin Franklin, o último grande cientista/estadista da América, quando previu o que aconteceria não apenas no século seguinte, mas nos próximos mil anos. Em 1780, ele observou com pesar que os homens com frequência se comportavam como lobos uns com os outros, principalmente por causa da enorme responsabilidade de sobreviver num mundo cruel.

Ele escreveu:

> É impossível imaginar até onde pode chegar, em mil anos, o poder do homem sobre a matéria. Talvez aprendamos a privar grandes massas da sua gravidade, e lhes dar absoluta leveza, em benefício do transporte fácil. A agricultura poderá diminuir o seu esforço e duplicar a sua produção;

> todas as doenças poderão ser prevenidas e curadas por meios seguros, sem excluir a velhice, e nossa vida prolongada à vontade, além até dos padrões antediluvianos.

Ele escrevia numa época em que os camponeses extraíam do solo uma existência sombria, quando carroças puxadas por bois levavam produtos apodrecendo para o mercado, quando a peste e a fome eram fatos da vida, e apenas uns poucos felizardos passavam dos 40 anos de idade. (Em Londres, em 1750, 2/3 das crianças morriam antes dos cinco anos.) Franklin viveu numa época em que parecia não haver esperanças de um dia sermos capazes de solucionar estes antiquíssimos problemas. Ou, como Thomas Hobbes escreveu em 1651, a vida era "solitária, pobre, desagradável, brutal e breve".

Mas hoje, bem antes dos mil anos de Franklin, suas previsões estão para acontecer.

Esta fé – de que a razão, a ciência e o intelecto um dia nos libertariam da opressão do passado – encontrou eco no trabalho do marquês de Condorcet, *Sketch for a Historical Picture of the Progress of the Human Mind,* de 1795, que alguns dizem ser a previsão mais exata de acontecimentos futuros jamais escrita. Previu várias coisas, todas bastante heréticas, mas que se tornaram realidade. Também previu que as colônias do Novo Mundo no final se libertariam da Europa e, depois, avançariam rapidamente ao se beneficiarem da tecnologia europeia. Previu o fim da escravidão em geral. E que as fazendas aumentariam muito a quantidade e qualidade dos alimentos produzidos por acre. Que a ciência aumentaria rapidamente e beneficiaria a humanidade. Que nos libertaríamos da rotina do cotidiano e teríamos mais tempo de lazer. E que o controle da natalidade um dia seria comum.

Em 1795, parecia não haver esperanças de que estas previsões se realizassem.

Benjamim Franklin e o marquês de Condorcet viveram ambos numa época em que a vida era curta e brutal, e a ciência ainda estava na infância. Olhando estas previsões no passado, podemos avaliar plenamente os rápidos avanços da ciência e da tecnologia, que criaram fartura e riquezas suficientes para tirar bilhões de pessoas da selvageria do passado. Olhando para trás, para o mundo de Franklin e Condorcet, podemos avaliar que, de todas as criações da humanidade, de longe a mais importante foi a criação da ciência. A ciência nos tirou das profundezas do pântano e nos ergueu ao limiar das estrelas.

Mas a ciência não para. Como mencionamos antes, em 2100 teremos o poder dos deuses da mitologia que um dia adoramos e tememos. Em particular, a revolução do computador deve nos dar a capacidade de manipular a matéria com a mente, a revolução biotecnológica deve nos permitir criar vida quase sob medida e ampliar o nosso tempo de vida, e a revolução nanotecnológica talvez nos dê a habilidade para mudar a forma de objetos e até criá-los do nada. E tudo isso pode acabar levando à criação de uma civilização de Tipo I planetária. Assim, a geração que está viva hoje é a mais importante que já caminhou na superfície da Terra, porque nós determinaremos se vamos chegar a uma civilização de Tipo I ou se cairemos no abismo.

Mas a ciência em si é moralmente neutra. Ela é como uma espada de dois gumes. De um lado pode cortar a pobreza, as doenças e a ignorância. Mas o outro lado pode cortar pessoas. O modo como esta espada poderosa é brandida depende da sabedoria de quem a empunha.

Como disse Eisntein: "A ciência só pode determinar o que é, mas não o que será; e, além do seu reino, os julgamentos de valor permanecem indispensáveis." A ciência soluciona alguns problemas, só para criar outros, porém num nível mais alto.

Nós vimos o lado bruto, destrutivo, da ciência durante a Primeira e a Segunda Guerra mundiais. O mundo assistiu horrorizado a como a ciência pode causar ruína e devastação numa escala jamais vista, com a introdução do gás venenoso, das metralhadoras, de cidades inteiras bombardeadas e da bomba atômica. A selvageria da primeira parte do século XX deflagrou violências quase além da compreensão.

Mas a ciência também permitiu que a humanidade se reconstruísse e se erguesse acima das ruínas da guerra, gerando ainda mais paz e prosperidade para bilhões de pessoas. Portanto, o verdadeiro poder da ciência é que ela nos capacita e autoriza – dando-nos mais opções. A ciência amplia o inovador, criativo e resistente espírito da humanidade, bem como nossas óbvias deficiências.

A CHAVE PARA O FUTURO: A SABEDORIA

A chave, portanto, é encontrar a sabedoria necessária para empunhar esta espada da ciência. Como disse o filósofo Immanuel Kant, "Ciência é conhecimento organizado. Sabedoria é vida organizada". Na minha opinião, sabedoria é a capacidade de identificar as questões cruciais do nosso tempo, analisá-las de diferentes pontos de vista e perspectivas e depois escolher a que cumpre algum nobre objetivo e princípio.

Na nossa sociedade, é difícil encontrar sabedoria. Como disse Isaac Asimov, "O aspecto mais triste da sociedade neste momento é que a ciência acumula conhecimento mais rápido do que a sociedade acumula sabedoria". Ao contrário da informação, ela não pode ser distribuída via blogs e conversas pela internet. Como estamos nos afogando num oceano de informações, o artigo mais precioso na sociedade moderna é a sabedoria. Sem sabedoria e perspicácia, vagamos ao léu e sem propósito, com uma sensação de vazio depois que acaba a novidade das ilimitadas informações.

Mas de onde vem a sabedoria? Em parte, vem do debate democrático sensato e informado de lados opostos. Este debate com frequência é confuso, desconexo e sempre rancoroso, mas da fumaça e das trovoadas emerge um genuíno discernimento. Na nossa sociedade, este debate emerge em forma de democracia. Como Winston Churchill observou uma vez, "A democracia é a pior forma de governo, com exceção de todas as outras que já foram tentadas de tempos em tempos".

Portanto, a democracia não é fácil. Temos de trabalhá-la. George Bernard Shaw disse: "A democracia é um artifício que garante que seremos governados como merecemos."

Hoje, a internet, com todas as suas falhas e excessos, está emergindo como uma guardiã das liberdades democráticas. Questões antes debatidas a portas fechadas agora estão sendo discutidas e analisadas em milhares de sites da web.

Os ditadores vivem temendo a internet, aterrorizados com o que acontece quando o seu povo se levanta contra eles. Portanto, hoje o pesadelo de *1984* acabou, com a internet deixando de ser um instrumento de terror para se tornar um instrumento de democracia.

Da cacofonia de debates emerge a sabedoria. Mas a forma mais garantida de intensificar o debate democrático, vigoroso é a educação, pois somente um eleitorado educado pode tomar decisões a respeito de tecnologias que determinarão o destino da nossa civilização. No futuro, as pessoas decidirão por si mesmas até onde levar esta tecnologia, e em que direções ela deverá se desenvolver, mas só eleitos educados e informados podem tomar estas decisões com sabedoria.

Lamentavelmente, muitos ignoram as enormes mudanças que nos esperam no futuro. Como podemos gerar novas indústrias para substituir as antigas? Como prepararemos a juventude para o mercado de trabalho do futuro? Até onde ir com a engenharia genética em seres humanos? Como reformar um sistema educacional decadente, disfuncional para enfrentar os desafios do futuro? Como enfrentar o aquecimento global e a proliferação nuclear?

A chave para a democracia é um eleitorado educado e informado que possa discutir racional e imparcialmente as questões do dia. O propósito deste livro é ajudar a iniciar o debate que determinará como este século se revelará.

O FUTURO COMO UM TREM DE CARGA

Em resumo, o futuro está em nossas mãos. Nada está escrito na pedra. Como Shakespeare escreveu em *Júlio César*: "O erro, caro Brutus, não está nas nossas estrelas, mas em nós mesmos..." Ou como Henry Ford disse, talvez com menos eloquência: "História é mais ou menos contrassenso. É tradição. Não queremos tradição. Queremos viver no presente, e a única história que vale alguma coisa é a história que fazemos hoje."

Portanto, o futuro é como um imenso trem de carga correndo acelerado nos trilhos, e que vem na nossa direção. Atrás deste trem está o suor e o esforço de milhares de cientistas que estão inventando o futuro em seus laboratórios. Você ouve o apito do trem. Ele diz: biotecnologia, inteligência artificial, nanotecnologia e telecomunicações. Entretanto, há quem reaja dizendo: "Sou velho demais. Não posso aprender este negócio. Vou me deitar e ser atropelado pelo trem." Entretanto, a reação dos jovens, dos cheios de energia e dos ambiciosos é dizer: "Ponham-me neste trem! Ele representa o meu futuro. É o meu destino. Ponham-me no assento do condutor."

Vamos esperar que as pessoas deste século usem a espada da ciência com sabedoria e compaixão.

Mas talvez seja melhor compreender como viveremos numa civilização planetária. Pode ser instrutivo viver um dia do ano 2100, para ver como estas tecnologias afetarão o nosso cotidiano, bem como as nossas carreiras e as nossas esperanças e sonhos.

De Aristóteles a Tomás de Aquino, perfeição significava sabedoria enraizada na experiência e nos relacionamentos com os quais se aprende a vida moral pelo exemplo. A nossa perfeição reside não no aprimoramento genético, mas no aprimoramento do caráter.

– STEVEN POST

9 UM DIA EM 2100

1º DE JANEIRO DE 2100, 6:15 DA MANHÃ

Depois de uma noite de grandes festejos de véspera de Ano-Novo, você está ferrado no sono.

De repente, a sua tela de parede se acende. Um rosto amigo, familiar, aparece. É Molly, o software que você comprou recentemente. Molly anuncia toda animada: "John, acorde. Precisam de você no escritório. Pessoalmente. É importante."

"Peraí, Molly! Você está brincando", resmunga você. "É Ano-Novo e estou de ressaca. O que pode ser tão importante?"

Lentamente você se arrasta para fora da cama e, relutante, se dirige para o banheiro. Enquanto lava o rosto, centenas de sensores ocultos de DNA e proteína no espelho, no vaso sanitário e na pia silenciosamente entram em ação, analisando as moléculas que você emite na sua respiração e nos seus fluidos corporais, conferindo a mais leve sugestão de doença em nível molecular.

Ao sair do banheiro, você enrola alguns fios na cabeça que lhe permitem controlar telepaticamente a sua casa: você mentalmente aumenta a temperatura do apartamento, liga uma música calmante, diz ao cozinheiro robô na sua cozinha que prepare o café da manhã e dá ordens ao seu carro magnético para sair da garagem e estar pronto para pegar você. Quando entra na cozinha, vê os braços mecânicos do cozinheiro robô preparando os ovos exatamente como você gosta.

Em seguida você coloca as lentes de contato e se conecta com a internet. Piscando, vê a internet quando ela brilha na retina dos olhos. Enquanto bebe o café quente, você começa a examinar as manchetes que lampejam nas lentes de contato:

- O posto avançado em Marte está requisitando mais suprimentos. O inverno em Marte aproxima-se rapidamente. Para completarem o próximo estágio de colonização, os colonizadores precisam de mais recursos da Terra para lidar com o inverno congelante. O plano é iniciar a primeira fase de terraformação de Marte elevando a sua temperatura de superfície.

- As primeiras naves estelares estão prontas para ser lançadas. Milhões de nanobôs, cada um do tamanho de uma cabeça de alfinete, serão disparados da base lunar, girarão em torno de Júpiter usando o seu campo magnético e seguirão para uma estrela vizinha. Serão necessários anos, entretanto, para que um punhado destes nanobôs chegue ao seu destino em outro sistema estelar.

- Outro animal extinto vai ingressar no zoológico local. Desta vez é um raro tigre-dentes-de-sabre que encontraram congelado na tundra e foi ressuscitado via DNA. Como a Terra vem se aquecendo, cada vez mais DNAs de animais extintos têm sido recuperados e em seguida clonados para encher zoológicos no mundo inteiro.

- O elevador espacial, depois de anos transportando carga para o espaço, agora permite levar para o espaço cósmico um número limitado de turistas. O custo da viagem espacial já caiu 50 vezes nos últimos anos desde a inauguração do elevador espacial.

- As usinas de fusão mais antigas já têm quase 50 anos de idade. Está chegando a hora de desligar algumas delas e construir outras.

- Cientistas estão atentos a monitorar um novo vírus letal que surgiu de repente no Amazonas. Até agora, ele parece confinado a uma pequena área, mas não há cura conhecida. Equipes de cientistas estão freneticamente sequenciando os seus genes para conhecer seus pontos fracos e combatê-lo.

De repente, um item chama a sua atenção:

- Um grande vazamento foi detectado inesperadamente nos diques que cercam Manhattan. Se não for reparado, a cidade inteira poderá submergir, como várias outras no passado.

"Ah", diz você a si mesmo. "Então é por isso que ligaram do escritório para me acordar."

Você não toma o café da manhã, veste-se e sai correndo porta afora. O seu carro, que saiu sozinho da garagem, está esperando por você. Por telepatia você manda que ele o leve para o escritório o mais rápido possível. O carro magnético acessa no mesmo instante a internet, o GPS e bilhões de chips ocultos na estrada que monitoram constantemente o trânsito.

O seu carro magnético parte silenciosamente, flutuando num colchão de magnetismo criado pelo pavimento supercondutor. O rosto de Molly aparece de repente no para-brisa. "John, a última mensagem do seu escritório diz que você deve se encontrar com todos na sala de conferências. Você também tem uma videomensagem da sua irmã."

Com o carro se dirigindo sozinho, você tem tempo para conferir a correspondência por vídeo deixada pela sua irmã. A imagem dela aparece no seu relógio de pulso e diz: "John, lembre-se de que esta semana você tem a festa de aniversário de Kevin, que está fazendo seis anos. Você prometeu comprar para ele o cão robô mais recente. E, por falar nisso, você está saindo com alguém? Eu estava jogando bridge pela internet e conheci alguém de quem você talvez goste."

"Ai, ai", diz você a si mesmo.

Você adora viajar no seu carro magnético. Não é preciso se preocupar com solavancos ou buracos porque que você está suspenso sobre a estrada. Melhor de tudo, você raramente precisa abastecê-lo, porque quase não há atrito para reduzir a sua velocidade. (É difícil acreditar que houve uma crise de energia no início do século. Você balança a cabeça, percebendo que essa energia era desperdiçada principalmente para vencer o atrito.)

Você se lembra de quando foi inaugurada a autoestrada supercondutora. A mídia lamentou que a era da eletricidade familiar estivesse chegando ao fim, introduzindo uma nova era de magnetismo. Na verdade, você não sente nem um pouco a falta da era da eletricidade. Olhando lá fora, vendo carros elegantes, caminhões e trens passarem zunindo por você no ar, você percebe que o magnetismo é o jeito certo de viajar, e econômico ao mesmo tempo.

O seu carro magnético agora atravessa o depósito de lixo municipal. Você vê que a maior parte é de peças de computador e robôs. Com chips custando quase nada, menos ainda que água, os que se tornaram obsoletos amontoam-se em depósitos de lixo municipais no mundo inteiro. Fala-se de usar chips como aterro.

O ESCRITÓRIO

Finalmente você chega ao prédio do seu escritório, a sede de uma importante construtora. Ao entrar, você mal nota um laser silenciosamente analisando as suas íris e identificando o seu rosto. Já não há necessidade de cartões de segurança de plástico. A sua identidade é o seu corpo.

A sala de conferências está quase vazia, com apenas uns poucos colegas de trabalho sentados ao redor da mesa. Mas então, nas suas lentes de contato, as imagens em 3-D dos participantes começam a se materializar rapidamente em torno da mesa. Quem não pôde ir até o escritório está aqui holograficamente.

Você passa os olhos pela sala. Suas lentes de contato identificam todas as pessoas sentadas à mesa, exibindo suas biografias e antecedentes. Um bocado de figurões, você observa. E toma nota mentalmente das pessoas importantes.

A imagem do seu patrão materializa-se de repente na sua cadeira. "Senhores", anuncia ele, "como já devem ter ouvido, os diques ao redor de Manhattan começaram a vazar de repente. É grave, mas percebemos a tempo, e portanto não há perigo de colapso. Mas, infelizmente, os robôs que foram enviados para reparar os diques falharam."

No mesmo instante, as luzes baixam e você se vê cercado pela imagem em 3-D do dique abaixo da linha d'água. Você está totalmente submerso, a imagem do dique com uma fenda enorme bem na sua cara.

Conforme a imagem gira, você pode ver exatamente onde o vazamento ocorreu. Você vê um estranho talho que chama a sua atenção. "Robôs não bastam", continua seu patrão. "Eles não estão programados para este tipo de vazamento. Precisamos mandar gente experiente lá embaixo, gente capaz de avaliar a situação e improvisar. Não preciso lembrar aos senhores que, se falharmos, Nova York terá o mesmo destino de outras grandes cidades, algumas agora dentro d'água."

Um arrepio passa pelo grupo. Todos sabem os nomes das grandes cidades que tiveram de ser abandonadas quando o nível do mar subiu. Embora as tecnologias renováveis e a energia de fusão tenham substituído há muitas décadas os combustíveis fósseis como a principal fonte de energia do planeta, ainda se sofre com o dióxido de carbono liberado na atmosfera na primeira parte do último século.

Depois de muita discussão, ficou decidido enviar a equipe de reparo com robôs controlados por humanos. É aí que você entra. Você ajudou a projetar estes robôs. Operários humanos treinados são colocados em casulos, onde eletrodos são ajustados ao redor de suas cabeças. Os sinais cerebrais deles lhes permitem fazer contatos telepáticos com robôs. Dos seus casulos, os operários podem ver e sentir tudo o que os robôs veem e sentem. É como estar ali pessoalmente, conquanto esteja num novo corpo super-humano.

Você se orgulha do seu trabalho, e com toda a razão. Estes robôs controlados por telepatia mostraram o valor diversas vezes. A base lunar é em grande parte controlada por operários humanos, que ficam com todo o conforto e segurança em seus casulos na Terra. Mas, como é necessário cerca de um segundo para um sinal de rádio chegar até a Lua, isto também significa que estes operários precisam ser treinados para se ajustar a este atraso no tempo.

(Você adoraria ter colocado os seus robôs na base de Marte também. Mas, como são precisos 20 minutos para um sinal chegar a Marte e 20 minutos para voltar, decidiu-se que a comunicação com robôs em Marte seria muito difícil. Que pena: apesar de todo o nosso progresso, existe algo que não se pode ajustar – a velocidade da luz.)

Mas há uma coisa que está incomodando você na reunião.

Finalmente, você cria coragem para interromper o seu patrão: "Senhor, detesto ter de dizer isto, mas, examinando o vazamento no dique, a fenda aparece suspeitamente como uma marca deixada por um de nossos próprios robôs."

Um sonoro murmúrio toma logo conta da sala. Pode-se ouvir o coro de objeções elevar-se: "Nosso próprio robô? Impossível. Ridículo. Isso nunca aconteceu", protestam as pessoas.

Então o seu patrão silencia a sala e responde solenemente: "Eu temia que alguém levantasse esta questão, e por isso permitam-me dizer que este é um assunto de grande importância que tem de ser mantido em caráter estritamente confidencial. Esta informação não deve sair desta sala, até que a divulguemos para a imprensa. Sim, o vazamento foi provocado por um de nossos próprios robôs, que de repente se descontrolou."

Cria-se o pandemônio. As pessoas não acreditam. Como pode ser?

"Nossos robôs tiveram uma ficha perfeita", insiste o seu patrão. "Absolutamente impecável. Nem um só robô causou nenhum dano, nunca. Seus mecanismos à prova de erros sempre se mostraram eficazes. Nós aprovamos essa ficha. Mas, como os senhores sabem, a nossa última geração de robôs avançados usa computadores quânticos, que são os mais potentes disponíveis, aproximando-se até da inteligência humana. Sim, inteligência humana. E, na teoria quântica, há sempre uma pequena, mas definida probabilidade de que algo errado aconteça. Neste caso, enlouquecer."

Você cai de costas na cadeira, arrasado com a notícia.

EM CASA DE NOVO

Foi um dia muito longo, primeiro organizando a equipe de reparo com robôs para consertar o vazamento, depois ajudando a desativar os robôs experimentais que usam computadores quânticos, pelo menos até esta questão ser resolvida. Você finalmente está de volta a casa. Exausto. Mal você mergulha confortavelmente no sofá, Molly aparece na tela de parede. "John, você tem uma mensagem importante do dr. Brown."

Dr. Brown? O que o seu médico robô tem para dizer?

"Coloque-o na tela", diz você a Molly. O seu médico aparece na tela de parede. O "Dr. Brown" é tão real que você às vezes esquece que é apenas um software.

"Desculpe-me incomodá-lo, John, mas há algo para o qual eu preciso chamar a sua atenção. Lembra-se do acidente que você sofreu esquiando no ano passado, quando quase morreu?"

Como poderia esquecer? Você ainda se encolhe quando se lembra de como foi parar em cima de uma árvore enquanto esquiava no que resta dos Alpes. Visto que a maior parte da neve alpina já derreteu, você teve de escolher uma estação de esqui com a qual não estava familiarizado, a uma grande altitude. Não acostumado com o terreno, você deu uma cambalhota sem querer na descida e bateu num grupo de árvores a 65 quilômetros por hora. Nossa!

O dr. Brown continua: "Meus registros mostram que você ficou inconsciente, sofreu uma concussão e grandes lesões internas, mas suas roupas o salvaram."

Ainda que inconsciente, suas roupas automaticamente chamaram uma ambulância, baixaram a sua ficha médica e localizaram as suas coordenadas exatas. Depois, no hospital, robôs realizaram microcirurgias para estancar a hemorragia, costurar minúsculos vasos sanguíneos rompidos e remendar outras lesões.

"O estômago, o fígado e os intestinos ficaram avariados demais para consertar", lembra o dr. Brown. "Por sorte, pudemos criar um novo conjunto de órgãos para você a tempo."

De repente, você se sente um pouquinho como se fosse um robô, com tanto do seu corpo feito de órgãos desenvolvidos numa fábrica de tecidos.

"Veja, John, meus registros também mostram que você poderia ter substituído o seu braço dilacerado por outro totalmente mecânico. O braço robótico mais recente teria aumentado cinco vezes mais a força do seu braço. Mas você não quis."

"Sim", responde você, "acho que ainda sou meio antiquado. Prefiro sempre carne, em vez de aço", diz você.

"John, você precisa fazer um check-up periódico dos seus novos órgãos. Pegue o seu aparelho de ressonância magnética e passe devagar na área do estômago."

Você vai até o banheiro e pega um aparelhinho, mais ou menos do tamanho de um telefone celular, e passa lentamente sobre os órgãos. Logo, na tela de parede, você vê surgir uma imagem em 3-D dos órgãos internos.

"John, vamos analisar estas imagens para ver como o seu corpo está se curando. Por falar nisso, hoje de manhã os sensores de DNA no seu banheiro detectaram um câncer crescendo no seu pâncreas."

"Câncer?" Você de repente se endireita. Está intrigado. "Mas pensei que o câncer estivesse curado há anos. Ninguém nem fala mais sobre isso. Como posso ter câncer?"

"Na verdade, os cientistas jamais curaram o câncer. Digamos apenas que estamos numa trégua com ele, empatados. Existem muitos tipos de câncer, como o resfriado comum. Nós tampouco achamos a cura para ele. Simplesmente o mantemos ao largo. Mandei algumas nanopartículas zapearem essas células cancerosas. Existem só umas poucas centenas delas. Mas, sem esta intervenção, você provavelmente morreria daqui a uns sete anos", diz ele com frieza.

"Ah, isso é um alívio", diz você a si mesmo.

"Sim, hoje podemos localizar um câncer anos antes de se formar um tumor", diz o dr. Brown.

"Tumor? O que é isso?"

"Ah, é uma palavra antiga para um tipo de câncer avançado. Já desapareceu faz tempo da língua. Não os vemos mais", acrescenta o dr. Brown.

Então você percebe que, no meio de toda esta excitação, você esqueceu que a sua irmã ameaçou arrumar alguém para você. Você liga de novo para Molly.

"Molly, não vou fazer nada neste fim de semana. Quer marcar um encontro para mim? Você sabe o tipo de pessoa de que eu gosto."

"Sim, as suas preferências estão programadas na minha memória. Aguarde um minuto enquanto pesquiso na internet." Um minuto depois, Molly exibe os perfis de promissoras candidatas, que também estão sentadas diante de suas telas de parede, fazendo a mesma pesquisa.

Depois de analisar as candidatas, você finalmente escolhe uma que o atrai. Esta pessoa, chamada Karen, parece especial, pensa você. "Molly, envie a Karen uma mensagem delicada, perguntando se ela está disponível este fim de semana. Quero experimentar um restaurante que acabou de inaugurar."

Molly então envia o seu perfil a Karen numa videomensagem.

Nessa noite, você relaxa convidando alguns dos seus colegas de trabalho para tomar uma cerveja e assistir a uma partida de futebol. Seus amigos poderiam ter assistido ao jogo aparecendo na sua sala de estar como imagens holográficas, mas torcer por seu time é mais divertido junto com os amigos pessoalmente. Você sorri, imaginando que assim é que deveria ser há milhares de anos, quando os homens das cavernas se reuniam.

De repente, toda a sua sala de estar se ilumina, e parece que vocês estão no campo de futebol, bem na linha de tiro. Quando o zagueiro ataca, você está do lado dele. A partida está sendo disputada ao seu redor.

Durante o intervalo, você e seus amigos começam a avaliar os jogadores. Tomando cerveja e comendo pipoca, vocês debatem calorosamente quem treina mais, pratica melhor, tem os melhores treinadores e o melhor terapeuta genético. O seu time da casa, todos concordam, tem o melhor geneticista da liga, com os melhores genes que o dinheiro pode comprar.

Depois que os seus amigos se foram, você ainda está excitado demais para ir dormir. Então resolve jogar uma partida rápida de pôquer antes de ir para a cama.

"Molly", pede você, "é tarde, mas quero jogar uma partida de pôquer. Estou me sentindo com sorte. Alguém deve estar acordado na Inglaterra, na China, na Índia ou na Rússia querendo jogar um pouco."

"Tudo bem", diz Molly. Vários rostos promissores aparecem na tela. Conforme as imagens em 3-D de cada jogador se materializam na sua sala de estar, você se diverte com a ideia de que poderá blefar mais. É engraçado, diz você a si mesmo, que você esteja mais familiarizado com pessoas em países distantes, milhares de quilômetros dali, do que com seus vizinhos de porta. Fronteiras nacionais não significam muita coisa hoje em dia.

Finalmente, pouco antes de você finalmente se recolher, Molly interrompe de novo, aparecendo no espelho do banheiro.

"John, Karen aceitou o seu convite. Está tudo programado para este fim de semana. Vou fazer a reserva naquele restaurante novo. Quer ver o perfil que ela escreveu a respeito de si mesma? Quer que eu pesquise na internet a exatidão do seu perfil? Sabe-se que as pessoas... ah... mentem quanto ao seu perfil."

"Não", diz você. "Vamos manter isto como uma surpresa para o fim de semana." Depois do jogo de pôquer, você se sente com sorte de novo.

O FIM DE SEMANA

Já estamos no fim de semana, e é hora de ir às lojas e comprar um presente para Kevin. "Molly, coloque o shopping na tela."

O shopping aparece de repente na tela de parede. Você acena com os braços e dedos, e a imagem na tela de parede traça um caminho pelas lojas. Você faz um passeio virtual até chegar à imagem da loja de brinquedos. Sim, eles têm exatamente os animaizinhos-robôs de brinquedo que você quer. Telepaticamente você manda o carro levá-lo até o shopping. (Você poderia ter encomendado on-line. Ou ter pedido que lhe enviassem as plantas por e-mail e depois materializado o brinquedo em casa com o seu fabricante desde o início, usando matéria programável. Mas é bom sair do apartamento e ir às compras de vez em quando.)

Viajando no seu carro magnético, você olha lá fora e vê pessoas passeando a pé. O dia está lindo. Você também vê robôs de todos os tipos. Robôs para passear com o cachorro. Robôs balconistas, cozinheiros, recepcionistas e animaizinhos de estimação. Parece que todas as tarefas perigosas, repetitivas ou que exigem apenas a interação humana mais simples estão sendo duplicadas por robôs. De fato, o grande negócio agora são os robôs. Ao seu redor, você vê anúncios pedindo alguém que saiba consertar, servir, atualizar ou construir robôs. Quem está na área da robótica tem um futuro brilhante. O negócio de robôs é maior que a indústria automobilística do século passado. E a maioria, percebe, não está à vista, reparando silenciosamente a infraestrutura da cidade e fazendo a manutenção de serviços essenciais.

Quando você chega à loja de brinquedos, um funcionário robô o cumprimenta na entrada. "Posso ajudá-lo?", diz ele.

"Sim, quero comprar um cão robô."

Você examina os cães robôs mais recentes. Interessante o que estes animaizinhos robôs podem fazer, diz você a si mesmo. Eles brincam, correm, pegam coisas, tudo o que um cachorro faz. Tudo menos pipi no tapete. Deve ser por isso que os pais os compram para seus filhos, pensa você.

Em seguida você diz ao funcionário da loja: "Estou comprando um animalzinho robô para meu sobrinho de seis anos de idade. Ele é muito inteligente, o tipo de garoto habilidoso e participativo. Mas também às vezes é tímido e calado. Que tipo de cachorro pode ajudá-lo a sair da concha?"

O robô responde: "Sinto muito, senhor. Não estou programado para isso. Quem sabe eu possa interessá-lo num brinquedo espacial?"

Você esquece que robôs, por mais versáteis que sejam, ainda vão demorar muito para compreender o comportamento humano.

Em seguida você vai à loja de departamentos masculina. Hora de substituir aquela velha roupa maltrapilha, se quer impressionar a moça. Você veste algumas roupas de estilistas. Todas parecem elegantes, mas são do tamanho errado. Você fica decepcionado. Mas então pega o seu cartão de crédito, que tem todas as suas medidas exatas em 3-D. Seus dados são inseridos num computador, e em seguida um novo terno está sendo cortado numa fábrica e em breve será entregue na sua porta. Um caimento perfeito sempre.

Por último, você vai ao supermercado. Você escaneia todos os chips ocultos em cada item de plástico no mercado, e em seguida põe as suas lentes de contato para comparar preços e ver que loja da cidade tem os melhores produtos e mais baratos. Nada de ficar adivinhando quem tem os preços mais baixos.

O ENCONTRO

Você esperou por este encontro a semana inteira. Preparando-se para conhecer Karen, você se surpreende por se sentir de novo um colegial. Decide que, se vai convidá-la para ir ao seu apartamento depois do jantar, terá de fazer algumas sérias reformas nos seus móveis velhos. Ainda bem que a maior parte das bancadas de cozinha e dos móveis da sala de estar são feitos de matéria programável.

"Molly", diz você, "pode me mostrar o catálogo das novas bancadas de cozinha e de móveis oferecido pelo fabricante? Quero reprogramar a mobília. Parece velha demais."

Logo as fotos dos projetos de móveis mais recentes aparecem na tela.

"Molly, por favor, baixe as plantas para esta bancada, este sofá e esta mesa, e depois instale-as."

Enquanto você se arruma para o encontro, Molly baixa e instala as plantas. No mesmo instante, a bancada da cozinha, o sofá da sala de estar e a mesa começam a se dissolver, tornando-se algo que parece massa de vidraceiro, e em seguida gradualmente assumem novos formatos. Em uma hora, o seu apartamento parece novo em folha. (Recentemente, você estava pesquisando a seção de imóveis na internet e notou que agora a moda são as casas feitas de matéria programável. De fato, na sua construtora, existem planos ambiciosos para criar uma cidade inteira no deserto totalmente de matéria programável. Aperte um botão e – puf! – uma cidade instantânea.)

O seu apartamento ainda parece meio relaxado, você decide. Então acena com a mão e o desenho e a cor do papel de parede mudam imediatamente.

Ter papel de parede inteligente sem dúvida alguma é bem melhor do que pintar as paredes de novo, diz você a si mesmo.

Você compra umas flores no caminho e finalmente pega a moça que vai sair com você. Que surpresa agradável! Você percebe logo. Alguma coisa está batendo.

Durante o jantar, você descobre que Karen é uma artista. Normalmente, brinca ela, estaria pobre, morrendo de fome e vendendo quadros na calçada por uma ninharia. Em vez disso, ela é uma web designer de sucesso. De fato, ela tem a sua própria empresa. Todos, pelo visto, querem os seus últimos desenhos para a web. É enorme a demanda de arte criativa.

Ela desenha uns círculos no ar com os dedos, e algumas das suas animações aparecem do nada. "Estas são algumas das minhas últimas criações", diz ela orgulhosa.

Você comenta: "Veja, como engenheiro trabalho com robôs o dia inteiro. Alguns são bem avançados, mas podem também agir como perfeitos idiotas às vezes. Qual é a sua área? Os robôs a estão invadindo?"

"Não", protesta ela. Karen diz que trabalha exclusivamente com pessoas criativas, onde a imaginação é a mercadoria mais valorizada, algo que falta aos robôs mais avançados.

"Posso ser antiquada, mas na minha área usamos robôs só para fazer cópias ou serviços de escritório", diz ela com orgulho. "Gostaria de ver o dia em que os robôs poderão fazer algo realmente original, como contar uma piada, escrever um romance ou compor uma sinfonia."

Isso ainda não aconteceu, mas pode acontecer, pensa você.

Enquanto ela fala, uma pergunta passa pela sua cabeça. Quantos anos ela tem? Desde que o processo de envelhecimento foi retardado com tratamentos médicos há anos, as pessoas podem ter qualquer idade. O seu site na web não diz quantos anos ela tem. Mas não parece um dia mais do que 25.

Depois de levá-la para casa, você começa a sonhar acordado. Como seria viver com uma pessoa como ela? Passar o resto da vida com ela? Mas há alguma coisa incomodando você. Perturbou você o dia inteiro.

Você olha para a tela de parede e diz: "Molly, por favor, ligue para o dr. Brown para mim." De repente você se sente grato por médicos robóticos fazerem atendimento domiciliar a qualquer hora do dia. Eles nunca se queixam ou resmungam. Não faz parte da sua programação.

A imagem do dr. Brown aparece no mesmo instante na tela de parede. "Há alguma coisa incomodando você, meu filho?", pergunta ele com ar paternal.

"Doutor, preciso lhe fazer uma pergunta que vem me perturbando ultimamente."

"Sim, o que é?", pergunta o dr. Brown.

"Doutor", diz você, "por quanto tempo ainda acha que vou viver?"

"Quer dizer qual é a sua expectativa de vida? Bem, não sabemos realmente. Seus registros dizem que você tem 72 anos, mas biologicamente seus órgãos são mais como os de uma pessoa de 30 anos. Você faz parte da primeira geração a ser geneticamente programada para viver mais. Você escolheu parar de envelhecer por volta dos 30. Ainda não morreu gente suficiente da geração, e por isso não temos dados com que trabalhar. Assim, não temos como saber quanto tempo você vai viver."

"Então o senhor acha que vou viver para sempre?", quer saber você.

"E ser imortal?" O dr. Brown franze o rosto. "Não, não acho. Há uma grande diferença entre alguém que vive para sempre e alguém com um tempo de vida tão longo que ainda não foi medido."

"Mas, se não envelheço", protesta você, "como vou saber quando..." Você para no meio da frase. "Ah, está bem... veja, acabei de conhecer alguém, ah, especial, e, supondo que eu queira planejar uma vida com ela, como vou ajustar os estágios da minha vida aos dela? Se a minha geração não viveu o suficiente para morrer", continua você, "então como vou saber quando me casar, ter filhos e planejar uma aposentadoria? O senhor sabe, como vou definir os momentos importantes na minha vida?"

"Não sei a resposta a isso. Veja, a raça humana agora é uma espécie de cobaia", diz o dr. Brown. "Sinto muito, John. Você está em águas desconhecidas aqui."

MESES DEPOIS

Os próximos meses são uma surpresa para você e Karen. Você a leva ao salão de realidade virtual, e se divertem muito vivendo vidas tolas e imaginárias. Como se fossem crianças de novo. Vocês entram num compartimento vazio. O software de um mundo virtual é refletido para as suas lentes de contato, e o cenário muda no mesmo instante. Em um programa, vocês estão fugindo de dinossauros, mas para onde quer que corram surge do meio do mato outro dinossauro. Em outro programa, vocês combatem alienígenas espaciais ou piratas tentando subir no seu navio. Em outro, vocês decidem mudar de espécie e se transformam em duas águias voando nas alturas. E em outro programa vocês estão curtindo o sol numa romântica ilha do Mar do Sul, ou dançando ao luar ao som de uma música que delicadamente flutua no ar.

Depois de um momento, você e Karen querem tentar algo novo. Em vez de viverem vidas imaginárias, vocês decidem levar vidas reais. Assim, quando ambos tirarem férias juntos, vão fazer uma excursão rápida pela Europa.

Você diz à parede: "Molly, Karen e eu queremos planejar umas férias na Europa. Umas de verdade. Por favor, confira voos, hotéis e qualquer coisa especial. Em seguida faça uma relação de shows e eventos que possam nos interessar. Você conhece os nossos gostos." Em questão de minutos, Molly preparou um itinerário com todos os detalhes.

Mais tarde, caminhando pelas ruínas do Fórum Romano, vocês podem ver o Império Romano ressuscitado nas suas lentes de contato. Passando pelas colunas, pedras e fragmentos espalhados por toda parte, vocês contemplam a potência que foi um dia a Roma Imperial no auge da sua glória.

E fazer compras é uma delícia, mesmo barganhando nas lojas locais em italiano. Vocês podem ver claramente as traduções aparecendo debaixo da pessoa com quem estão falando. E acabaram os guias turísticos e os mapas desconfortáveis. Tudo está nas suas lentes de contato.

De noite, contemplando o céu noturno sobre Roma, vocês podem ver nitidamente as estrelas organizadas em constelações nas suas lentes de contato. Olhando para o céu de um ponto a outro, vocês podem ver imagens ampliadas dos anéis de Saturno, de cometas lá no alto, belas nuvens de gás e estrelas explodindo.

Um dia, Karen finalmente revela um segredo, a sua verdadeira idade. Sessenta e um. Mas isso já não parece tão importante.

"Então, Karen, sente-se mais feliz agora que vivemos tanto tempo?"

"Sim, sim!", responde ela imediatamente. "Veja, minha avó viveu numa época em que as mulheres se casavam, tinham uma família e também arrumavam um tempinho para uma carreira. Mas eu gosto de sentir que reencarnei três vezes, com três carreiras e sem nunca olhar para trás. Primeiro, fui guia turística em vários países, viajando pelo mundo. Foi uma vida maravilhosa. Turismo é uma indústria muito grande, com muitas atividades. Mas depois quis fazer algo mais relevante. Então me tornei advogada, defendendo causas e pessoas importantes para mim. E então decidi curtir o meu lado artístico e abri a minha própria empresa de web design. E sabe de uma coisa? Tenho orgulho de dizer que jamais usei um robô. Nenhum robô pode ser um guia turístico pessoal, ganhar um caso no tribunal ou produzir belas artes-finais."

O tempo dirá, pensa consigo mesmo.

"E você está planejando uma quarta carreira?", pergunta.

"Bem, quem sabe? Se aparecer alguma coisa melhor." Ela sorri para você.

"Karen", diz você finalmente, "se paramos de envelhecer, então como você sabe qual a melhor hora para, você sabe, bem, casar, ter filhos e criar uma família? O relógio biológico saiu pela janela décadas atrás. Então eu estava pensando, talvez seja hora de tomar juízo e ter uma família."

"Você diz filhos?", diz Karen, um tanto surpresa. "Nunca pensei a sério nisso. Bem, isto é, até agora. Tudo depende de surgir o homem certo", diz ela, rindo maliciosa para você.

Mais tarde, você e Karen discutem o casamento, o nome que darão a um filho e também os genes que desejam para ele.

Você vai até a tela de parede e diz: "Molly, pode me dar uma relação dos últimos genes aprovados pelo governo?" Conforme vocês analisam a lista, veem os vários genes para cor de cabelo, cor dos olhos, altura, constituição e até alguns traços de personalidade que agora estão sendo oferecidos. A lista parece aumentar a cada ano. Vocês também veem uma longa relação de doenças hereditárias que podem ser curadas. Visto que fibrose cística tem estado na sua família há séculos, é um alívio não ter mais de se preocupar com isso.

Ao analisar a relação de genes aprovados, você sente que não é apenas um futuro pai, mas uma espécie de deus, criando um filho sob medida, à sua própria imagem.

Então Molly diz: "Há um programa que analisa o DNA do bebê e em seguida faz uma aproximação razoável do futuro rosto, forma do corpo e personalidade. Quer baixá-lo e ver como o seu filho vai ficar no futuro?"

"Não", diz você. "Há coisas que devem continuar sendo um mistério."

UM ANO DEPOIS

Karen agora está grávida, mas seus médicos lhe garantem que não há risco em fazer um passeio no elevador espacial, que já está aberto para turistas.

"Veja", admite você para Karen, "quando criança, eu sempre quis ir ao espaço cósmico. Bancar o astronauta. Mas um dia imaginei estar sentado em cima de milhões de galões de combustível de foguete volátil que podiam explodir com uma única fagulha. Então o meu entusiasmo por viagens espaciais começou a esfriar um pouco. Mas o elevador espacial é diferente. Limpo, seguro, sem complicações. É a melhor maneira de viajar."

Você e Karen entram no elevador, você vê o ascensorista apertar o que parece ser o botão de subida. Você meio que espera ver o departamento de lingerie. Em vez disso, você se sente subindo para o espaço cósmico. Sente a lenta aceleração enquanto sobe rapidamente no ar. O medidor do elevador diz: "10 milhas, 20 milhas, 30 milhas..."

Lá fora, você vê o cenário mudar, segundo a segundo. Em um momento, está olhando para as nuvens fofas que passam enquanto você sobe na atmosfera. Em seguida o céu muda de azul para púrpura, depois negro, e, finalmente, você vê as estrelas rodeando-o em todo o seu esplendor. Você começa a perceber as constelações como nunca as viu antes, resplandecendo ao longe. As estrelas não piscam, como vemos da Terra, mas brilham forte, como têm feito há bilhões de anos.

O elevador lentamente vai parando a uns 160 quilômetros da superfície da Terra. Do espaço, você tem uma visão estonteante que só teve antes em fotografias.

Olhando para baixo, você vê de repente a Terra sob uma luz totalmente nova. Vê os oceanos, os continentes e as luzes de megacidades que brilham em direção ao espaço cósmico.

Do espaço, a Terra parece tão serena que é difícil acreditar que pessoas no passado derramaram sangue lutando por tolas fronteiras. Estas nações ainda existem, mas parecem muito antiquadas, menos relevantes hoje, numa era em que as comunicações são instantâneas e ubíquas.

Quando Karen apoia a cabeça no seu ombro, você começa a perceber que está assistindo ao nascimento de uma nova civilização planetária. E o seu filho será um dos primeiros cidadãos desta nova civilização.

E então você pega do bolso de trás da calça um livro velho, surrado, e lê para ela as palavras de alguém que morreu há mais de 100 anos. Ele o faz lembrar dos desafios que a humanidade enfrentou antes de alcançar a civilização planetária.

Mahatma Gandhi escreveu um dia:

As Raízes da Violência:

Riqueza sem trabalho,
Prazer sem consciência,
Conhecimento sem caráter,
Comércio sem moral,
Ciência sem humanidade,
Adoração sem sacrifício,
Política sem princípios.

NOTAS

(Os nomes dos autores referem-se aos livros relacionados em LEITURAS RECOMENDADAS.)

INTRODUÇÃO

22 *"Nos seus jornais de 1º de janeiro de 1900"*: Rhodes, pp. 29-30.

23 *"Vai ser tão comum para o cidadão"*: www.learner.org/workshops/primarysources/corporations/docs/.

23 *"Tudo o que pode ser inventado"*: citado em Canton, p. 247.

23 *"Quem quer ouvir os atores falar?"*: citado em Canton, p. 247.

23 *"Penso que existe um mercado mundial"*: citado em Canton, p. 247.

23 *"Hoje se sabe com certeza"*: Cornish, p. 149. Ver também: "The Facts that Got Away", *New York Times*, 14 de novembro de 2001.

1. O FUTURO DO COMPUTADOR: A MENTE SOBRE A MATÉRIA

37 *"Enquanto uma calculadora como a ENIAC"*: *Popular Mechanics*, citado em Kurzweil, p. 56. Ver também: Andrew Hamilton, "Brains That Click", *Popular Mechanics*, março de 1940, p. 258.

39 *"Tecnologia [é] o dom"*: Rhodes, p. 206.

43 *"Esses componentes no futuro incluirão"*: Babak A. Parvie, "Augmented Reality in a Contact Lens", *IEEE Spectrum*, setembro de 2009, www.spectrum.ieee.org/biomedical/bionics/augmented-reality-in-a-contact-lens/o.

71 *"Existem algumas evidências fisiológicas"*: Gary Stix, "Jacking into the Brain – Is the Brain the Ultimate Computer Interface?", *Scientific American*, novembro de 2008, pp. 56-61.

72 *"É como ser um astronauta"*: Jeff Wise, "Thought Police: How Brain Scans Could Invade Your Private Life", *Popular Mechanics*, 15 de outubro de 2007, www.popularmechanics.com/science/health/neuroscience/4226614.

73 *"possível identificar, de um grande conjunto de imagens totalmente novas"*: *New Scientist*, 15 de outubro de 2008, issue 2678.

76 *"Podemos explorar os pensamentos dos outros?"*: David Baltimore, "How Biology Became Information Science," em Denning, pp. 53-54.

79 *"Talvez algo como o* tricorder *de* Jornada nas estrelas": Bernhard Blümich, "The Incredible Shrinking Escanner: MRI-like Machine Becomes Portable", *Scientific American*, novembro de 2008, p. 68.

2. O FUTURO DA IA: ASCENSÃO DAS MÁQUINAS

84 *"Cientistas preocupados com máquinas mais inteligentes que o homem"*: John Markoff, *New York Times*, 25 de julho de 2009, p. A1, www.nytimes.com/2009/07/26/science/26robot.html?scp=1&sq=Scientists Worry Machines May Outsmart Man&st=cse.

85 *"Tecnólogos estão proporcionando"*: Ibid.

87 *"apenas no estágio em que são robustos"*: Kaku, p. 75.

88 *"Máquinas poderão fazer, dentro de 20 anos"*: Crevier, p. 109.

88 *"É como se um grupo de pessoas"*: Paul W. Abrahams, "A World Without Work", em Denning and Metcalfe, p. 136.

89 *"Hoje, você pode comprar programas de xadrez por 49 dólares"*: Richard Strozzi Heckler, "Somatics in Cyberspace", em Denning, p. 281.

93 *"Até hoje, os programas de IA"*: Sheffield *et al.*, p. 30.

93 *"100 milhões de coisas, mais ou menos a quantidade que uma pessoa comum conhece"*: Kurzweil, p. 267.

96 *Em 2006, estimou-se haver 950 mil robôs industriais*: *World Robotics* 2007, IFR Statistical Department (Frankfurt: International Federation of Robotics, 2007).

107 *"Descobrir como o cérebro funciona"*: Fred Hapgood, "Reverse Engineering the Brain", *Technology Review*, 11 de julho de 2006, www.technologyreview.com/read_article.aspx?id=17111.

108 *Ele ficou semiconsciente durante várias semanas*: John M. Harlow, M.D., "Passage of an Iron Rod Through the Head", *Journal of Neuropsychiatry and Clinical Neurosciences* 11 de maio de 1999, pp. 281-83, www.neuro.psychiatryonline.org/cgi/content/full/11/2/281.

112 *"Não é impossível construir um cérebro humano"*: Jonathan Fildes, "Artificial Brain '10 Years Away'", BBC News, 22 de julho de 2009, http://news.bbc.co.uk/2/hi/8164060.stm.

112 *"Não é uma questão de anos"*: Jason Palmer, "Simulated Brain Closer to Thought", BBC News, 22 de abril de 2009, http://news.bbc.co.uk/2/hi/sci/tech/8012496.stm.

113 *"Este é um telescópio Hubble da mente... é inevitável"*: Douglas Fox, "IBM Reveals the Biggest Artificial Brain of All Time", *Popular Mechanics*, 18 de dezembro de 2009, www.popular mechanics.com/technology/engineering/extreme-machines/ 4337190.

115 *"Depois de solucionarmos isto"*: Sally Adee, "Reverse Engineering the Brain", *IEEE Spectrum*, junho de 2008, http://spectrum.ieee.org/biomedical/ethics/reverse-engineering-the -brain/o.

117 *"Dentro de 30 anos"*: Vernor Vinge, "What Is the Singularity?", artigo apresentado no VISION-21 Symposium, patrocinado pelo NASA Lewis Research Center e o Ohio Aerospace Institute, 30-31 de março de 1993. Uma versão ligeiramente modificada apareceu em *Whole Earth Review*, inverno de 1993, http://mindstalk.net/vinge/vinge-sing.html.

117 *"Eu me surpreenderia muito se algo remotamente parecido com isto acontecesse"*: Tom Abate, "Smarter Than Thou? Stanford Conference Ponders a Brave New World with Machines More Powerful Than Their Creators", *San Francisco Chronicle*, 12 de maio de 2006, http://articles.sfgate.com/2006-05-12/business/17293318_1_ray-kurzweil-machines-artificial-intelligence.

117 *"Se você pudesse inchar o cérebro"*: Kurzweil, p. 376.

117 *O filósofo David Chalmers até catalogou*: http://consc.net/mindpapers.com.

122 *"a vida pode parecer sem sentido se estamos destinados"*: Sheffield, p. 38.

123*"Uma conversa girou"*: Kurzweil, p. 10.

125 *"Não vai ser uma invasão"*: Abate, *San Francisco Chronicle*, 12 de maio de 2006.

125 *"desenho inteligente para as pessoas com 140 de QI"*: Brian O'Keefe, "The Smartest (or the Nuttiest) Futurist on Earth", *Fortune*, 2 de maio de 2007, http://money.cnn.com/ magazines/fortune/ fortune_archive/2007/05/14/100008848/.

125 *"É como se você pegasse uma comida gostosa"*: Greg Ross, "An Interview with Douglas R. Hofstadter", *American Scientist*, janeiro de 2007, www.americanscientist.org/ bookshelf/pub/douglas-r-hofstadter.

127 *"evoluirão para seres socialmente inteligentes"*: P. W. Singer, "Gaming the Robot Revolution," *Slate*, 21 de maio de 2009, www.slate.com/id/2218834/.

128 *"Quando era garoto"*: Rodney A. Brooks, "Making Living Systems", em John Brockman, ed., *Science at the Edge: Conversations with the Leading Scientific Thinkers of Today* (Nova York: Sterling, 2008), p. 250.

130 *"Minha previsão é que no ano de 2100"*: Rodney A. Brooks, "Flesh and Machines", em Denning, p. 63.

131 *"Em partidas da Little League"*: Pam Belluck, "Burst of Technology Helps Blind to See", *New York Times*, 27 de setembro de 2009, p. A1, www.nytimes.com/2009/09/27/health/research/ 27eye.html?_r=1&scp=1&sq="burst of technology"&st=cse.

132 *"É ótimo. Tenho um tato"*: BBC-TV, 18 de outubro de 2009.

132 *"Nos próximos 10 ou 20 anos... internet sem fio"*: Rodney A. Brooks, "The Merger of Flesh and Machines", em John Brockman, ed., *The Next Fifty Years* (Nova York: Vintage, 2002), p. 189.

133 *"Daqui a 50 anos... evolução darwinista"*: Ibid., pp. 191-92.

137 *"Quando tento pensar no que eu ganharia"*: Stock, p. 23.

3. O FUTURO DA MEDICINA: PERFEIÇÃO E MAIS QUE PERFEIÇÃO

145 *"A biologia hoje é uma ciência da informação"*: David Baltimore, "How Biology Became an Information Science", em Denning, p. 43.

146 *"É preciso ter estômago forte"*: Nicholas Wade, "Cost of Decoding a Genome Is Lowered", *New York Times*, 10 de agosto de 2009, p. D3, www.nytimes.com/2009/08/11/science/11gene.html.

152 *"As células-tronco embrionárias representam"*: Jeanne Lenzer, "Have We Entered the Stem Cell Era?", *Discover*, novembro de 2009, p. 33, http://discovermagazine.com/2009/nov/14-have-we-entered-the-stem-cell-era/article_view?b_start:int=1&-C=.

152 *"É magnífico"*: Ibid.

157 *Em 2001, havia mais de 500*: Stock, p. 5.

157 *Mas tem havido reveses*: Ibid., p. 36.

159 *"Isso a que estamos assistindo hoje"*: Kate Kelland, "Gene Maps to Transform Scientists' Work on Cancer", Reuters, 18 de dezembro de 2009.

160 *"O câncer é um exército de células"*: David Baltimore, "How Biology Became an Information Science", em Denning, p. 54.

162 *"O* Homo sapiens, *a primeira espécie verdadeiramente livre"*: Kurzweil, p. 195.

165 *"Embora seja provável que muitos genes estejam envolvidos na evolução"*: Stock, p. 108.

166 *"É como se lembrassem"*: Jonah Lehrer, "Small, Furry... and Smart?", *Nature*, 461 (outubro de 2009): 864.

166 *"Os obstáculos à sua compreensão"*: Ibid.

166 *De fato, os cientistas acreditam que é preciso haver um equilíbrio*: Jonah Lehrer, "Smart Mice", *The Frontal Cortex*, 15 de outubro de 2009, http://scienceblogs.com/cortex/2009/10/smart_mice.php.

167 *"Todos sabemos que as pessoas bonitas se dão bem"*: Sheffield *et al.*, p. 107.

170 *"Não há nada na biologia já descoberta que indique a inevitabilidade da morte"*: Kurzweil, p. 320.

171 *"Se existe uma coisa como* age-1 *nos seres humanos"*: Kaku, p. 211.

172 *Finalmente, em 2009, os tão esperados resultados apareceram*: Nicholas Wade, "Tests Begin on Drugs That May Slow Aging", *New York Times*, 17 de agosto de 2009, p. D4, www.nytimes.com/2009/08/18/science/18aging.html?ref=caloric_restriction.

173 *Os cientistas também descobriram que os ativadores da sirtuína*: Nicholas Wade, "Quest for a Long Life Gains Scientific Respect", *New York Times*, 29 de setembro de 2009, p. D4, www.nytimes.com/2009/09/29/science/29aging.html?ref=caloric_restriction.

175 *Seu colega Sinclair, de fato, admite que*: Nicholas Wade, "Scientists Find Clues to Aging in a Red Wine Ingredient's Role in Activating a Protein", *New York Times*, 26 de novembro de 2008, p. A30, www.nytimes.com/2008/11/27/health/27aging.html?scp=6&sq=sinclair%20resveratrol&st=cse.

175 *"Em cinco, seis ou sete anos"*: Wade, "Quest for a Long Life", *New York Times*, 28 de setembro de 2009, p. D4, www.nytimes.com/2009/09/29/science/29aging.html?ref=caloric_restriction.

178 *"Tais intervenções talvez se tornem lugar-comum"*: Kurzweil, p. 253.

179 *"Aos poucos, a nossa agonia"*: Stock, p. 88.

179 *Em 2002, com os melhores dados demográficos*: Ciara Curtin, "Fact or Fiction?: Living People Outnumber the Dead", *Scientific American*, março de 2007.

180 *A cada ano, 79 milhões*: Brown, p. 5.

183 *"Acredito que em 2050"*: Richard Dawkins, *A Devil's Chaplain: Reflections on Hope, Lies, Science, and Love* (Nova York: Houghton Mifflin Mariner, 2004), p. 113.

184 *Mais interessante ainda é a região HAR1 do genoma*: Katherine S. Pollard, "What Makes Us Human?", *Scientific American*, maio de 2009, p. 44.

186 *Esta célula seria reprogramada para voltar*: Nicholas Wade, "Scientists in Germany Draft Neanderthal Genome", *New York Times*, 12 de fevereiro de 2009, p. A12, www.nytimes.com/2009/02/13/science/13neanderthal.html?scp=3&sq=neanderthal&st=cse.

186 *"Vocês vão colocá-los em Harvard"*: Ibid.

186 *"sem dúvida levantará"*: Dawkins, p. 114.

187 *"Há um ano, eu teria dito"*: Kate Wong, "Scientists Sequence Half the Woolly Mammoth's Genome", *Scientific American*, janeiro de 2009, p. 26, www scientificamerican.com/article.cfm?id=woolly-mammoth-genome-sequenced.

194 *"A evolução darwinista tradicional agora quase"*: Stock, p. 183.

4. NANOTECNOLOGIA: TUDO DO NADA?

200 *"O maior sonho da nanotecnologia"*: Carl T. Hall, "Brave New Nano-World Lies Ahead", *San Francisco Chronicle*, 19 de julho de 1999, http://articles.sfgate.com/1999-07-19/news/17694442_1_atom-molecules-nanotech.

200 *"Futuramente, o objetivo não é apenas fazer computadores"*: Ibid.

200 *"A nanotecnologia tem potencial"*: citado em Kurzweil, p. 226.

209 *O segredo destas nanopartículas está no seu tamanho*: James R. Heath, Mark E. Davis, and Leroy Hood, "Nanomedicine – Revolutionizing the Fight Against Cancer", *Scientific American*, fevereiro de 2009, p. 44.

209 "Como o autoagrupamento não requer": Emily Singer, "Stealthy Nanoparticles attack cancer cells", *Technology Review*, 4 de novembro de 2009, www.technologyreview.com/business/23855/

210 *"É basicamente como colocar"*: "Special Gold Nanoparticles *Show* Promise for 'Cooking' Cancer Cells", www.eurekalert.org/pub_releases/2009-03/acs-sgno30909.php.

212 *Mas outra maneira de guiar uma máquina molecular:* Thomas E. Mallouk and Ayusman Sen, "How to Build Nanotech Motors", *Scientific American*, maio de 2009, p. 72.

214 *"Hoje, é preciso uma sala cheia de computadores"*: Katherine Harmon, "Could a Microchip Help to Diagnose Cancer in Minutes", *Scientific American* blog post, 28 de setembro de 2009, http://www.scientificamerican.com/blog/post.cfm?id=could-a-microchip-help-to-diagnose-2009-09-28.

217 *A questão – quando a lei de Moore vai desabar? – causa arrepios*: *Electronic News*, 18 de setembro de 2007, www.edn.com/article/CA647968.

217 *"Vemos que pelo menos nos próximos 15 a 20"*: *Electronic News*, 13 de julho de 2004. Ver também Kurzweil, p. 112, and www.nanotech-now.com/news.cgi?story_id=04803.

220 *"Do ponto de vista da física"*: Alexis Madrigal, "Scientist Builds World's Smallest Transistor, Gordon Moore Sighs with Relief", *Wired*, www.wired.com/wiredscience/2008/04/scientists-buil/.

220 *"É mais ou menos o menor"*: Ibid.

223 *"Em 2050, certamente teremos encontrado meios de realizar"*: Vint Cerf, "One Is Glad to Be of Service", em Denning, p. 229.

225 *"Pense num aparelho móvel"*: Sharon Gaudin, "Intel Sees Future with Shape-shifting Robots, Wireless Power", *Computerworld*, 22 de agosto de 2008, www.computerworld.com/s/article/9113301/Intel_sees_future_with_shape_shifting_robots_wireless_power? taxonomyId=12&pageNumber=2.

226 *"Em algum momento nos próximos 40 anos"*: Ibid.

228 *"Por que não?"*: Ibid.

230 *"Da mesma forma que não se pode fazer um menino"*: Rudy Baum, "Nanotechnology: Drexler and Smalley Make the Case for and Against 'Molecular Assemblers", *Chemical & Engineering News* 81, 1º de dezembro de 2003, pp. 37-42, http://pubs.acs.org/cen/coverstory/8148/8148 counterpoint.html.

235 *"Se um dia for possível um automontador "*: BBC/Discovery Channel, Visions *of the Future*, Part II, 2007.

237 *"A nanotecnologia vai prosperar, assim como a fotolitografia prospera"*: Rodney A. Brooks, "Flesh and Machines", em Denning, p. 63.

5. O FUTURO DA ENERGIA: A ENERGIA DAS ESTRELAS

240 *o mundo consome cerca de 14 trilhões de watts de energia*: Kurzweil, p. 242.

240 *as reservas de petróleo dos Estados Unidos estavam se esgotando tão rápido*: www.mkinghubbert.com/speech/prediction.

242 *"Comida e poluição não são"*: Sheffield, p. 179.

244 *A China em breve superará os Estados Unidos em energia eólica*: www.gwec.net/index.php ?id=125.

247 *"Todos os gênios aqui da General Motors"*: Tad Friend, "Plugged In", *The New Yorker*, 24 de agosto de 2009, pp. 50-59.

248 *"Você coloca a mão no cano de descarga"*: "GM Convinced the Future Is in Fuel Cells", CBS News, 11 de setembro de 2009, www.cbsnews.com/stories/2009/09/11/tech/main5302610.shtml?tag=mncol;lst;6.

254 *A usina ocupará 200 acres*: Business Wire, www.businesswire.com/portal/ge/ index. Ver também www.swampfox.ws/node/26502.

256 *Os bancos de gelo da Groenlândia encolheram 39 quilômetros quadrados*: Brown, p. 63.

256 *Grandes pedaços de gelo da Antártida, que estiveram estáveis*: Brown, p. 64.

256 *Segundo cientistas do Institute of Artic and Alpine, da Universidade do Colorado*: Brown, p. 65.

257 *Em 1900, o mundo consumiu 150 milhões*: Brown, pp. 56-57.

261 *"Imaginem o Paquistão, a Índia e a China"*: Peter Schwartz e Doug Randall, "An Abrupt Climate Change Scenario and Its Implications for United States National Security", Global Business Network, outubro de 2003, p. 18. PDF available at www.gbn.com/search.php?topnavSearch=envision+pakistan%2C+india&x=o&y=o.

263 *países ligados pela Convenção de Londres*: Cornelia Dean, "Experts Ponder the Hazards of Using Technology to Save the Planet", *New York Times*, 12 de agosto de 2008, p. F4, www.nytimes.com/2008/08/12/health/12iht-ethics.3.15212327.html?_r=1&scp= 10&sq=planktos&st=cse.

263 *O gás liquefeito será injetado*: Matthew L. Wald, "Refitted to Bury Emissions, Plant Draws Attention", *New York Times*, 29 de setembro de 2009, p. A14, www.nytimes.com/2009/09/22/science/earth/22coal.html?ref=american_electric_power_company.

264 *"Nós vemos o genoma como o software... Já existem milhares... Nós pensamos que este campo"*: Craig Venter, citado em *Oil and the Future of Energy: Climate Repair, Hydrogen, Nuclear Fuel, Renewable and Green Sources, Energy Efficiency*, editores da *Scientific American* (Guilford, Conn.: Lyons Press, 2007), pp. 220-21. From Venter's presentation "Synthetic Genomics" at the Conference on Synthetic Biology (SB2.0), Berkeley, Califórnia, 20 de maio de 2006. Audio available at http://webcast.berkeley.edu/event_details.php?webcastid=15766.

264 *"banco de carbono"*: Freeman J. Dyson, "Can We Control the Carbon Dioxide in the Atmosphere?", *Energy* 2 (1977): pp. 287-91.

266 *Um copo de água de 226 ml é igual ao*: Sheffield, p. 158.

267 *"Eu sei qual é o outro material"*: Ralph Lapp, citado em "Peron's Atom", *Time*, 2 de abril de 1951, www.time.com/time/magazine/article/0,9171,814503,00.html.

267 *"Menos do que isso"*: Seife, p. 76.

269 *"Mesmo que a usina ficasse totalmente destruída"*: W. Wayt Gibbs, "Plan B for Energy: 8 Revolutionary Energy Sources", *Scientific American*, setembro de 2006; reimpressão em 2 de abril de 2009, www.scientificamerican.com/article.cfm?id=plan-b-for-energy-8-ideas.

269 *"Há dez anos"*: Ibid.

271 *Se a irregularidade da bolinha for maior que 50 nanômetros*: Seife, p. 211.

273 *pesará 23 toneladas... 10 vezes a quantidade de energia*: ITER, www.iter.org/factsfigures.

273 *A ITER ainda é apenas um projeto científico:* Gibbs, "Plan B", *Scientific American*, setembro de 2006.

284 *"A ESE oferece uma fonte de eletricidade sustentável"*: Editors of Scientific American, *Oil and the Future of Energy*, p. 217.

285 *Ben Bova, escrevendo no* Washington Post: Ben Bova, "To the Next President" (com o título original "An Energy Fix Written in the Stars", editor convidado, *Washington Post*, 12 de outubro de 2008), www.nss.org/settlement/ssp/bova.htm.

285 *"Parece um desenho animado de ficção científica"*: *International Herald Tribune*, 2 de setembro de 2009, p. 14. Ver também Shigeru Sato e Yuji Okada, "Mitsubishi, IHI to Join $21 Bln Space Solar Project", 31 de agosto de 2009; www.bloomberg.com/apps/news?pid=newsarchive&sid=aJ529lsdk9HI.

286 *"Estes custos"*: Shigeru Sato e Yuji Okada, "Mitsubishi, IHI to Join $21 Bln Space Solar Project", Bloomberg, 31 de agosto de 2009, www.bloomberg.com/apps/news?pid=newsarchive&sid=aJ529lsdk9HI.

6. O FUTURO DAS VIAGENS ESPACIAIS: ATÉ ÀS ESTRELAS

290 *Uma possibilidade é a* Europa Ice Clipper Mission: http://science.nasa.gov/science-news/science-at-nasa/1999/asto2feb99_1/.

301 *O que pode mudar a situação é a descoberta de gelo antigo*: http://lcross.arc.nasa.gov.

308 *"Este é um mercado incerto"*: *New York Times*, 16 de setembro de 2010, p. A3.

308 *O físico Freeman Dyson restringiu algumas técnicas experimentais*: Dyson, pp. 88-99.

314 *"Para linhas de transmissão"*: Katherine Bourzac, "Making Carbon Nanotubes into Long Fibers", *Technology Review*, 10 de novembro de 2009, www.technologyreview.com/energy/23921/.

315 *No início, a tarefa era tão difícil que ninguém venceu*: BBC-TV, 5 de novembro de 2009.

318 *Finalmente, em maio de 2010, a Agência de Exploração Aeroespacial japonesa*: http://en.wikipedia.org/wiki/Ikaros.

318 *"Para mim, o Projeto Orion... 2 mil bombas"*: Nicholas Dawidoff, "The Civil Heretic", *New York Times*, 25 de março de 2009, www.nytimes.com/2009/03/29/magazine/29Dyson-t.html?pagewanted=7&_r=1.

323 *"A exploração do sistema solar"*: Vint Cerf, "One Is Glad to Be of Service", em Denning, pp. 229-30.

324 *Em 2007 e 2009, a Força Aérea divulgou documentos relativos a*: Scott A. Dickson, "Enabling Battlespace Persistent Surveillance: The Form, Function and Future of Smart Dust", abril de 2007 (Blue Horizon Paper, Center for Strategy and Technology, Air War College).

7. O FUTURO DA RIQUEZA: VENCEDORES E PERDEDORES

332 *"A grande civilização islâmica entrou em declínio quando os eruditos muçulmanos"*: Umi Hani Sharani, "Muslims Almost Totally Dependent on Others, Says Mahathir", Muslim Institute, 15 de abril de 2006, www.musliminstitute.com/article.php?id=499.

337 *"Céus, não. Vão se passer ainda 100 anos"*: William J. Holstein, "To Gauge the Internet, Listen to the Steam Engine", *New York Times*, 26 de agosto de 2001, http://www.nytimes.com/2001/08/26/business/26SVAL.html?scp=1&sq=%22to%20gauge%20the%2ointernet %22&st=cse.

338 *"atribuem 90% do crescimento da renda na Inglaterra e nos Estados Unidos"*: Virginia Postrel, "Avoiding Previous Blunders", *New York Times*, 1º de janeiro de 2004, www.nytimes. com/2004/01/01/business/01scene.html.

338 *"Há cem anos, as companhias de estradas de ferro"*: Ibid.

339 *"No século XIX"*: Thomas L. Friedman, "Green the Bailout", *New York Times*, 28 de setembro de 2008, p. WK11, www.nytimes.com/2008/09/28/opinion/28friedman.html.

339 *De 1900 a 1925, o número de companhias automotivas emergentes*: Steve Lohr, "New Economy; Despite Its Epochal Name, the Clicks-and-Mortar Age May Be Quietly Assimilated", *New York Times*, 8 de outubro de 2001, www.nytimes.com/2001/10/08/business/new-economy-despite-its-epochal-name-clicks-mortar-age-may-be-quietly.html?scp=30&sq=automobile&st=nyt.

339 *"O início do século XXI viu um* boom": Ibid.

341 *"O modelo 'faça você mesmo'"*: Charles Gasparino, "Merrill Lynch to Offer Online Trading", ZDNet News, 1º de junho de 1999, www.zdnet.com/news/merrill-lynch-to-offer-online-trading/95883.

341 *"Raras vezes na história, o líder de uma indústria"*: Ibid.

345 *"Na prática, o grosso destas 'informações'"*: McRae, p. 175.

351 *"Hoje, conhecimento e habilidades"*: Thurow, p. 68.

351 *"Com tudo o mais escapando da equação competitiva"*: Thurow, p. 74.

351 *"em 1991 a Grã-Bretanha se tornou"*: McRae, p. 12.

352 *"Depois de corrigidos pela inflação geral"*: Thurow, p. 67.

353 *"A prolongada migração"*: James Grant, "Sometimes the Economy Needs a Setback", *New York Times*, 9 de setembro de 2001, www.nytimes.com/2001/09/09/opinion/sometimes-the-economy-needs-a-setback.html.

355 *"Sucesso ou fracasso dependem"*: Thurow, p. 72.

355 *"Os antigos motores do crescimento"*: McRae, pp. 12-13.

356 *"o Banco Mundial nos diz que quase 2,8 bilhões de pessoas"*: Toffler, p. 288.

8. O FUTURO DA HUMANIDADE: CIVILIZAÇÃO PLANETÁRIA

369 *"Inevitavelmente as pessoas vão começar a olhar ao redor"*: Kenichi Ohmae, *The End of the Nation State: The Rise of Regional Economies* (Nova York: Free Press, 1995), p. 45.

384 *É impossível imaginar até onde pode chegar*: Benjamin Franklin, carta a Joseph Priestley, citada em Cornish, p. 173.

386 *"Ciência é conhecimento organizado. Sabedoria é vida organizada"*: http://www.brainyquote.com/quotes/authors/i/immanueLkant_2.html.

387 *"O aspecto mais triste da sociedade neste momento"*: http://www.brainyquote.com/quotes/topics/topic_science4.html.

387 *"A democracia é a pior forma de governo"*: http://www.brainyquote.com/quotes/keywords/democracy.html.

387 *"A democracia é um artifício que garante que seremos governados"*: http://www.brainyquote.com/quotes/authors/g/george_bernard_shaw_2.htm.

388 *"História é mais ou menos contrassenso"*: citado em Rhodes, p. 61.

9. UM DIA EM 2100

405 *As Raízes da Violência*: http://thinkexist.com/quotation/the_roots_of_violence-wealth_without_work/191301.html.

LEITURAS RECOMENDADAS

Archer, David. *The Long Thaw: How Humans Are Changing the Next 100,000 Years of Earth's Climate.* Princeton, NJ: Princeton University Press, 2009.

Bezold, Clement, ed. *2020 Visions: Health Care Information Standards and Technologies.* Rockville, MD: United States Pharmacopeial Convention, 1993.

Brockman, Max, ed. *What's Next? Dispatches on the Future of Science.* Nova York: Vintage, 2009.

Broderick, Damien. *The Spike: How Our Lives Are Being Transformed by Rapidly Advancing Technologies.* Nova York: Forge, 2001.

Broderick, Damien, ed. *Year Million: Science at the Far Edge of Knowledge.* Nova York: Atlas, 2008.

Brooks, Rodney A. *Flesh and Machines: How Robots Will Change Us.* Nova York: Vintage, 2003.

Brown, Lester. *Plan B 4.0: Mobilizing to Save Civilization.* Nova York: Norton, 2009.

Canton, James. *The Extreme Future: The Top Trends That Will Reshape the World for the Next 5, 10, and 20 Years.* Nova York: Dutton, 2006.

Coates, Joseph P., John B. Mahaffie e Andy Hines. *2025: Scenarios of U.S. and Global Society Reshaped by Science and Technology.* Greensboro, NC: Oakhill Press, 1997.

Cornish, Edward, ed. *Futuring: The Exploration of the Future.* Bethesda, MD: World Future Society, 2004.

Crevier, Daniel. *AI: The Tumultuous History of the Search for Artificial Intelligence.* Nova York: Basic Books, 1993.

Davies, Paul. *The Eerie Silence: Renewing Our Search for Alien Intelligence.* Boston: Houghton Mifflin Harcourt, 2010.

Denning, Peter J., ed. *The Invisible Future: The Seamless Integration of Technology into Everyday Life.* Nova York: McGraw Hill, 2002.

Denning, Peter J. e Robert M. Metcalfe. *Beyond Calculation: The Next Fifty Years of Computing.* Nova York: Copernicus, 1997.

Dertouzos, Michael. *What Will Be: How the New World of Information Will Change Our Lives.* Nova York: HarperCollins, 1997.

Didsbury, Howard F., Jr., ed. *Frontiers of the 21st Century: Prelude to the New Millennium*. Bethesda, MD: World Future Society, 1999.

________. *21st Century Opportunities and Challenges: An Age of Destruction or an Age of Transformation*. Bethesda, MD: World Future Society, 2003.

Dyson, Freeman J. *The Sun, the Genome, and the Internet: Tools of Scientific Revolutions*. Nova York: Oxford University Press, 1999.

Foundation for the Future. *Future of Planet Earth: Seminar Proceedings*. Bellevue, WA: Foundation for the Future, 2009; www.futurefoundation.org/publications/index.htm.

________. *The Next Thousand Years*. Bellevue, WA: Foundation for the Future, 2004. Friedman, George. *The Next 100 Years: A Forecast for the 21st Century*. Nova York: Doubleday, 2009.

Hanson, William. *The Edge of Medicine: The Technology That Will Change Our Lives*. Nova York: Palgrave Macmillan, 2008.

Kaku, Michio. *Visions: How Science Will Revolutionize the 21st Century*. Nova York: Anchor, 1998.

Kurzweil, Ray. *The Singularity Is Near: When Humans Transcend Biology*. Nova York: Viking, 2005.

McElheny, Victor K. *Drawing the Map of Life: Inside the Human Genome Project*. Nova York: Basic Books, 2010.

McRae, Hamish. *The World in 2020: Power, Culture, and Prosperity*. Cambridge, MA: Harvard Business School, 1995.

Mulhall, Douglas. *Our Molecular Future: How Nanotechnology, Robotics, Genetics, and Artificial Intelligence Will Transform Our World*. Amherst, NY: Prometheus, 2002.

Petersen, John L. *The Road to 2015: Profiles of the Future*. Corte Madera, CA: Waite Group, 1994.

Pickover, Clifford A., ed. *Visions of the Future: Art, Technology and Computing in the Twenty-first Century*. Nova York: St. Martin's Press, 1994.

Rhodes, Richard, ed. *Visions of Technology: A Century of Vital Debate About Machines, Systems, and the Human World*. Nova York: Simon & Schuster, 1999.

Ridley, Matt. *The Rational Optimist: How Prosperity Evolves*. Nova York: HarperCollins, 2010.

Rose, Steven. *The Future of the Brain: The Promise and Perils of Tomorrow's Neuroscience*. Nova York: Oxford University Press, 2005.

Seife, Charles. *Sun in a Bottle: The Strange History of Fusion and the Science of Wishful Thinking*. Nova York: Viking Penguin, 2008.

Sheffield, Charles, Marcelo Alonso e Morton A. Kaplan, eds. *The World of 2044: Technological Development and the Future of Society*. St. Paul, MN: Paragon House, 1994.

Stock, Gregory. *Redesigning Humans: Choosing Our Genes, Changing Our Future*. Boston: Houghton Mifflin, 2003.

Thurow, Lester C. *The Future of Capitalism: How Today's Economic Forces Shape Tomorrow's World*. Nova York: William Morrow, 1996.

Toffler, Alvin e Heidi Toffler. *Revolutionary Wealth*. Nova York: Knopf, 2006.

Van der Duin, Patrick. *Knowing Tomorrow? How Science Deals with the Future*. Delft, Holanda: Eburon, 2007.

Vinge, Vernor. *Rainbows End*. Nova York: Tor, 2006.

Watson, Richard. *Future Files: The 5 Trends That Will Shape the Next 50 Years*. Londres: Nicholas Brealey, 2008.

Weiner, Jonathan. *Long for This World: The Strange Science of Immortality*. Nova York: HarperCollins, 2010.

markgraph

Rua Aguiar Moreira, 386 - Bonsucesso
Tel.: (21) 3868-5802 Fax: (21) 2270-9656
e-mail: markgraph@domain.com.br
Rio de Janeiro - RJ